前言

QIANYAN

大学物理课程是理工科各专业的一门重要基础理论课程。为配合石永锋、叶必卿主编的《大学物理》(上、下册)教材的课堂教学，帮助读者深入理解和掌握大学物理知识，巩固和提高所学的知识内容，编写了《大学物理导读》(上、下册)。本书编写的目的是帮助读者自学，起到课外辅导和答疑的作用，同时也给教师的教学工作提供一定的参考。

本书包括基本内容、思考与讨论题目的详解、课后习题解答和自我检测题四个部分。基本内容部分是对各章知识点的概括和总结，便于读者对知识的融会贯通；思考与讨论题目详解部分对思考与讨论题目进行了比较详细的解答，其目的在于使读者学会用所掌握的知识解决、处理实际问题的方法，避免机械记忆；课后习题解答部分对各章后的习题作了比较细致的分析和解答，其目的是便于读者自学，同时也期望能够激发读者对大学物理课程的兴趣；自我检测题部分是为了读者自己检验学习情况而编写的，作者有意没有给出这部分内容的答案，其用意是希望读者能够通过相互讨论，自己得到答案，这对于掌握知识、培养独立思考能力和培养自信心都是非常有益的。

本书中绝大部分习题曾在浙江理工大学和浙江工业大学习题课和各种考试中使用过多年，经得起实践检验，本书正是在此基础上，整理编写而成的。

全书共分十九章，分为上、下两册，其中第一章～第十章和第十八章由浙江理工大学石永锋老师编写，第十一章～第十七章和第十九章由浙江理工大学杜娟老师编写。浙江工业大学虞凤英老师和叶必卿老师审阅、校对了本书的全部内容。上海市宜川中学谢春君老师在大学物理与中学物理知识的衔接方面做了大量的工作。

此外，浙江理工大学马春生老师绘制了本教材的部分插图。浙江理工大学扈文佳老师对本书在数学知识的应用方面提出了很多宝贵的意见，在此衷心地表示感谢。

由于作者水平所限，书中难避存在不当和错误之处，恳请同行专家和读者提出宝贵的意见，编者将不胜感激。

编　者

2012年2月

普通高等教育“十二五”规划教材

大学物理导读

（下册）

主　编　石永锋　杜　娟
主　审　虞凤英　叶必卿

中国水利水电出版社
www.waterpub.com.cn

内 容 提 要

本书是与石永锋、叶必卿主编的《大学物理》（上、下册）相对应的辅导教材，其中包括基本内容、思考与讨论题目的详解、课后习题解答和自我检测题四个部分。基本内容部分是对各章知识点的概括和总结，便于读者对知识的融会贯通；思考与讨论题目详解部分对思考与讨论题目进行了比较详细的解答；课后习题解答部分对各章后的习题作了比较细致的分析和解答；自我检测题部分是为了读者自己检验学习情况而编写的。

本书采用的习题具有较强的通用性，非常适合作为大学物理课程的自学辅导书和习题参考书。

图书在版编目（CIP）数据

大学物理导读. 下册 / 石永锋, 杜娟主编. -- 北京
: 中国水利水电出版社, 2012.3(2019.1重印)
普通高等教育“十二五”规划教材
ISBN 978-7-5084-9606-1

Ⅰ. ①大… Ⅱ. ①石… ②杜… Ⅲ. ①物理学－高等学校－教学参考资料 Ⅳ. ①04

中国版本图书馆CIP数据核字(2012)第051667号

书　　名	普通高等教育“十二五”规划教材 **大学物理导读（下册）**
作　　者	主编　石永锋 杜娟
出版发行	中国水利水电出版社 （北京市海淀区玉渊潭南路1号D座　100038） 网址：www.waterpub.com.cn E-mail：sales@waterpub.com.cn 电话：(010) 68367658（营销中心）
经　　售	北京科水图书销售中心（零售） 电话：(010) 88383994、63202643、68545874 全国各地新华书店和相关出版物销售网点
排　　版	中国水利水电出版社微机排版中心
印　　刷	北京市密东印刷有限公司
规　　格	184mm×260mm　16开本　17印张　404千字
版　　次	2012年3月第1版　2019年1月第5次印刷
印　　数	7501—10500册
定　　价	**38.00**元

目录
MULU

第十一章　机　械　振　动

一、基本内容

(一) 简谐振动

机械振动：物体在一定位置附近来回往复的运动。

1. 简谐振动的描述

简谐振动：物体在运动过程中，离开平衡位置的位移（或角位移等）按余弦（或正弦）规律随时间变化。

谐振子：作简谐振动的物体。

弹簧振子：轻弹簧（劲度系数为 k）的一端固定，另一端拴一个物体，物体在光滑的水平面上沿 x（平衡位置为坐标原点）方向运动。

简谐振动的动力学特征为

$$F=-kx$$

简谐振动的运动学特征为

$$a=-\omega^2 x$$

其中，$\omega^2=k/m$。

简谐振动的微分方程为

$$\frac{d^2 x}{dt^2}+\omega^2 x=0$$

简谐振动方程为

$$x=A\cos(\omega t+\varphi)$$

简谐振动的速度为

$$v=-\omega A\sin(\omega t+\varphi)=-v_m\sin(\omega t+\varphi)$$

简谐振动的加速度为

$$a=-\omega^2 A\cos(\omega t+\varphi)=-a_m\cos(\omega t+\varphi)$$

2. 简谐振动的特征量

振幅 A：谐振子离开平衡位置的最大位移的绝对值。

振幅是描述谐振子振动强弱的物理量。

周期 T：谐振子作一次完全振动所需要的时间。

频率 ν：谐振子在单位时间内作完全振动的次数。

角频率（或圆频率）ω：谐振子在 2πs 内作完全振动的次数。

周期 T、频率 ν、角频率 ω 之间关系为

$$\omega=2\pi\nu=\frac{2\pi}{T}$$

周期、频率和角频率是描述谐振子振动快慢程度的物理量。

弹簧振子的固有角频率 ω、固有频率 ν 和固有周期 T 分别为

$$\omega=\sqrt{\frac{k}{m}},\ \nu=\frac{1}{2\pi}\sqrt{\frac{k}{m}},\ T=2\pi\sqrt{\frac{m}{k}}$$

简谐振动方程的另外两种表达形式为

$$x=A\cos(2\pi\nu t+\varphi),x=A\cos\left(2\pi\frac{t}{T}+\varphi\right)$$

相位 $\omega t+\varphi$ 是描述谐振子的运动状态的物理量，φ 称为初相位（简称初相）。

振幅 A 和初相 φ 的确定方法如下。

初始条件： 指谐振子在 $t=0$ 时的位移 x_0 和速度 v_0。

已知初始条件和角频率 ω，简谐振动的振幅 A 为

$$A=\sqrt{x_0^2+\frac{v_0^2}{\omega^2}}$$

确定初相 φ 的两个步骤：①由 $\cos\varphi=\frac{x_0}{A}$ 求得 φ 的两个可能值；②由 $\sin\varphi=-\frac{v_0}{A\omega}$ 的符号决定 φ 的取舍。

通常初相 φ 的取值范围为：$0\leqslant\varphi<2\pi$ 或 $-\pi\leqslant\varphi<\pi$。

3. 简谐振动的旋转矢量描述法

旋转矢量 $\vec{A}$： 从坐标原点 O 出发所作的长度等于简谐振动振幅 A、$t=0$ 时与 x 轴的夹角等于简谐振动的初相 φ、以简谐振动的角频率 ω 为角速度沿逆时针方向作匀速圆周运动的矢量 $\vec{A}$，如图 11-1 所示。

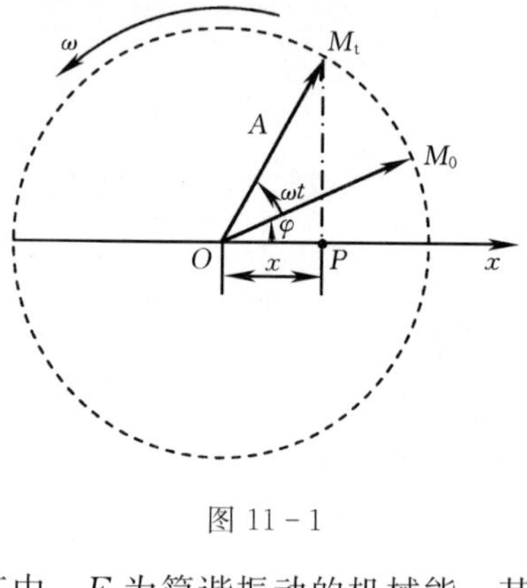

图 11-1

参考圆： 旋转矢量作匀速圆周运动时，其末端点 M 的运动轨迹。

旋转矢量 $\vec{A}$ 的末端点 M 在 x 轴上的投影点 P 在 x 轴上作简谐振动，其相对于 O 点的位移为

$$x=A\cos(\omega t+\varphi)$$

图 11-2 为谐振子在四个特殊初始位置的初相值、旋转矢量图和简谐振动曲线。

（二）简谐振动的能量

简谐振动的动能和势能分别为

$$E_k=E\sin^2(\omega t+\varphi)=E\cos^2(\omega t+\varphi)$$

其中，E 为简谐振动的机械能，其值为

$$E=E_k+E_p=\frac{1}{2}kA^2=\frac{1}{2}m\omega^2A^2$$

结论：简谐振动的动能和势能都随时间作周期性变化，动能和势能可以相互转换，在转换过程中振动系统的机械能守恒。

谐振子是一个孤立系统，在作简谐振动时与外界没有能量交换。

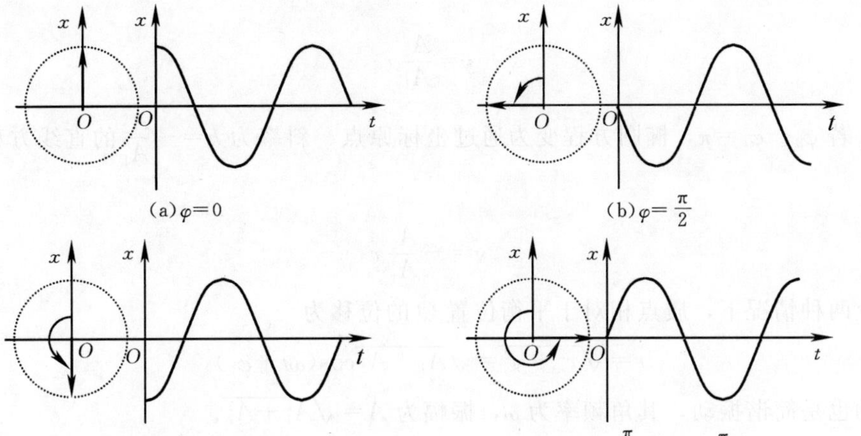

(a) $\varphi=0$　　(b) $\varphi=\frac{\pi}{2}$

(c) $\varphi=\pi$（或 $=-\pi$）　　(d) $\varphi=3\frac{\pi}{2}$（或 $=-\frac{\pi}{2}$）

图 11-2

（三）简谐振动的合成

1. 两个同方向、同频率简谐振动的合成

设某质点同时参与的两个同方向、同频率简谐振动的振动方程分别为

$$x_1=A_1\cos(\omega t+\varphi_1),x_2=A_2\cos(\omega t+\varphi_2)$$

则合振动仍然是简谐振动，其振动方程为

$$x=A\cos(\omega t+\varphi)$$

合振动的振幅 A 和初相 φ 分别为

$$A=\sqrt{A_1^2+A_2^2+2A_1A_2\cos(\varphi_2-\varphi_1)}$$

$$\varphi=\arctan^{-1}\frac{A_1\sin\varphi_1+A_2\sin\varphi_2}{A_1\cos\varphi_1+A_2\cos\varphi_2}$$

对合振动振幅的讨论：①如果 $\varphi_2-\varphi_1=2k\pi$（$k=0$，$\pm1$，$\pm2$，…），合振动的振幅最大，其值为 $A=A_1+A_2$；②如果 $\varphi_2-\varphi_1=(2k+1)\pi$（$k=0$，$\pm1$，$\pm2$，…），合振动的振幅最小，其值为 $A=|A_1-A_2|$；③如果（$\varphi_2-\varphi_1$）既不等于 π 的偶数倍，也不等于 π 的奇数倍，则合振动的振幅为 $|A_1-A_2|<A<A_1+A_2$。

2. 两个相互垂直的、同频率简谐振动的合成

设某质点同时参与的两个振动方向相互垂直的、同频率的简谐振动的振动方程分别为

$$x=A_1\cos(\omega t+\varphi_1),y=A_2\cos(\omega t+\varphi_2)$$

则质点的运动轨道为椭圆，其方程为

$$\frac{x^2}{A_1^2}+\frac{y^2}{A_2^2}-\frac{2xy}{A_1A_2}\cos(\varphi_2-\varphi_1)=\sin^2(\varphi_2-\varphi_1)$$

该椭圆的变化范围为：$-A_1\leqslant x\leqslant A_1$，$-A_2\leqslant y\leqslant A_2$。椭圆的具体形状由 A_1、A_2 和 $\varphi_2-\varphi_1$ 决定。

对椭圆形状的讨论：

(1) 若 $\varphi_2-\varphi_1=0$，椭圆方程变为通过坐标原点、斜率为 $k=\frac{A_2}{A_1}$ 的直线方程，其形

式为

$$y=\frac{A_2}{A_1}x$$

（2）若 $\varphi_2-\varphi_1=\pi$，椭圆方程变为通过坐标原点、斜率为 $k=-\frac{A_2}{A_1}$ 的直线方程，其形式为

$$y=-\frac{A_2}{A_1}x$$

以上两种情况下，质点相对于平衡位置 O 的位移为

$$r=\sqrt{x^2+y^2}=\sqrt{A_1^2+A_2^2}\cos(\omega t+\varphi_1)$$

即合振动也是简谐振动，其角频率为 ω，振幅为 $A=\sqrt{A_1^2+A_2^2}$。

（3）若 $\varphi_2-\varphi_1=\frac{\pi}{2}$ 或 $\varphi_2-\varphi_1=\frac{3}{2}\pi$，椭圆方程为以坐标轴为主轴的正椭圆，其形式为

$$\frac{x^2}{A_1^2}+\frac{y^2}{A_2^2}=1$$

$\varphi_2-\varphi_1=\frac{\pi}{2}$时，质点以顺时针方向沿椭圆轨道运动；$\varphi_2-\varphi_1=\frac{3}{2}\pi$ 时，质点以逆时针方向沿椭圆轨道运动。

（4）若 $\varphi_2-\varphi_1$ 并不等于上述几种特殊值，质点运动的轨道是一些方位不同的斜椭圆。$0<\varphi_2-\varphi_1<\pi$ 时，质点以顺时针方向沿椭圆轨道运动；$\pi<\varphi_2-\varphi_1<2\pi$ 时，质点以逆时针方向沿椭圆轨道运动。

（四）阻尼振动、受迫振动和共振

1. 阻尼振动

阻尼振动（或减幅振动）：振动物体在阻尼力的作用下，振动能量逐渐减少、振幅越来越小的振动。

振动物体在阻尼力 $F_r=-bv$（b 叫做阻力系数）和弹性力 $F=-kx$ 的共同作用下满足的微分方程为

$$\frac{d^2x}{dt^2}+2\delta\frac{dx}{dt}+\omega_0^2x=0$$

其中，$\omega_0=\sqrt{\frac{k}{m}}$为振动系统的固有角频率，$\delta=\frac{b}{2m}$叫做阻尼系数。

对阻尼振动的讨论：

（1）欠阻尼：$\delta<\omega_0$，振幅被限制在两条曲线 $x=\pm Ae^{-\delta t}$ 之间不断衰减，如图 11－3 所示。阻尼振动微分方程的解为

$$x=Ae^{-\delta t}\cos(\omega t+\varphi)$$

其中，$\omega=\sqrt{\omega_0^2-\delta^2}$为阻尼振动角频率。与之对应的阻尼振动的周期为

$$T=\frac{2\pi}{\omega}=\frac{2\pi}{\sqrt{\omega_0^2-\delta^2}}$$

这时的振动是振幅被限制在两条曲线 $x=\pm Ae^{-\delta t}$ 之间不断衰减的振动。

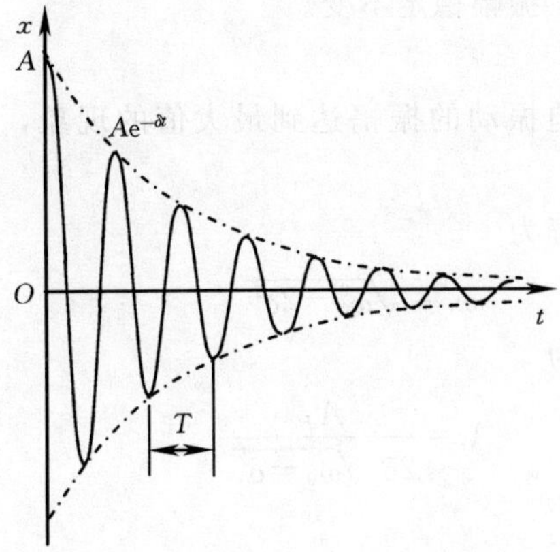

图 11 - 3

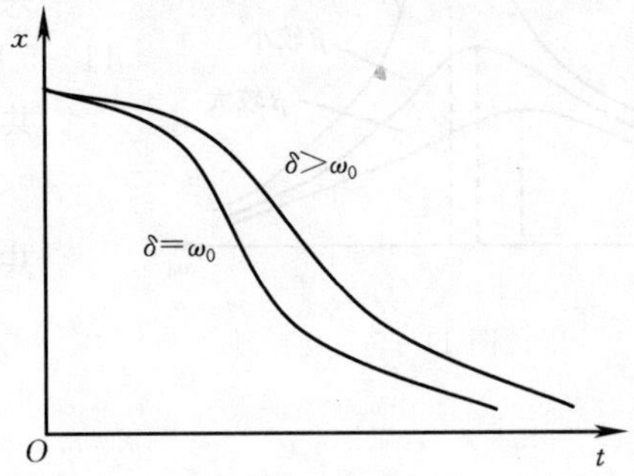

图 11 - 4

(2) 过阻尼：$\delta>\omega_0$，振动物体通过非周期性运动的方式回到平衡位置。

(3) 临界阻尼：$\delta=\omega_0$，$\omega=0$，振动物体从最大位移处逐渐回到平衡位置并静止下来，这时物体到达平衡位置所需的时间比过阻尼时的短。

2. 受迫振动

自由振动：振动系统只在回复力和阻尼力的作用下的振动。

受迫振动：振动系统在周期性外力（称为驱动力）作用下的振动。

振动物体在驱动力 $F'=F_d\cos\omega_d t$（ω_d 为驱动力的角频率）、阻尼力 $F_r=-bv$ 和弹性力 $F=-kx$ 的共同作用下满足的微分方程为

$$\frac{d^2x}{dt^2}+2\delta\frac{dx}{dt}+\omega_0^2x=A_d\cos\omega_d t$$

其中，$\omega_0=\sqrt{\frac{k}{m}}$、$\delta=\frac{b}{2m}$、$A_d=\frac{F_d}{m}$。

若 $\delta<\omega_0$，上述微分方程的解为

$$x=A_0e^{-\delta t}\cos(\omega t+\varphi_0)+A\cos(\omega_d t+\varphi)$$

其中，$\omega=\sqrt{\omega_0^2-\delta^2}$，即受迫振动由两个分振动合成的，一个是振幅呈指数衰减的阻尼振动 $A_0e^{-\delta t}\cos(\omega t+\varphi_0)$，另一个是振幅不变的余弦振动 $A\cos(\omega_d t+\varphi)$。

在受迫振动开始的一段时间内，系统的振动情形比较复杂。经过一定时间的过渡以后，阻尼振动衰减到可以忽略不计的程度。接着系统进入稳定的周期性等幅余弦振动状态。稳定受迫振动的表达式为

$$x=A\cos(\omega_d t+\varphi)$$

稳定受迫振动的振幅 A 和初相分别为

$$A=\frac{A_d}{\sqrt{(\omega_0^2-\omega_d^2)^2+4\delta^2\omega_d^2}}$$

$$\varphi=\arctan\frac{-2\delta\omega_d}{\omega_0^2-\omega_d^2}$$

在稳定受迫振动时，周期性外力提供的能量恰好补偿了系统由于克服阻力所消耗的能

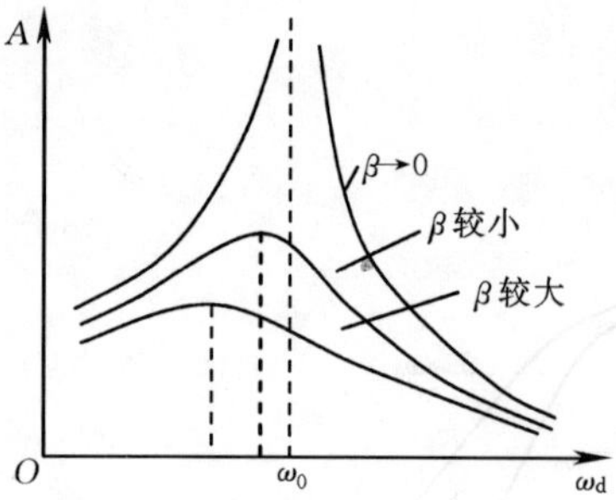

图 11－5

量，从而保证了振幅稳定不变。

3. 共振

共振：受迫振动的振幅达到最大值的现象，如图 11－5 所示。

共振角频率为

$$\omega_r=\sqrt{\omega_0^2-2\delta^2}$$

共振振幅为

$$A_r=\frac{A_d}{2\delta\sqrt{\omega_0^2-\delta^2}}$$

二、思考与讨论题目详解

1. 简谐振动

（1）一根长为 l、质量为 m 的均匀细棒悬于通过其一端的光滑水平固定轴上，构成一个复摆。该摆作微小摆动时的周期等于多少？

【答案：$2\pi\sqrt{\frac{2l}{3g}}$**】**

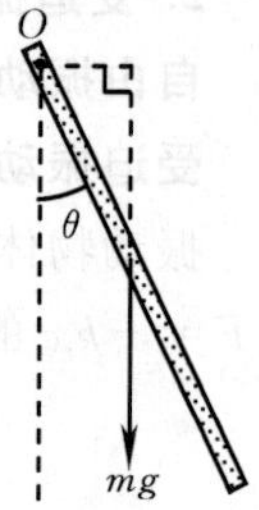

图 11－6

详解：如图 11－6 所示，均匀细棒所受的重力矩为

$$M=-mg\frac{l}{2}\sin\theta\approx-mg\frac{l}{2}\theta$$

其中，负号表示重力矩阻碍细棒向正角位移方向摆动。

细棒对悬点 O 的转动惯量为

$$J=\frac{1}{3}ml^2$$

由刚体定轴转动定律得

$$-mg\frac{l}{2}\theta=\frac{1}{3}ml^2\frac{d^2\theta}{dt^2}$$

或

$$\frac{d^2\theta}{dt^2}+\frac{3g}{2l}\theta=0$$

令 $\omega^2=\frac{3g}{2l}$，则该复摆作微小摆动的周期为

$$T=\frac{2\pi}{\omega}=2\pi\sqrt{\frac{2l}{3g}}$$

（2）两个质点各自作简谐振动，它们的振幅相同、周期相同。第一个质点的振动方程为 $x_1=A\cos(\omega t+\varphi)$。当第一个质点从相对于其平衡位置的正位移处回到平衡位置时，第二个质点正在最大正位移处。求第二个质点的振动方程。

【答案：$x_2=A\cos\left(\omega t+\varphi-\frac{\pi}{2}\right)$**】**

详解：设第二个质点的初相为 β，由题意得

$$\varphi-\beta=\frac{\pi}{2}$$

即

$$\beta=\varphi-\frac{\pi}{2}$$

因此，第二个质点的振动方程为

$$x_2=A\cos\left(\omega t+\varphi-\frac{\pi}{2}\right)$$

（3）一根轻弹簧上端固定，下端系一个质量为 m_1 的物体，稳定后在 m_1 下边又系一个质量为 m_2 的物体，于是弹簧又伸长了 Δx。如果将 m_2 移去，并令 m_1 振动，其振动周期为多少？

【答案：$2\pi\sqrt{\dfrac{m_1\Delta x}{m_2 g}}$**】**

详解：设弹簧下端只系质量为 m_1 的物体时，弹簧伸长 x_1，其平衡方程为

$$m_1 g=kx_1$$

弹簧下端系质量为 m_1 和 m_2 的两个物体时，弹簧伸长 x_2，这时的平衡方程为

$$(m_1+m_2)g=kx_2$$

将以上两个平衡方程相减得

$$m_2 g=k(x_2-x_1)=k\Delta x$$

由此解得弹簧的劲度系数为

$$k=\frac{m_2 g}{\Delta x}$$

当移去 m_2，并令 m_1 振动时，其振动周期为

$$T=2\pi\sqrt{\frac{m_1}{k}}=2\pi\sqrt{\frac{m_1\Delta x}{m_2 g}}$$

（4）一个质点作简谐振动，其运动速度与时间的关系曲线如图 11－7（a）所示。如果质点的振动规律用余弦函数描述，则其初相等于多少？

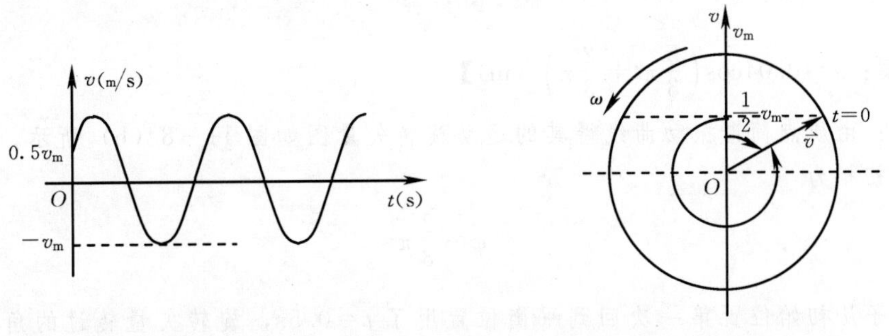

(a) (b)

图 11－7

【答案：$-\frac{5}{6}\pi$ 或 $\frac{7}{6}\pi$】

详解：质点作简谐振动的运动速度与时间的关系为

$$v=-\omega A\sin(\omega t+\varphi)=\omega A\cos\left(\omega t+\varphi+\frac{1}{2}\pi\right)$$

因此质点的运动速度也作简谐振动，其初相为

$$\varphi_v=\varphi+\frac{1}{2}\pi$$

由 $v \sim t$ 关系曲线得运动速度初始时的旋转矢量图如图 11-7（b）所示。可见

$$\varphi_v=-\frac{1}{3}\pi \text{ 或 } \varphi_v=\frac{5}{3}\pi$$

即

$$\varphi+\frac{1}{2}\pi=-\frac{1}{3}\pi \text{ 或 } \varphi+\frac{1}{2}\pi=\frac{5}{3}\pi$$

由此解得质点作简谐振动的初相为

$$\varphi=-\frac{5}{6}\pi \text{ 或 } \varphi=\frac{7}{6}\pi$$

（5）已知某简谐振动的振动曲线，如图 11-8（a）所示，试写出该简谐振动的振动方程。

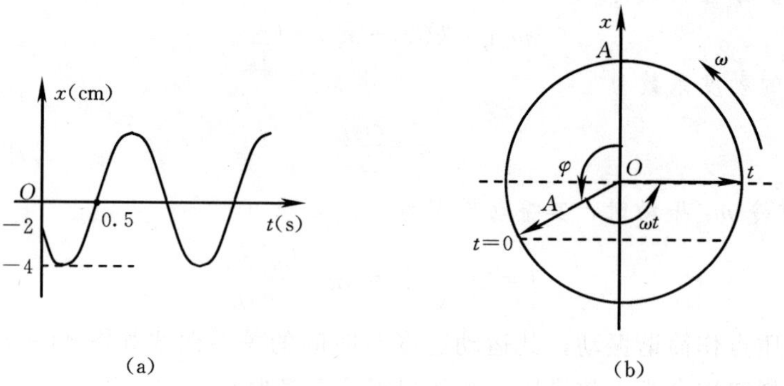

图 11-8

【答案：$x=0.04\cos\left(\frac{5}{3}\pi t+\frac{2}{3}\pi\right)$（m）】

详解：由质点简谐振动曲线得其的运动旋转矢量图如图 11-8（b）所示。由此得简谐振动的初相为

$$\varphi=\frac{2}{3}\pi$$

由于谐振子从初始位置第一次回到平衡位置用了 $t=0.5\text{s}$，旋转矢量转过的角度为 $\frac{5}{6}\pi$，因此

$$\omega t=\frac{5}{6}\pi$$

由此解得

$$\omega=\frac{5\pi}{6t}=\frac{5}{3}\pi$$

此外，简谐振动的振幅 $A=0.04\mathrm{m}$，因此该简谐振动的振动方程为

$$x=0.04\cos\left(\frac{5}{3}\pi t+\frac{2}{3}\pi\right)\ (\mathrm{m})$$

（6）一个质点沿 x 轴作简谐振动，振动方程为

$$x=2\times10^{-2}\cos\left(2\pi t+\frac{1}{6}\pi\right)$$

公式中的各个物理量均采用国际单位。从 $t=0$ 时刻起，到质点位置在 $x=-1\mathrm{cm}$ 处，且向 x 轴正方向运动的最短时间间隔为多少？

【答案：0.58s】

详解： 由题意得旋转矢量图如图 11－9 所示。谐振子从初始位置第一次到达 $x=-1\mathrm{cm}$ 处且向 x 轴正方向运动用的时间最短，这时旋转矢量转过的角度为 $\frac{7}{6}\pi$，因此

$$\omega t=\frac{7}{6}\pi$$

由此解得

$$t=\frac{7\pi}{6\omega}=\frac{7}{12}=0.58\ (\mathrm{s})$$

即质点从 $t=0$ 时刻起，到质点位置在 $x=-1\mathrm{cm}$ 处，且向 x 轴正方向运动的最短时间间隔为 0.58s。

（7）一个质点作简谐振动的周期为 T。当它由平衡位置向 x 轴正方向运动时，从 $\frac{1}{2}$ 最大位移处到正向最大位移处所需要的最短时间为多少？

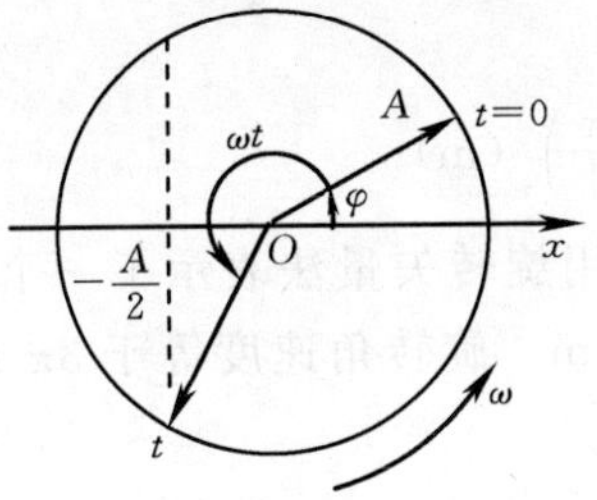

图 11－9

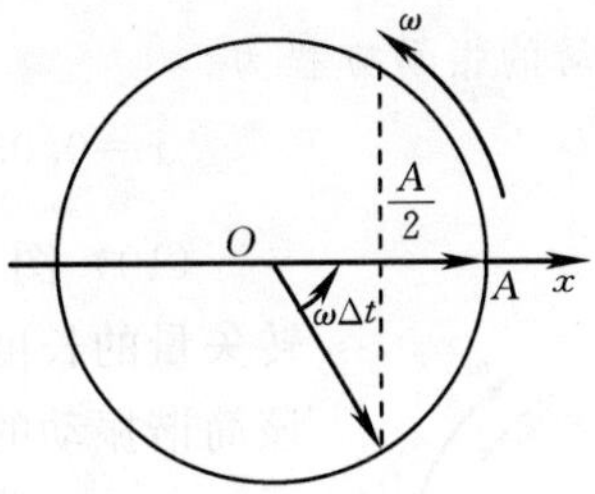

图 11－10

【答案：$\frac{T}{6}$】

详解： 由题意得旋转矢量图如图 11－10 所示。设谐振子由平衡位置向 x 轴正方向运动时，从 $\frac{\pi}{6}$ 最大位移处到最大位移处所需要的时间为 Δt，则有

$$\omega\Delta t=\frac{\pi}{3}$$

由此解得

$$\Delta t=\frac{\pi}{3\omega}=\frac{\pi}{3}\times\frac{T}{2\pi}=\frac{T}{6}$$

（8）一个水平弹簧简谐振子的振动曲线如图 11－11 所示。在 a、b、c、d、e、f、g 各点中，哪些点处在位移为零、速度为 $-\omega A$、加速度为零和弹性力为零的状态？哪些点处在位移的绝对值为 A、速度为零、加速度为 $-\omega^2 A$ 和弹性力为 $-kA$ 的状态？

【答案： c 和 g；b 和 f**】**

详解： 处在位移为零、加速度为零和弹性力为零的点是 a、c、e、g，其中速度为 $-\omega A$ 的点是 c 和 g。因此满足所有条件的点是 c 和 g。

处在位移的绝对值为 A、速度为零、加速度为 $-\omega^2 A$ 和弹性力为 $-kA$ 的点是 b 和 f。

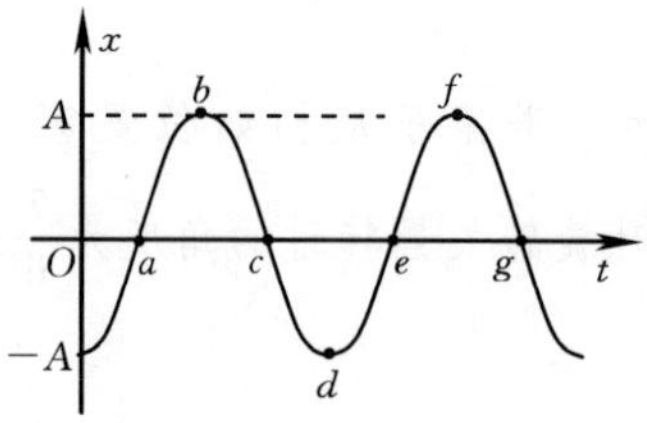

图 11－11

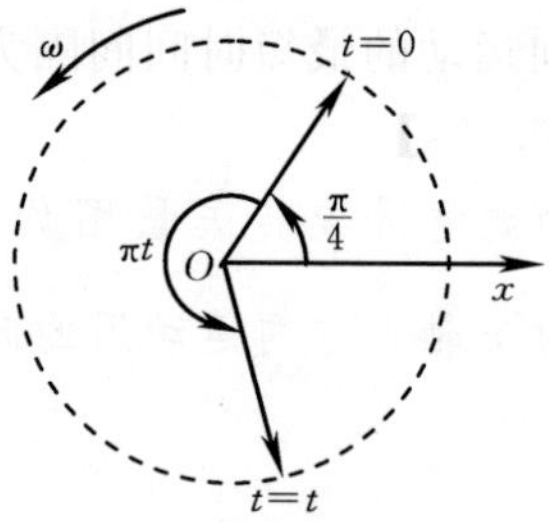

图 11－12

（9）一个简谐振动的旋转矢量图如图 11－12 所示，振幅矢量的长度为 3cm，该简谐振动的初相为多少？试写出该简谐振动的振动方程。

【答案： $\frac{\pi}{4}$；$x=0.03\cos\left(\pi t+\frac{\pi}{4}\right)$ (m)**】**

详解： 由图直接看出该简谐振动的初相为

$$\varphi=\frac{\pi}{4}$$

该简谐振动的振动方程为

$$x=0.03\cos\left(\pi t+\frac{\pi}{4}\right)\ \text{(m)}$$

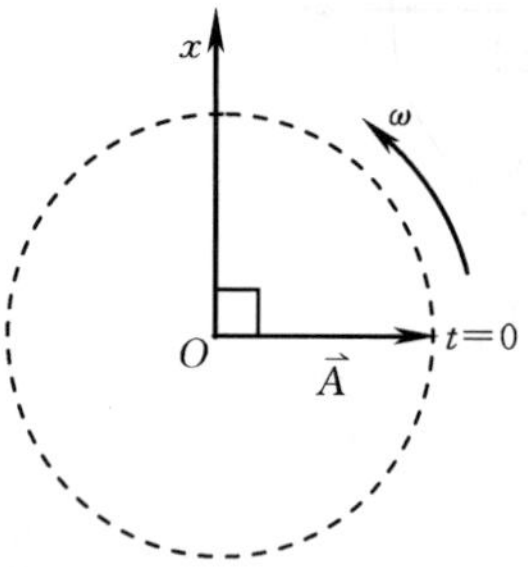

图 11－13

（10）图 11－13 中用旋转矢量法表示了一个简谐振动。旋转矢量的长度等于 0.04m，旋转角速度等于 3π rad/s。试写出该简谐振动的振动方程。

【答案： $x=0.04\cos\left(3\pi t-\frac{\pi}{2}\right)$ (m)**】**

详解： 由题意得简谐振动的振幅 A、角频率 ω 和初相 φ 分别为

$$A=0.04\text{m},\ \omega=3\pi\ \text{rad/s},\ \varphi=-\frac{\pi}{2}$$

因此，该简谐振动的振动方程为

$$x=0.04\cos\left(3\pi t-\frac{\pi}{2}\right)\ \text{(m)}$$

(11) 一根金属细杆的上端固定，下端连接在一个水平圆盘的中心，组成一个扭摆。将圆盘扭转微小角度使其作往复扭转运动时，金属杆将以一回复力矩 $M=-D\psi$ 作用于圆盘，其中 D 为扭转系数，ψ 为扭转角。已知圆盘对其中心轴的转动惯量为 J_0，则扭摆的转动周期为多少？

【答案：$2\pi\sqrt{\dfrac{J_0}{D}}$**】**

详解： 由刚体定轴转动定律得

$$-D\psi=J_0\frac{d^2\psi}{dt^2}$$

或

$$\frac{d^2\psi}{dt^2}+\frac{D}{J_0}\psi=0$$

令 $\omega^2=\dfrac{D}{J_0}$，则该扭摆的周期为

$$T=\frac{2\pi}{\omega}=2\pi\sqrt{\frac{J_0}{D}}$$

(12) 在静止的升降机中，长度为 l 的单摆的振动周期为 T_0。当升降机以 $0.5g$ 的加速度竖直下降时，摆的振动周期为多少？

【答案：$\sqrt{2}T_0$**】**

详解： 在静止的升降机中，长度为 l 的单摆的振动周期为

$$T_0=2\pi\sqrt{\frac{l}{g}}$$

当升降机以 $0.5g$ 的加速度竖直下降时，根据相对运动的加速度相对性原理得单摆系统相对于升降机的加速度为

$$a'=g-0.5g=0.5g$$

因此，单摆的振动周期变为

$$T=2\pi\sqrt{\frac{l}{a'}}=2\pi\sqrt{\frac{l}{0.5g}}=2\pi\sqrt{\frac{2l}{g}}=\sqrt{2}T_0$$

(13) 一个摆长为 2.0m 的单摆，放在下降加速度为 1.8m/s^2 的电梯中，该单摆作小幅度摆动的频率是多少？

【答案：0.32Hz**】**

详解： 当电梯以 $a=1.8\text{m/s}^2$ 的加速度下降时，根据相对运动的加速度相对性原理，得单摆系统相对于电梯的加速度为

$$a'=g-a=9.8-1.8=8\ (\text{m/s}^2)$$

因此，该单摆作小幅度摆动的频率为

$$\nu=\frac{1}{2\pi}\sqrt{\frac{a'}{l}}=\frac{1}{2\pi}\sqrt{\frac{8}{2}}=0.32\ (\text{Hz})$$

2. 简谐振动的能量

(1) 一个弹簧振子作简谐振动的总能量为 E，如果简谐振动振幅增加为原来的 2 倍，

振子的质量增为原来的4倍，则它的总能量变为多少？

【答案：$4E$】

详解：作简谐振动的弹簧振子的总能量为

$$E=\frac{1}{2}kA^2$$

当简谐振动振幅增加为原来的2倍，振子的质量增为原来的4倍时，其总能量变为

$$E'=\frac{1}{2}k(2A)^2=4\times\frac{1}{2}kA^2=4E$$

(2) 当质点以频率ν作简谐振动时，它的动能的变化频率为多少？

【答案：2ν】

详解：由于简谐振动动能的周期等于简谐振动周期的一半，即

$$T_k=\frac{T}{2}$$

因此简谐振动动能的变化频率为

$$\nu_k=\frac{1}{T_k}=\frac{2}{T}=2\nu$$

(3) 弹簧振子在光滑水平面上作简谐振动时，弹性力在半个周期内所做的功为多少？

【答案：0】

详解：弹性力是保守力，因此弹性力在半个周期内所做的功为

$$W=E_{P1}-E_{P2}=\frac{1}{2}kA^2\cos^2(\omega t+\varphi)-\frac{1}{2}kA^2\cos^2\left[\omega\left(t+\frac{T}{2}\right)+\varphi\right]$$

其中，$\omega\frac{T}{2}=\frac{2\pi}{T}\times\frac{T}{2}=\pi$，因此

$$W=\frac{1}{2}kA^2\cos^2(\omega t+\varphi)-\frac{1}{2}kA^2\cos^2(\omega t+\varphi+\pi)=0$$

(4) 一个作简谐振动的弹簧振子，当位移为振幅的一半时，其动能为总能量的多少倍？

【答案：$\frac{3}{4}$】

详解：作简谐振动的弹簧振子的总能量为

$$E=\frac{1}{2}kA^2$$

当简谐振动的位移等于振幅的一半时，其势能为

$$E_P=\frac{1}{2}k(A/2)^2=\frac{1}{4}\times\frac{1}{2}kA^2=\frac{1}{4}E$$

其动能为

$$E_k=E-E_P=E-\frac{1}{4}E=\frac{3}{4}E$$

即这时的动能等于总能量的3/4倍。

(5) 一个作简谐振动的物体的振动方程为

$$x=A\cos\left(\omega t+\frac{1}{3}\pi\right)$$

公式中的各个物理量均采用国际单位。该物体在 $t=0$ 时的动能与 $t=0.25T$ 时的动能之比为多少？

【答案：3】

详解：物体在 $t=0$ 时的动能为

$$E_{k0}=E_{km}\sin^2\frac{\pi}{3}=\frac{3}{4}E_{km}$$

物体在 $t=0.25T$ 时的动能为

$$E_k=E_{km}\sin^2\left(\frac{2\pi}{T}\times 0.25T+\frac{1}{3}\pi\right)=E_{km}\cos^2\frac{\pi}{3}=\frac{1}{4}E_{km}$$

这两个时刻的动能之比为

$$\frac{E_{k0}}{E_k}=3$$

（6）一个作简谐振动的系统的周期为 T，以余弦函数表达振动时，初相为零。在 $0\leqslant t\leqslant 0.5T$ 范围内，系统在什么时刻动能和势能相等？

【答案：$T/8$，$3T/8$】

详解：作简谐振动的系统的总能量为

$$E=E_k+E_P$$

依题意，其中 $E_k=E_P$，因此

$$E=2E_P$$

由于

$$E=\frac{1}{2}kA^2,\ E_P=\frac{1}{2}kx^2$$

因此

$$x=\pm\frac{\sqrt{2}}{2}A$$

即系统在作简谐振动时，有 4 个状态动能和势能相等，如图 11－14 所示。

由于本题目初相为零，因此在 $0\leqslant t\leqslant 0.5T$ 范围内，系统在 $\frac{T}{8}$ 和 $\frac{3}{8}T$ 时刻动能和势能相等。

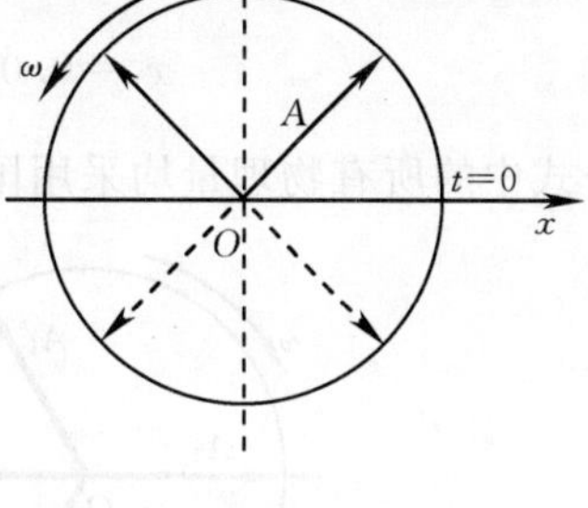

图 11－14

3. 简谐振动的合成和阻尼振动、受迫振动、共振

（1）一根长度为 l、劲度系数为 k 的均匀轻弹簧被分割成长度为 l_1 和 l_2 的两部分，且 $l_1=3l_2$。这两部分弹簧的劲度系数 k_1 和 k_2 分别为多大？

【答案：$k_1=\frac{4}{3}k$；$k_2=4k$】

详解：由于 $l=l_1+l_2$、$l_1=3l_2$，因此

$$l_1=\frac{3}{4}l,\ l_2=\frac{1}{4}l$$

原弹簧的劲度系数 k、两部分弹簧的劲度系数 k_1 和 k_2 分别满足的关系式为

$$k=\frac{ES}{l},\ k_1=\frac{ES}{l_1},\ k_2=\frac{ES}{l_2}$$

其中，E、S 分别为弹簧的杨氏模量和横截面积。

两部分弹簧的劲度系数 k_1 和 k_2 与原弹簧的劲度系数 k 的关系分别为

$$k_1=\frac{ES}{l_1}=\frac{4}{3}\frac{ES}{l}=\frac{4}{3}k$$

$$k_2=\frac{ES}{l_2}=4\ \frac{ES}{l}=4k$$

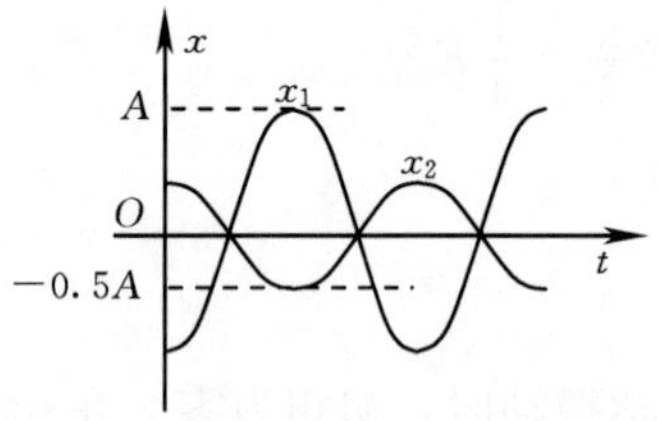

图 11－15

（2）图 11－15 为两个简谐振动的振动曲线。如果这两个简谐振动可以叠加，则合成的余弦振动的初相等于多少？

【答案：π】

详解：由两个简谐振动的振动曲线可以看出，它们的振动始终反向。它们在各个时刻求代数和的结果是，合振动的初相与振幅大的分振动 x_1 相同，即合成的余弦振动的初相等于 π。

（3）一个质点同时参与三个简谐振动，它们的振动方程分别为

$x_1=A\cos\left(\omega t+\frac{1}{3}\pi\right)$，$x_2=A\cos\left(\omega t+\frac{5}{3}\pi\right)$，$x_3=A\cos(\omega t+\pi)$ 试写出合成振动的振动方程。

【答案：0】

详解：由题意得旋转矢量图，如图 11－16 所示。由于分振动 x_1 与 x_2 的合成振幅也等于 A，并且其振动与 x_3 相反，因此这三个分振动的合成振动为零。

（4）一个质点同时参与两个同方向的简谐振动，它们的振动方程分别为

$$x_1=0.05\cos\left(\omega t+\frac{1}{4}\pi\right),\ x_2=0.05\cos\left(\omega t+\frac{9}{12}\pi\right)$$

公式中的所有物理量均采用国际单位，试写出合成振动的振动方程。

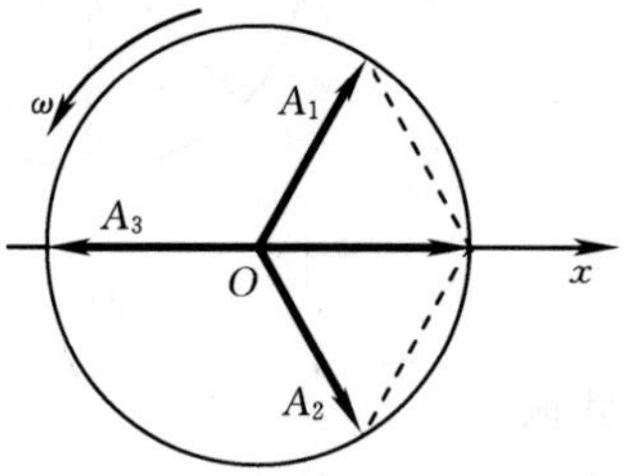

图 11－16

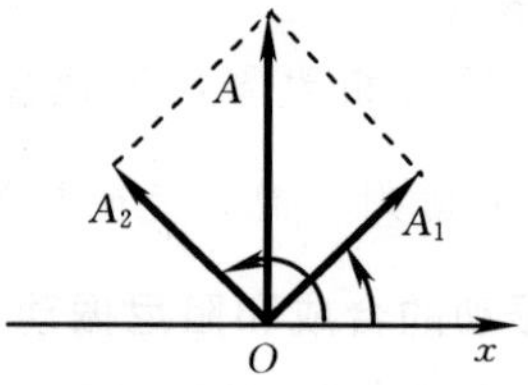

图 11－17

【答案：$x=0.07\cos\left(\omega t+\frac{1}{2}\pi\right)$ (m)**】**

详解：由题意得旋转矢量图，如图 11－17 所示。

由图 11－17 可以看出，旋转矢量 $\vec{A}_1$ 与 $\vec{A}_2$ 互相垂直，因此合成振动的振幅和初相分别为

$$A=\sqrt{2}A_1=0.07\ (\text{m}),\ \varphi=\frac{\pi}{2}$$

因此，合成振动的振动方程为

$$x=0.07\cos\left(\omega t+\frac{1}{2}\pi\right)\ (\text{m})$$

（5）两个同方向同频率的简谐振动，其合振动的振幅为20cm，与第一个简谐振动的相位差为$\varphi-\varphi_1=\frac{\pi}{6}$。若第一个简谐振动的振幅为$10\sqrt{3}$cm，则第二个简谐振动的振幅为多少？第一、二两个简谐振动的相位差$\varphi_1-\varphi_2$为多少？

【答案：10cm；$-\frac{\pi}{2}$**】**

详解：由题意得旋转矢量合成图如图11－18所示。

在$\triangle OMM_1$中

$$\overline{MM_1}=A_2\quad \angle MOM_1=\varphi-\varphi_1=\frac{\pi}{6}$$

由余弦定理得第二个简谐振动的振幅为

$$A_2=\sqrt{A^2+A_1^2-2AA_1\cos(\varphi-\varphi_1)}=10\ (\text{cm})$$

由于

$$A^2=A_1^2+A_2^2$$

因此，$\triangle OMM_1$是直角三角形，所以

$$\angle MM_1O=\angle M_1OM_2=\varphi_2-\varphi_1=\frac{\pi}{2}$$

则第一、二两个简谐振动的相位差$\varphi_1-\varphi_2$为

$$\varphi_1-\varphi_2=-\frac{\pi}{2}$$

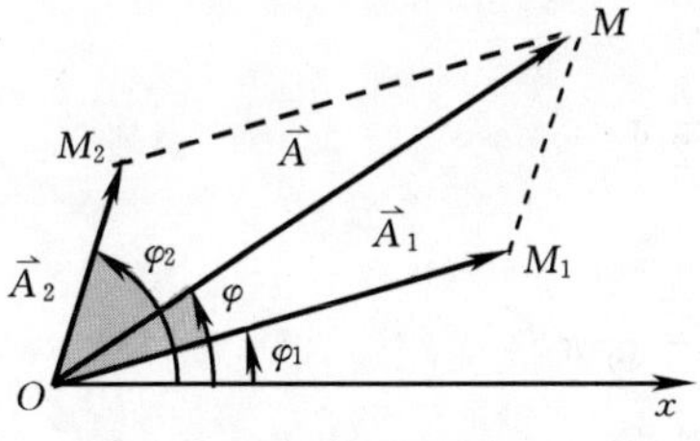

图11－18

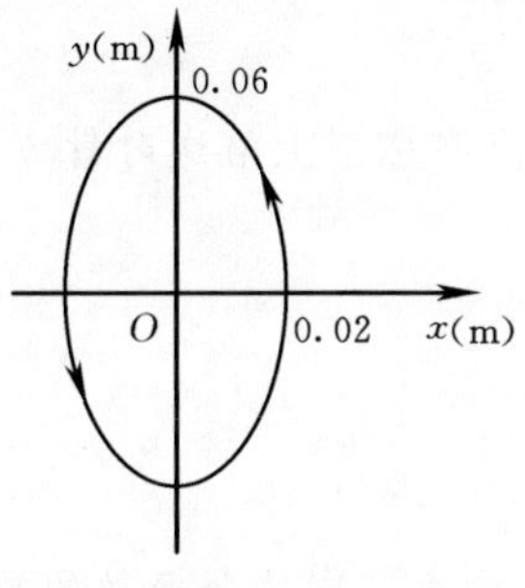

图11－19

（6）图11－19中的椭圆是两个互相垂直的同频率简谐振动合成的图形，已知x方向的振动方程为

$$x=0.02\cos\left(\omega t+\frac{1}{2}\pi\right)$$

动点在椭圆上沿逆时针方向运动。公式中的所有物理量均采用国际单位，则y方向的振动方程如何？

【答案：$y=0.06\cos\omega t$】

详解：设 y 方向的振动方程为

$$y=A_y\cos(\omega t+\varphi_y)$$

由图 11-19 可以看出

$$A_y=0.06\ (\text{m})$$

由于动点在椭圆上沿逆时针方向运动，因此

$$\varphi_y-\varphi_x=\frac{3}{2}\pi$$

由此解得

$$\varphi_y=\frac{3}{2}\pi+\varphi_x=\frac{3}{2}\pi+\frac{1}{2}\pi=\frac{3}{2}\pi+\frac{1}{2}\pi=2\pi$$

因此，y 方向的振动方程为

$$y=0.06\cos(\omega t+2\pi)=0.06\cos\omega t$$

(7) 一个质点同时参与两个互相垂直的同频率的简谐振动，其合成运动的轨道及旋转方向如图 11-20 所示，旋转周期为 2s。初始时刻质点位于图中 x 轴上的 P 点。写出两个分振动的数值表达式。

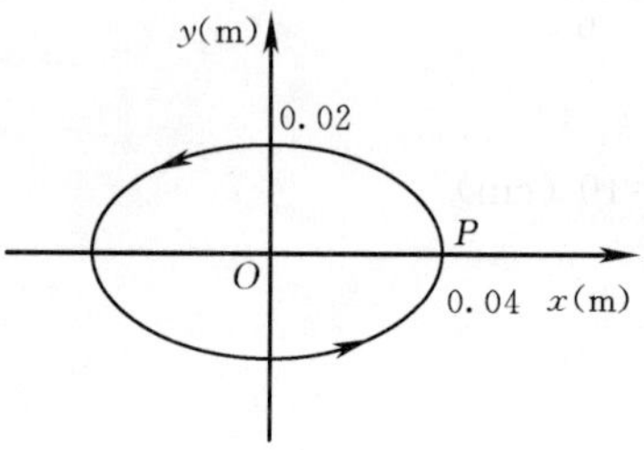

图 11-20

【答案：$x=0.04\cos\pi t$；$y=0.02\cos\left(\pi t+\frac{3}{2}\pi\right)$】

详解：由图 11-20 可以看出

$$A_x=0.04\text{m},\ A_y=0.02\text{m}$$

两个分振动的角频率为

$$\omega=\frac{2\pi}{T}=\frac{2\pi}{2}=\pi\ (\text{rad/s})$$

依题意可知

$$\varphi_x=0$$

由于动点在椭圆上沿逆时针方向运动，因此

$$\varphi_y-\varphi_x=\frac{3}{2}\pi$$

由此解得

$$\varphi_y=\frac{3}{2}\pi+\varphi_x=\frac{3}{2}\pi$$

因此，x、y 两个方向的分振动的数值表达式分别为

$$x=0.04\cos\pi t$$

$$y=0.02\cos\left(\pi t+\frac{3}{2}\pi\right)$$

三、课后习题解答

(1) 一个轻弹簧在 60N 的拉力作用下伸长了 0.3m。将一个物体悬挂在弹簧的下端并

在它上面再放一个小物体，它们的总质量为 4kg。待它们静止后再向下拉 0.1m，然后释放。

1）在物体振动过程中，小物体是否会与振动物体分离？

2）如果使放在振动物体上的小物体与振动物体分离，振幅 A 应该满足何条件？

解：1）设小物体的质量为 m，随振动物体的加速度为 a，如果取向下为正方向，根据牛顿第二定律有

$$mg-F_N=ma$$

由此解得

$$F_N=m(g-a)$$

当 $F_N\geqslant 0$，即 $a\leqslant g$ 时，小物体不会脱离振动物体。

物体在最大位移处的加速度最大。由于

$$A=0.1\text{m}$$

$$k=\frac{F}{\Delta x}=\frac{60}{0.3}=200\ (\text{N/m})$$

因此，振动系统的角频率为

$$\omega=\sqrt{\frac{k}{M}}=\sqrt{\frac{200}{4}}=\sqrt{50}\ (\text{rad/s})$$

振动系统的最大加速度为

$$a_{\max}=\omega^2 A=5\ (\text{m/s}^2)$$

由于 $a_{\max}<g$，因此小物体不会脱离振动物体。

2）放在振动物体上的小物体与振动物体分离的条件为

$$a_{\max}\geqslant g$$

其中，$a_{\max}=\omega^2 A$，因此使放在振动物体上的小物体与振动物体分离，振幅 A 应该满足的条件为

$$A\geqslant\frac{g}{\omega^2}=\frac{9.8}{50}=0.196\ (\text{m})$$

（2）两个小球悬于同样长度 l 的线上。将第一个小球从平衡位置移开，使悬线和竖直线成微小角度 θ；而第二个小球沿竖直方向上举到悬点，如图 11-21 所示。如果两个小球同时由静止释放，哪个小球先到达最低位置？时间差为多少？

解：第一个小球返回平衡位置（即到达最低点）所需要的时间为

$$t_1=\frac{T}{4}=\frac{\pi}{2}\sqrt{\frac{l}{g}}=1.57\sqrt{\frac{l}{g}}$$

而第二个小球自由下落通过路程 l 所需要的时间为

$$t_2=\sqrt{\frac{2l}{g}}=1.41\sqrt{\frac{l}{g}}$$

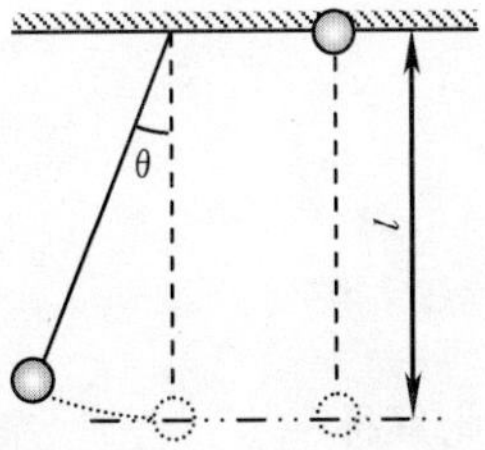

图 11-21

由于 $t_1>t_2$，因此第二个小球先到达最低位置。

第一个小球比第二个小球晚到达最低位置的时间间隔为

$$\Delta t=t_1-t_2=0.16\sqrt{\frac{l}{g}}$$

（3）一根轻弹簧在 60N 的拉力下伸长了 0.3m。把质量为 4kg 的物体悬挂在该弹簧的下端并使之静止，再把物体向下拉 0.1m 后由静止释放并开始计时。求：

1）物体的振动方程。

2）物体在平衡位置上方 0.05m 时弹簧对物体的拉力。

3）物体从第一次越过平衡位置时刻起到它运动到上方 0.05m 处所需要的最短时间。

解： 1）轻弹簧的劲度系数为

$$k=\frac{F}{\Delta x}=\frac{60}{0.3}=200\ (\mathrm{N/m})$$

振动物体的角频率为

$$\omega=\sqrt{\frac{k}{m}}=\sqrt{\frac{200}{4}}=\sqrt{50}\ (\mathrm{rad/s})$$

选平衡位置为坐标原点，向下为 x 轴的正方向，依题意可知物体简谐振动的振幅和初相分别为

$$A=0.1\mathrm{m},\ \varphi=0$$

因此，物体的振动方程为

$$x=0.1\cos\sqrt{50}\,t\ (\mathrm{m})$$

2）物体在平衡位置上方 0.05m 时物体的加速度为

$$a=-\omega^2 x=-50\times(-0.05)=2.5\ (\mathrm{m/s^2})$$

根据牛顿定律得

$$mg-F=ma$$

由此解得在该处弹簧对物体的拉力为

$$F=m(g-a)=4\times(9.8-2.5)=29.2\ (\mathrm{N})$$

3）设物体第一次到达平衡位置的时刻为 t_1，第一次运动到平衡位置上方 0.05m 处的时刻为 t_2，则有

$$0.1\cos\sqrt{50}t_1=0$$

即

$$\sqrt{50}t_1=\frac{\pi}{2}$$

由此解得

$$t_1=\frac{\pi}{2\sqrt{50}}$$

$$0.1\cos\sqrt{50}t_2=-0.05$$

即

$$\sqrt{50}t_1=\frac{2\pi}{3}$$

由此解得

$$t_2=\frac{2\pi}{3\sqrt{50}}$$

因此，物体从第一次越过平衡位置起到它运动到平衡位置上方 0.05m 处所需要的最短时间为

$$\Delta t=t_2-t_1=\frac{\pi}{6\sqrt{50}}=0.074\ (s)$$

注意：本题目的第三问用旋转矢量法求解特别直观、简洁，学过旋转矢量以后读者不妨试一试。

(4) 一块木板在水平面上做简谐振动，振幅为 0.12m，在距平衡位置 0.06m 处的速率为 0.24m/s。如果一个小物块（其质量远远小于木板的质量）置于振动木板上，由于静摩擦力的作用，小物块和木板一起运动。当木板运动到最大位移处时，物块恰好开始在木板上滑动，问物块与木板之间的静摩擦系数为多少？

解： 由于木板运动到最大位移处时，物块恰好开始在木板上滑动，因此

$$F_{f\max}=ma_{\max}$$

其中，$F_{f\max}=\mu_0 mg$ 为最大静摩擦力，$a_{\max}=A\omega^2$ 为木板运动到最大位移处的加速度。因此

$$\mu_0 mg=mA\omega^2$$

由此解得

$$\mu_0=\frac{A\omega^2}{g}$$

设木板在水平面上做简谐振动的振动方程为

$$x=A\cos(\omega t+\varphi)$$

则木板的振动速度方程为

$$v=-A\omega\sin(\omega t+\varphi)$$

由以上两个方程解得

$$\omega=\frac{v}{\sqrt{A^2-x^2}}$$

因此，物块与木板之间的静摩擦系数为

$$\mu_0=\frac{A\omega^2}{g}=\frac{Av^2}{g(A^2-x^2)}=\frac{0.12\times0.24^2}{9.8\times(0.12^2-0.06^2)}=0.0653$$

(5) 一个质量为 0.20kg 的质点做简谐振动，其振动方程为

$$x=0.6\cos\left(5t-\frac{1}{2}\pi\right)$$

公式中的所有物理量均采用国际单位，求：

1) 质点的初速度。

2) 质点在正向最大位移一半处所受的力。

解： 1) 质点的振动速度表达式为

$$v=\frac{dx}{dt}=-3.0\sin\left(5t-\frac{1}{2}\pi\right)$$

因此，质点的初速度为

$$v_0=-3.0\sin\left(-\frac{1}{2}\pi\right)=3.0\ (m/s)$$

2）质点在正向最大位移一半处的加速度为

$$a=-\omega^2 x=-\frac{1}{2}\omega^2 A$$

因此，质点在正向最大位移一半处所受的力为

$$F=ma=-\frac{1}{2}m\omega^2 A=-\frac{1}{2}\times 0.20\times 5^2\times 0.6=-1.5\ (\text{N})$$

（6）有一根轻弹簧，在其下端挂质量为 10g 的物体 m 而平衡时，伸长量为 4.9cm。用这根弹簧与质量为 16g 的物体组成弹簧振子 M。取平衡位置为坐标原点，向上为 x 轴的正方向。将物体从平衡位置向下拉 2cm 后，给予向上的初速度 5cm/s 并开始计时，试求该物体的振动周期和振动方程。

解：由题意得平衡方程为

$$mg=k\Delta l$$

由此解得弹簧的劲度系数为

$$k=\frac{mg}{\Delta l}$$

取下 m 挂上 M 后，M 作简谐振动的角频率为

$$\omega=\sqrt{\frac{k}{M}}=\sqrt{\frac{mg}{M\Delta l}}=\sqrt{\frac{10\times 9.8}{16\times 4.9\times 10^{-2}}}=11.2\ (\text{rad/s})$$

由此得该物体的振动周期为

$$T=\frac{2\pi}{\omega}=\frac{2\pi}{11.2}=0.56\ (\text{s})$$

已知简谐振动的初始条件为 $x_0=-2\times 10^{-2}\text{m}$、$v_0=5\times 10^{-2}\text{m/s}$，则得简谐振动的振幅为

$$A=\sqrt{x_0^2+\left(\frac{v_0}{\omega}\right)^2}=\sqrt{(-2\times 10^{-2})^2+\left(\frac{5\times 10^{-2}}{11.2}\right)^2}=2.05\times 10^{-2}(\text{m})$$

由于

$$\cos\varphi=\frac{x_0}{A}=\frac{-2\times 10^{-2}}{2.05\times 10^{-2}}=-0.9756$$

因此

$$\varphi=2.92\text{rad 或 }\varphi=-2.92\text{rad}$$

由于 $v_0=5\times 10^{-2}\text{m/s}>0$，因此

$$\sin\varphi=-\frac{v_0}{A\omega}<0$$

所以

$$\varphi=-2.92\ (\text{rad})$$

该物体的振动方程为

$$x=2.05\times 10^{-2}\cos(11.2t-2.92)\ (\text{m})$$

（7）有一个摆长为 1m 单摆，开始观察时摆球正好过 -6cm 处，并以 20cm/s 的速度沿 x 轴正方向运动，如果该单摆的运动近似简谐振动，试求其振动频率、振幅和初相。

解：该单摆的振动角频率和频率分别为

$$\omega=\sqrt{\frac{g}{l}}=3.13\ (\mathrm{rad/s})$$

$$\nu=\frac{\omega}{2\pi}=\frac{1}{2\pi}\sqrt{\frac{g}{l}}=0.50\mathrm{Hz}$$

已知简谐振动的初始条件为 $x_0=-6\times10^{-2}\mathrm{m}$、$v_0=20\times10^{-2}\mathrm{m/s}$，则得简谐振动的振幅为

$$A=\sqrt{x_0^2+\left(\frac{v_0}{\omega}\right)^2}=\sqrt{(-6\times10^{-2})^2+\left(\frac{20\times10^{-2}}{0.50}\right)^2}=8.76\times10^{-2}(\mathrm{m})$$

由于

$$\cos\varphi=\frac{x_0}{A}=\frac{-6\times10^{-2}}{8.76\times10^{-2}}=-0.6849$$

因此

$$\varphi=2.33\mathrm{rad}\ \text{或}\ \varphi=-2.33\mathrm{rad}$$

由于 $v_0=20\times10^{-2}\mathrm{m/s}>0$，因此

$$\sin\varphi=-\frac{v_0}{A\omega}<0$$

所以

$$\varphi=-2.33\mathrm{rad}$$

(8) 一个质量为 0.25kg 的物体，在劲度系数为 25N/m 的弹簧作用下沿着 x 轴运动，其平衡位置在坐标原点。

1) 求振动的周期和角频率。

2) 如果振幅为 0.15m，初始时物体位于 x 轴 0.075m 处，且物体沿 x 轴反方向运动，求物体的初速度和初相。

3) 写出振动方程。

解：1) 该物体振动的角频率为

$$\omega=\sqrt{\frac{k}{m}}=\sqrt{\frac{25}{0.25}}=10\ (\mathrm{rad/s})$$

振动周期为

$$T=\frac{2\pi}{\omega}=\frac{2\pi}{10}=0.63\ (\mathrm{s})$$

2) 由公式 $A=\sqrt{x_0^2+\left(\frac{v_0}{\omega}\right)^2}$，同时注意到初始时物体沿 x 轴反方向运动，得物体的初速度为

$$v_0=-\omega\sqrt{A^2-x_0^2}=-10\sqrt{0.15^2-0.075^2}=-1.3\ (\mathrm{m/s})$$

由于

$$\cos\varphi=\frac{x_0}{A}=\frac{0.075}{0.15}=\frac{1}{2}$$

因此

$$\varphi=\frac{\pi}{3} \text{ 或 } \varphi=-\frac{\pi}{3}$$

由于 $v_0<0$，$\sin\varphi=-\frac{v_0}{A\omega}>0$，因此初相为

$$\varphi=\frac{\pi}{3}$$

3）该简谐振动的振动方程为

$$x=0.15\cos\left(10t+\frac{1}{3}\pi\right)\ (\mathrm{m})$$

（9）作简谐振动的某物体的速度最大值为 $3\times10^{-2}\mathrm{m/s}$，振幅为 $2\times10^{-2}\mathrm{m}$。如果开始时物体位于平衡位置且向 x 轴的负方向运动，求：

1）振动周期。

2）加速度最大值。

3）振动方程。

解：1）简谐振动的速度最大值为

$$v_{\mathrm{m}}=A\omega=\frac{2\pi A}{T}$$

因此，该简谐振动的周期为

$$T=\frac{2\pi A}{v_{\mathrm{m}}}=\frac{2\pi\times2\times10^{-2}}{3\times10^{-2}}=4.19\ (\mathrm{s})$$

2）简谐振动的加速度最大值为

$$a_{\mathrm{m}}=A\omega^2=A\left(\frac{v_{\mathrm{m}}}{A}\right)^2=\frac{v_{\mathrm{m}}^2}{A}=\frac{(3\times10^{-2})^2}{2\times10^{-2}}=4.5\times10^{-2}(\mathrm{m/s^2})$$

3）依题意得简谐振动的初相和角频率分别为

$$\varphi=\frac{\pi}{2},\ \omega=\frac{v_m}{A}=\frac{3\times10^{-2}}{2\times10^{-2}}=1.5\ (\mathrm{rad/s})$$

因此，该简谐振动的振动方程为

$$x=0.02\cos\left(1.5t+\frac{\pi}{2}\right)\ (\mathrm{m})$$

（10）为了使单摆的振动周期在高度 H 处和地球表面上相等，其长度需减少多少？设地球表面处摆长为 l_0，地球半径为 R，且 $H\ll R$。

解：长度为 l_0 的单摆在地球表面和长度为 l 的单摆在高度 H 处的振动周期分别为

$$T_0=2\pi\sqrt{\frac{l_0}{g_0}},\ T=2\pi\sqrt{\frac{l}{g}}$$

其中，g_0 和 g 分别为地球表面处和高度 H 处的重力加速度，它们分别为

$$g_0=\frac{GM}{R^2},\ g=\frac{GM}{(R+H)^2}$$

其中，G 和 M 分别为引力常量和地球的质量。

已知 $T=T_0$，因此

$$\frac{l_0}{g_0}=\frac{l}{g} \text{ 或 } l=\frac{g}{g_0}l_0$$

将 g_0 和 g 的表达式代入上式

$$l=\frac{R^2}{(R+H)^2}l_0$$

单摆的长度减少量为

$$|\Delta l|=l_0-l=l_0-\frac{R^2}{(R+H)^2}l_0=\frac{(2R+H)H}{(R+H)^2}l_0$$

由于 $H\ll R$，因此 $2R+H\approx 2R$、$R+H\approx R$，由上式即得

$$|\Delta l|=\frac{2Hl_0}{R}$$

(11) 一辆汽车沿半径为 R 的圆形水平轨道匀速行驶，速率为 v。在汽车中有一个摆长为 l 的单摆，摆锤质量为 m。此单摆在垂直于汽车速度的方向上作小幅度摆动，求该单摆的摆动频率。

解：以汽车为参考系，摆锤受到方向向下的重力 mg 和方向背离圆心的惯性离心力 mv^2/R，这两个力的合力与绳的拉力平衡。由于重力与惯性离心力垂直，二者合力的大小为

$$F=\sqrt{(mg)^2+\left(\frac{mv^2}{R}\right)^2}$$

摆锤的等效重力加速度大小为

$$g'=\frac{F}{m}=\sqrt{g^2+\frac{v^4}{R^2}}$$

因此，该单摆的摆动频率为

$$\nu=\frac{1}{2\pi}\sqrt{\frac{g'}{l}}=\frac{1}{2\pi}\left[\frac{\sqrt{g^2+v^4/R^2}}{l}\right]^{1/2}$$

(12) 一个单摆的角振幅为 0.1π，周期为 0.5s，求：

1) 摆动角速度的最大值。

2) 当角位移等于角振幅的一半时的角速度大小。

解：1) 已知单摆的角振幅 $\theta_0=0.1\pi$，周期为 0.5s，则角频率为

$$\omega=\frac{2\pi}{T}=\frac{2\pi}{0.5}=4\pi\ \text{(rad/s)}$$

其振动方程可以写为

$$\theta=0.1\pi\cos(4\pi t+\varphi)$$

因此，摆动角速度表达式为

$$\frac{\mathrm{d}\theta}{\mathrm{d}t}=-0.4\pi^2\sin(4\pi t+\varphi)$$

摆动角速度的最大值为

$$\left.\frac{\mathrm{d}\theta}{\mathrm{d}t}\right|_{\max}=0.4\pi^2=3.95(\text{rad/s}^2)$$

2) 当角位移等于角振幅的一半时，有

$$\frac{0.1\pi}{2}=0.1\pi\cos(4\pi t+\varphi)$$

即

$$\cos(4\pi t+\varphi)=\frac{1}{2}$$

由三角函数关系得

$$\sin(4\pi t+\varphi)=\pm\sqrt{1-\left(\frac{1}{2}\right)^2}=\pm\frac{\sqrt{3}}{2}$$

这时的角速度大小为

$$\left|\frac{\mathrm{d}\theta}{\mathrm{d}t}\right|=0.4\pi^2\times\frac{\sqrt{3}}{2}=3.42\ (\mathrm{rad/s})$$

(13) 在伦敦与巴黎之间挖掘长为 320km 的地下直线隧道，铺设地下铁路。设列车只在地球引力作用下运行，试计算列车在两城市之间需要运行多少时间？列车的最大速度是多少？忽略一切摩擦，并将地球看作是半径为 6400km 的密度均匀的静止球体，已知处于地球内部任一点处质量为 m 的质点所受地球引力的大小与它距地球中心的距离成正比，可用 $\frac{4}{3}\pi G\rho mr$ 表示，其中 G 为引力恒量，ρ 为地球密度，r 为质点与地球中心的距离。

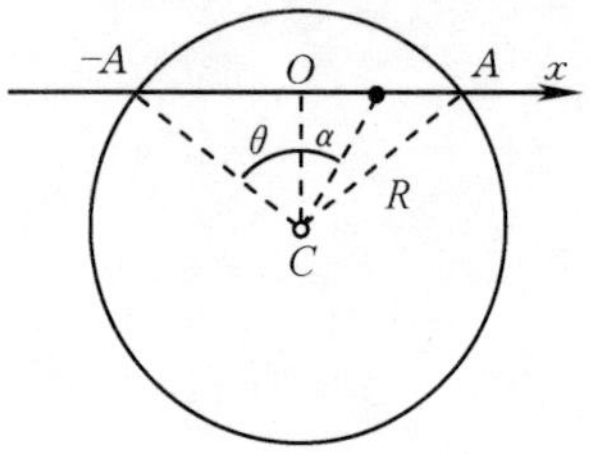

图 11-22

解： 建立如图 11-22 所示的坐标系，质量为 m 的质点 P 受的引力在指向 O 点方向上的分力为

$$F=-\frac{4}{3}\pi G\rho mr\sin\alpha \quad ①$$

其中，负号表示该分力的方向与 x 轴正方向相反。由图中的几何关系得

$$r\sin\alpha=x \quad ②$$

由万有引力定理和牛顿定律得

$$G\,\frac{4}{3}\pi R^3\rho m\,\frac{1}{R^2}=mg \quad ③$$

其中，$\frac{4}{3}\pi R^3\rho$ 为地球的质量。由此解得

$$\frac{4}{3}\pi G\rho=\frac{g}{R} \quad ④$$

将式③和式④代入式①中，得

$$F=-\frac{mg}{R}x$$

又由牛顿第二定律得

$$-\frac{mg}{R}x=m\,\frac{\mathrm{d}x^2}{\mathrm{d}t^2}$$

即

$$\frac{\mathrm{d}x^2}{\mathrm{d}t^2}+\frac{g}{R}x=0$$

即列车在伦敦与巴黎之间的地下直线隧道中作简谐振动。其振动周期为

$$T=\frac{2\pi}{\omega}=2\pi\sqrt{\frac{R}{g}}$$

列车在两城市之间运行的时间为

$$t=\frac{T}{2}=\pi\sqrt{\frac{R}{g}}=\pi\sqrt{\frac{6400\times10^3}{9.8}}=2538.79(\text{s})=42.3\ (\text{min})$$

由题意得该简谐振动的振幅 $A=160\text{km}$，因此列车运行的最大速度为

$$v_{\max}=A\omega=A\sqrt{\frac{g}{R}}=160\times10^3\times\sqrt{\frac{9.8}{6400\times10^3}}=198.0\ (\text{m/s})$$

(14) 如图 11－23 所示，一个弹簧振子在光滑水平面上作振幅为 0.05m 的简谐振动，已知物块的质量为 0.1kg，弹簧的劲度系数为 4N/m。质量为 0.05kg 的橡皮泥竖直落下并粘在物块上。在下列两种情况下，求新的简谐振动系统的振动周期、振幅和能量损失值。

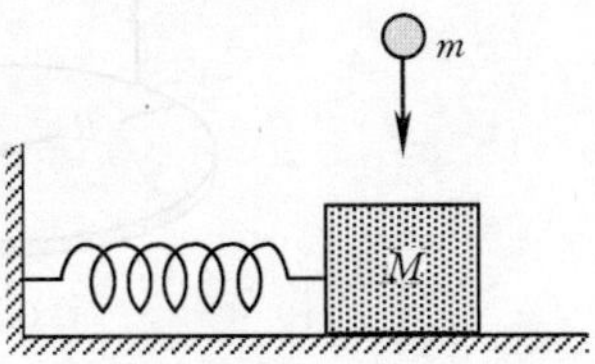

图 11－23

1) 物块经过平衡位置时，橡皮泥与物块粘合。

2) 物块在最大位移处时，橡皮泥与物块粘合。

解： 1) 物块经过平衡位置时，橡皮泥与物块粘合以后它们将共同作简谐振动，其振动的角频率为

$$\omega_1=\sqrt{\frac{k}{m+M}}$$

因此，新的简谐振动系统的振动周期为

$$T_1=\frac{2\pi}{\omega_1}=2\pi\sqrt{\frac{m+M}{k}}=1.22\ (\text{s})$$

橡皮泥与物块粘合过程中在水平方向动量守恒，即

$$Mv_0=(M+m)v_1$$

其中

$$v_0=A_0\omega_0=A_0\sqrt{\frac{k}{M}}$$

因此，橡皮泥与物块粘合后它们的共同运动速度大小为

$$v_1=\frac{M_1v_0}{M+m}=\frac{MA_0\omega_0}{M+m}$$

这个速度大小也是新的简谐振动系统的最大速度，因此

$$v_1=A_1\omega_1$$

由此解得新的简谐振动系统的振幅为

$$A_1=\frac{v_1}{\omega_1}=\frac{M\omega_0}{(M+m)\omega_1}A_0=\frac{M}{M+m}\sqrt{\frac{M+m}{M}}A_0=\sqrt{\frac{M}{M+m}}A_0=0.04\ (\text{m})$$

能量损失值为

$$\Delta E=\frac{1}{2}Mv_0^2-\frac{1}{2}(M+m)v_1^2=\frac{Mmv_0^2}{2(M+m)}=\frac{m}{M+m}\frac{1}{2}kA_0^2=1.67\times10^{-3}(\text{J})$$

2) 如果物块在最大位移处时，橡皮泥与物块粘合，由于 m 与 M 在水平方向的相对速度为零，因此新的简谐振动系统的振幅保持不变，仍然等于 0.05m。简谐振动系统没有能量损失，即能量损失值等于 0。新的简谐振动系统的周期与前面的一样，等于 1.22s。

（15）质量为 m、半径为 R 的均匀圆盘用三根长为 l 的平行细线悬挂起来，细线与盘的三个连接点等距地分布在圆盘的外沿圆周上，如图 11-24（a）所示。求盘在水平面内作扭转振动的周期。

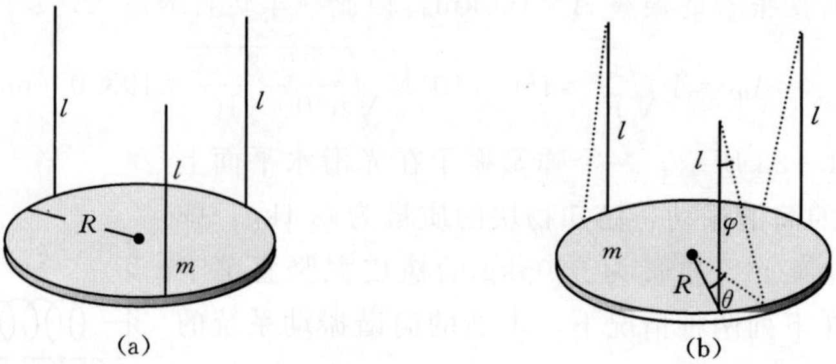

图 11-24

解： 当均匀圆盘处于平衡状态时，每根线中的张力为

$$F_T=\frac{1}{3}mg$$

如图 11-24（b）所示，当细线转过微小角度 φ，圆盘绕中心转过一个微小角度 θ，由图中的几何关系可以看出

$$l\varphi=R\theta \text{ 或 } \varphi=\frac{R\theta}{l}$$

由于转角 φ 很小，可认为线中的张力不变，每根线张力的水平分量为

$$F_{T//}=\frac{1}{3}mg\sin\varphi\approx\frac{1}{3}mg\varphi$$

圆盘受到的总恢复力矩为

$$M=-3F_{T//}R=-3\left(\frac{1}{3}mg\varphi\right)R=-mg\varphi R=-mg\frac{R\theta}{l}R=-\frac{mgR^2}{l}\theta$$

由刚体定轴转动的转动定律得

$$-\frac{mgR^2}{l}\theta=\frac{1}{2}mR^2\frac{\mathrm{d}^2\theta}{\mathrm{d}t^2}$$

整理上式得

$$\frac{\mathrm{d}^2\theta}{\mathrm{d}t^2}+\frac{2g}{l}\theta=0$$

可见，当转角 θ 很小时，圆盘在水平面内的扭转振动是简谐振动。其振动的角频率为

$$\omega=\sqrt{\frac{2g}{l}}$$

振动的周期为

$$T=\frac{2\pi}{\omega}=2\pi\sqrt{\frac{g}{2l}}=\pi\sqrt{\frac{2g}{l}}$$

（16）一个半径为 r、质量为 m 的匀质球与一根长度为 l 质量可以忽略的刚性杆固结在一起，杆的延长线通过球心。此系统可绕通过杆的一端的水平光滑轴在竖直面内摆动，如图 11-25 所示。求该系统作小幅度摆动的周期。

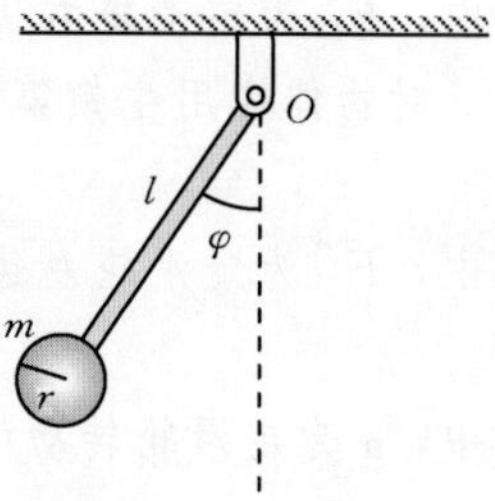

图 11-25

解：系统所受到的重力矩为

$$M=-(l+r)mg\sin\varphi\approx-(l+r)mg\varphi$$

其中，负号表明重力矩阻碍匀质球的摆动。

匀质球对水平光滑轴的转动惯量为

$$J=\frac{2}{5}mr^2+m(l+r)^2$$

由转动定律 $M=J\alpha$ 得

$$-(l+r)mg\varphi=\left[\frac{2}{5}mr^2+m(l+r)^2\right]\frac{d^2\varphi}{d^2t}$$

整理上式得

$$\frac{d^2\varphi}{dt^2}+\frac{(l+r)g}{[2r^2/5+(l+r)^2]}\varphi=0$$

令 $\omega^2=\frac{(l+r)g}{[2r^2/5+(l+r)^2]}$，则得简谐振动的微分方程为

$$\frac{d^2\varphi}{dt^2}+\omega^2\varphi=0$$

因此，该系统作小幅度摆动的周期为

$$T=\frac{2\pi}{\omega}=2\pi\sqrt{\frac{(2r^2/5)+(l+r)^2}{(l+r)g}}$$

(17) 一个半径为 R 的定滑轮的转动惯量为 J，其上挂一条轻绳，绳的一端系一个质量为 m 的物体，另一端与固定的轻弹簧相连，如图 11-26 (a) 所示。设弹簧的劲度系数为 k，绳与滑轮间无滑动，且忽略轴的摩擦力和空气阻力。将物体从平衡位置拉下微小距离后放手，证明物体作简谐振动，并求出其振动的角频率。

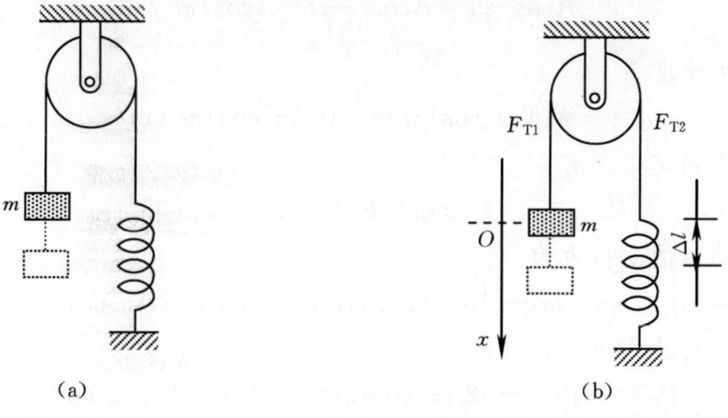

图 11-26

解：建立如图 11-26 (b) 所示的坐标系，选取平衡位置为坐标原点 O，向下为 x 轴正方向。设物体在平衡位置时弹簧的伸长量为 Δl，则有

$$mg=k\Delta l \quad ①$$

则物体处在 x 位置时，弹簧的伸长量为 $x+\Delta l$，对弹簧而言，应有

$$F_{T2}=k(x+\Delta l) \quad ②$$

其中，F_{T2}为定滑轮右边绳中的张力。

对物体应用牛顿第二定律，对定滑轮应用刚体定轴转动的转动定律，有

$$mg-F_{T1}=ma \quad ③$$

其中，F_{T1}为定滑轮左边绳中的张力，a为物体下落的加速度。

$$F_{T1}R-F_{T2}R=J\alpha \quad ④$$

其中，α为定滑轮转动的角加速度，它与物体下落加速度的关系为

$$a=R\alpha \quad ⑤$$

式①～式⑤联立解得物体下落的加速度为

$$a=\frac{-kx}{(J/R^2)+m}$$

由于$a=\frac{d^2x}{dt^2}$，因此上式改写为

$$\frac{d^2x}{dt^2}+\frac{k}{(J/R^2)+m}x=0$$

可见，该物体的振动是简谐振动。其振动的角频率为

$$\omega=\sqrt{\frac{k}{(J/R^2)+m}}=\sqrt{\frac{kR^2}{J+mR^2}}$$

（18）在一块平板上放一个质量为2.0kg的物体，平板在竖直方向作简谐振动，其振动周期为0.5s，振幅为0.04m，求：

1）物体对平板的压力表达式。

2）当平板以多大的振幅振动时，物体可以离开平板？

解： 1）当平板位于正最大位移处时开始计时，则平板的振动方程为

$$x=A\cos\frac{2\pi}{T}t=A\cos\frac{2\pi}{0.5}t=A\cos 4\pi t\ \text{(m)}$$

平板的振动加速度为

$$a=-A(4\pi)^2\cos 4\pi t=-16A\pi^2\cos 4\pi t\ (\text{m/s}^2)$$

对物体应用牛顿定律，有

$$mg-F_N=ma$$

由此解得平板对物体的支持力为

$$F_N=mg-ma=mg+16mA\pi^2\cos 4\pi t=19.6+32A\pi^2\cos 4\pi t\ \text{(N)}$$

物体对平板的压力表达式为

$$F'_N=-F_N=-19.6-32A\pi^2\cos 4\pi t=-19.6-1.28\pi^2\cos 4\pi t\ \text{(N)}$$

2）物体不脱离平板的条件为$F_N>0$，因此

$$mg+16mA\pi^2\cos 4\pi t>0$$

由此解得

$$\cos 4\pi t>-\frac{g}{16\pi^2 A}$$

由于

$$1\geqslant\cos 4\pi t\geqslant-1$$

因此，物体脱离平板的条件为

$$-1\leqslant\cos4\pi t\leqslant-\frac{g}{16\pi^2 A}$$

即

$$\frac{g}{16\pi^2 A}\leqslant1$$

或

$$A\geqslant\frac{g}{16\pi^2}=\frac{9.8}{16\pi^2}=6.21\times10^{-2}\ \text{(m)}$$

即当平板以至少 6.21×10^{-2}m 的振幅振动时，物体可以离开平板。

(19) 在一根竖直轻弹簧的下端悬挂一个小球，弹簧被拉长 1.2cm 而平衡。再经拉动后，该小球在竖直方向作振幅为 2cm 的振动，试证此振动为简谐振动。如果选小球在正最大位移处为计时起点，写出此振动的振动方程。

解：设小球的质量为 m，小球悬挂在弹簧的下端达到平衡时弹簧的伸长量为 Δl，则由平衡方程 $mg=k\Delta l$ 得弹簧的劲度系数为

$$k=\frac{mg}{\Delta l}$$

选平衡位置为坐标原点，向下为坐标轴的正方向。当小球在 x 处时，根据牛顿第二定律得

$$mg-k(\Delta l+x)=m\frac{\mathrm{d}^2x}{\mathrm{d}t^2}$$

将弹簧的劲度系数表达式代入上式，整理得

$$\frac{\mathrm{d}^2x}{\mathrm{d}t^2}+\frac{g}{\Delta l}x=0$$

可见，此振动为简谐振动。其振动的角频率为

$$\omega=\sqrt{\frac{g}{\Delta l}}=\sqrt{\frac{9.8}{1.2\times10^{-2}}}=28.58\ \text{(rad/s)}$$

由题意知其振动的振幅和初相分别为

$$A=2\times10^{-2}\text{m},\ \varphi=0$$

因此，此振动的振动方程为

$$x=2\times10^{-2}\cos28.58t\ \text{(m)}$$

(20) 在竖直悬挂的轻弹簧下端系一个质量为 0.1kg 的物体，当物体处于平衡位置时，再对物体加一个拉力使弹簧伸长，然后从静止状态将物体释放。已知物体在 32s 内完成 48 次振动，振幅为 5cm。

1) 上述的外加拉力多大?

2) 当物体在平衡位置以下 1cm 处时，该振动系统的动能和势能各是多少?

解：1) 由于是从静止状态将物体释放，因此弹簧的拉长量即等于振幅，即

$$A=5\times10^{-2}\text{m}$$

由已知条件得弹簧的劲度系数为

$$k=m\omega^2=m(2\pi\nu)^2=0.1\times\left(2\pi\times\frac{48}{32}\right)^2=8.88\ (\text{N/m})$$

使弹簧伸长 5cm 时外加拉力的大小为

$$F=kA=8.88\times5\times10^{-2}=0.444\ (\text{N})$$

2）当物体在平衡位置以下 1cm 处时，该振动系统的势能为

$$E_p=\frac{1}{2}kx^2=\frac{1}{2}\times8.88\times(1\times10^{-2})^2=4.44\times10^{-4}(\text{J})$$

振动系统的动能为

$$E_k=\frac{1}{2}kA^2-E_p=\frac{1}{2}\times8.88\times(5\times10^{-2})^2-4.44\times10^{-4}=1.07\times10^{-2}(\text{J})$$

（21）在一个竖直轻弹簧的下端悬挂质量为 5g 的小球时，弹簧伸长 1cm 而平衡。推动小球使其在竖直方向作振幅为 4cm 的简谐振动振动，求小球的振动周期和振动能量。

解：设小球的质量为 m，小球悬挂在弹簧的下端达到平衡时弹簧的伸长量为 Δl，则由平衡方程 $mg=k\Delta l$ 得弹簧的劲度系数为

$$k=\frac{mg}{\Delta l}$$

小球的振动角频率为

$$\omega=\sqrt{\frac{k}{m}}=\sqrt{\frac{g}{\Delta l}}$$

因此小球的振动周期为

$$T=\frac{2\pi}{\omega}=2\pi\sqrt{\frac{\Delta l}{g}}=2\pi\sqrt{\frac{1.0\times10^{-2}}{9.8}}=0.201\ (\text{s})$$

小球的振动能量为

$$E=\frac{1}{2}kA^2=\frac{mgA^2}{2\Delta l}=\frac{5\times10^{-3}\times9.8\times(4\times10^{-2})^2}{2\times10^{-2}}=3.92\times10^{-3}(\text{J})$$

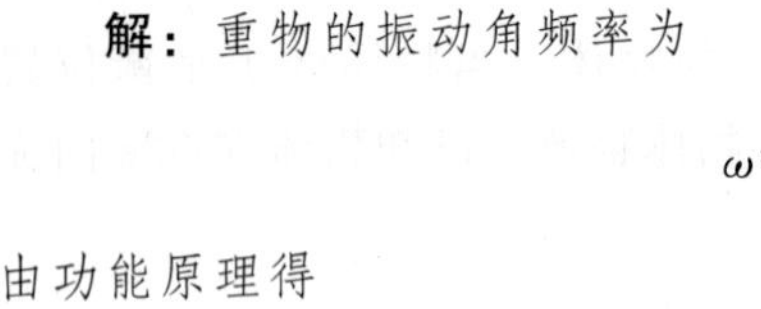

图 11－27

（22）如图 11－27 所示，有一个水平弹簧振子，其弹簧的劲度系数为 24N/m、重物的质量为 6kg，重物静止在平衡位置上。以一个 10N 的水平恒力向左作用于物体上，使其由平衡位置向左运动 0.05m 时撤去该力。设重物运动到左方最远位置时开始计，求物体的振动方程。

解：重物的振动角频率为

$$\omega=\sqrt{\frac{k}{m}}=\sqrt{\frac{24}{6}}=2\ (\text{rad/s})$$

由功能原理得

$$F\Delta x=\frac{1}{2}kA^2$$

由此解得重物振动的振幅为

$$A=\sqrt{\frac{2F\Delta x}{k}}=\sqrt{\frac{2\times10\times0.05}{24}}=0.204\ (\text{m})$$

由于重物运动到左方最远位置开始计，因此重物振动的初相为

$$\varphi=\pi$$

物体的振动方程为

$$x=0.204\cos(2t+\pi)\ (\mathrm{m})$$

(23) 一个质量为 M 的电机固定在劲度系数为 k 的轻弹簧上，设电机本身的质量对于转轴是对称分布的。电机轴上固定一根长为 L 的轻质刚性细杆，杆的端点固定一个质量为 m $(m\ll M)$ 的小球，如图 11-28 所示。当调节电机的转速达到某一值时，整个系统在竖直方向上发生共振。如果不考虑系统水平方向的运动，不计电机振动对小球受力的影响，也不计小球的重力，认为小球绕固定轴旋转。

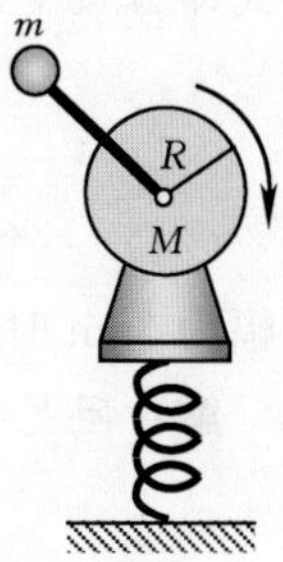

图 11-28

1) 求共振时电机转动的角速度 ω。

2) 如果该系统受到 $f=-\gamma v$ 的阻力，其中 γ 是已知的阻力系数，求这种情况下共振时的振幅。

解： 1) 当小球 m 以角速度 ω 旋转时，如果略去其重力，则电机受到细杆作用力为

$$F=m\omega^2 R$$

电机在竖直方向上受到的强迫力为

$$F_{\mathrm{d}}=F\cos(\omega t+\varphi)=m\omega^2 R\cos(\omega t+\varphi)$$

其中，φ 为初始时刻刚性细杆与竖直方向的夹角。

在此驱动力和弹性力与重力的合力 $-kx$ 的共同作用下，系统振动的振幅为

$$A=\frac{m\omega^2 R/M}{\omega_0^2-\omega^2}=\frac{mR}{M}\frac{\omega^2}{\omega_0^2-\omega^2}=\frac{mR}{M}\frac{1}{\left(\frac{\omega_0}{\omega}\right)^2-1}$$

其中，$\omega_0=\sqrt{\frac{k}{m+M}}\approx\sqrt{\frac{k}{M}}$ 为振动系统的固有角频率。

由上述可以得出，当 $\omega=\omega_0=\sqrt{\frac{k}{M}}$ 时，系统振动的振幅最大，该角速度为电机转动的共振角速度。

2) 如果该系统受到 $f=-\gamma v$ 的阻力，则系统在该阻力、上述驱动力和 $-kx$ 的共同作用下作受迫振动，受迫振动的振幅为

$$A=\frac{mR\omega^2/M}{\sqrt{(\omega_0^2-\omega^2)^2+4\delta^2\omega^2}}=\frac{mR}{M}\frac{1}{\sqrt{\left(\frac{\omega_0^2}{\omega^2}-1\right)^2+\frac{4\delta^2}{\omega^2}}}$$

其中，$\delta=\frac{\gamma}{2M}$。设

$$u=(\omega_0^2 y-1)^2+4\delta^2 y$$

其中，$\frac{1}{\omega^2}=y$。对上式求导得

$$\frac{\mathrm{d}u}{\mathrm{d}y}=2\omega_0^2(\omega_0^2 y-1)+4\delta^2$$

令$\frac{du}{dy}=0$，解得

$$y=\frac{1}{\omega^2}=\frac{\omega_0^2-2\delta^2}{\omega_0^4} \text{ 或 } \omega=\frac{\omega_0^2}{\sqrt{\omega_0^2-2\delta^2}}$$

上式即为该受迫振动的固有角频率。将其代入振幅表达式中，即得该情况下的共振振幅为

$$A=\frac{mR}{M}\frac{\omega_0^2}{\sqrt{\omega_0^2-\delta^2}}=\frac{mR}{M}\frac{k/M}{\sqrt{k/M-(\gamma/2M)^2}}=\frac{2kmR}{M\sqrt{4kM-\gamma^2}}$$

(24) 一个单摆在空气中摆动，某时刻振幅为 3cm，经过 10s 后，振幅变为 1cm。由振幅为 3cm 时算起，经过 20s 后振幅是多大？

解： 阻尼振动的振幅表达式为

$$A=A_0e^{-\delta t}$$

设 t_1、t_2、t_3 时刻的振幅分别为 A_1、A_2、A_3，则有

$$A_1=A_0e^{-\delta t_1},\ A_2=A_0e^{-\delta t_2},\ A_3=A_0e^{-\delta t_3}$$

以上三式两两相除，得

$$\frac{A_1}{A_2}=e^{\delta(t_2-t_1)},\ \frac{A_2}{A_3}=e^{\delta(t_3-t_2)}$$

由于 $t_2-t_1=t_3-t_2=10\text{s}$，因此

$$\frac{A_1}{A_2}=\frac{A_2}{A_3}$$

由此解得经过 20s 后的振幅为

$$A_3=\frac{A_2^2}{A_1}=\frac{1^2}{3}=0.33\ (\text{m})$$

(25) 质量为 0.1kg 的物体与劲度系数为 10N/m 的轻弹簧构成弹簧振子。物体在弹性力、外加强迫力 $F=H\cos\omega t$（其中 $\omega=10\text{rad/s}$）和阻力 $f=-\gamma v$ 的共同作用下作受迫振动。如果阻力系数 γ 增加为原来的 2 倍，其他条件不变，物体的振幅将变为原来的多少倍？

解： 稳态受迫振动的振幅为

$$A=\frac{H/m}{\sqrt{(\omega_0^2-\omega^2)^2+4(\gamma/2m)^2\omega^2}}=\frac{H}{\sqrt{m^2(\omega_0^2-\omega^2)^2+\gamma^2\omega^2}}$$

其中，ω_0 为振动系统的固有角频率，其值为

$$\omega_0=\sqrt{\frac{k}{m}}=\sqrt{\frac{10}{0.1}}=10\ (\text{rad/s})$$

可见，$\omega=\omega_0$，因此振幅为

$$A=\frac{H}{\gamma\omega}$$

显然，如果阻力系数 γ 增加为原来的 2 倍，其他条件不变，物体的振幅将变为原来的 0.5 倍。

(26) 质量为 5.0kg 的物体挂在弹簧上，让它在竖直方向作自由振动。在无阻尼情况下，其振动周期 0.2πs，放在阻力与物体的运动速率成正比的某种介质中，其振动周期变

为 0.4πs。求当速度为 1.0cm/s 时物体在该阻尼介质中所受的阻力。

解： 存在阻尼时物体的振动周期为

$$T=\frac{2\pi}{\sqrt{\omega_0^2-\delta^2}}$$

由此解得阻尼系数为

$$\delta=\sqrt{\omega_0^2-\left(\frac{2\pi}{T}\right)^2}=\sqrt{\left(\frac{2\pi}{T_0}\right)^2-\left(\frac{2\pi}{T}\right)^2}=\sqrt{\left(\frac{2\pi}{0.2\pi}\right)^2-\left(\frac{2\pi}{0.4\pi}\right)^2}=8.66\ (\text{rad/s})$$

由于 $b/m=2\delta$，因此阻力系数为

$$b=2m\delta$$

依题意，当速度为 1.0cm/s 时物体在该阻尼介质中所受的阻力为

$$f=-bv=-2m\delta v=-2\times 5.0\times 8.66\times 10^{-2}=-0.866\ (\text{N})$$

(27) 一个单摆在空气中摆动，由于受空气阻力作用振幅逐渐减小。其振幅随时间按指数规律减小，某时刻振幅为 3cm，经过 20s 后，振幅变为 1cm。由振幅为 A_0 时算起，经多长时间后振幅减为 0.3cm？

解： 由阻尼振动的振幅表达式得

$$A_1=A_0\mathrm{e}^{-\delta t_1}$$

由此解得阻尼系数为

$$\delta=\frac{1}{t_1}\ln\frac{A_0}{A_1}$$

依题意得

$$A_2=A_0\mathrm{e}^{-\delta t_2}$$

由此解得

$$t_2=\frac{1}{\delta}\ln\frac{A_0}{A_2}$$

将 δ 的表达式代入上式得

$$t_2=t_1\frac{\ln(A_0/A_2)}{\ln(A_0/A_1)}$$

因此，由振幅为 A_0 时算起，振幅减为 0.3cm 所需要的时间为

$$t_2=20\times\frac{\ln(3/0.3)}{\ln(3/1)}=42\ (\text{s})$$

四、自我检测题

1. 单项选择题（每题 3 分，共 30 分）

(1) 将单摆的摆球从平衡位置向位移的正方向拉开，使摆线与竖直方向成微小角度 φ，然后将摆球由静止释放。如果从放手时开始计时，并用余弦函数表示摆球的振动方程，则该单摆振动的初相为［ ］。

(A) π；　(B) 0；　(C) π/2；　(D) φ。

(2) 一个弹簧振子和一个单摆在地面上的固有振动周期分别为 T_1 和 T_2，如果将它们

拿到月球上去，相应的周期分别为 T'_1 和 T'_2。则有［ ］。

（A）$T'_1>T_1$，$T'_2>T_2$；（B）$T'_1=T_1$，$T'_2=T_2$；

（C）$T'_1<T_1$，$T'_2<T_2$；（D）$T'_1=T_1$，$T'_2>T_2$。

（3）一个弹簧振子的谐振子的质量为 m，弹簧的劲度系数为 k，该振子作振幅为 A 的简谐振动。当重物通过平衡位置并且向规定的正方向运动时开始计时。则其振动方程为［ ］。

（A）$x=A\cos\left(\sqrt{\frac{m}{k}}t-\frac{\pi}{2}\right)$；（B）$x=A\cos\left(\sqrt{\frac{k}{m}}t-\frac{\pi}{2}\right)$；

（C）$x=A\cos\left(\sqrt{\frac{m}{k}}t+\frac{\pi}{2}\right)$；（D）$x=A\cos\left(\sqrt{\frac{k}{m}}t+\frac{\pi}{2}\right)$。

（4）某质点在 x 轴上作简谐振动，振幅 $A=6\text{cm}$，周期 $T=2\text{s}$，将其平衡位置取作坐标原点。如果 $t=0$ 时刻质点第一次通过 $x=-3\text{cm}$ 处，并且向 x 轴负方向运动，则质点第二次通过 $x=-3\text{cm}$ 处的时刻为［ ］。

（A）2s；（B）(4/3)s；（C）1s；（D）(2/3)s。

（5）某质点作简谐振动的振动方程为 $x=A\cos(\omega t+\alpha)$，当时间 $t=0.5T$ 时，质点的速度为［ ］。

（A）$A\omega\cos\alpha$；（B）$A\omega\sin\alpha$；（C）$-A\omega\cos\alpha$；（D）$-A\omega\sin\alpha$。

（6）某质点沿 x 轴作简谐振动，其振动方程为 $x=A\cos\left(\omega t+\frac{3\pi}{4}\right)$，在图 11-29 中，表示该质点振动曲线的是［ ］。

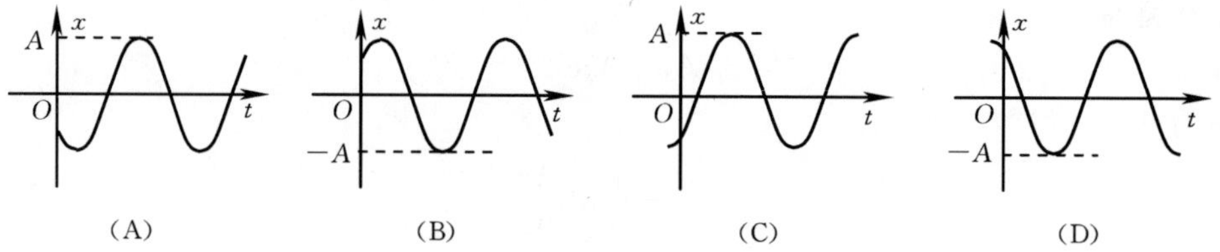

图 11-29

（7）当作简谐振动的弹簧振子偏离平衡位置的位移大小为振幅的 1/4 时，其动能为振动总能量的［ ］。

（A）$\frac{15}{16}$；（B）$\frac{13}{16}$；（C）$\frac{11}{16}$；（D）$\frac{9}{16}$。

（8）一个作简谐振动的质点的振动方程为 $x=A\cos(\omega t+\varphi)$，在求其振动动能时，得出如下面 5 个表达式，①$\frac{1}{2}m\omega^2A^2\sin^2(\omega t+\varphi)$；②$\frac{1}{2}m\omega^2A^2\cos^2(\omega t+\varphi)$；③$\frac{1}{2}kA^2\sin(\omega t+\varphi)$；④$\frac{1}{2}kA^2\cos^2(\omega t+\varphi)$；⑤$\frac{2\pi^2}{T^2}mA^2\sin^2(\omega t+\varphi)$，其中 m 是质点的质量，k 是弹簧的劲度系数，T 是振动的周期。在这些表达式中［ ］。

（A）②、④是对的；（B）①、③是对的；

（C）③、⑤是对的；（D）①、⑤是对的。

（9）一个质量为 m、半径为 R 的均匀圆环挂在一根光滑的钉子上，以钉子为轴在自身平面内作小幅度的简谐振动。已知圆环对轴的转动惯量 $J=2mR^2$，若测得其振动周期为 0.5πs，则 R 的值为［　　］。

(A) $\frac{g}{32}$；　　　　(B) $\frac{\sqrt{2}g}{32}$；

(C) $\frac{\sqrt{2}g}{16}$；　　　　(D) $\frac{g}{4}$。

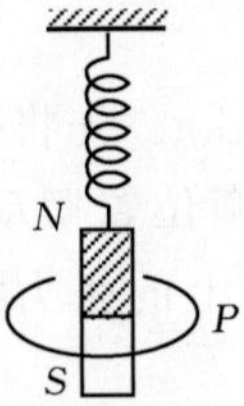

图 11-30

(10) 如图 11-30 所示，悬挂的弹簧振子的谐振子是一个条形磁铁，当谐振子上下振动时穿过一个闭合圆导线圈 P，则该谐振子作［　　］。

(A) 等幅振动；　　　　(B) 增幅振动；

(C) 强迫振动；　　　　(D) 阻尼振动。

2. 填空题（每空 2 分，共 30 分）

(1) 一个弹簧振子作振幅为 A 的简谐振动，其运动方程用余弦函数表示。如果 $t=0$ 时，①振子在负的最大位移处，则初相为（　　）；②振子在平衡位置向正方向运动，则初相为（　　）；③振子在位移为 $0.5A$ 处且向负方向运动，则初相为（　　）。

(2) 质量 $M=1.2$kg 的物体挂在一个轻弹簧上振动。用秒表测得此系统在 35s 内振动了 70 次。如果在此弹簧上再加挂质量 $m=0.8$kg 的物体，并且弹簧受力没有超出其弹性限度，则两物体组成的系统的振动周期为（　　）。

(3) 用 30N 的力拉一根轻弹簧，可使其伸长 15cm。在该弹簧下挂（　　）kg 的物体，能使其振动周期 $T=0.1\pi$ s。

(4) 无阻尼自由简谐振动的周期和频率由（　　）决定。对于给定的简谐振动系统，其振幅和初相由（　　）决定。

(5) 两个弹簧振子的周期都是 4.0s，开始时第一个振子从平衡位置向负方向运动，经过 5.0s 后第二个振子才从正方向的端点开始运动，则这两个振动的相位差为（　　）。

(6) 已知某简谐振动的振动曲线如图 11-31 所示，由此可以确定，在（　　）s 时谐振子的速度为零，在（　　）s 时其动能最大，在（　　）s 时其加速度为正的最大值。

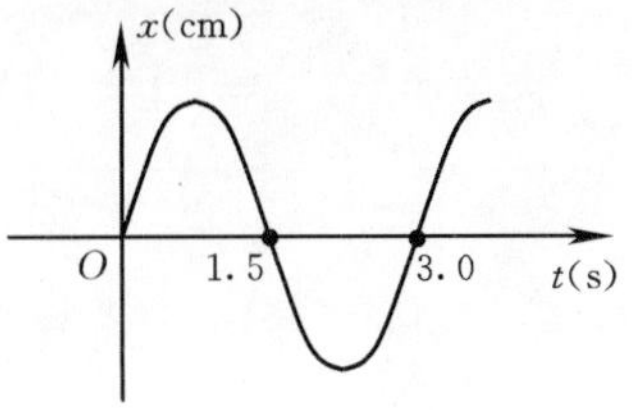

图 11-31

(7) 一个物块悬挂在弹簧的下端作简谐振动，当其位移等于振幅的一半时，其动能是总能量的（　　）。当其在平衡位置时，弹簧的长度比原长长了 Δl，该振动系统的周期为（　　）。

(8) 一个弹簧振子具有 1.0J 的振动能量，0.10m 的振幅和 1.0m/s 的最大速率，则该弹簧的劲度系数为（　　），谐振子的振动频率为（　　）。

3. 计算题（共 40 分）

(1) 如图 11-32 所示，质点在 x 轴上作简谐振动，当它向右运动并通过 M 点时开始计时，在 4s 时质点第一次经过 N 点，再经过 4s 时质点第二次经过 N 点，已知该质点在 M、N 两点具有相同的速率，并且 M、N 之间的距离为 20cm。求①质点的振动方程；②质点在 M 点处的速率。（本题 10 分）

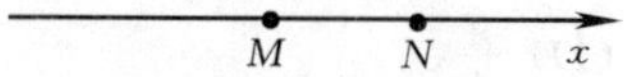

图 11－32

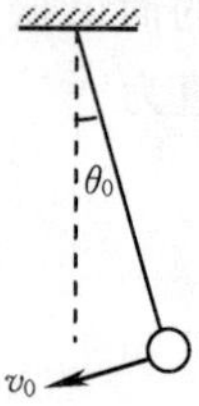

图 11－33

（2）如图 11－33 所示的单摆摆长为 $l=0.80\text{m}$，小摆球的质量为 $m=0.40\text{kg}$。先将摆球拉到摆角为 $\theta_0=3^\circ$的位置，同时给摆球以 $v_0=0.20\text{m/s}$ 的速度使之向平衡位置摆动，选择此刻为计时起点，求该单摆的振动方程，并计算摆球在平衡位置时摆线上的张力大小。（本题 10 分）

（3）有两个物体在作同方向、同频率、同振幅的简谐振动。在振动过程中，每当第一个物体经过 $0.5\sqrt{2}A$ 的位置向平衡位置运动时，第二个物体也经过此位置，但向远离平衡位置的方向运动。试利用旋转矢量法求它们之间的相位差。（本题 5 分）

（4）一个物体的质量为 0.25kg，在弹性力的作用下作简谐振动，弹簧的劲度系数 $k=25\text{N/m}$，该物体开始振动时具有 0.06J 的势能和 0.02J 的动能，求①该简谐振动的振幅；②动能恰等于势能时的位移值；③物体经过平衡位置时的速度大小。（本题 10 分）

（5）某质点同时参与两个同方向的简谐振动，其振动方程分别为

$$x_1=0.5\cos\left(4t+\frac{\pi}{3}\right),\ x_2=0.3\cos\left(4t-\frac{\pi}{6}\right)$$

式中的所有物理量均采用国际单位，试画出两个振动的旋转矢量图，并求合振动的振动方程。（本题 5 分）

第十二章 机 械 波

一、基本内容

(一) 机械波的基本概念

1. 机械波及其基本的形式

机械波： 机械振动在弹性介质中的传播。

产生机械波必备两个条件：①有波源（指作机械振动的物体）；②有传播机械振动的弹性介质。

当波动在弹性介质中传播时，介质中各点仅在它的平衡位置附近振动，并不随波的传播而前进。

按照质点振动方向与波的传播方向之间的关系，机械波可分为横波和纵波两种最基本的形式。

横波： 质点的振动方向与波的传播方向相垂直的波。

横波的特征是交替出现凸起的波峰和凹下的波谷。

纵波： 质点的振动方向与波的传播方向平行的波。

纵波的特征是介质出现交替的“稀疏”和“稠密”区域

有关机械波的三个结论：①波动是质点的逐个“拉动”形成的；②后面的质点总是重复前面质点的振动，不过振动要晚一些；③当波源振动一个周期时，在介质中恰好形成一个完整波。

2. 波的传播速度、波长和周期

波速（或相速）u： 在单位时间内振动状态（或相位）传播的距离。

波长 λ： 在波的传播方向上两个相邻的、相位差为 2π（即相位相同）的振动质点之间的距离，或一个完整波形的长度。

周期 T： 波前进一个波长的距离所需要的时间。

频率 ν： 单位时间内通过波的传播方向上某点完整波的个数。

波的周期与频率互为倒数。

波速与波长、周期（或频率）的关系为

$$u=\frac{\lambda}{T}=\lambda\nu$$

3. 波的几何描述

同相面（或波面）： 振动相位相等的各点连成的曲面。

波阵面（或波前）： 波源最初的振动状态传到的各点所连成的曲面，即最前面的同相面。

波射线（或波线）：沿波的传播方向画的一些带有箭头的线。

平面波：波前是平面的波。无限远处传来的波为平面波。

球面波：波前是球面的波。点波源形成球面波。

4. 机械波的传播速度与介质的关系

（1）物质的弹性。

弹性形变：物体的形变不超过一定的限度，当外力撤除以后仍然会恢复原状的形变。

应力（或胁强）：物体内单位截面上的恢复力。

应力是物体发生形变时出现于物体内各部分之间企图抵抗应变使物体恢复原状的力。

应变（或胁变）：物体发生弹性形变时，变化几何量的增加值与原值之比。

弹性模量：应力和应变的比值。

物体的三种基本形变：

1）**长变**：棒状物体在外力作用下长度发生变化的形变。

$$张应变=\frac{\Delta l}{l}$$

$$张应力=\frac{F}{S}$$

张应力是法向应力。

杨氏模量 E：张应力与张应变的比值，即

$$E=\frac{F/S}{\Delta l/l}$$

2）**体变**：块状物体在外力作用下体积发生变化的形变。

$$体应变=\frac{\Delta V}{V}$$

$$体应力=\frac{F}{S}$$

体应力也是法向应力。

体变模量 K：体应力与体应变的比值。即

$$K=\frac{F/S}{\Delta V/V}$$

3）**切变**：只改变形状不改变体积的形变。

切应变：上下底面的相对位移与它们之间的距离之比，即

$$切应变=\frac{\Delta x}{AC}=\tan\theta\approx\theta$$

$$切应力=\frac{F}{S}$$

切向应力（即切应力）的方向与分界面平行。

切变模量 G：切应力与切应变的比值，即

$$G=\frac{F/S}{\theta}$$

5. 机械波的传播速度与介质的关系

液体和气体不能传播横波，只能传播纵波，而固体既能传播横波也能传播纵波。

横波在固体内的传播速度为

$$u=\sqrt{\frac{G}{\rho}}$$

纵波在块状固体中的传播速度为

$$u=\sqrt{\frac{K}{\rho}}$$

纵波在棒状固体中的传播速度为

$$u=\sqrt{\frac{E}{\rho}}$$

波速和波长与介质有关，而波的周期（或频率）与介质无关。

（二）平面简谐波的波函数

波函数 $y(r, t)$：描述波传播情况的函数。

简谐波：波源作简谐振动，其他各质点也作简谐振动的波动。

平面简谐波的波函数：描述平面简谐波各个点振动情况的函数。

在图 12-1 中，设原点 O 处质点的振动方程为

$$y=A\cos(\omega t+\varphi)$$

则沿 x 轴正方向传播的平面简谐波的波函数为

$$y=A\cos\left[\omega\left(t-\frac{x}{u}\right)+\varphi\right]=A\cos\left[2\pi\left(\frac{t}{T}-\frac{x}{\lambda}\right)+\varphi\right]$$

$$=A\cos2\pi\left[\left(\nu t-\frac{x}{\lambda}\right)+\varphi\right]$$

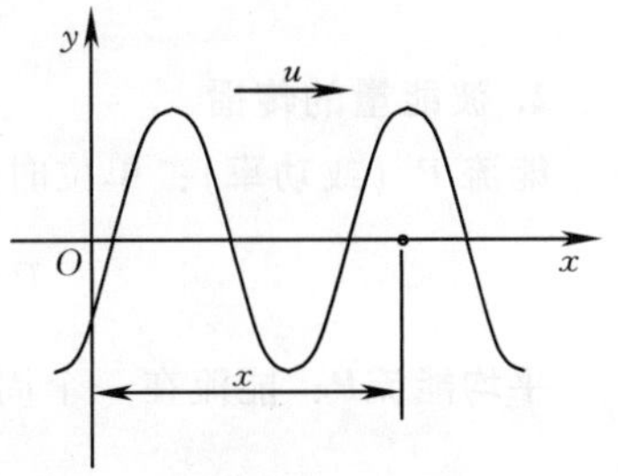

图 12-1

沿 x 轴负方向传播的平面简谐波的波函数为

$$y=A\cos\left[\omega\left(t+\frac{x}{u}\right)+\varphi\right]=A\cos\left[2\pi\left(\frac{t}{T}+\frac{x}{\lambda}\right)+\varphi\right]$$

$$=A\cos\left[2\pi\left(\nu t+\frac{x}{\lambda}\right)+\varphi\right]$$

波函数的物理意义：①当平面简谐波波函数中的 x 一定时，波函数表示 x 处质点的简谐振动方程；②当平面简谐波波函数中的 t 一定时，波函数表示 t 时刻的波形方程。

在同一个时刻 t，距坐标原点 O 分别为 x_1 和 x_2 的两个质点的相位差为

$$\Delta\varphi=\frac{\omega(x_2-x_1)}{u}=\frac{2\pi\Delta x}{\lambda}$$

其中，$\Delta x=x_2-x_1$，称为波程差。

行波：波形以速度 u 向前传播的波。

（三）波的能量及其传播

1. 波的能量

一列平面简谐纵波沿着棒长方向传播，该简谐波的波函数为

$$y=A\cos\omega\left(t-\frac{x}{u}\right)$$

棒上体积元 ΔV 的振动动能和势能为

$$\Delta W_{\mathrm{k}}=\Delta W_{\mathrm{P}}=\frac{1}{2}\rho\Delta V\omega^2A^2\sin^2\omega\left(t-\frac{x}{u}\right)$$

体积元的总机械能为

$$\Delta W=\Delta W_{\mathrm{k}}+\Delta W_{\mathrm{P}}=\rho\Delta V\omega^2A^2\sin^2\omega\left(t-\frac{x}{u}\right)$$

任意体积元的机械能是不守恒。某体积元不断从后面的体积元获得能量，又不断地将能量传递给前面的体积元。正是通过各个体积元不断吸收和传递能量，才使能量随着波的传播而传播出去。

能量密度 w： 介质中单位体积内的能量，即

$$w=\frac{\Delta W}{\Delta V}=\rho\omega^2A^2\sin^2\omega\left(t-\frac{x}{u}\right)$$

平均能量密度 $\overline{w}$： 能量密度在一个周期内的平均值，即

$$\overline{w}=\frac{1}{2}\rho\omega^2A^2$$

2. 波能量的传播

能流 P（或功率）： 单位时间内垂直通过某一面积的能量。

$$P=wuS=\rho uS\omega^2A^2\sin^2\omega\left(t-\frac{x}{u}\right)$$

平均能流 $\overline{P}$： 能流在一个周期内的平均值，即

$$\overline{P}=\overline{w}uS=\frac{1}{2}\rho\omega^2A^2uS$$

能流密度（或强度）I： 通过垂直于波的传播方向的单位面积的平均能流，即

$$\vec{I}=\overline{w}\vec{u}=\frac{1}{2}\rho\omega^2A^2\ \vec{u}$$

点波源在各向同性的均匀无吸收介质中形成的球面波的振幅与离开波源的距离成反比，即

$$\frac{A_1}{A_2}=\frac{r_2}{r_1}$$

球面简谐波的波函数为

$$y=\frac{A}{r}\cos\left[\omega\left(t-\frac{x}{u}\right)+\varphi\right]$$

（四）惠更斯原理，波的衍射、反射和折射

1. 惠更斯原理

惠更斯原理： 介质中波动传播到的各点都可以看作是发射子波的波源，在其后的任意时刻，这些子波的包络就是新的波阵面。

惠更斯作图法： 已知某一时刻的波阵面，根据惠更斯原理用几何作图法确定下一时刻波阵面的方法。

2. 波的衍射、反射和折射

波的衍射：波偏离直线传播的现象。

波的反射：当波传播到两种介质的分界面时，一部分从界面上返回到原来介质中的现象。

波的反射定律：在各向同性的均匀介质中，当平面波入射两种介质的分界面时，入射线、反射线及界面的法线都在入射面内，入射角等于反射角。

波的折射：当波传播到两种介质的分界面时，一部分进入另一种介质中的现象。

波的折射定律：有两种各向同性的均匀介质，当平面波入射到它们的分界面时，入射线、折射线及界面的法线都在入射面内，入射角的正弦与折射角的正弦之比等于第二介质对第一介质的折射率，即

$$\frac{\sin i}{\sin r}=\frac{n_2}{n_1}=n_{21}$$

其中 n_{21} 称为第二介质对于第一介质的相对折射率。

（五）波的叠加原理、波的干涉

1. 波的叠加原理

波传播的独立性：从几个波源发出的波在同一介质中传播相遇时，各列波仍然保持自己的特性（指波的频率、波长及振动方向等），按照自己原来的传播方向继续前进，互不干扰，就像没有遇到过其他波一样的性质。

波的叠加原理：从几个波源发出的波在同一介质中传播相遇时，在相遇区域内任一点的振动，为各列波单独存在时在该点所引起的振动位移的矢量和。

遵守叠加原理的波称为线性波，否则称为非线性波。

2. 波的干涉

波的干涉：两列波在空间相遇时，如果某些地方振动始终加强，而另一些地方振动始终减弱的现象。

相干波源：频率相同、振动方向相同、相位相同或相位差恒定的两个波源。

相干波：相干波源形成的波。

如图 12-2 所示，设两个相干波源 S_1 和 S_2 的振动方程分别为

$$y_{01}=A_{01}\cos(\omega t+\varphi_1)$$

$$y_{02}=A_{02}\cos(\omega t+\varphi_2)$$

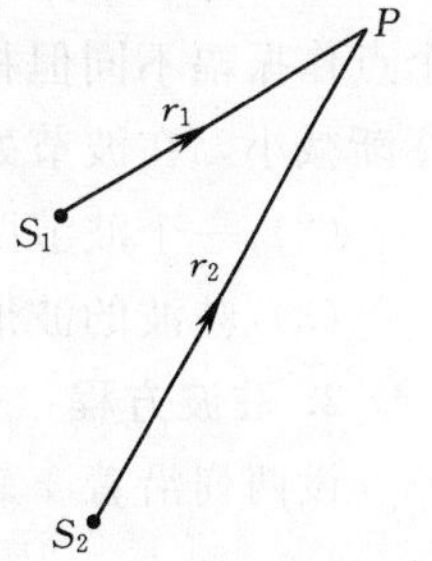

图 12-2

它们在 P 点引起的振动分别为

$$y_1=A_1\cos\left(\omega t+\varphi_1-\frac{2\pi r_1}{\lambda}\right)$$

$$y_2=A_2\cos\left(\omega t+\varphi_2-\frac{2\pi r_2}{\lambda}\right)$$

它们的合振动方程为

$$y=A\cos(\omega t+\varphi)$$

合振动的初相 φ 为

$$\tan\varphi=\frac{A_1\sin\left(\varphi_1-\frac{2\pi r_1}{\lambda}\right)+A_2\sin\left(\varphi_2-\frac{2\pi r_2}{\lambda}\right)}{A_1\cos\left(\varphi_1-\frac{2\pi r_1}{\lambda}\right)+A_2\cos\left(\varphi_2-\frac{2\pi r_2}{\lambda}\right)}$$

合振动的振幅为

$$A=\sqrt{A_1^2+A_2^2+2A_1A_2\cos\Delta\varphi}$$

波程差

$$\delta=r_2-r_1$$

两个分振动在 P 点的相位差为

$$\Delta\varphi=\varphi_2-\varphi_1-2\pi\frac{\delta}{\lambda}$$

当 $$\Delta\varphi=\varphi_2-\varphi_1-2\pi\frac{\delta}{\lambda}=\pm 2k\pi \quad (k=0,1,2,3,\cdots)$$

时，空间各点的合振动振幅最大，为 $A=A_1+A_2$。

当 $$\Delta\varphi=\varphi_2-\varphi_1-2\pi\frac{\delta}{\lambda}=\pm(2k+1)\pi \quad (k=0,1,2,3,\cdots)$$

时，空间各点的合振动振幅最小，等于 $A=|A_1-A_2|$。

如果 $\varphi_2=\varphi_1$，当 $\delta=\pm k\lambda=\pm 2k\frac{\lambda}{2} \quad (k=0,1,2,3,\cdots)$

时，合振动的振幅最大。

当 $$\delta=\pm(2k+1)\frac{\lambda}{2} \quad (k=0,1,2,3,\cdots)$$

时，合振动的振幅最小。

（六）驻波

1. 驻波的产生

驻波：由振幅相等、频率相同、传播速度相同的两列简谐波，在同一个直线上沿相反方向传播叠加形成的波。

驻波的特征：

（1）介质中始终不动的点称为波节，介质被波节等分成了几段；每两个波节之间的各个点作振幅不同但相位相同的简谐振动，振幅最大的中间点称为波腹，从波腹到波节振幅逐渐减小，在波节处振幅降为零。

（2）一个波节两侧分段中的点振动相位相反。

（3）驻波的波形不发生移动，波动的能量局限在各个段中，不向外传播。

2. 驻波方程

设两列沿着 x 轴方向传播的简谐波波函数为

$$y_1=A\cos 2\pi\left(\nu t-\frac{x}{\lambda}\right),\quad y_2=A\cos 2\pi\left(\nu t+\frac{x}{\lambda}\right)$$

驻波方程：以上两列波在任意时刻，在任意点处叠加的合位移。即

$$y=\left(2A\cos 2\pi\frac{x}{\lambda}\right)\cos 2\pi\nu t$$

波腹的位置坐标为

$$x=\pm n\frac{\lambda}{2}\quad (n=0,\ 1,\ 2,\ \cdots)$$

波节的位置坐标为

$$x=\pm(2n+1)\frac{\lambda}{4}\quad (n=0,\ 1,\ 2,\ \cdots)$$

相邻波腹或波节之间的距离等于 $\lambda/2$。

3. 相位突变

波阻：介质的密度 ρ 与波在该介质中的传播速度 u 的乘积。

波密介质和波疏介质：两种介质相比较，波阻较大的介质叫做波密介质，波阻较小的介质叫做波疏介质。

半波损失：反射波相对于入射波有 π 的相位突变的现象。

当波从波疏介质垂直入射到波密介质时，会发生半波损失现象，在入射点处形成波节；而当波从波密介质垂直入射到波疏介质时，不发生半波损失现象，在入射点处形成波腹。

4. 弦线振动的简正模型

一根拉紧的弦线两端固定，如果满足条件

$$l=n\frac{\lambda_n}{2}\text{或}\ \lambda_n=\frac{2l}{n}$$

其中，$n=1,\ 2,\ 3,\ \cdots$。

入射波和反射波在弦线中合成形成驻波。这时驻波频率为

$$\nu_n=n\frac{u}{2l}\ (n=1,\ 2,\ 3,\ \cdots)$$

其中 $u=\sqrt{F/\mu}$ 是弦线中的波速，F 为弦中的张力，μ 为弦的质量线密度。

弦振动的本征频率：不连续的频率。

弦振动的简正模式：每一个本征频率对应于弦线上的一种可能的振动方式。

最低的本征频率 ν_1 叫做基频，其他较高的频率 ν_2，ν_3，…称为二次谐频、三次谐频、……。谐频为基频的整数倍。

简正模式的频率也称为系统的固有频率。当外界策动源的频率与振动系统的某个固有频率相同时，就会激起高强度的驻波，这种现象也称为共振（或谐振）。

4. 驻波的能量

在介质中形成驻波时，动能和势能不断地相互转换，在转换过程中，能量不断地由波腹附近向波节附近转移，再由波节附近向波腹附近转移。

（七）多普勒效应

多普勒效应：波源或观察者或它们两者相对于介质运动时，观察者接收到的波频率与波源发出的频率不相同的现象。

1. 机械波的多普勒效应

如图 12－3 所示，设波源 S 和观察者 R 都在直线 x 上运动，从 S 指向 R 的方向为 x 轴的正方向。

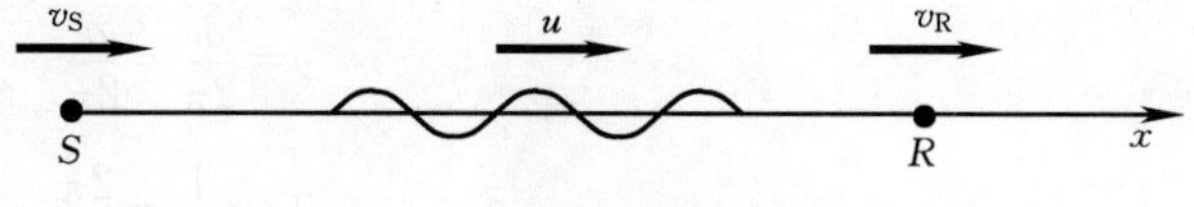

图 12－3

观察者 R 接收到的波频率为

$$\nu_R=\frac{u-v_R}{u-v_S}\nu$$

2. 电磁波的多普勒效应

接收器接收到的电磁波频率为

$$\nu_R=\sqrt{\frac{c+u}{c-u}}\nu_S$$

紫移： 当波源接近接收器时，接收到的频率比发射频率高，相应的波长短的现象。

红移： 当波源远离接收器时，接收到的频率比发射频率低，相应的波长长的现象。

二、思考与讨论题目详解

1. 平面简谐波的波函数

（1）机械波的波函数为

$$y=0.03\cos 6\pi(t+0.01x)$$

上式中的各个物理量均采用国际单位。该波的振幅、周期和波速分别为多少？该波沿着什么方向传播？

【答案： 0.03m，1/3s，100m/s；x 轴负方向**】**

详解： 该波的振幅、周期和波速分别为

$$A=0.03\text{m}$$

$$T=\frac{2\pi}{\omega}=\frac{2\pi}{6\pi}=\frac{1}{3}\ (\text{s})$$

$$u=\frac{1}{0.01}=100\ (\text{m/s})$$

由于变量 x 前的符号为+，因此该波沿着 x 轴负方向传播。

（2）已知一列平面简谐波的波函数为

$$y=A\cos[(at-bx)+\alpha]\quad(a、b\text{ 和 }\alpha\text{ 均为正常量})$$

则该波的频率、波长、周期和波速分别为多少？

【答案： $\frac{a}{2\pi}$；$\frac{2\pi}{b}$；$\frac{2\pi}{a}$；$\frac{a}{b}$**】**

详解： 将题目所给的平面简谐波的波函数与标准平面简谐波的波函数

$$y=A\cos\left[\omega\left(t-\frac{x}{u}\right)+\varphi\right]$$

比较，即得该平面简谐波的频率、周期和波速分别为

$$\nu=\frac{\omega}{2\pi}=\frac{a}{2\pi}$$

$$T=\frac{1}{\nu}=\frac{2\pi}{a}$$

$$u=\frac{\omega}{b}=\frac{a}{b}$$

该波的波长为

$$\lambda=uT=\frac{2\pi}{b}$$

（3）一列平面简谐波沿 x 正方向传播，波函数为

$$y=0.10\cos\left[2\pi\left(\frac{t}{2}-\frac{x}{4}\right)-\frac{\pi}{2}\right]$$

上式中的各个物理量均采用国际单位。试画出该波在 0.5s 时刻的波形图。

【答案：如图 12-4 所示】

详解：在 0.5s 时刻的波形方程为

$$y=0.10\cos\left[2\pi\left(\frac{0.5}{2}-\frac{x}{4}\right)-\frac{\pi}{2}\right]=0.10\cos\left(-\frac{\pi}{2}x\right)$$

$$=0.10\cos\frac{\pi}{2}x$$

因此，该时刻的波形图为

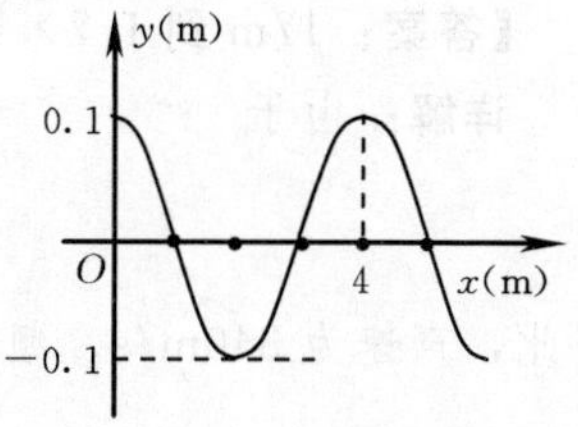

图 12-4

（4）在简谐波传播的过程中，沿传播方向相距为半个波长的两点的振动速度之比等于多少？（设这两点都不在最大位移处）

【答案：－1】

详解：根据波长的定义，在简谐波传播的过程中，沿传播方向相距为一个波长的两点振动的相位相同，那么相距为半个波长的两点振动必然相位相同，即它们的速度大小相等、方向相反，如果这两点不处于最大位移处，它们振动速度之比必然等于－1。

（5）一列声波在空气中的波长是 0.25m，传播速度是 340m/s，当它进入另一种介质时，波长变成了 0.35m，则它在该介质中的传播速度为多少？

【答案：503m/s】

详解：一列波从一种介质进入另一种介质时，其频率保持不变。由于

$$\nu_1=\frac{u_1}{\lambda_1},\ \nu_2=\frac{u_2}{\lambda_2}$$

因此

$$\frac{u_1}{\lambda_1}=\frac{u_2}{\lambda_2}$$

由此解得

$$u_2=\frac{\lambda_2}{\lambda_1}u_1=503\ (\mathrm{m/s})$$

（6）已知波源的振动周期为 4.0×10^{-2}s，波的传播速度为 300m/s，沿 x 轴正方向传播，则位于 10.0m 和 16.0m 的两质点的振动相位差为多少？

【答案：π】

详解：沿着波的传播方向，在同一个时刻 t，距坐标原点 O 分别为 x_1 和 x_2 的两个质点的相位差为

$$\Delta\varphi=\frac{2\pi\Delta x}{\lambda}$$

其中

$$\lambda=uT=12\ (\text{m}),\ \Delta x=x_2-x_1=6\ (\text{m})$$

因此，沿波传播方向位于 10.0m 和 16.0m 的两质点的振动相位差为

$$\Delta\varphi=\frac{2\pi\times 6}{12}=\pi$$

(7) 已知 14℃时的空气中的声速为 340m/s。人可以听到的声音频率范围为 20～20000 Hz。则可以引起听觉的声波在空气中波长的范围约为多少？

【答案： 17m 到 1.7×10^{-2}m**】**

详解： 由于

$$\lambda=\frac{u}{\nu}$$

因此，声速为 340m/s、频率为 20Hz 和 20000 Hz 的声波在空气中的波长分别为

$$\lambda_1=17\text{m},\ \lambda_2=1.7\times10^{-2}\text{m}$$

即人可以听到的声音波长范围为 17m 到 1.7×10^{-2}m。

(8) 一列平面简谐波沿 x 轴正方向传播，波速为100m/s，$t=0$ 时刻的波形曲线如图 12-5 所示。则该平面简谐波的波长、振幅和频率分别等于多少？

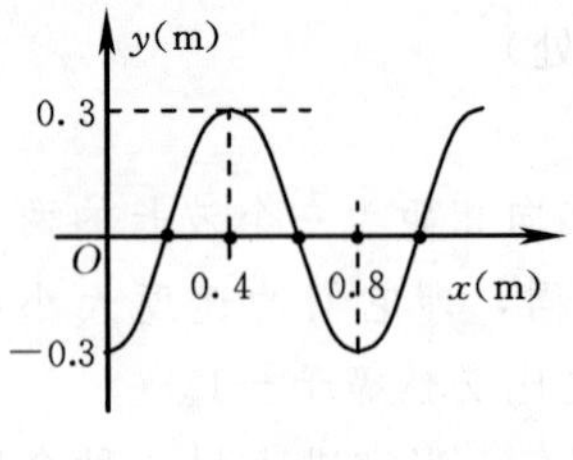

图 12-5

【答案： 0.8m；0.3m；125Hz**】**

详解： 由图 12-5 可以看出，该平面简谐波的波长、振幅分别为

$$\lambda=0.8\text{m},\ A=0.3\text{m}$$

由于该波的波速为 100m/s，因此其频率为

$$\nu=\frac{u}{\lambda}=125\ (\text{Hz})$$

(9) 一列横波沿着 x 轴负方向传播，如果 t 时刻的波形曲线如图 12-6 (a) 所示，则在 $t+\frac{T}{4}$时刻 x 轴上的 a、b、c 三点的振动位移分别是多少？

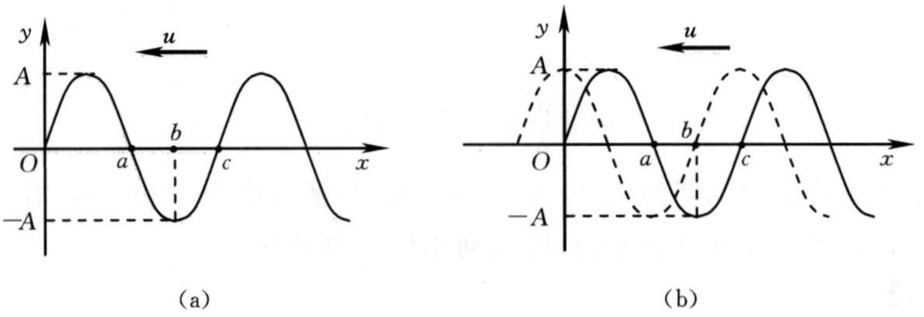

图 12-6

【答案： $-A$；0；A**】**

详解：再经过$\frac{1}{4}$周期，该横波沿 x 轴负方向移动$\frac{1}{4}$波长，如图 12-6（b）中虚线所示。由图可以看出，这时 a、b、c 三点的振动位移分别是$-A$、0 和 A。

（10）一列沿着 x 轴负方向传播的平面简谐波在 2s 时的波形曲线如图 12-7 所示，写出原点 O 的振动方程。

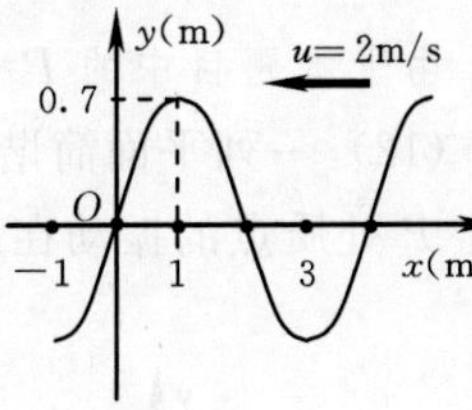

图 12-7

【答案：$y=0.7\cos\left(\pi t-\frac{\pi}{2}\right)$ (m)**】**

详解：设原点 O 的振动方程为

$$y=A\cos(2\pi\nu t+\varphi)$$

由已知的波形曲线可得振幅为

$$A=0.7\text{m}$$

由于该波的波长和波速分别为 4m 和 2m/s，因此该波的频率，即原点 O 的振动频率为

$$\nu=\frac{u}{\lambda}=0.5\ (\text{Hz})$$

因此原点 O 在 2s 时的相位为

$$2\pi\nu t+\varphi=2\pi\times0.5\times2+\varphi=2\pi+\varphi$$

又由于该波沿着 x 轴负方向传播，因此由波形曲线可得原点 O 在 2s 时的相位为

$$2k\pi+\varphi=2k\pi-\frac{\pi}{2}\quad(k=0,\ \pm1,\ \pm2,\ \cdots)$$

因此

$$2\pi+\varphi=2k\pi-\frac{\pi}{2}$$

由此解得

$$\varphi=2(k-1)\pi-\frac{\pi}{2}$$

令$-\pi<\varphi\leqslant\pi$，由上式解得

$$\frac{3}{4}<k\leqslant\frac{5}{4}$$

在此范围内的整数为 1，因此原点 O 的初相为

$$\varphi=-\frac{\pi}{2}$$

原点 O 的振动方程为

$$y=0.7\cos\left(\pi t-\frac{\pi}{2}\right)\ (\text{m})$$

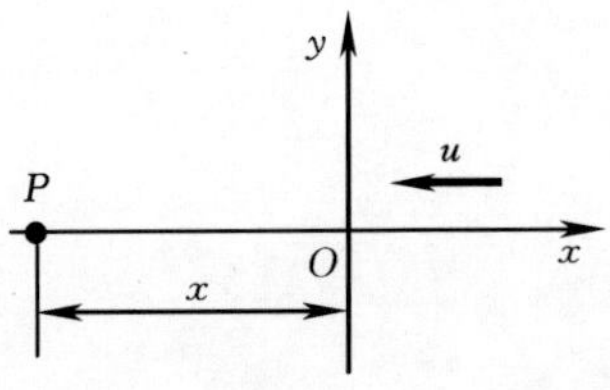

图 12-8

（11）如图 12-8 所示，有一平面简谐波沿着 x 轴负方向传播，坐标原点 O 的振动规律为

$$y=A\cos(\omega t+\theta_0)$$

写出 P 点的振动方程。

【答案：$y=A\cos\left[\omega\left(t+\frac{x}{u}\right)+\theta_0\right]$】

详解：P 点的振动方程为

$$y=A\cos\left[\omega\left(t+\frac{x}{u}\right)+\theta_0\right]$$

由于本题目中的 P 点在 x 负半轴，$x<0$，因此实际上 P 点的振动比 O 点晚。

(12) 一列平面简谐波沿着 x 轴正方向传播，3s 时刻的波形如图 12-9 (a) 所示，试画出 P 处质点的振动在该时刻的旋转矢量图。

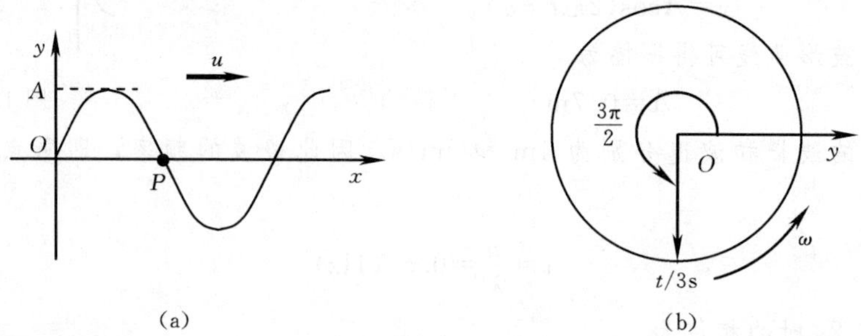

图 12-9

【答案：见图 12-9 (b)】

详解：由波形曲线可以看出，在 3s 时刻 P 处质点正初在平衡位置，由于该平面简谐波沿着 x 轴正方向传播，因此此时 P 处质点正在向参考轴正方向移动，即在 3s 时刻 P 处质点的相位为 $3\pi/2$，P 处质点在该时刻的旋转矢量图如图 12-9 (b) 所示。

(13) 图 12-10 (a) 中画出了一列平面简谐波在 2s 时刻的波形图，写出平衡位置在 P 处的质点的振动方程。

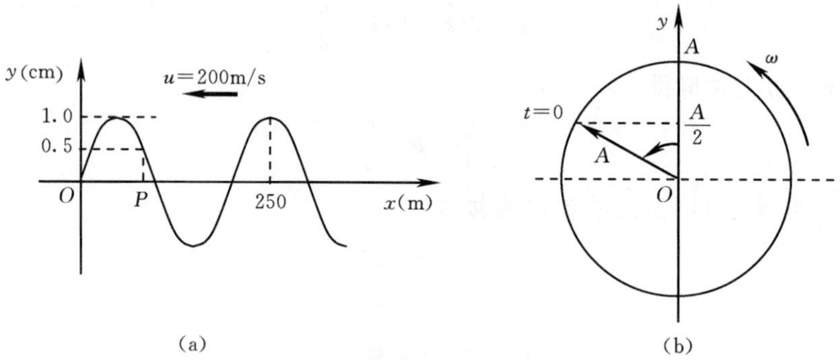

图 12-10

【答案：$y=0.01\cos\left(2\pi t+\frac{\pi}{3}\right)$ (m)】

详解：设 P 点的振动方程为

$$y=A\cos(2\pi\nu t+\varphi)$$

由已知的波形曲线可得振幅为

$$A=0.01\text{m}$$

由于该波的波长和波速分别为 200m 和 200m/s，因此该波的频率，即 P 点的振动频率为

$$\nu=\frac{u}{\lambda}=1.0\ (\text{Hz})$$

由于该波的周期为

$$T=\frac{1}{\nu}=1.0\ (\text{s})$$

因此，该平面简谐波在 2s 时刻的波形图与 $t=0$ 时的波形图相同。

由于该波沿着 x 轴负方向传播，结合波形曲线得 P 点在 $t=0$ 时旋转矢量图如图 12-10（b）所示。因此，P 点的初相为

$$\varphi=\frac{\pi}{3}$$

因此，P 点的振动方程为

$$y=0.01\cos\left(2\pi t+\frac{\pi}{3}\right)\ (\text{m})$$

（14）一列简谐波在 $t=0$ 时刻的波形如图 12-11 所示，波速 200m/s，试分别写出 P 处质点的振动速度和振动加速度表达式。

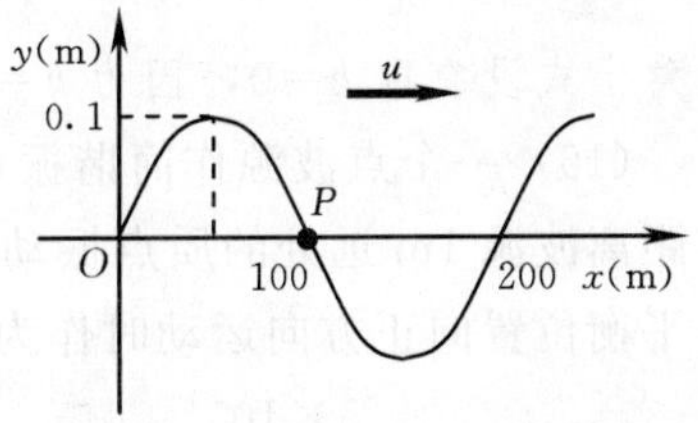

图 12-11

【答案：$v=-0.2\pi\sin\left(2\pi t-\frac{\pi}{2}\right)$（m/s）；$a=-0.4\times\pi^2\cos\left(2\pi t-\frac{\pi}{2}\right)$（$\text{m/s}^2$）**】**

详解：由已知的波形曲线可得振幅为

$$A=0.1\text{m}$$

由于该波的波长和波速分别为 200m 和 200m/s，因此该波的频率，即 P 点的振动频率为

$$\nu=\frac{u}{\lambda}=1.0\ (\text{Hz})$$

由于该波沿着 x 轴正方向传播，结合波形曲线得 P 点的初相为

$$\varphi=-\frac{\pi}{2}$$

因此，P 点振动速度和振动加速度表达式分别为

$$v=-2\pi\nu A\sin(2\pi\nu t+\varphi)=-0.2\pi\sin\left(2\pi t-\frac{\pi}{2}\right)\ (\text{m/s})$$

$$a=-(2\pi\nu)^2A\cos(2\pi\nu t+\varphi)=-0.4\pi^2\cos\left(2\pi t-\frac{\pi}{2}\right)\ (\text{m/s}^2)$$

（15）如图 12-12 所示，一列波长为 λ 的平面简谐波沿着 x 轴正方向传播，已知 B 点处质点的振动方程为

$$y_B=A\cos(2\pi\nu t+\alpha)$$

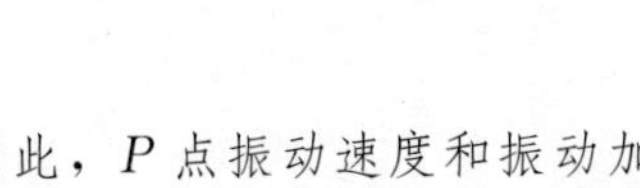

图 12-12

写出 C 点处质点的振动方程。与 B 点处质点振动状态相同的那些点的位置坐标是多少？

【**答案**：$A\cos\left[2\pi\left(\nu t-\frac{b+c}{\lambda}\right)+\alpha\right]$；$x=k\lambda-b$（$k=\pm1$，$\pm2$，…）】

详解：由于 C 点处质点的振动比 B 点晚的时间为

$$\Delta t=\frac{b+c}{u}=\frac{b+c}{\lambda\nu}$$

因此，C 点处质点的振动方程为

$$y_C=A\cos\left[2\pi\nu\left(t-\frac{b+c}{\lambda\nu}\right)+\alpha\right]=A\cos\left[2\pi\left(\nu t-\frac{b+c}{\lambda}\right)+\alpha\right]$$

以 O 点为坐标原点，该波的波函数为

$$y=A\cos\left[2\pi\left(\nu t-\frac{b+x}{\lambda}\right)+\alpha\right]$$

与 B 点处质点振动状态相同的点与 B 点的相位差为 π 的偶数倍，即

$$2\pi\frac{b+x}{\lambda}=2k\pi$$

由此解得

$$x=k\lambda-b\ (k=\pm1,\ \pm2,\ \cdots)$$

注意上式没有取 $k=0$，因为 $k=0$ 的点就是 B 点。

(16) 一个点波源作简谐振动，周期为 0.01s，此振动以 400m/s 的速度向四周传播，在距离波源 1m 远处的质点振动的振幅为 5×10^{-6}m，介质均匀且不吸收能量。以波源经过平衡位置向正方向运动时作为计时零点，写出此波动沿某一波线的波函数。

【**答案**：$y=\frac{5\times10^{-6}}{r}\cos\left[200\pi\left(t-\frac{r}{400}\right)-\frac{1}{2}\pi\right]$（m）】

详解：点波源在各向同性的均匀介质形成球面波。依题意，波源振动的初相为 $-\pi/2$，在不考虑介质吸收能量的情况下，此波动沿某一波线的波函数为

$$y=\frac{5\times10^{-6}}{r}\cos\left[200\pi\left(t-\frac{r}{400}\right)-\frac{1}{2}\pi\right]\ (\text{m})$$

(17) A，B 是简谐波波线上距离小于波长的两点。已知 B 点的振动相位比 A 点落后 0.4π，波长为 3.5m，则 A，B 两点相距多远？

【**答案**：0.7m】

详解：沿着波的传播方向某两点的相位差为

$$\Delta\varphi=\frac{2\pi\Delta x}{\lambda}$$

因此，解得它们之间的距离为

$$\Delta x=\frac{\Delta\varphi}{2\pi}\lambda=\frac{0.4\pi}{2\pi}\times3.5=0.7\ (\text{m})$$

2. 波的能量

(1) 一列平面简谐波在弹性介质中传播，在介质中某质元从最大位移处回到平衡位置的过程中，它的动能、势能和机械能如何变化？并说明其机械能变化的原因。

【**答案**：动能、势能和机械能都增大；该质元从相邻的一段介质质元获得了能量】

详解：一列平面简谐波在弹性介质中传播，当介质中某质元从最大位移处回到平衡位置的过程中，它的动能、势能和机械能都增大，这时它从相邻的一段介质质元获得了能量。

(2) 在同一介质中两列平面相干简谐波的强度之比为 $I_1:I_2=4:1$，则两列波的振幅之比是多少？

【答案：2】

详解：波的强度表达式为

$$I=\frac{1}{2}\rho\omega^2A^2u$$

在同一介质中的两列简谐波，介质密度 ρ、波速 u 相同，由于这两列波是相干波，它们的频率 ω 相同，因此这两列简谐波的强度之比为

$$\frac{I_1}{I_2}=\frac{A_1^2}{A_2^2}$$

由此解得它们的振幅之比为

$$\frac{A_1}{A_2}=\sqrt{\frac{I_1}{I_2}}=2$$

(3) 当机械波在介质中传播时，介质质元的最大形变量发生在何处？

【答案：平衡位置处】

详解：当机械波在介质中传播时，由于介质质元在平衡位置处的势能最大，因此介质质元在平衡位置处的形变量最大。

(4) 图 12-13 所示为一列平面简谐机械波在 t 时刻的波形曲线。若此时 P 点处介质质元的振动动能在增大，则 P 点处介质质元的弹性势能怎样变化？这列波向什么方向传播？Q 点处介质质元的振动动能怎样变化？沿着波的传播方向的各点波的能量密度是否随时间变化？

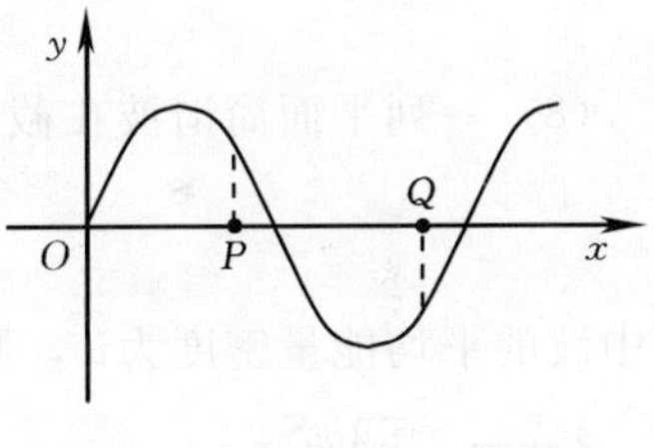

图 12-13

【答案：增大；x 轴负方向；减小；随时间变化】

详解：由于机械波在介质中传播时，在任一时刻体积元的动能和势能相等，因此 P 点处介质质元的振动动能增大，其弹性势能也增大。

由于 P 点处介质质元的动能在增大，因此它正在向平衡位置运动，说明这列波正在向 x 轴负方向传播。

由于 Q 点处介质质元正离开平衡位置，因此其振动动能在减小。

沿着波的传播方向的各点波的能量密度是时间的周期性函数，它随时间的变化而变化。

(5) 一个波源位于 O 点，以 O 点为圆心作两个同心球面，它们的半径分别为 R_1 和 R_2，在两个球面上分别取相等的面积 ΔS_1 和 ΔS_2，则通过它们的平均能流之比等于多少？

【答案：$R_2^2:R_1^2$】

详解：平均能流的表达式为

$$\overline{P}=\frac{1}{2}\rho\omega^2A^2uS$$

依题意，通过 ΔS_1 和 ΔS_2 的平均能流之比为

$$\frac{\overline{P}_1}{\overline{P}_2}=\frac{A_1^2}{A_2^2}$$

对球面波而言，有

$$\frac{A_1}{A_2}=\frac{R_2}{R_1}$$

因此

$$\frac{\overline{P}_1}{\overline{P}_2}=\frac{R_2^2}{R_1^2}$$

（6）一列周期为 T 的平面简谐机械波在介质中传播时，如果某介质质元在 t 时刻的总机械能是 15J，则在 $t+T$ 时刻该介质质元的振动动能是多少？

【答案： 7.5J**】**

详解： 某介质质元在 $t+T$ 时刻的总机械能与 t 时刻的总机械能相等，仍然等于 15J。由于在任一时刻体积元的动能和势能相等，都等于总机械能的一半，因此在 $t+T$ 时刻该介质质元的振动动能为 7.5J。

（7）一列强度为 I 的平面简谐波通过面积为 S 的平面，波速 $\vec{u}$ 与该平面的法线 $\vec{e}_n$ 的夹角为 θ，则通过该平面的平均能流是多少？

【答案： $IS\cos\theta$**】**

详解： 波的强度方向与波速方向相同。当波的强度方向与平面的法线方向之间的夹角为 θ 时，通过该平面的平均能流为

$$\overline{P}=\vec{I}\cdot\vec{S}=IS\cos\theta$$

（8）一列平面简谐波在截面积为 S 的圆管中传播，其波函数为

$$y=A\cos\left(\omega t-\frac{2\pi x}{\lambda}\right)$$

管中波的平均能量密度为 $\overline{w}$，则通过截面积 S 的平均能流是多少？

【答案： $\frac{\overline{w}\lambda\omega S}{2\pi}$**】**

详解： 该平面简谐波的传播速度为

$$u=\lambda\nu=\lambda\frac{\omega}{2\pi}$$

因此，通过截面积 S 的平均能流为

$$\overline{P}=\overline{w}uS=\frac{\overline{w}\lambda\omega S}{2\pi}$$

（9）某球面波在各向同性的均匀介质中传播，已知波源的功率为 100W，如果介质不吸收能量，则距波源 10m 处的波的平均能流密度为多少？

【答案： $0.08\mathrm{W/m^2}$**】**

详解： 以波源为圆心作半径为 R 球形波面，在不考虑介质吸收能量的情况下，有

$$\overline{P}=IS=4\pi R^2 I$$

因此，距波源 10m 处波的强度，即波的平均能流密度为

$$I=\frac{\overline{P}}{4\pi R^2}=0.08\ (\mathrm{W/m^2})$$

（10）为了维持某波源的振动不变，需要消耗 8W 的功率。假如此波源发出的是均匀球面波，且介质不吸收波的能量，则距波源 3m 远处波的平均能流密度等于多少？

【答案：$0.07\mathrm{W/m^2}$**】**

详解： 以波源为球心作半径为 r 的球形波面，如果介质不吸收能量，有

$$\overline{P}=4\pi r^2 I$$

因此，距波源 r 处的波的平均能流密度为

$$I=\frac{\overline{P}}{4\pi r^2}=0.07\ (\mathrm{W/m})^2$$

3. 波的干涉

（1）如图 12-14 所示，S_1 和 S_2 是两个相干波源，它们的振动方向均垂直于纸面，发出波长为 λ 的简谐波，P 点是两列波相遇区域中的一点，已知 $r_1=2\lambda$，$r_2=2.2\lambda$，两列波在 P 点发生相消干涉。如果 S_1 的振动方程为

$$y_1=A\cos\left(2\pi t+\frac{\pi}{2}\right)$$

写出 S_2 的振动方程。

【答案：$y_2=A\cos\left(2\pi t-\frac{\pi}{10}\right)$**】**

详解： 由于 S_1 和 S_2 是两个相干波源，因此它们的频率相同。又由于它们发出的波在 P 点可以相消干涉，因此它们的振幅相等。设 S_2 振动的初相为 φ_2。

两个相干波源在相遇处 P 点的相位差为

$$\Delta\varphi=\varphi_2-\varphi_1-\frac{2\pi(r_2-r_1)}{\lambda}=\varphi_2-\frac{\pi}{2}-\frac{2\pi(2.2\lambda-2\lambda)}{\lambda}=\varphi_2-\frac{\pi}{2}-0.4\pi=\varphi_2-0.9\pi$$

由于两列波在 P 点发生相消干涉，因此

$$\Delta\varphi=\varphi_2-0.9\pi=-\pi$$

解之得

$$\varphi_2=-\frac{\pi}{10}$$

因此，S_2 的振动方程为

$$y_2=A\cos\left(2\pi t-\frac{\pi}{10}\right)$$

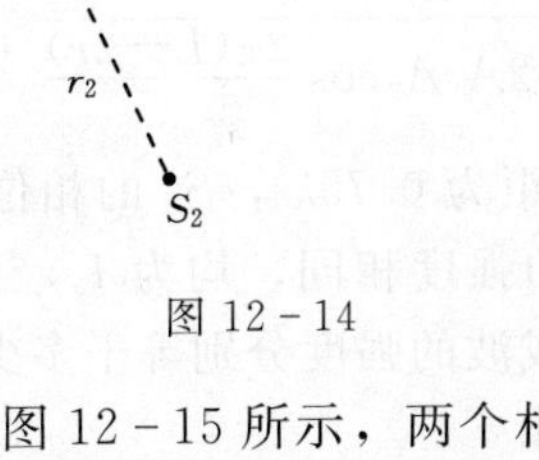

图 12-14

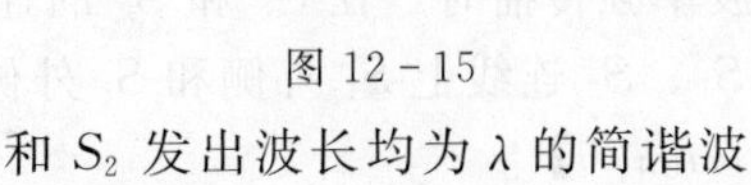

图 12-15

（2）如图 12-15 所示，两个相干波源 S_1 和 S_2 发出波长均为 λ 的简谐波，它们相距

0.25λ，S_1 的相位比 S_2 的相位超前 0.5π，在 S_1、S_2 的连线上 S_1 外侧各点（例如 P 点），由两列波引起的振动的相位差是多少？

【答案：π】

详解：依题意，S_1 和 S_2 两个相干波源在 P 点引起的相位差为

$$\Delta\varphi=\varphi_1-\varphi_2-\frac{2\pi(r_1-r_2)}{\lambda}=\frac{\pi}{2}-\frac{2\pi\times(-0.25\lambda)}{\lambda}=\pi$$

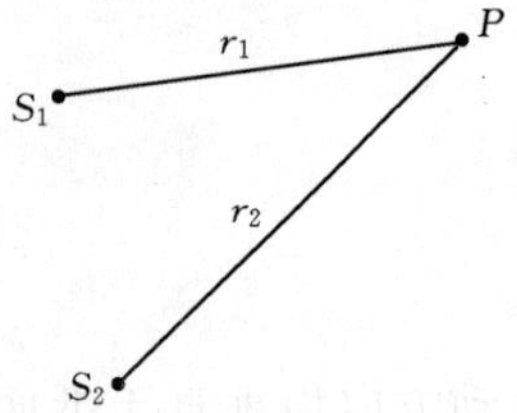

图 12－16

(3)如图 12－16 所示，两列波长为 λ 的相干波在 P 点相遇。波源 S_1 的初相是 φ_1，到 P 点的距离是 r_1；波源 S_2 的初相是 φ_2，到 P 点的距离是 r_2，试分别写出 P 点干涉极大的相位差条件和波程差条件。

【答案：$\Delta\varphi=\varphi_2-\varphi_1-\dfrac{2\pi(r_2-r_1)}{\lambda}=2k\pi$；$r_2-r_1=k\lambda+\dfrac{\varphi_2-\varphi_1}{2\pi}\lambda$ $(k=0,\ \pm1,\ \pm2,\ \cdots)$】

详解：S_1 和 S_2 两个相干波源在相遇处 P 点的相位差为

$$\Delta\varphi=\varphi_2-\varphi_1-\frac{2\pi(r_2-r_1)}{\lambda}$$

P 点干涉极大的相位差条件为

$$\Delta\varphi=\varphi_2-\varphi_1-\frac{2\pi(r_2-r_1)}{\lambda}=2k\pi$$

波程差条件为

$$r_2-r_1=k\lambda+\frac{\varphi_2-\varphi_1}{2\pi}\lambda$$

其中，$k=0,\ \pm1,\ \pm2,\ \cdots$。

(4) 如图 12－17 所示，S_1 和 S_2 为同相位的两相干波源，相距为 L，P 点距 S_1 为 r。波源 S_1 在 P 点引起振动的振幅为 A_1，波源 S_2 在 P 点引起振动的振幅为 A_2，两波的波长都是 λ，则 P 点的振幅 A 为多少？

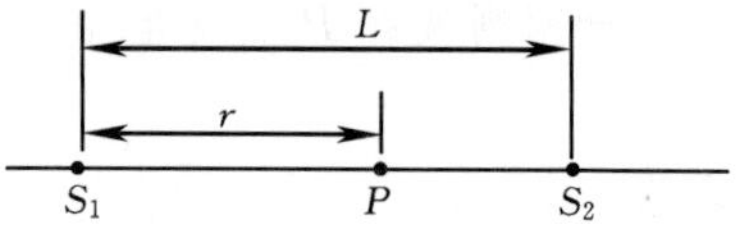

图 12－17

【答案：$\sqrt{A_1^2+A_2^2+2A_1A_2\cos\dfrac{2\pi(L-2r)}{\lambda}}$】

详解：S_1 和 S_2 两个相干波源在 P 点引起的相位差为

$$\Delta\varphi=\frac{2\pi(r_2-r_1)}{\lambda}=\frac{2\pi[(L-r)-r]}{\lambda}=\frac{2\pi(L-2r)}{\lambda}$$

则 P 点的振幅为

$$A=\sqrt{A_1^2+A_2^2+2A_1A_2\cos\Delta\varphi}=\sqrt{A_1^2+A_2^2+2A_1A_2\cos\frac{2\pi(L-2r)}{\lambda}}$$

(5) S_1 和 S_2 是波长均为 λ 的两个相干波波源，相距为 0.75λ，S_1 的相位比 S_2 超前 0.5π。两列波单独传播时，在 S_1 和 S_2 的连线上各点的强度相同，均为 I_0，且不随距离变化。则在 S_1、S_2 连线上 S_1 外侧和 S_2 外侧各点，合成波的强度分别等于多少？

【答案：$4I_0$；0】

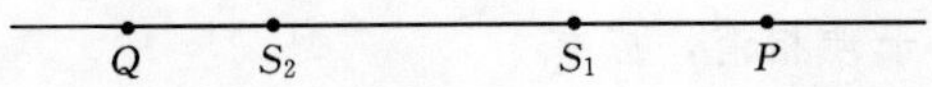

图 12-18

详解：由于两列波单独传播时，在 S_1 和 S_2 的连线上各点的强度相同，因此 S_1 和 S_2 发出的波列振幅相等，设为 A_0。

如图 12-18 所示，在 S_1 外侧各点（如 P 点）S_1 和 S_2 引起的相位差为

$$\Delta\varphi=\varphi_1-\varphi_2-\frac{2\pi(r_1-r_2)}{\lambda}$$
$$=0.5\pi-\frac{2\pi\times(-0.75\lambda)}{\lambda}=2\pi$$

因此，这些点干涉加强，合成波的振幅为

$$A=2A_0$$

由于波的强度与振幅的平方成正比，因此

$$\frac{I}{I_0}=\frac{A^2}{A_0^2}=\frac{(2A_0)^2}{A_0^2}=4$$

即此处合成波的强度为

$$I=4I_0$$

在 S_2 外侧各点（如 Q 点）S_1 和 S_2 引起的相位差为

$$\Delta\varphi=\varphi_1-\varphi_2-\frac{2\pi(r_1-r_2)}{\lambda}=0.5\pi-\frac{2\pi\times0.75\lambda}{\lambda}=-\pi$$

因此，这些点干涉减弱，合成波的振幅等于 0，其强度也等于 0。

（6）两个相干点波源 S_1 和 S_2 的振动方程分别为

$$y_1=A\cos\left(\omega t+\frac{1}{2}\pi\right),\ y_2=A\cos\left(\omega t-\frac{1}{2}\pi\right)$$

波动从 S_1 传到 P 点经过的路程等于 2 个波长，从 S_2 传到 P 点的路程等于 3.5 个波长。设两波的波速相同，在传播过程中振幅不衰减，则 P 点振动的合振幅为多少？

【答案：2A】

详解：S_1 和 S_2 发出的相干波在 P 点引起的相位差为

$$\Delta\varphi=\varphi_1-\varphi_2-\frac{2\pi(r_1-r_2)}{\lambda}=\frac{\pi}{2}-\left(-\frac{\pi}{2}\right)-\frac{2\pi\times(2\lambda-3.5\lambda)}{\lambda}=4\pi$$

两列波在 P 点干涉加强，P 点振动的合振幅等于 $2A$。

（7）如图 12-19 所示，相距为 1.5λ 的两个点波源 S_1、S_2 的振动频率相同，振动方向均垂直于纸面。已知 S_1 的初相为 0.5π。要使射线 S_2P 上各点由两列波引起的振动均干涉相消，则 S_2 的初相应为多少？要使 S_1S_2 连线的中垂线 MN 上各点由两列波引起的振动均干涉相消，则 S_2 的初位相又为多少？

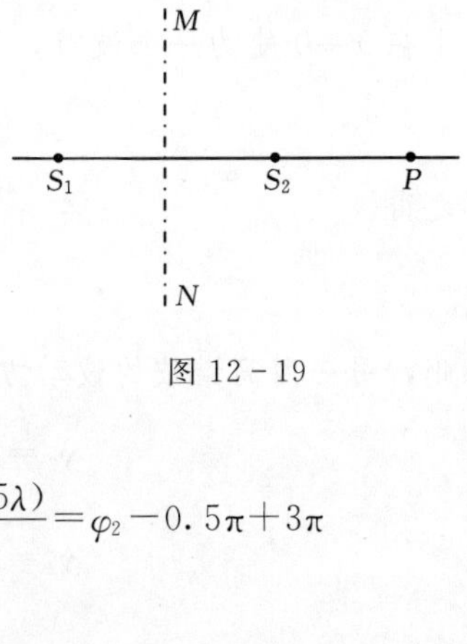

图 12-19

【答案：0.5π；−0.5π】

详解：S_1 和 S_2 发出的相干波在 P 点引起的相位差为

$$\Delta\varphi=\varphi_2-\varphi_1-\frac{2\pi(r_2-r_1)}{\lambda}=\varphi_2-0.5\pi-\frac{2\pi\times(-1.5\lambda)}{\lambda}=\varphi_2-0.5\pi+3\pi$$

为使射线 S_2P 上各点由两列波引起的振动均干涉相消，应有

$$\varphi_2-0.5\pi+3\pi=(2k+1)\pi$$

解之得

$$\varphi_2=2(k-1)\pi+0.5\pi$$

为了使 φ_2 在 $0\sim2\pi$ 范围内，取 $k=1$，这时

$$\varphi_2=0.5\pi$$

S_1 和 S_2 发出的相干波在中垂线 MN 上各点引起的相位差为

$$\Delta\varphi=\varphi_2-\varphi_1=\varphi_2-0.5\pi$$

为使中垂线 MN 上各点由两列波引起的振动干涉相消，应有

$$\varphi_2-0.5\pi=-\pi$$

解之得

$$\varphi_2=-0.5\pi$$

4. 驻波

(1) 在弦线上有一列简谐波，其波动方程为

$$y_1=2.0\times10^{-2}\cos\left[2\pi\left(\frac{t}{0.02}-\frac{x}{20}\right)+\frac{\pi}{3}\right]$$

上式中的各个物理量均采用国际单位。为了在此弦线上形成驻波，并且在 $x=0$ 处为一个波节，此弦线上还应该有一列简谐波，求波动方程 y_2。如果在 $x=0$ 处为一个波腹，求另一列简谐波的波动方程 y_2。

【**答案**：$y_2=2.0\times10^{-2}\cos\left[2\pi\left(\frac{t}{0.02}+\frac{x}{20}\right)-\frac{4\pi}{3}\right]$；$y_2=2.0\times10^{-2}\cos\left[2\pi\left(\frac{t}{0.02}+\frac{x}{20}\right)+\frac{2\pi}{3}\right]$】

详解：1) 依题意，设另一列简谐波的波动方程为

$$y_2=2.0\times10^{-2}\cos\left[2\pi\left(\frac{t}{0.02}+\frac{x}{20}\right)+\varphi_2\right]$$

两列波在 $x=0$ 处引起的振动方程分别为

$$y_{10}=2.0\times10^{-2}\cos\left(100\pi t+\frac{\pi}{3}\right)$$

$$y_{20}=2.0\times10^{-2}\cos(100\pi t+\varphi_2)$$

由于在 $x=0$ 处为一个波节，因此

$$\varphi_2-\frac{\pi}{3}=\pm\pi$$

解之得

$$\varphi_2=\frac{4\pi}{3}\text{或 }\varphi_2=-\frac{2\pi}{3}$$

因此，另一列简谐波的波动方程为

$$y_2=2.0\times10^{-2}\cos\left[2\pi\left(\frac{t}{0.02}+\frac{x}{20}\right)+\frac{4\pi}{3}\right]$$

或

$$y_2=2.0\times10^{-2}\cos\left[2\pi\left(\frac{t}{0.02}+\frac{x}{20}\right)-\frac{2\pi}{3}\right]$$

2）同理，由于在 $x=0$ 处为一个波腹，因此

$$\varphi_2-\frac{\pi}{3}=0$$

解之得

$$\varphi_2=\frac{\pi}{3}$$

因此，另一列简谐波的波动方程为

$$y_2=2.0\times10^{-2}\cos\left[2\pi\left(\frac{t}{0.02}+\frac{x}{20}\right)+\frac{\pi}{3}\right]$$

（2）如果在弦线上的驻波方程为

$$y=0.20\sin2\pi x\cos20\pi t$$

公式中的各个物理量均采用国际单位。则形成该驻波的两个反向进行的行波方程分别怎样表达？

【答案： $y_1=0.10\cos\left[2\pi(10t-x)-\frac{\pi}{2}\right]$；$y_2=0.10\cos\left[2\pi(10t+x)+\frac{\pi}{2}\right]$**】**

详解： 设形成驻波的两个方程分别为

$$y_1=A\cos\left[2\pi\left(\nu t-\frac{x}{\lambda}\right)+\varphi_1\right]$$

$$y_2=A\cos\left[2\pi\left(\nu t+\frac{x}{\lambda}\right)+\varphi_2\right]$$

则驻波方程为

$$y=y_1+y_2=2A\cos\left(\frac{2\pi x}{\lambda}+\frac{\varphi_2-\varphi_1}{2}\right)\cos\left(2\pi\nu t+\frac{\varphi_2+\varphi_1}{2}\right)$$

将其与已知驻波方程比较，得

$$A=0.10\text{m},\ \lambda=1\text{m},\ \nu=10\text{Hz}$$

另外

$$\frac{\varphi_2-\varphi_1}{2}=\frac{\pi}{2},\ \frac{\varphi_2+\varphi_1}{2}=0$$

解之得

$$\varphi_1=-\frac{\pi}{2},\ \varphi_2=\frac{\pi}{2}$$

因此，形成该驻波的两个反向进行的行波方程分别为

$$y_1=0.10\cos\left[2\pi(10t-x)-\frac{\pi}{2}\right]$$

$$y_2=0.10\cos\left[2\pi(10t+x)+\frac{\pi}{2}\right]$$

（3）沿着相反方向传播的两列相干波，其波动方程分别为

$$y_1=A\cos2\pi\left(\nu t-\frac{x}{\lambda}\right)$$

$$y_2=A\cos2\pi\left(\nu t+\frac{x}{\lambda}\right)$$

在叠加后形成的驻波中，各处简谐振动的振幅等于多少？波节、波腹的位置坐标分别等于多少？

【答案：$a=\left|2A\cos\dfrac{2\pi x}{\lambda}\right|$；$x=\pm(2n+1)\dfrac{\lambda}{4}$，$x=\pm n\dfrac{\lambda}{2}$（$n=0$，1，2，…）**】**

详解：驻波方程为

$$y=y_1+y_2=2A\cos\frac{2\pi x}{\lambda}\cos 2\pi\nu t$$

因此，各处简谐振动的振幅为

$$a=\left|2A\cos\frac{2\pi x}{\lambda}\right|$$

令$\left|\cos\dfrac{2\pi x}{\lambda}\right|=0$，得波节的位置坐标为

$$x=\pm(2n+1)\frac{\lambda}{4}\ (n=0,\ 1,\ 2,\ \cdots)$$

令$\left|\cos\dfrac{2\pi x}{\lambda}\right|=1$，得波腹的位置坐标为

$$x=\pm n\frac{\lambda}{2}\ (n=0,\ 1,\ 2,\ \cdots)$$

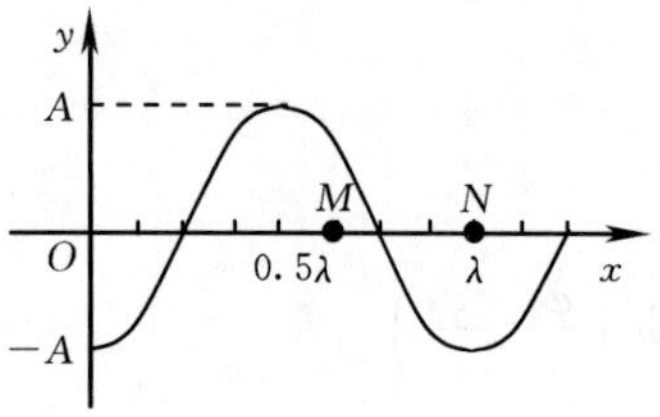

图 12－20

（4）某时刻的驻波波形曲线如图 12－20 所示，图中 M、N 两点振动的相位差是多少？

【答案：π**】**

详解：由于 M、N 两点位于波节的两侧，因此它们振动反向，即它们振动的相位差等于π。

（5）某驻波方程为

$$y=2A\cos\left(\frac{2\pi x}{\lambda}\right)\cos\omega t$$

试写出 $x=-0.5\lambda$ 处质点的振动方程以及该质点的振动速度表达式。

【答案：$y_P=-2A\cos\omega t$；$v_P=2A\omega\sin\omega t$**】**

详解：在驻波方程中，令 $x=-0.5\lambda$，得该处质点的振动方程为

$$y_P=2A\cos\left[\frac{2\pi\times(-0.5\lambda)}{\lambda}\right]\cos\omega t=-2A\cos\omega t$$

该质点的振动速度表达式为

$$v_P=\frac{dy_P}{dt}=2A\omega\sin\omega t$$

（6）设入射波方程为

$$y_1=A\cos 2\pi\left(\nu t+\frac{x}{\lambda}\right)$$

波在 $x=0$ 处发生反射，反射点为固定端，试写出形成的驻波方程。

【答案：$y=2A\cos\left(\dfrac{2\pi x}{\lambda}-\dfrac{\pi}{2}\right)\cos\left(2\pi\nu t+\dfrac{\pi}{2}\right)$或 $y=2A\cos\left(\dfrac{2\pi x}{\lambda}+\dfrac{\pi}{2}\right)\cos\left(2\pi\nu t-\dfrac{\pi}{2}\right)$**】**

详解：在 $x=0$ 处入射波引起的振动方程为

$$y_{10}=A\cos 2\pi\nu t$$

由于反射点为固定端，因此反射波源的振动与入射波的振动反相，即

$$y_{20}=A\cos(2\pi\nu t+\pi)$$

反射波源形成的反射波为

$$y_2=A\cos\left[2\pi\left(\nu t-\frac{x}{\lambda}\right)+\pi\right]$$

它们形成的驻波方程为

$$y=y_1+y_2=2A\cos\left(\frac{2\pi x}{\lambda}-\frac{\pi}{2}\right)\cos\left(2\pi\nu t+\frac{\pi}{2}\right)$$

如果设反射波为 $y_2=A\cos\left[2\pi\left(\nu t-\frac{x}{\lambda}\right)-\pi\right]$，则驻波方程为

$$y=2A\cos\left(\frac{2\pi x}{\lambda}+\frac{\pi}{2}\right)\cos\left(2\pi\nu t-\frac{\pi}{2}\right)$$

（7）设平面简谐波沿 x 轴传播时在 $x=0$ 处发生反射，反射波方程为

$$y_2=A\cos\left[2\pi\left(\nu t-\frac{x}{\lambda}\right)+\frac{\pi}{2}\right]$$

已知反射点为自由端，试写出由入射波和反射波形成的驻波的波节位置坐标。

【答案： $x=\pm(2n+1)\frac{\lambda}{4}$ （$n=0$，1，2，…）**】**

详解： 由于反射点为自由端，因此入射波的波动方程为

$$y_1=A\cos\left[2\pi\left(\nu t+\frac{x}{\lambda}\right)+\frac{\pi}{2}\right]$$

它们形成的驻波方程为

$$y=y_1+y_2=2A\cos\left(\frac{2\pi x}{\lambda}\right)\cos\left(2\pi\nu t+\frac{\pi}{2}\right)$$

令 $\left|2A\cos\frac{2\pi x}{\lambda}\right|=0$，得波节的位置坐标为

$$x=\pm(2n+1)\frac{\lambda}{4}\ （n=0，1，2，…）$$

（8）一根弦上的驻波方程为

$$y=0.1\cos\pi x\cos 90\pi t$$

上式中的各个物理量均采用国际单位。形成该驻波的两个反向传播的行波的波长和频率分别等于多少？

【答案： 2m；45Hz**】**

详解： 将已知驻波方程与标准驻波方程比较，有

$$\frac{2\pi x}{\lambda}=\pi x，2\pi\nu t=90\pi t$$

由此解得形成该驻波的两个反向传播的行波的波长和频率分别为

$$\lambda=2\text{m}，\nu=45\text{Hz}$$

（9）某驻波方程为

$$y=A\cos 2\pi x\cos 100\pi t$$

上式中的各个物理量均采用国际单位。位于 $x_1=0.125\text{m}$ 处的质元 P_1 与位于 $x_2=0.375\text{m}$ 处的质元 P_2 的振动相位差为多少？

【答案：π】

详解： 将已知驻波方程与标准驻波方程比较，有

$$\frac{2\pi x}{\lambda}=2\pi x$$

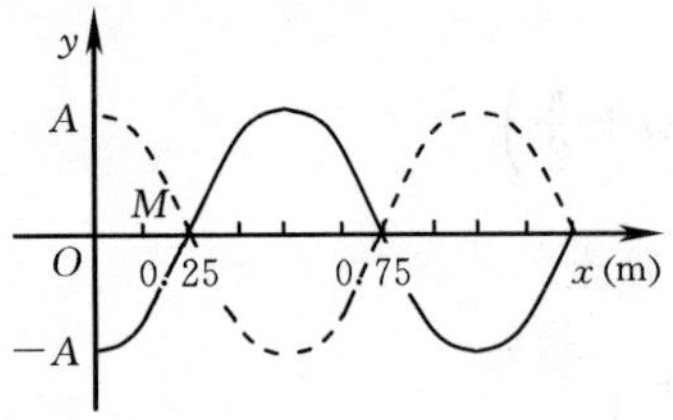

图 12－21

由此解得形成该驻波的两个反向传播的行波的波长为

$$\lambda=1\text{m}$$

由于在 $x=0$ 处，$\cos 2\pi x=1$，因此 $x=0$ 处为波腹。该驻波如图 12－21 所示。

由于 $x_1=0.125\text{m}<0.25\text{m}$，因此质元 P_1 在波节 M 点的左侧，而 $x_1=0.375\text{m}>0.25\text{m}$，质元 P_2 在波节 M 点的右侧，即它们位于波节 M 点的两侧，振动反向，相位差等于 π。

5. 多普勒效应

（1）设声波在介质中的传播速度为 u，声源的频率为 ν_S。如果声源 S 不动，而接收器 R 相对于介质以速度 v_R 沿着 S、R 连线向着声源 S 运动，则位于 S、R 连线中点的质点 P 的振动频率为多少？

【答案：ν_S】

详解： 由于声源 S 不动，因此质点 P 的振动频率就等于声源的频率即

$$\nu_P=\nu_S$$

（2）一列机车汽笛频率为 750Hz，机车以 90km/h 的速度远离静止的观察者运动。已知空气中的声速为 340m/s，则观察者听到的笛声频率是多少？

【答案：699 Hz】

详解： 由于机车（波源）远离静止的观察者运动，因此观察者听到的笛声频率为

$$\nu_R=\frac{u}{u-v_S}\nu=\frac{340}{340-(-90/3.6)}\times 750=699(\text{Hz})$$

（3）正在报警的警钟每隔 0.5s 响一声，有一个人乘坐火车以 72km/h 的速度向警钟所在地驶去。已知声音在空气中的传播速度为 340m/s，则该人在 1min 内听到多少次响声？

【答案：127 次】

详解： 由于乘客（观察者）向着静止的警钟（波源）运动，因此乘客听到的频率为

$$\nu_R=\frac{u-v_R}{u}\nu=\frac{u-v_R}{uT}$$

其中，T 为警钟发声的周期。乘客在 t 时间内听到的响声次数为

$$N=\nu_R t=\frac{(u-v_R)t}{uT}=\frac{[340-(-72/3.6)]\times 60}{340\times 0.5}=127\text{（次）}$$

（4）一辆机车以 30m/s 的速度驶近一位静止的观察者，机车汽笛的频率为 550Hz。已知声音在空气中的传播速度为 340m/s，则此观察者听到的声音频率是多少？

【答案：603 Hz】

详解：由于机车（波源）驶近静止的观察者运动，因此观察者听到的笛声频率为

$$\nu_R=\frac{u}{u-v_S}\nu=\frac{340}{340-30}\times550=603\ (\text{Hz})$$

（5）一辆汽车以 25m/s 的速度远离一辆静止的正在鸣笛的机车，机车汽笛的频率为 600Hz。已知空气中的声速为 340m/s，则汽车中的乘客听到机车笛声的频率是多少？

【答案：556Hz】

详解：由于汽车（观察者）远离静止的机车（波源），因此观察者听到的机车笛声频率为

$$\nu_R=\frac{u-v_R}{u}\nu=\frac{340-25}{340}\times600=556\ (\text{Hz})$$

（6）一列火车以 20m/s 的速度行驶，机车汽笛的频率为 600Hz。已知声音在空气中的传播速度为 340m/s，则一位静止的观测者在机车前和机车后所听到的声音频率分别是多少？

【答案：538Hz；567Hz】

解：由于火车（波源）运动，观察者静止，因此在火车前、后的观察者听到的声音频率分别为

$$\nu_{R1}=\frac{u}{u-v_S}\nu=\frac{340}{340-20}\times600=638\ (\text{Hz})$$

$$\nu_{R2}=\frac{u}{u-v_S}\nu=\frac{340}{340-(-20)}\times600=567\ (\text{Hz})$$

（7）两列时速均为 64.8km 迎面对开的列车，一辆列车的汽笛频率为 600Hz，在另一列车上的乘客所听到的汽笛频率为多少？（设空气中声速为 340m/s）

【答案：667Hz】

解：由于波源和观察者均运动，因此乘客（观察者）听到的汽笛频率为

$$\nu_R=\frac{u-v_R}{u-v_S}\nu=\frac{340-(-64.8/3.6)}{340-64.8/3.6}\times600=667\ (\text{Hz})$$

（8）一辆警车以 30m/s 的速度追赶前面一辆以 26m/s 的速度行驶的汽车，警车的警笛频率为 800Hz。坐在前面汽车中的人听到警笛声的频率是多少？（已知空气中声速为 330m/s）

【答案：811Hz】

解：由于波源（警车）和观察者（汽车）均运动，因此汽车中的人（观察者）听到的警笛声的频率为

$$\nu_R=\frac{u-v_R}{u-v_S}\nu=\frac{330-26}{330-30}\times800=811\ (\text{Hz})$$

（9）某汽笛发出频率为 700Hz 的声音，并且以 15m/s 的速度接近悬崖。由正前方的悬崖反射回来的声波波长是多少？（已知空气中声速为 330m/s）

【答案：0.45m】

解：首先认为悬崖是观察者，则波源（汽笛）运动，观察者（悬崖）静止，其接收的

频率为

$$\nu_{R1}=\frac{u}{u-v_S}\nu=\frac{330}{330-15}\times 700=733.3\ (\text{Hz})$$

然后认为汽笛是观察者，悬崖是波源，则波源（悬崖）静止，观察者（汽笛）运动，由悬崖反射回来的声波的频率为

$$\nu_{R2}=\frac{u-v_R}{u}\nu_{R1}=\frac{330-(-15)}{330}\times 733.3=766.6\ (\text{Hz})$$

反射回来的声波波长为

$$\lambda=\frac{u-v_R}{\nu_{R2}}=\frac{330-(-15)}{766.6}=0.45\ (\text{m})$$

三、课后习题解答

（1）一列平面简谐纵波沿着线圈弹簧传播。该波沿着 x 轴正向传播，弹簧中某圈的最大位移为3.0cm，振动频率为25Hz，弹簧中相邻两疏部中心的距离为24cm。当 $t=0$ 时，$x=0$ 处质元的位移为零并向 x 轴正向运动。试写出该波的波函数。

解：由题意可知，该平面简谐纵波的振幅 $A=3.0\text{cm}$，振动频率为 $\nu=25\text{Hz}$，波长为 $\lambda=24\text{cm}$。

由于当 $t=0$ 时，$x=0$ 处质元的位移为零并向 x 轴正向运动，因此该处质元的初相 $\varphi=-\pi/2$。因此这列沿 x 轴正方向传播的平面简谐波的波函数为

$$y=3.0\times 10^{-2}\cos\left[2\pi\left(25t-\frac{x}{0.24}\right)-\frac{\pi}{2}\right]=3.0\times 10^{-2}\cos\left[50\pi\left(t-\frac{x}{6}\right)-\frac{\pi}{2}\right]$$

式中的各个物理量均采用国际单位。

（2）某横波沿着绳子传播，其波函数为

$$y=0.05\cos(100\pi t-2\pi x)$$

上式中的各个物理量均采用国际单位。求：

1）该波的振幅、波速、频率和波长。

2）绳子上各质点的最大振动速度和最大振动加速度。

3）$x_1=0.2\text{m}$、$x_2=0.7\text{m}$ 处两质点振动的相位差。

解：1）将已知波函数 $y=0.05\cos(100\pi t-2\pi x)$ 与波函数的标准形式 $y=A\cos\times\left(2\pi\nu t-\frac{2\pi x}{\lambda}\right)$ 比较，得该波的振幅、频率和波长分别为

$$A=0.05\text{m},\ \nu=50\text{Hz},\ \lambda=1.0\text{m}$$

该波的波速为

$$u=\lambda\nu=50\ (\text{m/s})$$

2）绳子上各质点的最大振动速度和最大振动加速度分别为

$$v_{max}=\omega A=2\pi\nu A=15.7\ (\text{m/s})$$

$$a_{max}=\omega^2 A=4\pi^2\nu^2 A=4934.8\ (\text{m/s}^2)$$

3）$x_1=0.2\text{m}$、$x_2=0.7\text{m}$ 处两质点振动的相位差为

$$\Delta\varphi=\frac{2\pi(x_2-x_1)}{\lambda}=\frac{2\pi\times(0.7-0.2)}{1.0}=\pi$$

可见，这两个质点的振动反相。

（3）已知某平面简谐波的波函数为

$$y=A\cos\pi(4t+2x)$$

上式中的各个物理量均采用国际单位。

1）求该波的波长、频率和波速。

2）写出 $t=4.2\mathrm{s}$ 时刻各波峰位置的坐标表达式，并求出此时离坐标原点最近的那个波峰位置坐标值。

3）求 $t=4.2\mathrm{s}$ 时离坐标原点最近的那个波峰通过坐标原点的时刻。

解：1）将已知波函数 $y=A\cos\pi(4t+2x)$ 与波函数的标准形式 $y=A\cos\times\left(2\pi\nu t+\frac{2\pi x}{\lambda}\right)$ 比较，得该波的频率和波长分别为

$$\nu=2\mathrm{Hz},\ \lambda=1.0\mathrm{m}$$

该波的波速为

$$u=\lambda\nu=2\ (\mathrm{m/s})$$

2）波峰的位置，就是 $y=A$ 的位置，由 $\cos\pi(4t+2x)=1$ 解得

$$\pi(4t+2x)=2k\pi$$

即

$$x=k-2t\ (k=0,\ \pm1,\ \pm2,\ \cdots)$$

因此，$t=4.2\mathrm{s}$ 时刻各波峰位置的坐标表达式为

$$x=(k-8.4)\mathrm{m}(k=0,\pm1,\pm2,\cdots)$$

离坐标原点最近的波峰应满足 $|x|$ 最小，在上式中取 $k=8$，可得该位置坐标值为

$$x_P=(8-8.4)=-0.4\ (\mathrm{m})$$

3）该波沿 x 轴负方向传播。设此波峰由原点传播到 $x=-0.4\mathrm{m}$ 处所需的时间为 Δt，则

$$\Delta t=\frac{|\Delta x|}{u}=\frac{0.4}{2}=0.2\ (\mathrm{s})$$

因此，此通过坐标原点的时刻为

$$t=4.2-\Delta t=4.2-0.2=4.0\ (\mathrm{s})$$

（4）一列平面简谐波沿着 x 轴正向传播，其振幅为 A、频率为 ν、波速为 u。设 $t=t_0$ 时刻的波形曲线如图 12-22 所示。求：

1）$x=0$ 处质点的振动方程。

2）该波的波函数。

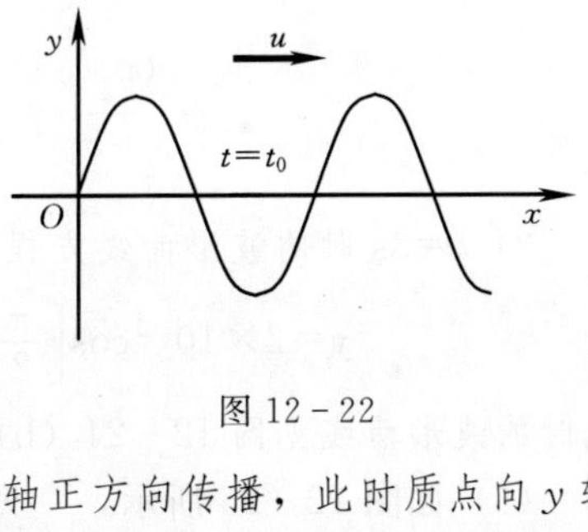

图 12-22

解：1）设 $x=0$ 处质点的振动方程为

$$y=A\cos(2\pi\nu t+\varphi)$$

由图 12-22 可知，当 $t=t_0$ 时，$y=0$。又由于波沿 x 轴正方向传播，此时质点向 y 轴

负方向运动，因此

$$2\pi\nu t_0+\varphi=\frac{\pi}{2}$$

解之得

$$\varphi=\frac{\pi}{2}-2\pi\nu t_0$$

所以 $x=0$ 处质点的振动方程为

$$y=A\cos\left(2\pi\nu t+\frac{\pi}{2}-2\pi\nu t_0\right)=A\cos\left[2\pi\nu\ (t-t_0)\ +\frac{\pi}{2}\right]$$

2）该波的波函数为

$$y=A\cos\left[2\pi\nu\left(t-t_0-\frac{x}{u}\right)+\frac{\pi}{2}\right]$$

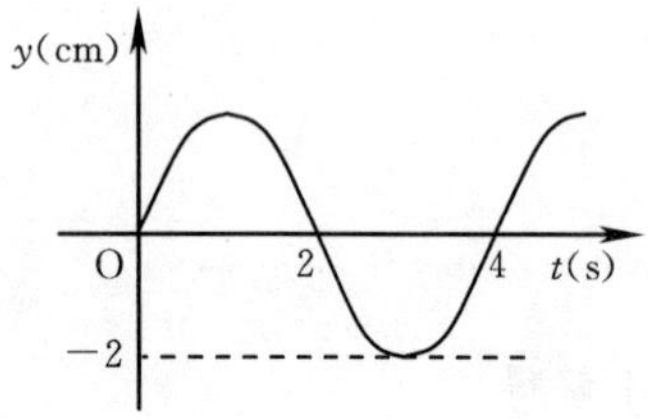

图 12－23

（5）一列平面简谐波在介质中以 5m/s 的波速沿 x 轴正向传播，原点 O 处质元的振动曲线如图 12－23 所示。求：

1）$x=25$m 处质元的振动曲线方程并画出该曲线。

2）$t=3$s 时的波形曲线方程并画出该曲线。

解： 1）由题图得原点 O 处质元的振动方程为

$$y=2\times10^{-2}\cos\left(\frac{2\pi}{4}t-\frac{\pi}{2}\right)=2\times10^{-2}\cos\left(\frac{\pi}{2}t-\frac{\pi}{2}\right)$$

该平面简谐波的波函数为

$$y=2\times10^{-2}\cos\left[\frac{\pi}{2}\left(t-\frac{x}{5}\right)-\frac{\pi}{2}\right]$$

因此 $x=25$m 处质元的振动方程为

$$y=2\times10^{-2}\cos\left[\frac{\pi}{2}\left(t-\frac{25}{5}\right)-\frac{\pi}{2}\right]=2\times10^{-2}\cos\left(\frac{\pi}{2}t-3\pi\right)\ (\text{m})$$

该处质元的振动曲线见图 12－24（a）。

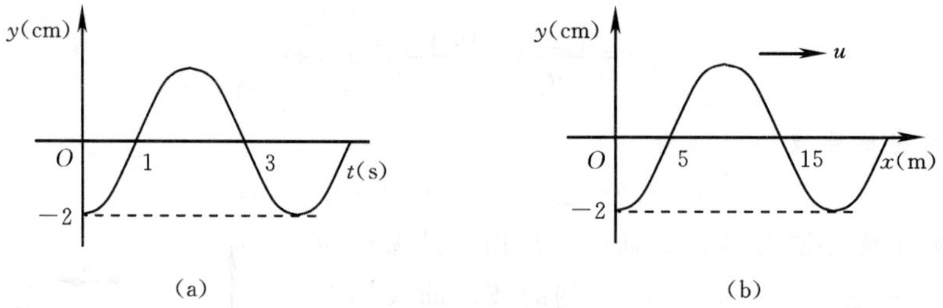

图 12－24

2）$t=3$s 时的波形曲线方程为

$$y=2\times10^{-2}\cos\left[\frac{\pi}{2}\left(3-\frac{x}{5}\right)-\frac{\pi}{2}\right]=2\times10^{-2}\cos\left(\pi-\frac{\pi}{10}x\right)\ (\text{m})$$

此时的波形曲线见图 12－24（b）。

（6）如图 12－25 所示，一列平面波在介质中以 20m/s 的波速沿着 x 轴负方向传播，

已知 N 点的振动方程为

$$y=3\times10^{-2}\cos4\pi t$$

上式中的各个物理量均采用国际单位。分别以 N 点和距 N 点 5m 处的 M 点为坐标原点写出波函数。

解：1）由于此波沿 x 轴负方向传播，因此以 N 点为坐标原点的波函数为

$$y=3\times10^{-2}\cos4\pi\left(t+\frac{x}{20}\right)\ (\mathrm{m})$$

2）如果以 M 点为坐标原点，则 x 轴上任一点 P 的振动比 N 点的早的时间为 $\frac{x-5}{20}$，因此波函数为

$$y=3\times10^{-2}\cos4\pi\left(t+\frac{x-5}{20}\right)=3\times10^{-2}\cos\left[4\pi\left(t+\frac{x}{20}\right)-\pi\right]\ (\mathrm{m})$$

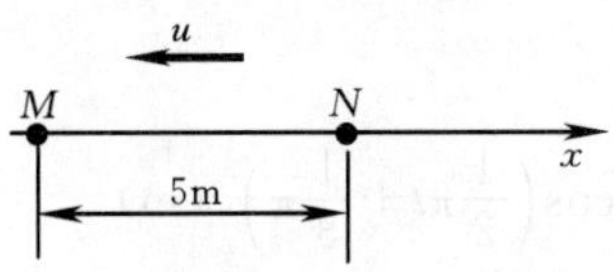

图 12-25

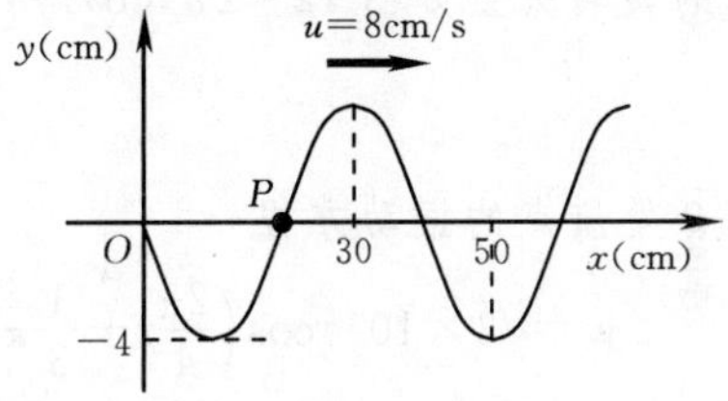

图 12-26

(7) 图 12-26 所示的为一列平面简谐波在 $t=0$ 时刻的波形图，求：

1）该波的波函数。

2）P 处质点的振动方程。

解：1）此波的波速和波长分别为 0.08m/s 和 0.4m，所以其周期为

$$T=\frac{\lambda}{u}=\frac{0.4}{0.08}=5\ (\mathrm{s})$$

O 处质点的初相为

$$\varphi=-\frac{1}{2}\pi$$

因此，该波的波函数为

$$y=0.04\cos\left[2\pi\left(\frac{t}{5}-\frac{x}{0.4}\right)-\frac{\pi}{2}\right]\ (\mathrm{m})$$

2）因为 P 处质点的坐标为 0.2m，所以该点的振动方程为

$$y_P=0.04\cos\left[2\pi\left(\frac{t}{5}-\frac{0.2}{0.4}\right)-\frac{\pi}{2}\right]=0.04\cos\left(0.4\pi t-\frac{3\pi}{2}\right)\ (\mathrm{m})$$

(8) 一列简谐波沿着 x 轴正方向传播，波长为 4m，周期为 4s，已知 $x=0$ 处质点的振动曲线如图 12-27 (a) 所示。

1）写出 $x=0$ 处质点的振动方程。

2）写出该波的波函数。

3）写出 $t=1\mathrm{s}$ 时刻的波形曲线方程，并画出这时的波形曲线。

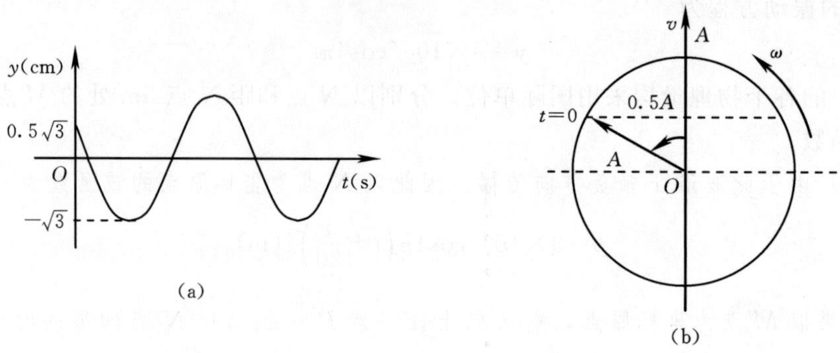

图 12-27

解：1）已知波的振幅为$\sqrt{3}\times10^{-2}$m，周期为 4s，由 $x=0$ 处质点的振动曲线可得此处在 $t=0$ 时的旋转矢量如图 12-27（b）所示，由此得该处质点的初相为

$$\varphi=\frac{1}{3}\pi$$

因此，$x=0$ 处质点的振动方程

$$y_0=\sqrt{3}\times10^{-2}\cos\left(\frac{2\pi}{4}t+\frac{1}{3}\pi\right)=\sqrt{3}\times10^{-2}\cos\left(\frac{1}{2}\pi t+\frac{1}{3}\pi\right)\ (\text{m})$$

2）已知该简谐波沿着 x 轴正方向传播，波长为 4m，因此该波的波函数为

$$y=\sqrt{3}\times10^{-2}\cos\left[2\pi\left(\frac{1}{4}t-\frac{1}{4}x\right)+\frac{1}{3}\pi\right]\ (\text{m})$$

3）$t=1$s 时刻的波形曲线方程为

$$\begin{aligned}y&=\sqrt{3}\times10^{-2}\cos\left[2\pi\left(\frac{1}{4}\times1-\frac{1}{4}x\right)+\frac{1}{3}\pi\right]\\&=\sqrt{3}\times10^{-2}\cos\left(\frac{1}{2}\pi x-\frac{5}{6}\pi\right)\ (\text{m})\end{aligned}$$

因此，此时的波形曲线为图 12-28。

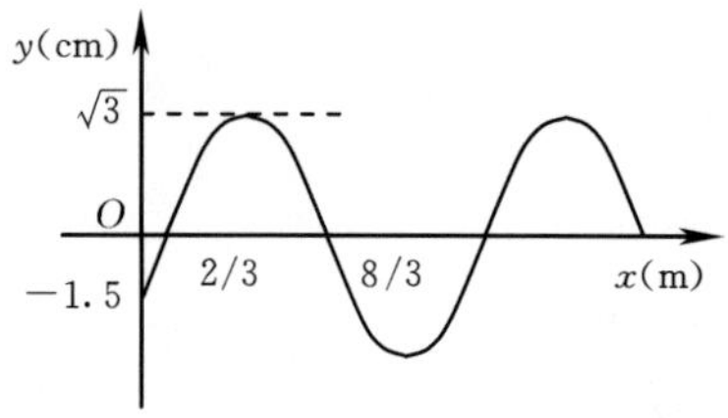

图 12-28

（9）沿 x 轴负方向传播的平面简谐波在 2s 时刻的波形曲线如图 12-29（a）所示，设波速为 0.5 m/s。求原点 O 处质点的振动方程。

解：由于该波的波速和波长分别为 0.5m/s 和 2m，因此其周期为

$$T=\frac{\lambda}{u}=\frac{2}{0.5}=4\ (\text{s})$$

题中是 $t=2s=\frac{T}{2}$ 的波形曲线，$t=0$ 时的波形应该是在题中的波形基础上向 x 轴正方向倒退$\frac{\lambda}{2}$，如图 12-29（b）所示。因此原点 O 处质点的初相为

$$\varphi=\frac{1}{2}\pi$$

原点 O 处质点的振幅 $A=0.6$m，所以该质点的振动方程为

$$y=0.6\cos\left(\frac{2\pi}{4}t+\frac{1}{2}\pi\right)=0.6\cos\left(\frac{1}{2}\pi t+\frac{1}{2}\pi\right)\ (\text{m})$$

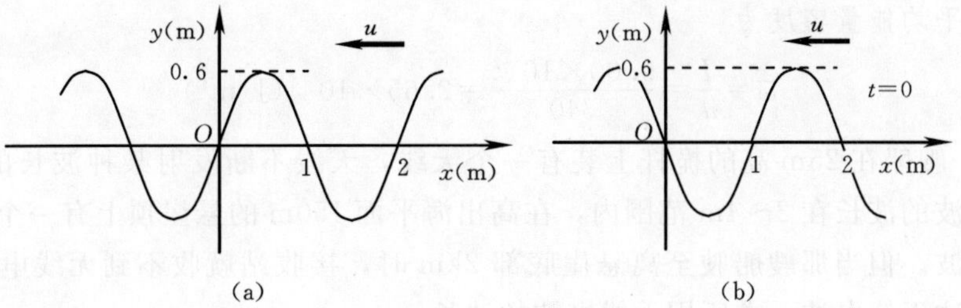

图 12-29

(10) 平面简谐波沿 x 轴正方向传播，振幅为 2cm，频率为 50Hz，波速为 200m/s。在 $t=0$ 时，$x=0$ 处的质点正在平衡位置向 y 轴正方向运动，求 $x=4$m 处介质质点的振动方程及该点在 $t=2$s 时的振动速度。

解：设 $x=0$ 处质点的振动方程为

$$y_0=A\cos(\omega t+\varphi)$$

依题意，其振幅 $A=2\times10^{-2}$m，角频率 $\omega=2\pi\nu=100$rad/s。由于在 $t=0$ 时，该处质点正在平衡位置向 y 轴正方向运动，因此初相 $\varphi=-\pi/2$。因此 $x=0$ 处质点的振动方程为

$$y=2\times10^{-2}\cos\left(100\pi t-\frac{\pi}{2}\right)\ (\text{m})$$

该平面简谐波的波函数为

$$y=2\times10^{-2}\cos\left[100\pi\left(t-\frac{x}{200}\right)-\frac{\pi}{2}\right]\ (\text{m})$$

$x=4$m 处介质质点的振动方程为

$$y=2\times10^{-2}\cos\left[100\pi\left(t-\frac{4}{200}\right)-\frac{\pi}{2}\right]=2\times10^{-2}\cos\left(100\pi t-\frac{\pi}{2}\right)\ (\text{m})$$

该处质点在 $t=2$s 时的振动速度为

$$v=-2\times10^{-2}\times100\pi\sin\left(100\pi\times2-\frac{\pi}{2}\right)=6.28\ (\text{m/s})$$

(11) 一列平面简谐波的频率为 300Hz，波速为 340m/s，在截面面积为 3.00×10^{-2} m^2 的管内空气中传播，如果在 10s 内通过截面的能量为 2.70×10^{-2}J，求：

1) 通过截面的平均能流。

2) 波的平均能流密度。

3) 波的平均能量密度。

解：1) 通过截面的平均能流为

$$P=\frac{W}{t}=\frac{2.70\times10^{-2}}{10}=2.70\times10^{-3}(\text{W})$$

2) 该波的平均能流密度为

$$I=\frac{P}{S}=\frac{2.70\times10^{-3}}{3.00\times10^{-2}}=9.00\times10^{-2}(\text{W/m}^2)$$

3）波的平均能流密度与波的平均能量密度之间的关系为

$$I=\overline{\omega}u$$

因此该波的平均能量密度为

$$\overline{\omega}=\frac{I}{u}=\frac{9.00\times10^{-2}}{340}=2.65\times10^{-4}(\mathrm{J/m^3})$$

（12）一艘船在 25m 高的桅杆上装有一个天线，天线不断发射某种波长的无线电波，已知无线电波的波长在 2～4m 范围内，在高出海平面 150m 的悬崖顶上有一个接收站能收到这无线电波。但当那艘船驶至离悬崖底部 2km 时，接收站就收不到无线电波。设海平面完全反射这无线电波，求所用无线电波的波长。

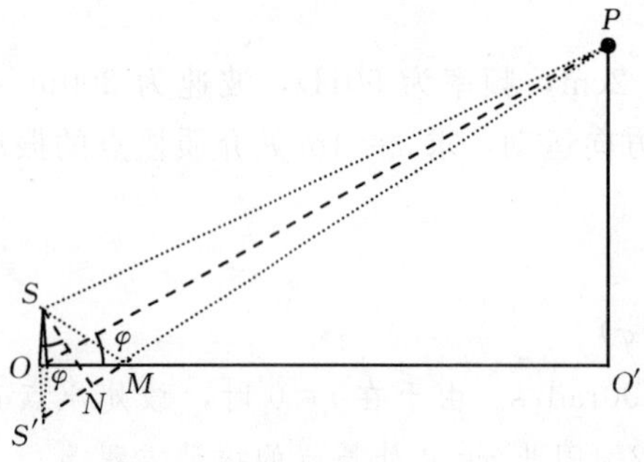

图 12-30

解： 依题意得题图 12-30，其中 OS 和 $O'P$ 分别表示船上天线和悬崖。设桅杆高度为 h，悬崖高度为 H，船驶至悬崖底部的距离为 L。由 S 发出的 SP 波与经海平面反射的 SMP 波在 P 点的干涉。当发生相消干涉时，接收站就接收不到讯号。

反射波 SMP 在反射时有相位突变 π。此外，由于 $H/h=6$，可以认为 $H\gg h$，因此

$$\sin\varphi\approx\tan\varphi=\frac{H}{L}$$

两波的相位差为

$$2\pi\times2h\sin\varphi+\pi\approx4\pi h\tan\varphi+\pi=\frac{4\pi hH}{L}+\pi$$

接收信号最弱的条件为

$$\frac{4\pi hH}{L}+\pi=(2k+1)\pi$$

由此解得波长为

$$\lambda=\frac{2hH}{kL}=\frac{3.75}{k}\ (\mathrm{m})$$

由于 $2\mathrm{m}\leqslant\lambda\leqslant4\mathrm{m}$，即

$$2\leqslant\frac{3.75}{k}\leqslant4$$

由此解得 $0.9375\leqslant k\leqslant1.875$，在此范围内 k 的整数为 1，因此所用无线电波的波长为

$$\lambda=3.75\mathrm{m}$$

（13）一台微波探测器位于湖岸水面以上 0.5m 处，一颗射电星从地平线上缓慢升起，该射电星发射波长 21cm 的单色微波，探测器将相继指出信号强度的极大值和极小值。当接收到第一个极大值时，射电星位于湖面以上什么角度？

解： 认为射电星距微波探测器无限远，依题意得如图12-31，其中 P 为探测器。射电星直接发射到 P 点的波 AP 与经过湖面反射的波 BP 在 P 点发生相干叠加，其中反射波 BP 有相位突变。它们的相位差为

$$\frac{2\pi(MP-NP)}{\lambda}+\pi=\frac{2\pi}{\lambda}\left(\frac{h}{\sin\varphi}-\frac{h}{\sin\theta}\cos2\theta\right)+\pi$$

它们第一次干涉加强(即微波探测器收到第一个极大值)的条件为

$$\frac{2\pi}{\lambda}\left(\frac{h}{\sin\varphi}-\frac{h\cos2\varphi}{\sin\varphi}\right)+\pi=2\pi$$

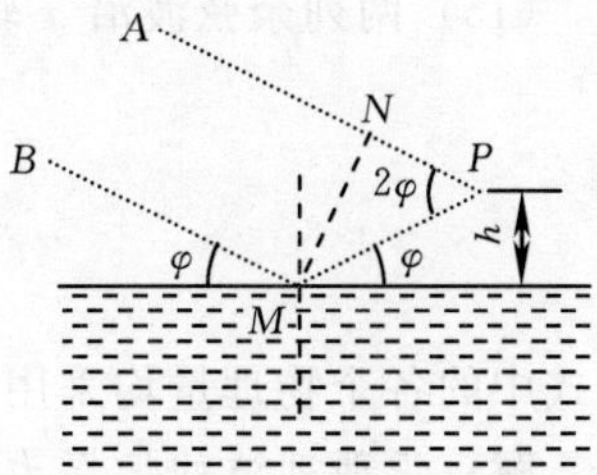

图 12-31

整理上式得

$$2h(1-\cos2\varphi)=\lambda\sin\varphi$$

其中

$$\cos2\varphi=1-2\sin^2\varphi$$

因此

$$\sin\varphi=\frac{\lambda}{4h}=\frac{21\times10^{-2}}{4\times0.5}=0.105$$

由此解得射电星位于湖面以上的角度值为

$$\varphi=6.03^\circ$$

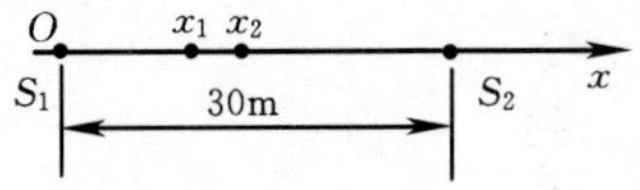

图 12-32

(14) 如图 12-32 所示,两个相干波源在 x 轴上的位置为 S_1 和 S_2,其间距离为 30m,S_1 位于坐标原点 O。设波只沿 x 轴传播,单独传播时强度保持不变。$x_1=9\text{m}$ 和 $x_2=12\text{m}$ 处的两点是相邻的两个因干涉而静止的点。求两波的波长和两波源间最小相位差。

解:设 S_1、S_2 之间的距离为 d,S_1、S_2 两列相干波源的初相分别为 φ_1 和 φ_2。

由于两列相干波在 x_1、x_2 点干涉静止,因此它们在这两点引起的振动相位差为

$$\left(\varphi_2-2\pi\frac{d-x_1}{\lambda}\right)-\left(\varphi_1-2\pi\frac{x_1}{\lambda}\right)=(2k_1+1)\pi$$

$$\left(\varphi_2-2\pi\frac{d-x_2}{\lambda}\right)-\left(\varphi_1-2\pi\frac{x_2}{\lambda}\right)=(2k_2+1)\pi$$

上两式相减得

$$\frac{2(x_2-x_1)}{\lambda}=k_2-k_1$$

由于 x_1、x_2 是相邻的两个因干涉而静止的点,因此 $k_2-k_1=1$,由上式即得两波的波长为

$$\lambda=2(x_2-x_1)=6\ (\text{m})$$

由两列相干波在 x_1 点干涉引起的振动相位差公式得两波源间的相位差为

$$\varphi_2-\varphi_1=(2k_1+1)\pi+2\pi\frac{d-2x_1}{\lambda}$$

将 $x_1=9\text{m}$、$d=30\text{m}$ 和 $\lambda=6\text{m}$ 代入上式得

$$\varphi_2-\varphi_1=(2k_1+5)\pi$$

由于 $k_1=0,\pm1,\pm2,\cdots$,为使 $\varphi_2-\varphi_1$ 最小,$k_1=-2$、-3,因此 $\varphi_2-\varphi_1$ 的最小值为

$$\varphi_2-\varphi_1=\pm\pi$$

（15）两列余弦波沿 x 轴传播，波函数分别为

$$y_1=0.06\cos\left[\frac{\pi}{2}(0.02x-8.0t)\right]$$

$$y_2=0.06\cos\left[\frac{\pi}{2}(0.02x+8.0t)\right]$$

上式中的各个物理量均采用国际单位。试确定 x 轴上合振幅为 0.06m 的那些点的位置。

解： 设两列波的振幅为 A_0，则它们的合成振动的振幅为

$$A=\sqrt{A_0^2+A_0^2+2A_0^2\cos\Delta\varphi}$$

依题意，$A=A_0$，由上式解得

$$\cos\Delta\varphi=-\frac{1}{2}$$

即

$$\Delta\varphi=2k\pi+\frac{2\pi}{3}\quad 或\quad \Delta\varphi=2k\pi-\frac{2\pi}{3}$$

由两列波的波函数得

$$\Delta\varphi=0.02\pi x$$

因此

$$0.02\pi x=2k\pi+\frac{2\pi}{3}\quad 或\quad 0.02\pi x=2k\pi-\frac{2\pi}{3}$$

由此解得使 x 轴上合振幅为 0.06m 的那些点的位置坐标为

$$x=100\left(k+\frac{1}{3}\right)\text{(m)}\quad 或\quad x=100\left(k-\frac{1}{3}\right)\text{(m)}$$

其中，$k=0$，±1，±2，±3，…。

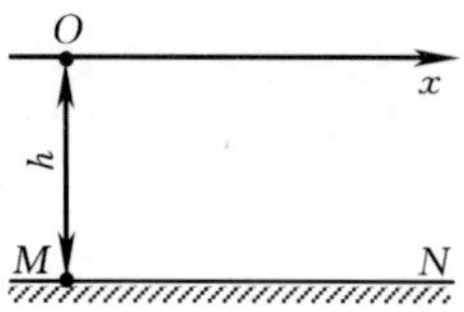

图 12-33

（16）如图 12-33 所示，原点 O 是波源，振动方向垂直于纸面，形成的波的波长为 λ。MN 为波的反射平面，反射时没有相位突变。O 点位于 M 点的正上方，与 MN 平面的距离为 h。x 轴平行于 MN。求 x 轴正方向因干涉而加强的点的坐标。

解： 沿 Ox 轴传播的波与从 MN 面上某点反射来的波在坐标轴 x 处相遇，两波的相位差为

$$\frac{2\pi}{\lambda}\left(2\sqrt{\frac{x^2}{4}+h^2}-x\right)$$

两列波在 x 轴正方向因干涉而加强的条件为

$$\frac{2\pi}{\lambda}\left(2\sqrt{\frac{x^2}{4}+h^2}-x\right)=2k\pi$$

显然，其中 $k=1$，2，3，…。由此解得

$$x=\frac{4h^2-k^2\lambda^2}{2k\lambda}$$

为保证 $x>0$，应用 $4h^2-k^2\lambda^2>0$，即

$$k<\frac{2h}{\lambda}$$

(17) 图 12-34 中 M、N 是两个相干的点波源，它们的初相差为 π。M、N 相距 0.3m，观察点 P 和 N 点相距 0.4m，且 $\overline{MN}\perp\overline{NP}$。如果发自 M、N 的两列波在 P 点处最大限度地互相削弱，求波长最长能是多少？

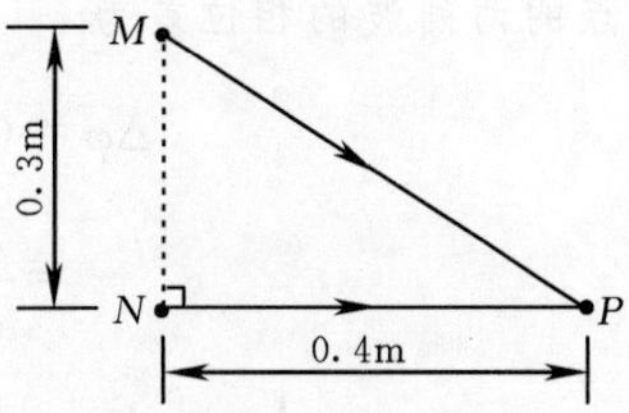

图 12-34

解： 发自 M、N 的两列波在 P 点的相位差为

$$\Delta\varphi=\left(\varphi_1-2\pi\frac{r_1}{\lambda}\right)-\left(\varphi_2-2\pi\frac{r_2}{\lambda}\right)$$

$$=(\varphi_1-\varphi_2)+\frac{2\pi(r_2-r_1)}{\lambda}$$

依题意，$\varphi_1-\varphi_2=\pi$，$r_2=MP=0.5\text{m}$，因此

$$\Delta\varphi=\pi+2\pi\frac{0.5-0.4}{\lambda}=\pi+\frac{0.2\pi}{\lambda}$$

由于发自 M、N 的两列波在 P 点处最大限度地互相削弱，因此

$$\Delta\varphi=\pi+\frac{0.2\pi}{\lambda}=(2k+1)\pi\ (k=0,\pm1,\pm2,\cdots)$$

由此解得

$$\lambda=\frac{0.1}{k}(\text{m})\ (k=1,\ 2,\ 3,\ \cdots)$$

当 $k=1$ 时波长最长，其值为

$$\lambda_{\max}=0.1\text{m}$$

(18) 相干波源 S_1 和 S_2 相距 11m，S_1 的相位比 S_2 超前 90°。这两个相干波在 S_1、S_2 连线和延长线上传播时可看成两等幅的平面余弦波，它们的频率都等于 100Hz，波速都等于 400m/s。试求在 S_1、S_2 的连线上及延长线上因干涉而静止不动的各点的位置坐标。

解： 设 S_1、S_2 距离为 $l=11\text{m}$。这两列波的波长均为

$$\lambda=\frac{u}{\nu}=4(\text{m})$$

1) 先考虑 S_1、S_2 延长线上 S_1 外侧的点，如图 12-35 (a) 所示。分别从 S_1、S_2 传播到 P 点的两列波的相位差为

$$\Delta\varphi=\left(\varphi_1-2\pi\frac{r_1}{\lambda}\right)-\left(\varphi_2-2\pi\frac{r_2}{\lambda}\right)=(\varphi_1-\varphi_2)+\frac{2\pi(r_2-r_1)}{\lambda}$$

$$=(\varphi_1-\varphi_2)+\frac{2\pi l}{\lambda}=\frac{\pi}{2}+\frac{2\pi\times11}{4}=6\pi$$

因此，S_1、S_2 延长线上 S_1 外侧的各点干涉加强。

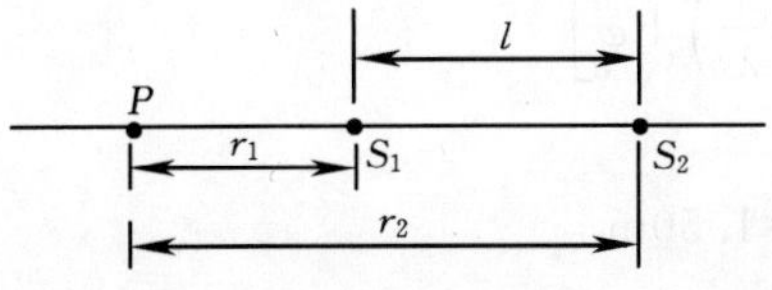

图 12-35 (a)

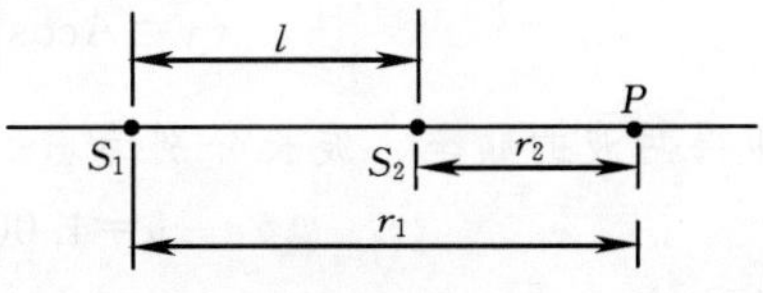

图 12-35 (b)

2) 再考虑 S_1、S_2 延长线上 S_2 外侧的点，如图 12-35 (b) 所示。从 S_1、S_2 传播到

P 点的两列波的相位差为

$$\Delta\varphi=(\varphi_1-\varphi_2)+\frac{2\pi(r_2-r_1)}{\lambda}=(\varphi_1-\varphi_2)-\frac{2\pi l}{\lambda}$$

$$=\frac{\pi}{2}-\frac{2\pi\times 11}{4}=-5\pi$$

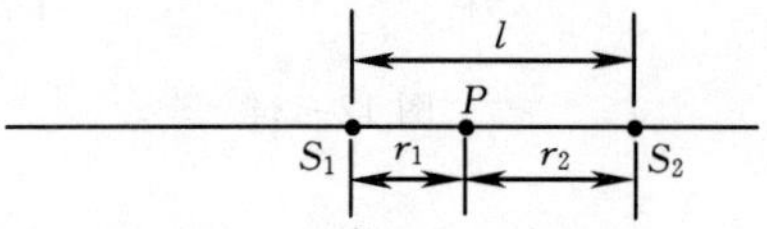

图 12-35（c）

因此，S_1、S_2 延长线上 S_2 外侧的各点干涉减弱，由于两列平面余弦波的振幅相等，因此这些点由于干涉而静止。

3）再考虑 S_1、S_2 连线上的点，如图 12-35（c）所示。从 S_1、S_2 传播到 P 点的两列波的相位差为

$$\Delta\varphi=(\varphi_1-\varphi_2)+\frac{2\pi(r_2-r_1)}{\lambda}=(\varphi_1-\varphi_2)+\frac{2\pi[(l-r_1)-r_1]}{\lambda}$$

$$=(\varphi_1-\varphi_2)+\frac{2\pi(l-2r_1)}{\lambda}=\frac{\pi}{2}+\frac{2\pi(11-2r_1)}{4}$$

由干涉减弱的条件可得

$$\frac{\pi}{2}+\frac{2\pi(11-2r_1)}{4}=(2k+1)\pi\ (k=0,\pm1,\pm2,\cdots)$$

由此解得

$$r_1=5-2k$$

由于 $0\leqslant r_1\leqslant 11$，并且 $k=0$，±1，±2，±3，…，因此 $k=-3$，-2，-1，0，1，2。相应的 r_1 值为 11m，9m，7m，5m，3m，1m，即在 S_1、S_2 连线上距 S_1 为上述值的各点因干涉而静止。

综上分析，干涉静止的点为 S_1、S_2 连线上距 S_1 为 1m，3m，5m，7m，9m，11m 和 S_1、S_2 延长线上 S_2 外侧的各点。

（19）两列波在一根很长的弦线上传播，其波函数分别为

$$y_1=4.00\times10^{-2}\cos\frac{\pi}{3}(4x-24t)$$

$$y_2=4.00\times10^{-2}\cos\frac{\pi}{3}(4x+24t)$$

上式中的各个物理量均采用国际单位。求：

1）两波的频率、波长、波速。

2）两波叠加后波腹和波节的位置坐标。

解： 1）将已知波函数与波函数的标准表达式

$$y=A\cos\left[2\pi\left(\nu t-\frac{x}{\lambda}\right)+\varphi\right]$$

比较，即得两波的频率、波长分别为

$$\nu=4.00\text{Hz},\ \lambda=1.50\text{m}$$

两波的波速为

$$u=\lambda\nu=6.00(\text{m/s})$$

2）驻波方程为

$$y=y_1+y_2=8.00\times10^{-2}\cos\frac{4\pi x}{3}\cos8\pi t$$

因此，各处简谐振动的振幅为

$$a=\left|8.00\times10^{-2}\cos\frac{4\pi x}{3}\right|$$

令 $\left|\cos\frac{4\pi x}{3}\right|=1$，得波腹的位置坐标为

$$x=\pm\frac{3}{4}n(\mathrm{m})\ (n=0,1,2,\cdots)$$

令 $\left|\cos\frac{4\pi x}{3}\right|=0$，得波节的位置坐标为

$$x=\pm\frac{3}{8}(2n+1)(\mathrm{m})\ (n=0,1,2,\cdots)$$

(20)设入射波的波函数为

$$y_1=A\cos2\pi\left(\frac{x}{\lambda}+\frac{t}{T}\right)$$

在 $x=0$ 处发生反射，反射点为固定端。设反射时没有能量损失，求：

1）反射波的波函数。

2）合成的驻波方程。

3）驻波波腹和波节的位置坐标。

解：1）由于反射点是固定端，因此反射有相位突变。又由于反射时没有能量损失，因此反射波振幅仍为 A，则反射波的波函数为

$$y_2=A\cos\left[2\pi\left(\frac{t}{T}-\frac{x}{\lambda}\right)+\pi\right]$$

2）入射波与反射波合成的驻波方程为

$$y=y_1+y_2=2A\cos\left(\frac{2\pi x}{\lambda}-\frac{\pi}{2}\right)\cos\left(\frac{2\pi t}{T}+\frac{\pi}{2}\right)$$

3）令 $\left|\cos\left(\frac{2\pi x}{\lambda}-\frac{\pi}{2}\right)\right|=1$，得波腹的位置坐标为

$$x=(2n+1)\frac{\lambda}{4}\ (n=0,1,2,\cdots)$$

令 $\left|\cos\left(\frac{2\pi x}{\lambda}-\frac{\pi}{2}\right)\right|=0$，得波节的位置坐标为

$$x=n\frac{\lambda}{2}\ (n=0,1,2,\cdots)$$

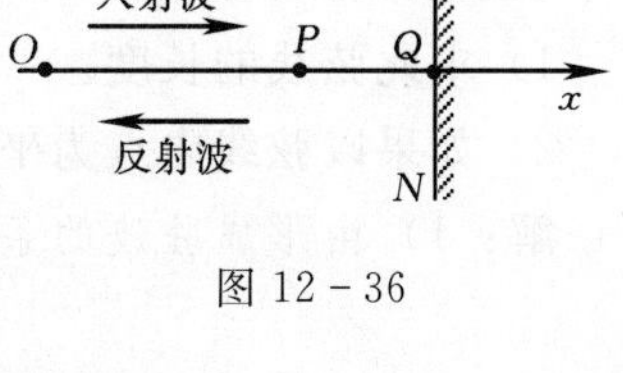

图 12-36

(21) 如图 12-36 所示，一列平面简谐波沿 x 轴正方向传播，MN 为波密介质的反射面。波由 Q 点反射，$OQ=3\lambda/4$，$PQ=\lambda/6$。设入射波和反射波的振幅都是 A，频率都是 ν。在 $t=0$ 时刻，O 处质点的合振动正经过平衡位置向负方向运动。求 P 点处入射波与反射波的合振动方程。

解：选 O 点为坐标原点，由于 $x=0$ 处的质点在 $t=0$ 时，$y_0=0$，且 $v_0<0$，因此该处质点的振动初相为

$$\varphi=\frac{\pi}{2}$$

入射波的波函数为

$$y_1=A\cos\left[2\pi\left(\nu t-\frac{x}{\lambda}\right)+\frac{\pi}{2}\right]$$

入射波在 Q 点引起的振动方程为

$$y_Q=A\cos\left[2\pi\left(\nu t-\frac{OQ}{\lambda}\right)+\frac{\pi}{2}\right]$$

由于 MN 为波密介质的反射面，因此在 Q 点的反射波源方程为

$$y_{Q'}=A\cos\left[2\pi\left(\nu t-\frac{OQ}{\lambda}\right)+\frac{\pi}{2}+\pi\right]$$

反射波的波函数为

$$y_2=A\cos\left[2\pi\left(\nu t-\frac{OQ}{\lambda}+\frac{x-OP}{\lambda}\right)+\frac{\pi}{2}+\pi\right]$$

$$=A\cos\left[2\pi\left(\nu t+\frac{x-2OQ}{\lambda}\right)+\frac{3\pi}{2}\right]$$

由于 $OQ=3\lambda/4$，因此

$$y_2=A\cos\left[2\pi\left(\nu t+\frac{x-2\times 3\lambda/4}{\lambda}\right)+\frac{3\pi}{2}\right]$$

$$=A\cos\left[2\pi\left(\nu t+\frac{x}{\lambda}\right)-\frac{3\pi}{2}\right]$$

入射波与反射波合成的驻波方程为

$$y=y_1+y_2=2A\cos\left(\frac{2\pi x}{\lambda}-\pi\right)\cos\left(2\pi\nu t-\frac{\pi}{2}\right)$$

由于

$$OP=OQ-PQ=\frac{3\lambda}{4}-\frac{\lambda}{6}=\frac{7\lambda}{12}$$

因此，P 点处入射波与反射波的合振动方程为

$$y_P=2A\cos\left(\frac{2\pi\times 7\lambda/12}{\lambda}-\pi\right)\cos\left(2\pi\nu t-\frac{\pi}{2}\right)=\sqrt{3}A\sin 2\pi\nu t$$

（22）由振动频率为 400Hz 的音叉在两端固定拉紧的弦线上建立驻波。这个驻波共有三个波腹，其振幅为 0.30cm。波在弦上的速度为 320m/s。

1）求此弦线的长度。

2）如果以弦线中点为坐标原点，试写出弦线上的驻波方程。

解：1）由形成驻波的条件得

$$L=3\,\frac{\lambda}{2}$$

其中 $\lambda=u/\nu$，因此该弦线的长度为

$$L=\frac{3u}{2\nu}=\frac{3}{2}\times\frac{320}{400}=1.20\ (\text{m})$$

2）如果以弦线中点为坐标原点，弦线上的驻波方程为

$$y=3.0\times10^{-3}\cos\frac{2\pi x}{0.8}\cos(800\pi t+\varphi)$$
$$=3.0\times10^{-3}\cos(2.5\pi x)\cos(800\pi t+\varphi)\ (\text{m})$$

其中的 φ 由初始条件确定。

(23) 火车以 30m/s 的速度行驶，汽笛的频率为 650Hz。在铁路近旁的公路上坐在汽车里的人在下列情况听到火车鸣笛的声音频率分别是多少？

1) 汽车静止。

2) 汽车以 45km/h 的速度与火车同向行驶。(设空气中的声速为 340m/s)

解： 1) 当汽车静止时，如果火车迎面而来，则车里的人听到火车鸣笛的声音频率为

$$\nu_R=\frac{u}{u-v_S}\nu=\frac{340}{340-30}\times650=713\ (\text{Hz})$$

如果火车背离而去，汽车里的人听到火车鸣笛的声音频率为

$$\nu_R=\frac{u}{u+v_S}\nu=\frac{340}{340+30}\times650=597\ (\text{Hz})$$

2) 当汽车以 45km/h=12.5m/s 的速度与火车同向行驶时，如果汽车在前、火车在后，汽车里的人听到火车鸣笛的声音频率为

$$\nu_R=\frac{u-v_R}{u-v_S}\nu=\frac{340-12.5}{340-30}\times650=687\ (\text{Hz})$$

如果汽车在后、火车在前，汽车里的人听到火车鸣笛的声音频率为

$$\nu_R=\frac{u+v_R}{u+v_S}\nu=\frac{340+12.5}{340+30}\times650=619\ (\text{Hz})$$

(24) 甲火车以 43.2km/h 速度行驶，其上一乘客听到对面驶来的乙火车鸣笛声的频率为 512Hz；当这一火车过后，听到其鸣笛声的频率为 428Hz。求乙火车上的乘客听到乙火车鸣笛的频率和乙火车对于地面的速度。(设空气中声波的速度为 340m/s)

解： 甲火车相对地面的速度为 43.2km/h=12m/s，设乙火车相对地面的速度为 v，其鸣笛的频率（即乙火车上的乘客听到乙火车鸣笛的频率）为 ν，依题意有

$$512=\frac{340+12}{340-v}\nu$$

$$428=\frac{340-12}{340+v}\nu$$

联立上两式，解得乙火车上的乘客听到乙火车鸣笛的频率和乙火车对于地面的速度分别为

$$\nu=468\text{Hz},\quad v=18.4\text{m/s}$$

(25) 一个观察者站在铁路附近，听到迎面开来的火车汽笛声的频率为 640Hz，当火车驶过他身旁后，听到汽笛声的频率降低为 530Hz，则火车的时速为多少？(设空气中的声速为 330m/s)

解： 设火车的时速为 v，则火车接近观察者的频率为

$$v_1=\frac{u}{u-v}v$$

火车远离观察者的频率为

$$v_2=\frac{u}{u+v}v$$

联立以上二式，解得火车的时速为

$$v=\frac{v_1-v_2}{v_1+v_2}u=\frac{640-530}{640+530}\times 330\times 3.6=112\ (\text{km/h})$$

四、自我检测题

1. 单项选择题（每题 3 分，共 30 分）

（1）在下面的几种说法中，正确是［　　］。

（A）波源的振动速度与波的传播速度相同；

（B）当波源不动时，波源的振动周期与波动周期在数值上不相等；

（C）如果按差值不大于 π 计算，在波传播方向上的任一质点的振动相位总是比波源的振动相位滞后；

（D）如果按差值不大于 π 计算，在波传播方向上的任一质点的振动相位总是比波源的振动相位超前。

（2）如果一列平面简谐波的波函数为

$$y=A\cos(kt-bx)$$

其中 A、k、b 均为正值常量，则［　　］。

（A）波速为 b；　（B）波长为 $2\pi/b$；　（C）周期为 $1/k$；　（D）角频率为 $2\pi/k$。

（3）在频率为 100Hz、传播速度为 300m/s 的平面简谐波的波线上，距离小于波长的两点振动的相位差为 $\pi/3$，则这两点相距［　　］m。

（A）2.86；　（B）0.5；　（C）2.19；　（D）0.25。

（4）如图 12－37 所示，一列平面简谐波以波速 u 沿着 x 轴正方向传播，O 为坐标原点。已知 M 点的振动方程为 $y=A\cos\omega t$，则［　　］。

（A）O 点的振动方程为 $y=A\cos\omega\left(t-\frac{l}{u}\right)$；

（B）波函数为 $y=A\cos\omega\left(t-\frac{x+l}{u}\right)$；

（C）N 点的振动方程为 $y=A\cos\omega\left(t-\frac{3l}{u}\right)$；

（D）波函数为 $y=A\cos\omega\left(t-\frac{x-l}{u}\right)$。

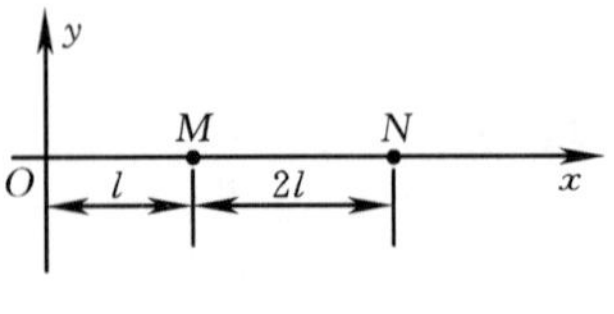

图 12－37

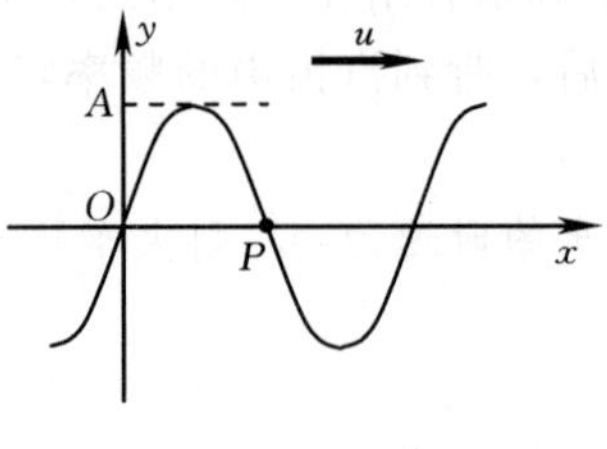

图 12－38

（5）一列平面简谐波沿 Ox 轴正方向传播，$t=0$ 时刻的波形曲线如图 12－38 所示。

已知该波周期为 2s，则 P 点处质点的振动速度 v 与时间 t 的关系曲线为［　］。

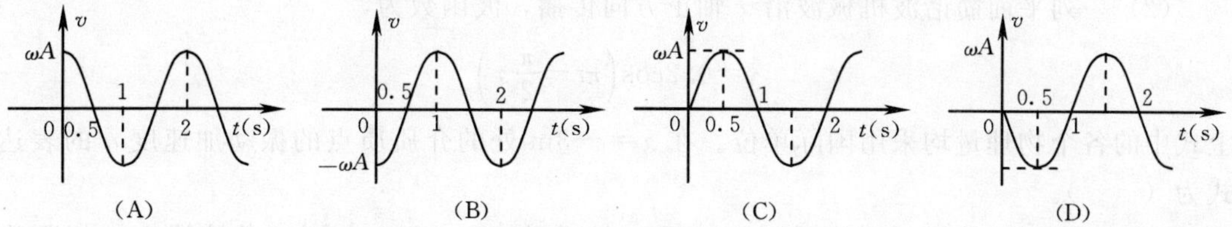

(6) 一列平面简谐波在弹性介质中传播时，某一时刻介质中某质元处在负向最大位移处，则它的［　　］。

(A) 动能为零，势能最大；　　(B) 动能最大，势能为零；

(C) 动能最大，势能最大；　　(D) 动能为零，势能为零。

(7) 如图 12-39 所示，图 (a) 表示 $t=0$ 时沿着 x 轴正向传播的余弦波波形图；图 12-39 (b) 表示某余弦振动曲线。则图 12-39 (a) 中所表示的 $x=0$ 处振动的初相与图 12-39 (b) 所表示的振动的初相［　　］。

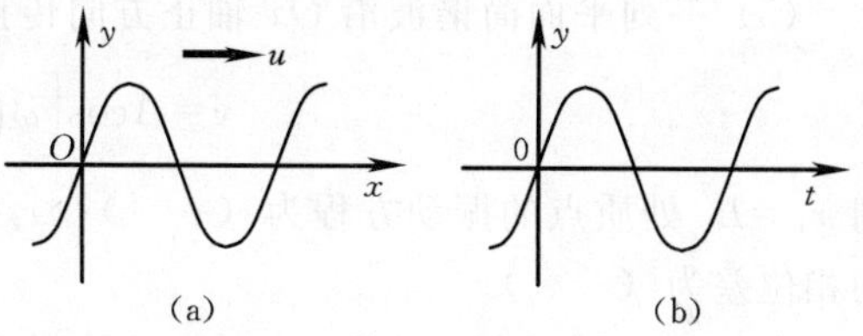

图 12-39

(A) 均为$\frac{\pi}{2}$；　　(B) 分别为$\frac{\pi}{2}$和$-\frac{\pi}{2}$；

(C) 均为$-\frac{\pi}{2}$；　　(D) 分别为$-\frac{\pi}{2}$和$\frac{\pi}{2}$。

(8) 当一列平面简谐机械波在弹性介质中传播时，下述各结论中正确的是［　　］。

(A) 介质质元的振动动能增大时，其弹性势能减小，总机械能守恒；

(B) 介质质元的振动动能和弹性势能都作周期性变化，但二者的相位不相同；

(C) 介质质元在其平衡位置处弹性势能最大；

(D) 介质质元的振动动能和弹性势能的相位在任一时刻都相同，但二者的数值不相等。

(9) 在长为 l，一端固定、一端自由的悬空细杆上形成驻波，则此驻波的基频波的波长为［　　］。

(A) $0.5l$；　　(B) l；　　(C) $1.5l$；　　(D) $2l$。

(10) 根据天体物理学的观测和推算，太空中的天体都离开我们的星球而去，宇宙正在膨胀。如果在地球上观察到一颗脉冲星（发出周期性脉冲无线电波的星）的脉冲周期为 0.50s，并且这颗星正沿观察方向以 $0.8c$ 的速度（c 为真空中光速）离我们而去，那么这颗星的固有脉冲周期应是［　　］。

(A) 0.167s；　　(B) 0.83s；　　(C) 0.50s；　　(D) 0.30s。

2. 填空题（每空 2 分，共 30 分）

(1) 一列平面简谐波的波函数为

$$y=A\cos\omega\left(t-\frac{x}{u}\right)=A\cos\left(\omega t-\frac{\omega x}{u}\right)$$

其中 x/u 表示（　　）；$\omega x/u$ 表示（　　）。

（2）一列平面简谐波机械波沿 x 轴正方向传播，波函数为

$$y=0.2\cos\left(\pi t-\frac{\pi}{2}x\right)$$

上式中的各个物理量均采用国际单位。在 $x=-3\text{m}$ 处的介质质点的振动加速度 a 的表达式为（　　）。

（3）一列平面简谐波的频率为 100Hz，波速为 250m/s。在同一条波线上，相距为 1.5m 的两点的相位差为（　　）。

（4）M、N 是简谐波波线上的两点。已知 N 点振动的相位比 M 点落后 $\frac{\pi}{3}$，M、N 两点相距 2.5m，波的频率为 100Hz，则该波的波长为（　　）m，波速（　　）m/s。

（5）一列平面简谐波沿 Ox 轴正方向传播，波函数为

$$y=A\cos\left[\omega\left(t-\frac{x}{u}\right)+\frac{\pi}{4}\right]$$

则 $x_1=L_1$ 处质点的振动方程为（　　）；$x_2=-L_2$ 处质点的振动和 $x_1=L_1$ 处质点的振动的相位差为（　　）。

（6）一列平面余弦波沿 Ox 轴正方向传播，波函数为

$$y=A\cos\left[2\pi\left(\frac{t}{T}-\frac{x}{\lambda}\right)+\varphi\right]$$

则 $x=-\lambda$ 处质点的振动方程为（　　）；如果以 $x=\lambda$ 处为新的坐标原点，并且该坐标轴的指向与波的传播方向相反，对这个新坐标轴而言，该波的波函数为（　　）。

（7）在同一种介质中，两列频率相同的平面简谐波的强度之比 16∶1，则这两列波的振幅之比为（　　）。

（8）两相干波源 S_1 和 S_2 的振动方程分别为

$$y_1=A\cos(\omega t+\varphi),\ y_2=A\cos(\omega t+\varphi)$$

S_1 距 P 点 3 个波长，S_2 距 P 点 4.5 个波长。设波在传播过程中振幅保持不变，则两列波同时传到 P 点时的合振幅为（　　）。

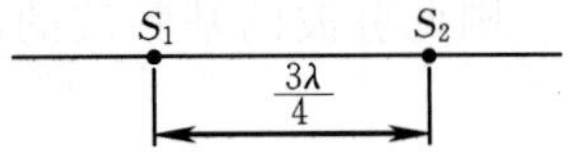

图 12-40

（9）如图 12-40 所示，两个相干波源 S_1 与 S_2 相距 $\frac{3\lambda}{4}$，其中 λ 为波长。设两波在 S_1S_2 连线上传播时，它们的振幅都是 A，并且不随距离而变化。已知在该直线上位于 S_1 左侧的各点合成波强度为其中一个波强度的 4 倍，则这两个波源应满足的相位条件是（　　）。

（10）一个静止的报警器发出的声波频率为 1000Hz，有一汽车以 79.2km/h 的时速驶向报警器，坐在汽车里的人听到报警声的频率为（　　）Hz。如果该汽车以相同的速率背离报警器行驶，则坐在汽车里的人听到报警声的频率又为（　　）Hz。已知声波在空气中的传播速率为 340m/s。

3. 计算题（每题 10 分，共 40 分）

（1）一列平面简谐波沿 x 轴正向传播，其振幅为 10cm，角频率为 7πrad/s。在 1.0s 时刻，处于 $x=10\text{cm}$ 处的 M 质点正通过其平衡位置向 y 轴负方向运动，而 $x=20\text{cm}$ 处的

N 质点正通过 $y=5.0\text{cm}$ 点向 y 轴正方向运动。已知该波波长大于 10cm，试求该平面简谐波的波函数。

（2）一列平面简谐波在介质中以 20m/s 的速度从左向右传播。已知在传播路径上的 M 点的振动方程为

$$y=0.7\cos(4\pi t-\pi)$$

上式中的各个物理量均采用国际单位。N 点在 M 点右方 9m 处。

1）如果取 x 轴正方向向左，并以 M 点为坐标原点，试写出该平面简谐波的波函数，并求出 N 点的振动方程。

2）如果取 x 轴正方向向右，以 M 点点左方 5m 处的 O 点为 x 轴的坐标原点，再写出该平面简谐波的波函数式和 N 点的振动方程。

（3）一列平面简谐波沿 Ox 轴正方向传播，波的表达式为

$$y=A\cos 2\pi\left(\nu t-\frac{x}{\lambda}\right)$$

而另一列平面简谐波沿 Ox 轴负方向传播，波的表达式为

$$y=2A\cos 2\pi\left(\nu t+\frac{x}{\lambda}\right)$$

求 $x=\frac{\lambda}{4}$ 处介质质点的合振动方程和该质点的速度表达式。

（4）一根弦上的驻波表达式为

$$y=0.03(\cos 1.6\pi x)\cos 550\pi t$$

如果将此驻波看作传播方向相反的两列波叠加而成，求：

1）两列波的振幅及波速。

2）相邻波节之间的距离。

3）$t=3.00\times10^{-3}\text{s}$ 时，位于 $x=0.625\text{m}$ 处的质点的振动速度。

第十三章　光　的　干　涉

一、基本内容

（一）光的干涉基本知识

1. 光的相干性

光矢量$\vec{E}$： 能引起视觉感觉和使感光材料感光的电场矢量。

非相干叠加： 两个独立的普通光源发出的光在相遇区域的叠加。这时总光强等于它们各自光强的代数和，即

$$I = I_1 + I_2$$

相干光源： 能产生相干光的光源。

相干叠加： 两个相干光源发出的光在相遇区域的叠加。这时

$$I = I_1 + I_2 + 2\sqrt{I_1 I_2}\cos(\varphi_{r2} - \varphi_{r1})$$

其中，$2\sqrt{I_1 I_2}\cos(\varphi_{r2} - \varphi_{r1})$ 称为干涉项。

实现光的干涉的方法： 利用某种装置将同一个光源同一点发出的光波分成两部分构成相干光源，使它们发出的光经过不同路程后相遇，就可以产生干涉现象。

相干长度：能够产生干涉现象的最大波程差。

2. 光程和光程差

一定频率的光在折射率为 n 的介质中传播时的波长与真空中波长的关系为

$$\lambda_n = \frac{\lambda}{n}$$

光程 S： 光在折射率为 n 的介质中传播了路程 r，光程是指 n 与 r 的乘积 nr。

一束光连续通过折射率为 n_1，n_2，n_3，…几种介质时的光程为

$$S = \sum_{i=1}^{n} n_i r_i$$

光程差为

$$\Delta S = S_2 - S_1$$

相位差与光程差的关系为

$$\Delta\varphi = \varphi_2 - \varphi_1 - \frac{2\pi\Delta S}{\lambda}$$

光程的物理意义： 采用光程的概念，相当于将光在不同介质中所走的路程都折算为光在真空中所走的路程。

3. 透镜的等光程性

透镜的等光程性：使用透镜不引起附加的光程差。

4. 半波损失

光密介质和光疏介质：比较两种介质的折射率，折射率大的介质叫做光密介质，折射率小的介质叫做光疏介质。

半波损失：当光从光疏介质投射到光密介质上时，反射光相对于入射光发生相位 π 的突变，相当于光多走（或少走）了半个波长的光程。

（二）分波阵面法产生的光干涉

分波阵面法：在光源发出的波阵面上取出两部分面元作为相干光源的方法。

1. 杨氏双缝实验

如图 13－1 所示，从狭缝 S_1 和 S_2 发出的光是相干光（它们的振动方向相同、频率相等、初相差为零）。

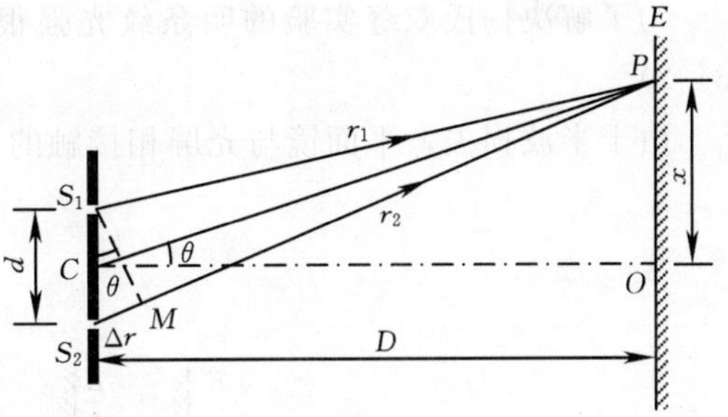

图 13－1

（1）形成明暗条纹的相位差条件：

当相位差等于 π 的偶数倍时，形成明条纹，即

$$\Delta\varphi=\pm 2k\pi \ (k=0,1,2,\cdots)$$

当相位差等于 π 的奇数倍时，形成暗条纹，即

$$\Delta\varphi=\pm(2k-1)\pi \ (k=1,2,3,\cdots)$$

（2）形成明暗条纹的光程差条件：

光程差与相位差的关系为

$$\Delta S=\frac{\Delta\varphi}{2\pi}\lambda$$

当光程差等于波长 λ 的整数倍（或者等于半波长 $\lambda/2$ 的偶数倍）时，形成明条纹，即

$$\Delta S=\pm k\lambda=\pm 2k\frac{\lambda}{2} \ (k=0,1,2,\cdots)$$

当光程差等于半波长 $\lambda/2$ 的奇数倍时，形成暗条纹，即

$$\Delta S=\pm(2k-1)\frac{\lambda}{2} \ (k=1,2,3,\cdots)$$

（3）形成明暗条纹的坐标条件：

如果实验装置处在折射率为 n 的介质中时，光程差与坐标的关系为

$$\Delta S=n(r_2-r_1)=n\frac{xd}{D}$$

明条纹　　$x=\pm k\dfrac{D}{d}\dfrac{\lambda}{n} \ (k=0,1,2,\cdots)$

暗条纹　　$x=\pm(2k-1)\dfrac{D}{d}\dfrac{\lambda}{2n} \ (k=1,2,3,\cdots)$

注意：如果光在传播过程经过了几种介质，则形成明暗条纹的上述坐标公式不再成

立，但形成明暗条纹的相位差公式和光程差公式仍然成立。这时应该根据具体情况推导出光程差 ΔS 与 (r_2-r_1) 的关系式，然后将几何关系 $r_2-r_1=\dfrac{xd}{D}$ 代入这个关系式中，解出 x 就得到了形成明暗条纹的坐标公式。

相邻明纹（或暗纹）间的距离为

$$\Delta x=\frac{D\lambda}{nd}$$

杨氏双缝干涉的光强为

$$I=4I_0\cos^2\frac{\pi\Delta r}{\lambda}$$

2. 劳埃德镜实验

为了解决杨氏双缝实验的明条纹光强很小的问题，劳埃德设计了劳埃德镜实验（图 13-2）。

由于半波损失，平面镜与光屏相接触的 M' 端是暗条纹。

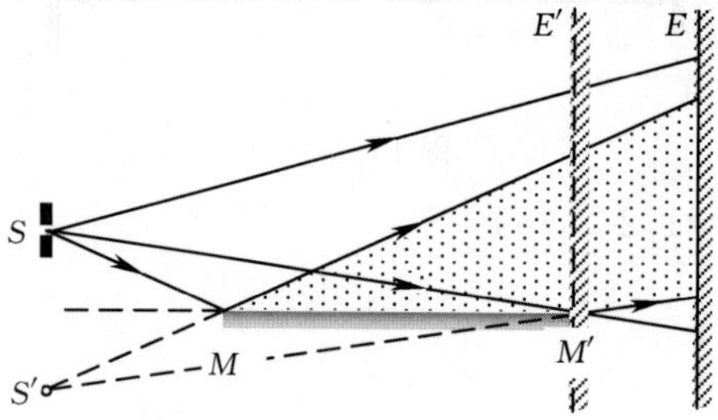

图 13-2

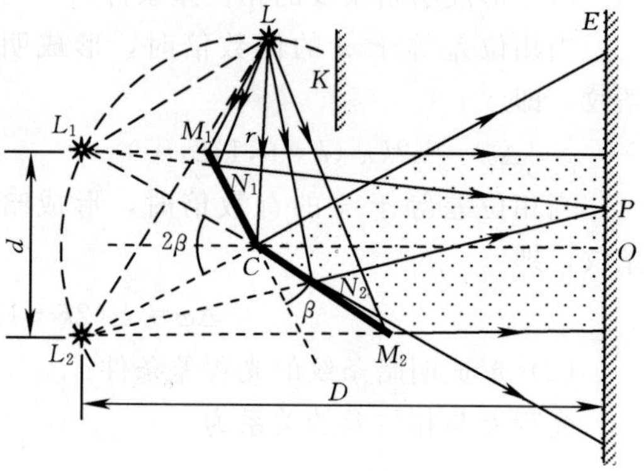

图 13-3

3. 菲涅耳双镜实验

菲涅耳双镜实验装置，如图 13-3 所示。

虚光源 L_1、L_2 之间的距离为

$$d=2r\sin\beta$$

L_1 或 L_2 到光屏 E 的距离为

$$D=R+r\cos\beta$$

在空气中的菲涅耳双镜实验条纹间距为

$$\Delta x=\frac{D}{d}\lambda=\frac{R+r\cos\beta}{2r\sin\beta}\lambda$$

（三）分振幅法产生的光干涉

分振幅法：利用两种透明介质的分界面对入射光的反射和折射将入射光的振幅分解为两部分作为相干光源的方法。

薄膜干涉：利用透明薄膜的两个表面对入射光的反射和折射，将入射光分解为两部分，这两部分光波相遇可以产生干涉。

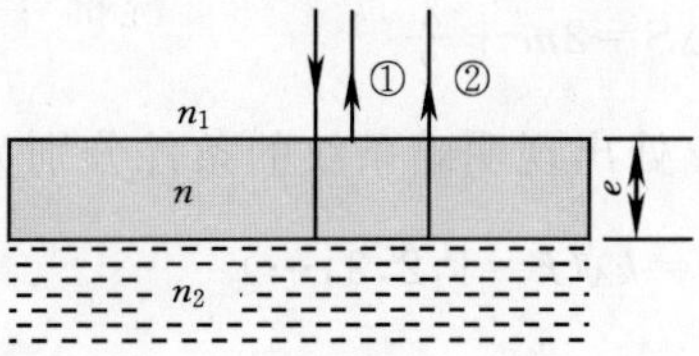

图 13-4

1. 光在平行平面膜上的干涉

(1) 光垂直入射平行平面膜——增透膜和增反膜。如图 13-4 所示，薄膜的折射率与周围介质的折射率相比较，如果薄膜的折射率最大或最小，出射光②与①之间的光程差为

$$\Delta S=2ne+\frac{\lambda}{2}$$

或

$$\Delta S=2ne-\frac{\lambda}{2}$$

如果薄膜的折射率在周围介质的折射率之间，出射光②与①之间的光程差为

$$\Delta S=2ne$$

(以下均以此种情况为例说明问题。)

增透膜：为了增强透射光而在光学元件表面镀的一层透明介质薄膜。

实现增透膜的条件为

$$2ne=(2k-1)\frac{\lambda}{2}\ (k=1,2,3,\cdots)$$

其中 ne 叫做薄膜的光学厚度。

增反膜：为了增强反射光而在光学元件表面镀的一层透明介质薄膜。

实现增反膜的条件为

$$2ne=k\lambda\ (k=0,1,2,3,\cdots)$$

为了获得高反射率，常采用多层镀膜。

(2) 光倾斜入射平行平面膜——等倾干涉(图 13-5)。

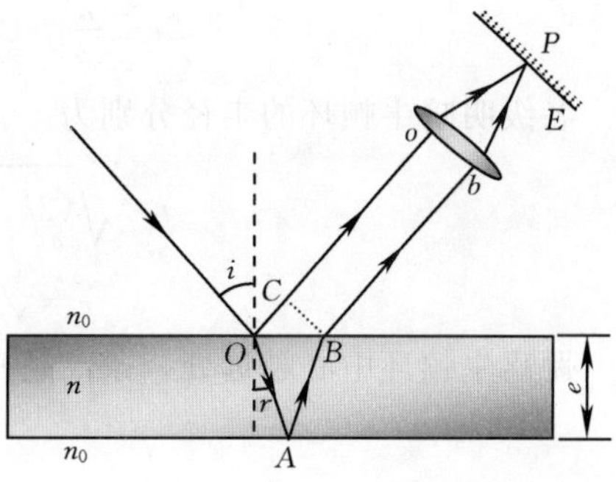

图 13-5

两条反射光之间的光程差为

$$\Delta S=2e\sqrt{n^2-n_0^2\sin^2 i}+\frac{\lambda}{2}$$

P 点出现明暗条纹的条件分别为

$$2e\sqrt{n^2-n_0^2\sin^2 i}+\frac{\lambda}{2}=k\lambda\ (k=1,2,3,\cdots)$$

$$2e\sqrt{n^2-n_0^2\sin^2 i}+\frac{\lambda}{2}=(2k+1)\frac{\lambda}{2}\ (k=0,1,2,\cdots)$$

等倾干涉：在薄膜厚度 e 一定的情况下，相同的入射角 i 的光线光程差相同，干涉情况相同。

光在平行平面膜上形成的等倾干涉条纹是一些明暗相间的同心圆环。

2. 等厚干涉

等厚干涉：不同的干涉条纹对应的薄膜厚度不同，同一条干涉条纹对应的薄膜厚度相同的干涉现象。

(1) 劈尖干涉(图 13-6)。设两块平面玻璃片完全相同，则反射光①和②的光程差为

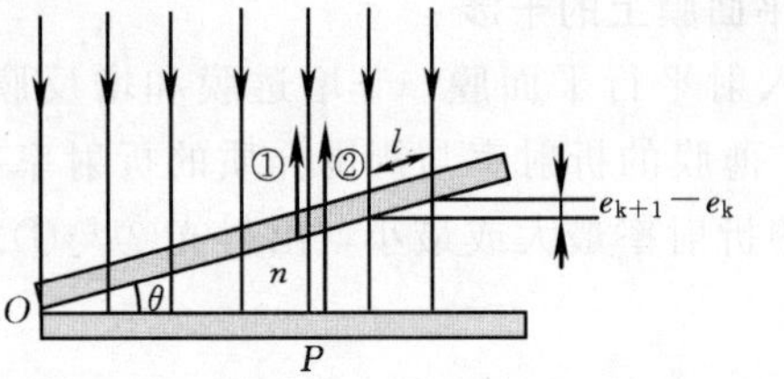

图 13 - 6

$$\Delta S=2ne+\frac{\lambda}{2}$$

在薄膜厚度为 e 处出现明暗条纹的条件分别为

$$2ne+\frac{\lambda}{2}=k\lambda(k=1,2,3,\cdots)$$

$$2ne+\frac{\lambda}{2}=(2k+1)\frac{\lambda}{2}\ (k=0,1,2,\cdots)$$

相邻明条纹（或暗条纹）对应的薄膜厚度差为

$$l\theta=\frac{\lambda}{2n}$$

干涉膨胀仪的原理：将空气劈尖的一块玻璃片向上或向下平移$\frac{\lambda}{2}$距离时，就有一个条纹移过视场，如果有 N 个条纹移过视场，则玻璃片移动的距离为

$$\Delta h=N\frac{\lambda}{2}$$

利用劈尖干涉可以测量微小线量、检测光学元件表面的平整度。

(2) 牛顿环（图 13 - 7）。牛顿环是由平凸透镜下表面的反射光与平玻璃板上表面的反射光干涉形成的。

空气薄膜厚度为 e 处出现明暗圆环的条件分别为

$$2e+\frac{\lambda}{2}=k\lambda\ (k=1,2,3,\cdots)$$

$$2e+\frac{\lambda}{2}=(2k+1)\frac{\lambda}{2}\ (k=0,1,2,\cdots)$$

各级明暗牛顿环的半径分别为

$$r=\sqrt{(2k-1)R\frac{\lambda}{2}}\ (k=1,2,3,\cdots)$$

$$r=\sqrt{kR\lambda}\ (k=0,1,2,\cdots)$$

距离牛顿环中心越远处，条纹越密集。

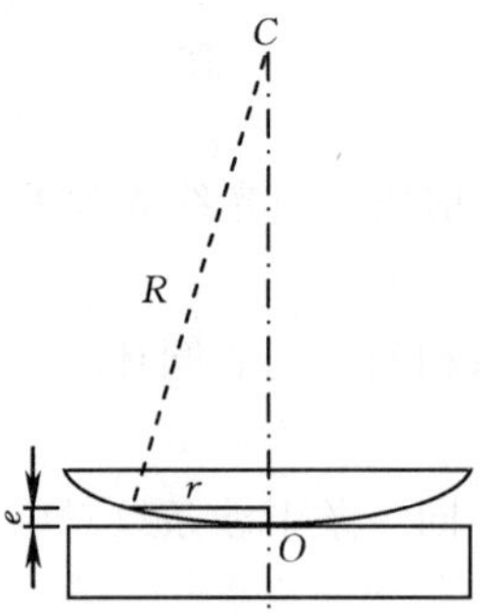

图 13 - 7

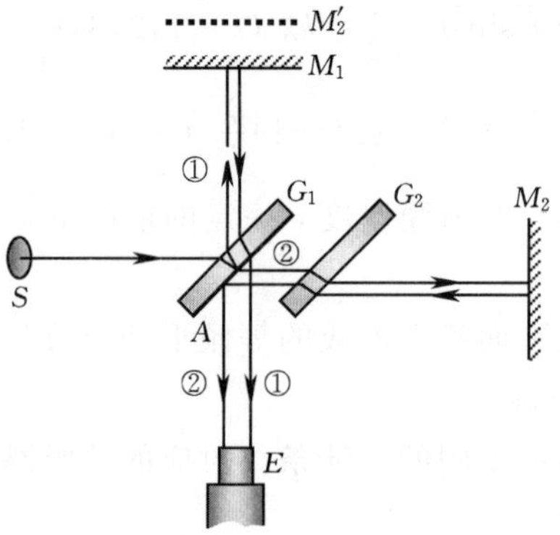

图 13 - 8

(3) 迈克尔逊干涉仪（图 13 - 8）。迈克尔逊干涉仪是利用分振幅法产生双光束以实

现干涉的仪器。

分光板 G_1 的作用是将入射光分成振幅相等的两束光。补偿板 G_2 的作用是保证两束出射光不出现额外的光程差。

如果 S 是点光源，并且 M_1 和 M_2 严格垂直，E 处形成等倾干涉圆环；如果 S 是平行光源，并且 M_1 和 M_2 不严格垂直，E 处形成劈尖干涉条纹。

迈克尔逊干涉仪的实验原理：移动平面镜 M_1（或 M_2），如果在视场中移过 N 个等倾干涉中心暗斑，或移过 N 个劈尖干涉条纹，则平面镜 M_1（或 M_2）移动的距离为

$$d=N\frac{\lambda}{2}$$

二、思考与讨论题目详解

1. 分波阵面法产生的光干涉

(1) 如图 13-9 所示，薄膜介质的折射率为 n_1，薄膜上下介质的折射率分别为 n_1 和 n_3，并且 n_2 比 n_1 和 n_3 都大。单色平行光由介质 1 垂直照射在薄膜上，经薄膜上下两个表面反射的两束光发生干涉。已知薄膜的厚度为 e，λ_1 为入射光在折射率为 n_1 的介质中的波长，则两束反射光的光程差等于多少？

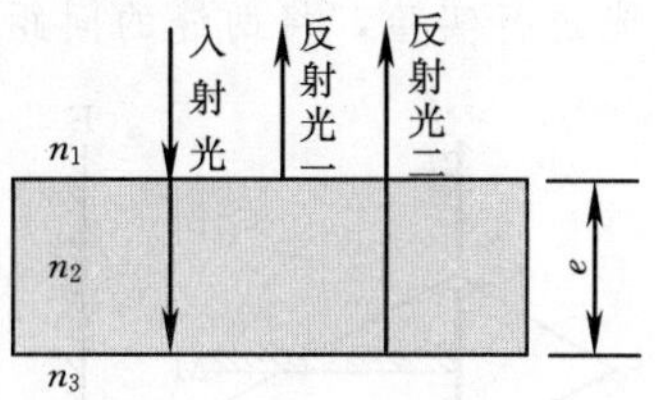

图 13-9

【答案： $\Delta S=2n_2e-\dfrac{n_1\lambda_1}{2}$**】**

详解： 由于入射光在上表面从光疏介质投射到光密介质上存在半波损失，因此反射光一的光程为

$$S_1=\frac{\lambda}{2}$$

由于入射光在下表面从光密介质投射到光疏介质上没有半波损失，因此反射光二的光程为

$$S_2=2n_2e$$

两束反射光的光程差为

$$\Delta S=S_2-S_1=2n_2e-\frac{\lambda}{2}$$

其中 λ 为光在真空的波长，它与介质 1 中的波长的关系为 $\lambda=n_1\lambda_1$，因此

$$\Delta S=2n_2e-\frac{n_1\lambda_1}{2}$$

(2) 在双缝干涉实验中，两缝分别被折射率为 n_1 和 n_2、厚度均为 e 的透明薄膜遮盖。波长为 λ 的平行单色光垂直照射到双缝上，在屏中央处，两束相干光的相位差等于多少？

【答案： $\Delta\varphi=\dfrac{2\pi(n_2-n_1)e}{\lambda}$**】**

详解： 设从双缝发出的两束光到屏中央处的距离为 r，依题意它们到达屏中央处的光

程分别为

$$S_1=n_1e+(r-e),\ S_2=n_2e+(r-e)$$

它们的光程差为

$$\Delta S=S_2-S_1=(n_2-n_1)e$$

因此，在屏中央处两束相干光的相位差为

$$\Delta\varphi=\frac{2\pi\Delta S}{\lambda}=\frac{2\pi(n_2-n_1)e}{\lambda}$$

(3) 在双缝干涉实验中，为使屏上的干涉条纹间距变大，可以采取哪些办法？

【答案：增大双缝与屏之间的距离 D，增大入射光波长 λ，减小双缝间距 d，减小折射率 n**】**

详解：双缝干涉条纹间距为

$$\Delta x=\frac{D\lambda}{dn}$$

因此，为使屏上的干涉条纹间距变大，可以增大双缝与屏之间的距离 D，改用波长 λ 较长的光进行实验，将两缝的间距 d 变小，将实验装置放在折射率 n 较小的透明流体中。

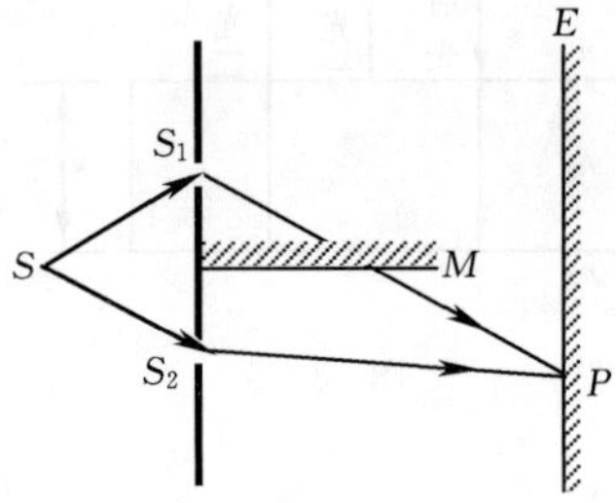

图 13-10

(4) 如图 13-10 所示，在双缝干涉实验中，屏幕 E 上的 P 点处是明条纹。如果将缝 S_1 盖住，并在 S_1S_2 连线的垂直平分面处放置一个高折射率玻璃反射面 M，则此时 P 点处是明条纹还是暗条纹？

【答案：是暗条纹】

详解：设 S_1、S_2 到 P 点的距离分别为 r_1 和 r_2。由于 P 点处原来是明条纹，因此

$$r_1-r_2=k\lambda$$

如果在 S_1S_2 连线的垂直平分面处放置一个高折射率玻璃反射面 M，由于从 S_2 发出的光经 M 反射时存在半波损失，因此，到达 P 点的反射光与直射光的光程差为

$$\Delta S=r_1+\frac{\lambda}{2}-r_2=k\lambda+\frac{\lambda}{2}=(2k+1)\frac{\lambda}{2}$$

即这两束光在 P 点处干涉相消，形成暗条纹。

(5) 如图 13-11 (a) 所示，在双缝干涉实验中，如果单色光源 S 到两缝 S_1、S_2 距离相等，则中央明条纹位于观察屏 E 上 O 点处。现在将光源 S 向上移动到图中的 S' 位置，中央明条纹将向什么方向移动？此时条纹间距是否发生改变？

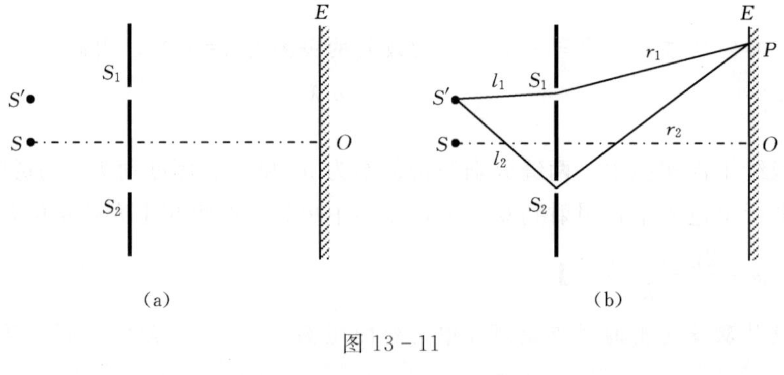

图 13-11

【答案：向 O 点的下方移动；不发生改变】

详解： 如图 13-11（b）所示，依题意，单色光源 S' 发出的光经 S_1、S_2 后射到 P 点（中央明条纹的新位置）时的光程差为

$$\Delta S=(l_2+r_2)-(l_1+r_1)=0$$

由此解得

$$l_1-l_2=r_2-r_1$$

由于 $l_1<l_2$，因此 $r_1>r_2$，即中央明条纹将向 O 点的下方移动。

P 点为明条纹的条件为

$$\Delta S=(l_2-l_1)-(r_2-r_1)=k\lambda$$

其中

$$r_2-r_1=\frac{d}{D}x$$

因此

$$(l_2-l_1)-\frac{d}{D}x=k\lambda$$

对 k 级和 $k+1$ 级明条纹而言，有

$$(l_2-l_1)-\frac{d}{D}x_{\mathrm{k}}=k\lambda$$

$$(l_2-l_1)-\frac{d}{D}x_{\mathrm{k+1}}=(k+1)\lambda$$

以上两式相减即得条纹间距为

$$\Delta x=x_{\mathrm{k+1}}-x_{\mathrm{k}}=\frac{D}{d}\lambda$$

可见，在将光源 S 向上移动时，条纹间距不发生改变。

（6）将双缝干涉实验装置放在折射率为 n 的水中，两缝间距离为 d，双缝到屏的距离为 $D(D\gg d)$，所用单色光在真空中的波长为 λ，则屏上干涉条纹中相邻的明纹之间的距离等于多少？

【答案：$\Delta x=\dfrac{D\lambda}{dn}$】

详解： 将双缝干涉实验装置放在折射率为 n 的水中时，到达光屏上的两束光的光程差为

$$\Delta S=n(r_2-r_1)$$

由于

$$r_2-r_1=\frac{xd}{D}$$

因此

$$\Delta S=\frac{nxd}{D}$$

形成暗条纹的条件为

$$x=(2k-1)\frac{D}{d}\frac{\lambda}{2n}$$

相邻明纹之间的距离为

$$\Delta x = x_{k+1} - x_k = [2(k+1)-1]\frac{D}{d}\frac{\lambda}{2n} - 2(k-1)\frac{D}{d}\frac{\lambda}{2n} = \frac{D}{d}\frac{\lambda}{n}$$

（7）一双缝干涉装置，在空气中观察时干涉条纹间距为 1.5mm。如果将整个装置放在水中，干涉条纹的间距将变为多少？已知水的折射率为 1.33。

【答案：1.1mm**】**

详解：在空气和水中观察的双缝干涉条纹间距分别为

$$\Delta x_0 = \frac{D}{d}\lambda, \quad \Delta x = \frac{D}{d}\frac{\lambda}{n}$$

两式相除得

$$\Delta x = \frac{\Delta x_0}{n} = \frac{1.5}{1.33} = 1.1\ (\text{mm})$$

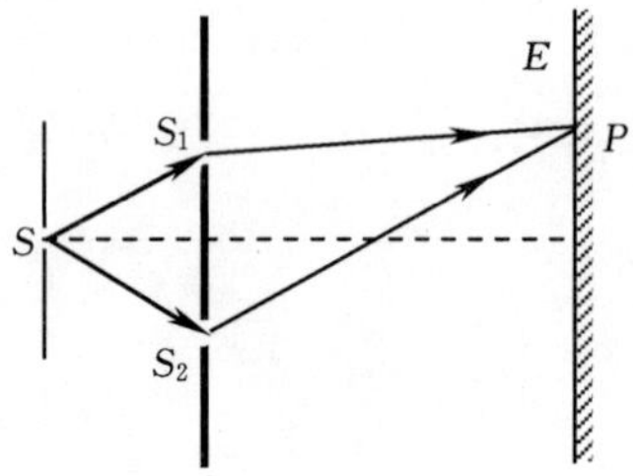

图 13-12

（8）如图 13-12 所示，在双缝干涉实验中 $SS_1 = SS_2$，用波长为 λ 的单色光照射双缝 S_1 和 S_2，通过空气后在屏幕 E 上形成干涉条纹。已知 P 点处为第三级明条纹，则 S_1 和 S_2 到 P 点的光程差等于多少？如果将整个装置放于某种透明液体中，P 点为第四级明条纹，则该液体的折射率等于多少？

【答案：3λ；1.33**】**

详解：由于 P 点处为第三级明条纹，因此 S_1 和 S_2 到 P 点的光程差为

$$d\sin\theta = 3\lambda$$

如果将整个装置放入折射率为 n 的液体中，S_1 和 S_2 到 P 点的光程差变为

$$\Delta S = nd\sin\theta$$

由于这时 P 点为第四级明条纹，因此

$$nd\sin\theta = 4\lambda$$

与原来的光程差比较，得该液体的折射率为

$$n = \frac{4}{3} = 1.33$$

（9）在双缝干涉实验中，所用单色光波长为 562.5nm，双缝与观察屏的距离为 1.5m，如果测得屏上相邻明条纹的间距为 1.7mm，则双缝的间距等于多少？

【答案：0.50mm**】**

详解：双缝干涉条纹间距为

$$\Delta x = \frac{D}{d}\lambda$$

由此解得双缝间距为

$$d = \frac{D\lambda}{\Delta x} = \frac{1.5 \times 562.5 \times 10^{-6}}{1.7 \times 10^{-3}} = 0.50\ (\text{mm})$$

2. 分振幅法产生的光干涉

（1）光强均为 I_0 的两束相干光相遇而发生干涉时，在相遇区域内有可能出现的最大

光强是多少？

【答案：$4I_0$**】**

详解：设光强为 I_0 的相干光对应的振幅为 A_0，在相遇区域内可能出现的最大光振幅为 $2A_0$，其对应的光强设为 I。由于光强与相应振幅的平方成正比，即

$$\frac{I}{I_0}=\frac{(2A_0)^2}{A_0^2}=4$$

因此，在相遇区域内有可能出现的最大光强为

$$I=4I_0$$

(2) 一束波长为 λ 的单色光由空气垂直入射到折射率为 n 的透明薄膜上，透明薄膜放在空气中，要使反射光干涉加强，则薄膜最小的厚度等于多少？

【答案：$e_{\min}=\frac{\lambda}{4n}$**】**

详解：反射光干涉加强的光程差条件为

$$2ne+\frac{\lambda}{2}=k\lambda$$

由此解得干涉加强时的薄膜厚度为

$$e=(2k-1)\frac{\lambda}{4n}$$

当 $k=1$ 时薄膜厚度最小，其值为

$$e_{\min}=\frac{\lambda}{4n}$$

(3) 两块平板玻璃构成空气劈形膜，左边为棱边，用单色平行光垂直入射。如果上面的平板玻璃慢慢地向上平移，则干涉条纹将怎样移动？条纹间距是否变化？

【答案：干涉条纹向棱边方向平移，条纹间距不变】

详解：由于劈尖干涉是等厚干涉，当上面的平板玻璃慢慢地向上平移时，各级条纹对应的厚度将向棱边方向平移，因此干涉条纹也向棱边方向平移。

当上面的平板玻璃慢慢地向上平移时，由于劈尖的尖角没有改变，因此条纹间距不变。

(4) 如图 13－13 所示，两个直径有微小差别的彼此平行的滚柱之间的距离为 L，夹在两块平板晶体的中间形成空气劈形膜，当单色光垂直入射时，产生等厚干涉条纹．如果滚柱之间的距离 L 变大，则在 L 范围内干涉条纹的数目怎样变化？条纹间距怎样变化？

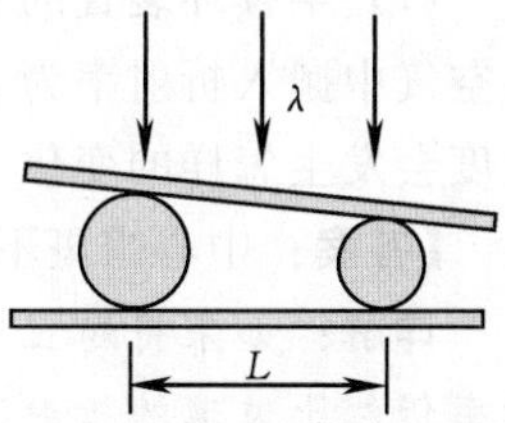

图 13－13

【答案：干涉条纹的数目不变，条纹间距变大】

详解：当滚柱之间的距离变大时，由于两个滚柱的直径都不变，它们与上面平板晶体相切处的条纹级别不变，因此在 L 范围内干涉条纹的数目也不变。

由于 L 变大，而 L 范围内干涉条纹的数目不变，因此 L 范围内干涉条纹的间距变大。

(5) 折射率分别为 n_1 和 n_2 的两块平板玻璃构成空气劈尖，用波长为 λ 的单色光垂直

照射。如果将该劈尖装置浸入折射率为 n 的透明液体中，并且 $n_2>n>n_1$，则劈尖厚度为 e 的地方两反射光的光程差的改变量等于多少？

【答案： $2(n-1)e-\frac{\lambda}{2}$ 或 $2(n-1)e+\frac{\lambda}{2}$**】**

详解： 当该劈尖装置处在空气中时，劈尖厚度为 e 的地方两反射光的光程差为

$$\Delta S_1=2e+\frac{\lambda}{2} \text{ 或 } \Delta S_1=2e-\frac{\lambda}{2}$$

而当该劈尖装置处在折射率为 $n(n_2>n>n_1)$ 的透明液体中时，该处的两反射光的光程差变为

$$\Delta S_2=2ne$$

光程差的改变量为

$$\Delta S_2-\Delta S_1=2(n-1)e-\frac{\lambda}{2} \text{ 或 } \Delta S_2-\Delta S_1=2(n-1)e+\frac{\lambda}{2}$$

（6）波长为 λ 的平行单色光垂直照射到劈形膜上，如果劈尖角为 θ，劈形膜的折射率为 n，则在反射光形成的干涉条纹中，相邻明条纹的间距等于多少？

【答案： $\frac{\lambda}{2n\theta}$**】**

详解： 如果反射光在劈形膜的一个面有半波损失，则相邻明条纹对应的厚度差为

$$\Delta e_1=e_{k+1}-e_k=[2(k+1)-1]\frac{\lambda}{4n}-(2k-1)\frac{\lambda}{4n}=\frac{\lambda}{2n}$$

如果反射光在劈形膜的两个面都有或都没有半波损失，则相邻明条纹对应的厚度差为

$$\Delta e_2=e_{k+1}-e_k=(k+1)\frac{\lambda}{2n}-k\frac{\lambda}{2n}=\frac{\lambda}{2n}$$

显然，$\Delta e_1=\Delta e_2=\Delta e$。由几何关系容易得到

$$l\sin\theta=\Delta e=\frac{\lambda}{2n}$$

由于劈尖尖角 θ 很小，$\sin\theta\approx\theta$。因此相邻明条纹的间距为

$$l=\frac{\lambda}{2n\theta}$$

（7）牛顿环装置的平凸透镜和平板玻璃的折射率都是 1.52，如果将这个牛顿环装置由空气中搬入折射率为 1.33 的水中，则干涉条纹中心暗斑是否会变成亮斑？条纹的疏密程度会发生怎样的变化？

【答案：中心暗斑不会变成亮斑；条纹变密集】

详解： 如果将题目中的牛顿环装置由空气中搬入折射率为 1.33 的水中，由于水的折射率仍然比玻璃的折射率小，因此干涉条纹中心仍然是暗斑，不会变成亮斑。

设牛顿环装置的薄膜折射率为 n，则第 k 级和 $k+1$ 级暗环半径公式分别为

$$r_k^2=kR\frac{\lambda}{n},\quad r_{k+1}^2=(k+1)R\frac{\lambda}{n}$$

以上两式相减得

$$r_{k+1}^2-r_k^2=R\frac{\lambda}{n}$$

如果将牛顿环装置由空气中搬入折射率为 1.33 的水中，折射率 n 增大。由上式可以看出，当 n 增大时，$r_{k+1}^2-r_k^2$ 减小，即条纹变密集。

(8) 如图 13-14 所示，用单色光垂直照射在牛顿环装置上。当平凸透镜垂直向上缓慢平移而远离平面玻璃时，这些环状的干涉条纹会发生怎样的变化？

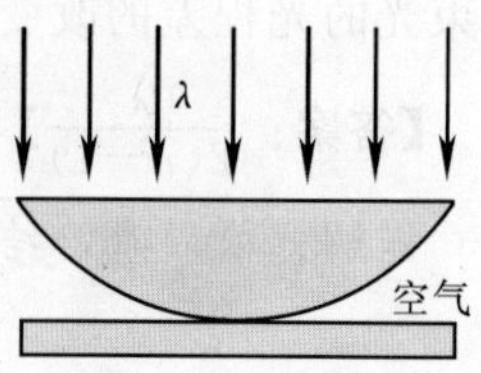

图 13-14

【答案：向中心收缩】

详解：由于牛顿环干涉是等厚干涉，当平凸透镜垂直向上慢慢平移时，各级条纹对应的厚度将向中心收缩，因此各级环状的干涉条纹也向中心收缩。

(9) 一个平凸透镜的顶点和一个平板玻璃接触，用单色光垂直照射，观察反射光形成的牛顿环，测得中央暗斑外第 k 个暗环半径为 r_1。现将透镜和玻璃板之间的空气换成折射率小于玻璃折射率的液体，第 k 个暗环的半径变为 r_2，由此可知该液体的折射率等于多少？

【答案：$n=\dfrac{r_1^2}{r_2^2}$】

详解：空气牛顿环和液体牛顿环的第 k 个暗环的半径 r_1、r_2 分别满足的关系式为

$$r_1^2=kR\lambda,\ r_2^2=kR\frac{\lambda}{n}$$

将以上两个公式相除即得该液体的折射率为

$$n=\frac{r_1^2}{r_2^2}$$

(10) 波长为 550nm 的单色光垂直照射到牛顿环装置上，第 2 个暗环与第 6 个暗环所对应的空气膜厚度之差等于多少？

【答案：1100nm】

详解：第 2 个暗环和第 6 个暗环所对应的空气膜厚度分别为

$$e_2=2\times\frac{\lambda}{2}=\lambda$$

$$e_6=6\times\frac{\lambda}{2}=3\lambda$$

它们的差值为

$$\Delta e=e_6-e_2=2\lambda=1100\ (\text{nm})$$

3. 迈克尔逊干涉仪

(1) 在迈克尔逊干涉仪的一条光路中，放入一个折射率为 n、厚度为 e 的透明薄片，这条光路的光程改变了多少？

【答案：$2(n-1)e$】

详解：在迈克尔逊干涉仪的一条光路中，长度为 e 的一段光路的光程为 $2e$（注意光线是往返的），如果在这段光路中放入一个折射率为 n（长度仍然为 e）的透明薄片，其光程变为 $2ne$，注意到放入透明薄片后其他位置的光程没有发生变化，因此这条光路的光程改变量为

$$2ne-2e=2(n-1)e$$

(2) 在迈克尔逊干涉仪的一支光路中，放入一片折射率为 n 的透明介质薄膜后，测出两束光的光程差的改变量为一个波长 λ，则薄膜的厚度等于多少？

【答案： $\frac{\lambda}{2(n-1)}$**】**

详解： 依题意，结合上题，有

$$2(n-1)e=\lambda$$

由此解得薄膜的厚度为

$$e=\frac{\lambda}{2(n-1)}$$

(3) 如果在迈克尔逊干涉仪的可动反射镜 M 移动 0.620mm 过程中，观察到干涉条纹移动了 2300 条，则所用光波的波长等于多少？

【答案： 539.1nm**】**

详解： 由下述公式

$$d=N\frac{\lambda}{2}$$

得所用光波的波长为

$$\lambda=\frac{2d}{N}=\frac{2\times0.620\times10^{6}}{2300}=539.1\ (\text{nm})$$

三、课后习题解答

(1) 在杨氏双缝实验中，设两缝之间的距离为 0.2mm。在距双缝 1.0m 远的屏上观察干涉条纹，如果入射光是波长为 400nm 至 760nm 的白光，问屏上离零级明纹 20mm 处，哪些波长的光最大限度地加强？

解： 杨氏双缝干涉加强的条件为

$$x=k\frac{D}{d}\lambda$$

由此解得

$$\lambda=\frac{xd}{kD}=\frac{20\times10^{-3}\times0.2\times10^{-3}}{k\times1.0}\times10^{9}=\frac{4000}{k}\ (\text{nm})$$

由于 $400\text{nm}\leqslant\lambda\leqslant760\text{nm}$，因此

$$400\leqslant\frac{4000}{k}\leqslant760$$

解之得

$$5.3\leqslant k\leqslant10$$

在整数范围内，$k=6, 7, 8, 9, 10$。其对应的波长为

$$\lambda_1=\frac{4000}{6}=666.7\ (\text{nm})$$

$$\lambda_2=\frac{4000}{7}=571.4\ (\text{nm})$$

$$\lambda_3=\frac{4000}{8}=500.0\ (\text{nm})$$

$$\lambda_4=\frac{4000}{9}=444.4\ (\text{nm})$$

$$\lambda_5=\frac{4000}{10}=400.0\ (\text{nm})$$

即这五种波长的光在所给观察点处最大限度地加强。

（2）在双缝干涉实验中，波长为 550nm 的单色平行光垂直入射到缝间距为 1.5×10^{-4}m 的双缝上，屏到双缝的距离为 2.0m. 求：

1）中央明纹两侧的两条第 5 级明纹中心的间距。

2）用厚度为 6.6×10^{-6}m、折射率为 1.50 的玻璃片覆盖一条缝后，零级明纹将移到原来的第几级明纹处？

解：1）空气双缝干涉实验第 k 级明纹坐标为

$$x_k=k\frac{D}{d}\lambda$$

中央明纹两侧的两条第 k 级明纹中心间距为

$$\Delta x=2k\frac{D}{d}\lambda$$

对第 5 级明纹而言，有

$$\Delta x=2\times5\times\frac{2.0}{1.5\times10^{-4}}\times550\times10^{-9}=0.73\ (\text{m})$$

2）设用玻璃片覆盖一条缝后，两条缝到零级明纹的距离分别为 r_1、r_2，这时的光程差为

$$ne+(r_1-e)-r_2=0\quad 或\quad (n-1)e=r_2-r_1$$

设不盖玻璃片时，此点为第 k 级明纹，则应有

$$r_2-r_1=k\lambda$$

因此

$$(n-1)e=k\lambda$$

由此解得

$$k=\frac{(n-1)e}{\lambda}=\frac{(1.50-1)\times6.6\times10^{-6}}{550\times10^{-9}}=6$$

即零级明纹移到原来第 6 级明纹处。

（3）在双缝干涉实验中，用波长为 540nm 的单色光照射，双缝与屏的距离为 0.5m. 测得中央明条纹两侧的两个第四级明条纹的间距为 10.0mm，求双缝间的距离。

解：中央明条纹两侧的两个第四级明条纹的间距为

$$\Delta x=2\times4\frac{D}{d}\lambda=8\frac{D}{d}\lambda$$

由此解得双缝间的距离为

$$d=\frac{8D\lambda}{\Delta x}=\frac{8\times0.5\times540\times10^{-9}}{10.0\times10^{-3}}\times10^3=0.216\ (\text{mm})$$

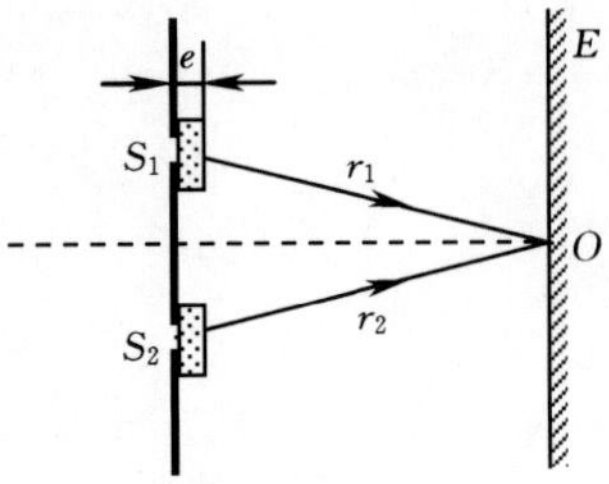

图 13-15

(4) 在如图 13-15 所示的双缝干涉实验中，如果用折射率为 1.4 的薄玻璃片覆盖缝 S_1，用同样厚度的折射率为 1.7 的玻璃片覆盖缝 S_2，将使原来未放玻璃时屏上 O 处的中央明条纹变为第五级明纹。已知单色光波长为 480nm，求玻璃片的厚度。

解： 放置玻璃片前，O 点处为中央明条纹，因此

$$r_2-r_1=0$$

放置玻璃片后，O 点处变为第五级明纹，因此

$$[n_2d+(r_2-d)]-[n_1d+(r_1-d)]=5\lambda$$

注意到 $r_2=r_1$，由上式解得

$$(n_2-n_1)d=5\lambda$$

因此玻璃片的厚度为

$$d=\frac{5\lambda}{n_2-n_1}=\frac{5\times480\times10^{-9}}{1.7-1.4}=8.0\times10^{-6}\ (\text{m})$$

(5) 薄钢片上有两条紧靠的平行细缝，用波长为 550nm 的平面光波正入射到钢片上。屏幕距双缝的距离为 2.00m，测得中央明条纹两侧的第六级明条纹间的距离为 14.0mm。

1) 求两条缝之间的距离。

2) 从任一条明纹（记作 0）向一边数到第 20 条明条纹，共经过了多大距离？

解： 1) 中央明条纹两侧的第 k 级明条纹间的距离为

$$\Delta x=2k\frac{D}{d}\lambda$$

因此两条缝之间的距离为

$$d=\frac{2kD\lambda}{\Delta x}=\frac{2\times6\times2.00\times550\times10^{-9}}{14.0\times10^{-3}}\times10^3=0.943\ (\text{mm})$$

2) 从任一条明纹向一边数到第 20 条明条纹共经过的距离为

$$\Delta x'=20\frac{D}{d}\lambda=20\frac{\Delta x}{2k}=\frac{10\Delta x}{k}=\frac{10\times14.0}{6}=23.3\ (\text{mm})$$

(6) 双缝干涉实验装置如图 13-16 所示，双缝与屏之间的距离为 1.2m，两缝之间的距离为 0.50mm，用波长为 500nm 的单色光垂直照射双缝。

1) 求零级明条纹上方的第 4 级明条纹的坐标。

2) 如果用厚度为 1.0×10^{-2} mm、折射率为 1.50 的透明薄膜覆盖在 S_1 缝的后面，上述第 4 级明条纹的坐标又等于多少？

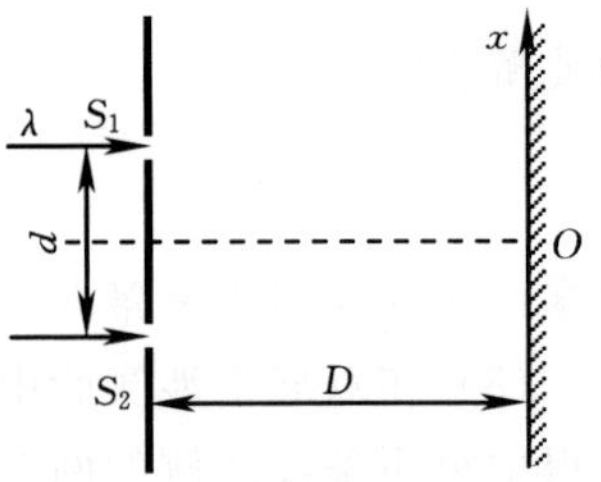

图 13-16

解： 1) 零级明条纹上方的第 4 级明条纹的坐标为

$$x_k=k\frac{D}{d}\lambda=4\times\frac{1.2}{0.5\times10^{-3}}\times500\times10^{-6}=4.8\ (\text{mm})$$

2) 设用玻璃片覆盖 S_1 缝后，两条缝到第 4 级明纹的距离分别为 r_1、r_2，这时的两束光光程差为

$$\Delta S=r_2-[ne+(r_1-e)]=r_2-r_1-(n-1)e$$

依题意有

$$r_2-r_1-(n-1)e=4\lambda$$

其中

$$r_2-r_1=\frac{d}{D}x$$

所以

$$\frac{d}{D}x-(n-1)e=4\lambda$$

由此解得

$$\begin{aligned}x&=\frac{D}{d}[4\lambda+(n-1)e]\\&=\frac{1.2}{0.5\times10^{-3}}\times[4\times500\times10^{-6}+(1.5-1)\times1.0\times10^{-2}]\\&=16.8\ (\text{mm})\end{aligned}$$

(7) 在折射率为 1.50 的玻璃上，镀上折射率为 1.35 的透明介质薄膜。入射光波垂直照射在介质膜表面，观察反射光的干涉，发现对 600nm 的光波干涉相消，对 700nm 的光波干涉相长。且在 600～700nm 之间没有其他的波长是最大限度相消或相长的情形。求所镀介质膜的厚度。

解： 设介质薄膜的厚度为 e，上、下表面反射均为由光疏介质到光密介质，因此半波损失不引起附加的光程差。

当两种光垂直入射在薄膜上时，依题意有

$$2ne=(2k+1)\frac{\lambda_1}{2}$$

$$2ne=k\lambda_2$$

由以上两式解得介质膜的厚度为

$$e=\frac{\lambda_1\lambda_2}{4n(\lambda_1-\lambda_2)}=\frac{600\times700\times10^{-9}}{4\times1.35\times(700-600)}=777.8\ (\text{nm})$$

(8) 折射率为 1.60 的两块标准平面玻璃板之间形成一个劈尖角很小的劈形膜。用波长为 600nm 的单色光垂直入射，产生等厚干涉条纹。测得在劈形膜内充满折射率为 1.40 的液体时的相邻明纹间距比劈形膜内是空气时的间距缩小了 0.5mm，那么劈尖角 θ 应是多少？

解： 空气劈形膜和液体劈形膜的条纹间距公式分别为

$$l_1=\frac{\lambda}{2\theta},\ l_2=\frac{\lambda}{2n\theta}$$

依题意有

$$\Delta l=l_1-l_2=\frac{\lambda}{2\theta}\left(1-\frac{1}{n}\right)$$

由此解得劈尖角 θ 为

$$\theta=\frac{(n-1)\lambda}{2n\Delta l}=\frac{(1.40-1)\times 600\times 10^{-9}}{2\times 1.40\times 0.5\times 10^{-3}}=1.71\times 10^{-4}\,(\text{rad})$$

（9）用波长 $\lambda=500\text{nm}$ 的单色光垂直照射在由两块玻璃板（一端刚好接触成为劈棱）构成的空气劈形膜上。劈尖角 $\theta=2\times 10^{-4}\,\text{rad}$。如果劈形膜内充满折射率为 $n=1.40$ 的液体，求从劈棱数起第五个明条纹在充入液体前后移动的距离。

解：设第五个明纹处膜厚为 e，则有

$$2ne+\frac{\lambda}{2}=5\lambda$$

设第五个明纹到劈棱的距离为 l，则有近似关系

$$e=l\theta$$

由以上两式解得

$$l=\frac{9\lambda}{4n\theta}$$

充入液体前、后第五个明纹的位置为

$$l_1=\frac{9\lambda}{4\theta},\ l_2=\frac{9\lambda}{4n\theta}$$

因此，充入液体前、后第五个明纹移动的距离为

$$\Delta l=l_1-l_2=\frac{9\lambda}{4\theta}\left(1-\frac{1}{n}\right)=1.61\ (\text{mm})$$

（10）用波长为 λ_1 的单色光照射空气劈形膜，从反射光干涉条纹中观察到劈形膜装置的 A 点处是暗条纹。如果连续增大入射光波长，直到波长变为 λ_2 时，A 点再次变为暗条纹。求 A 点的空气薄膜厚度。

解：设 A 点处空气薄膜的厚度为 e，依题意有

$$2e+\frac{\lambda_1}{2}=(2k+1)\frac{\lambda_1}{2}$$

$$2e+\frac{\lambda_2}{2}=[2(k-1)+1]\frac{\lambda_2}{2}$$

由以上两式解得 A 点的空气薄膜厚度为

$$e=\frac{\lambda_1\lambda_2}{2(\lambda_2-\lambda_1)}$$

（11）用波长为 500nm 的单色光垂直照射到由两块光学平板玻璃构成的空气劈形膜上。观察反射光的干涉现象，距劈形膜棱边 1.56cm 的 A 处是从棱边算起的第四条暗条纹中心。

1）求此空气劈形膜的劈尖角 θ。

2）改用 600nm 的单色光垂直照射到此劈尖上仍观察反射光的干涉条纹，A 处是明条纹还是暗条纹？

3）在第 2）问的情形，从棱边到 A 处的范围内共有几条明纹和几条暗纹？

解：1）由于棱边处是第一条暗纹中心，因此第四条暗纹中心处，即 A 处膜厚度为 $3\lambda_1/2$。则此空气劈形膜的劈尖角 θ 为

$$\theta=\frac{3\lambda_2/2}{\Delta l}=\frac{3\times500\times10^{-9}}{2\times1.56\times10^{-2}}=4.81\times10^{-5}(\text{rad})$$

2）由于

$$\frac{e_A}{\lambda_2/4}=\frac{3\lambda_1/2}{\lambda_2/4}=\frac{6\lambda_1}{\lambda_2}=\frac{6\times500}{600}=5=2\times3-1$$

因此此处是三级明条纹。

3）由于棱边处仍是暗纹，A 处是第三条明纹，所以共有三条明纹和三条暗纹。

（12）用波长为 λ_1 的单色光垂直照射牛顿环装置时，测得中央暗斑外第 1 和第 4 暗环半径之差为 x_1，而用未知单色光垂直照射时，测得这两个暗环的半径之差为 x_2，求未知单色光的波长 λ_2。

解：由牛顿环暗环半径公式 $r_k=\sqrt{kR\lambda}$，根据题意可得

$$x_1=\sqrt{4R\lambda_1}-\sqrt{R\lambda_1}=\sqrt{R\lambda_1}$$

$$x_2=\sqrt{4R\lambda_2}-\sqrt{R\lambda_2}=\sqrt{R\lambda_2}$$

以上两式相除即得未知单色光的波长为

$$\lambda_2=\frac{x_2^2}{x_1^2}\lambda_1$$

（13）如图 13-17（a）所示，牛顿环装置的平凸透镜与平板玻璃间有一条小缝隙 e_0。现用波长为 λ 的单色光垂直照射，已知平凸透镜的曲率半径为 R，求反射光形成的牛顿环的各暗环半径。

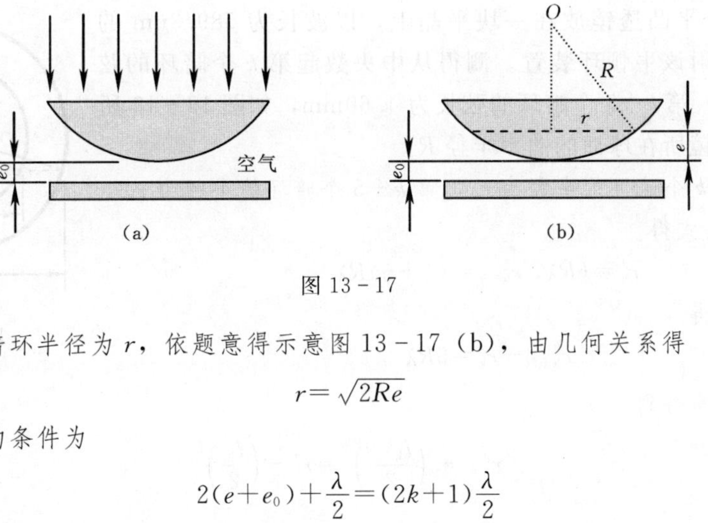

图 13-17

解：设某暗环半径为 r，依题意得示意图 13-17（b），由几何关系得

$$r=\sqrt{2Re}$$

形成暗环的条件为

$$2(e+e_0)+\frac{\lambda}{2}=(2k+1)\frac{\lambda}{2}$$

由此解得

$$e=k\frac{\lambda}{2}-e_0$$

将上式代入几何关系中，得各级暗环半径为

$$r=\sqrt{R(k\lambda-2e_0)}$$

其中 k 为整数，并且 $k>2e_0/\lambda$。

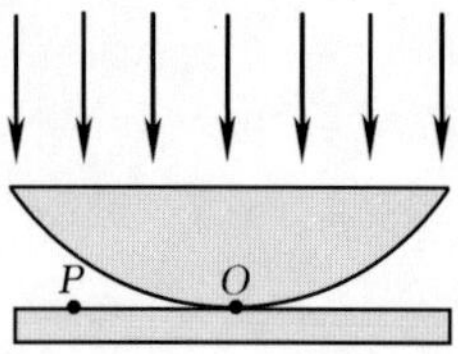

图 13-18

(14) 图 13-18 所示为牛顿环装置，设平凸透镜中心恰好与平板玻璃接触，透镜凸表面的曲率半径是 4m。用某单色平行光垂直入射，观察反射光形成的牛顿环，测得第五个明环的半径为 0.30cm。

1) 求入射光的波长。

2) 测得图中 $OP=1.00$cm，求在半径为 OP 的范围内可观察到的明环数目。

解：1) 明环半径公式为

$$r=\sqrt{(2k-1)R\frac{\lambda}{2}}$$

由此解得入射光的波长为

$$\lambda=\frac{2r^2}{(2k-1)R}=500\ (\text{nm})$$

2) 设 $OP=l$，依题意有

$$r=\sqrt{(2k-1)R\frac{\lambda}{2}}\leqslant l$$

由此解得

$$k\leqslant\frac{l^2}{R\lambda}+\frac{1}{2}=50.5$$

在此范围的最大整数为 50，因此在 OA 范围内可观察到的明环数目为 50 个。

(15) 一个平凸透镜放在一块平晶上，以波长为 589.3nm 的单色光垂直照射该牛顿环装置。测得从中央数起第 k 个暗环的弦长为 3.00mm，第 $k+5$ 个暗环的弦长为 4.60mm，如图 13-19 所示。求平凸透镜所在球面的曲率半径 R。

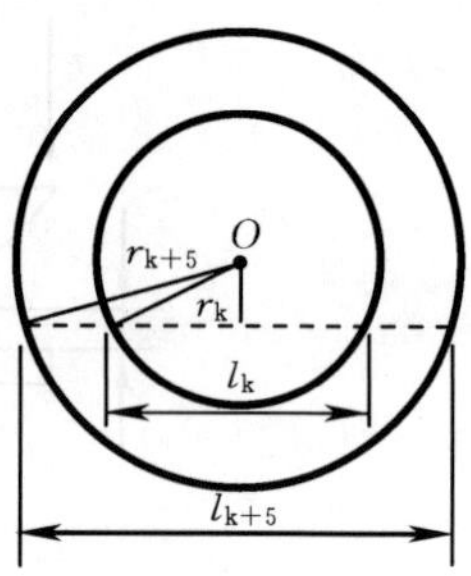

图 13-19

解：设第 k 个暗环的半径为 r_k，第 $k+5$ 个暗环的半径为 r_{k+5}，由牛顿环公式得

$$r_k^2=kR\lambda,\ r_{k+5}^2=(k+5)R\lambda$$

以上两式相减得

$$r_{k+5}^2-r_k^2=5R\lambda$$

由几何关系容易得到

$$r_{k+5}^2-\left(\frac{l_{k+5}}{2}\right)^2=r_k^2-\left(\frac{l_k}{2}\right)^2$$

由此解得

$$r_{k+5}^2-r_k^2=\frac{1}{4}(l_{k+5}^2-l_k^2)$$

因此

$$5R\lambda=\frac{1}{4}(l_{k+5}^2-l_k^2)$$

由此解得平凸透镜所在球面的曲率半径为

$$R=\frac{l_{k+5}^2-l_k^2}{20\lambda}=\frac{(4.60^2-3.00^2)\times10^{-6}}{20\times598.3\times10^{-9}}=1.02\ (\mathrm{m})$$

四、自我检测题

1. 单项选择题（每题 3 分，共 30 分）

(1) 在真空中波长为 λ 的单色光，在折射率为 n 的透明介质中从 M 点沿某路径传播到 N 点，如果 M、N 两点相位差为 3π，则该路径 MN 的光程为［　］。

(A) 1.5λ；　(B) $1.5n\lambda$；　(C) $1.5\lambda/n$；　(D) 3λ。

(2) 如图 13-20 所示，S_1、S_2 是两个相干光源，它们到 P 点的距离分别为 r_1 和 r_2。路径 S_1P 垂直穿过一块厚度为 t_1、折射率为 n_1 的介质板，路径 S_2P 垂直穿过厚度为 t_2、折射率为 n_2 的另一块介质板，其余部分皆为真空，这两条路径的光程差等于［　］。

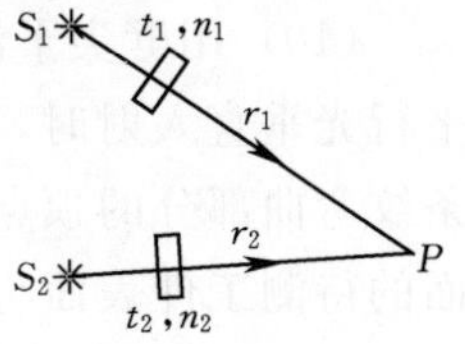

图 13-20

(A) $(r_2+n_2t_2)-(r_1+n_1t_1)$；

(B) $[r_2+(n_2-1)t_2]-[r_1+(n_1-1)t_2]$；

(C) $(r_2-n_2t_2)-(r_1-n_1t_1)$；

(D) $n_2t_2-n_1t_1$。

(3) 在双缝干涉实验中，两条缝的宽度原来是相等的。如果其中一条缝的宽度略变窄，而该缝的中心位置不变，则［　］。

(A) 干涉条纹的间距变宽；

(B) 干涉条纹的间距变窄；

(C) 不再发生干涉现象；

(D) 干涉条纹的间距不变，但原极小处的强度不再为零。

(4) 真空中波长为 λ 的单色光，在折射率为 n 的均匀透明媒质中从 M 点沿某一路径传播到 N 点，路径的长度为 l。M、N 两点的光振动相位差记为 $\Delta\varphi$，则［　］。

(A) $l=3\lambda/(2n)$，$\Delta\varphi=3\pi$；　(B) $l=3\lambda/(2n)$，$\Delta\varphi=3n\pi$；

(C) $l=3\lambda/2$，$\Delta\varphi=3\pi$；　(D) $l=3n\lambda/2$，$\Delta\varphi=3n\pi$。

(5) 在双缝干涉实验中，入射光的波长为 λ，用玻璃纸遮住其中一个缝，如果玻璃纸中光程比相同厚度的空气的光程大 2.5λ，则屏上原来的明纹处［　］。

(A) 仍为明条纹；　(B) 既非明纹也非暗纹；

(C) 变为暗条纹；　(D) 无法确定是明纹还是暗纹。

(6) 在双缝干涉实验中，光的波长为 600nm，双缝间距为 2mm，双缝与屏之间的距离为 3m。在屏上形成的干涉图样的明条纹间距为［　］。

(A) 0.45mm；　(B) 0.9mm；

(C) 1.2mm；　(D) 3.1mm。

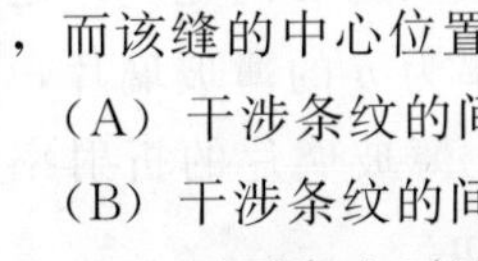

图 13-21

(7) 在如图 13-21 所示中，由三种透明材料构成了牛顿环装置，它们的折射率已标在图中。用单色光垂直照射该装置，观察反射光形成的干涉条纹，在接触点 P 处形成的圆斑为［　］。

（A）全暗；（B）右半部暗，左半部明；

（C）全明；（D）右半部明，左半部暗。

（8）两块平板玻璃构成空气劈形膜，左边为棱边，用单色平行光垂直入射。如果上面的平板玻璃以棱边为轴沿逆时针方向作微小转动，则干涉条纹的［　］。

（A）间隔变小，并向棱边方向平移；（B）间隔变小，并向远离棱边方向平移；

（C）间隔不变，向棱边方向平移；（D）间隔变大，并向远离棱边方向平移。

（9）在折射率为 1.60 的玻璃表面镀一层折射率为 1.38 的 MgF_2 薄膜作为增透膜．为了使波长为 500nm 的光从空气正入射时尽可能少反射，MgF_2 薄膜的最少厚度应为［　］。

（A）78.1nm；（B）181nm；

（C）125nm；（D）90.6nm。

（10）用劈尖干涉法可以检测工件表面缺陷，当波长为 λ 的单色平行光垂直入射时，如果观察到的干涉条纹如图 13－22 所示，每一条纹弯曲部分的顶点恰好与其左边条纹的直线部分的连线相切，则下面的待测工件表面与条纹弯曲处对应的部分［　］。

图 13－22

（A）凸起，且高度为 $\lambda/2$；（B）凸起，且高度为 $\lambda/4$；

（C）凹陷，且深度为 $\lambda/2$；（D）凹陷，且深度为 $\lambda/4$。

2. 填空题（每空 2 分，共 30 分）

（1）如图 13－23 所示，两个同相的相干点光源 S_1 和 S_2 发出波长为 λ 的光。P 是它们连线中垂线上的一点。如果在 S_1 与 P 之间插入厚度为 e、折射率为 n 的薄玻璃片，则两光源发出的光在 P 点的相位差为（　）。已知波长为 500nm，薄玻璃片的折射率为 1.5，P 点恰为第五级明条纹中心，则薄玻璃片的厚度为（　）nm。

（2）在双缝干涉实验中，使两狭缝之间的距离增大，屏幕上干涉条纹间距（　）；使单色光波长减小，干涉条纹间距（　）。

（3）在双缝干涉实验中，所用的光波波长为 546.1nm，双缝与屏间的距离为 300mm，双缝间距为 0.134mm，则中央明条纹两侧的两个第四级暗条纹之间的距离为（　）mm。

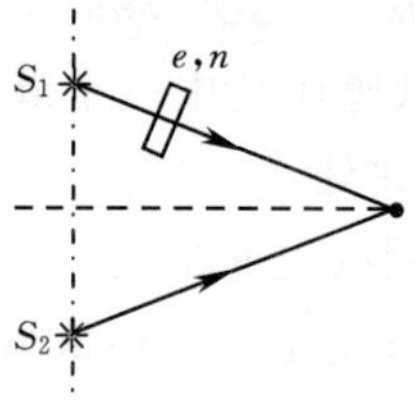

图 13－23

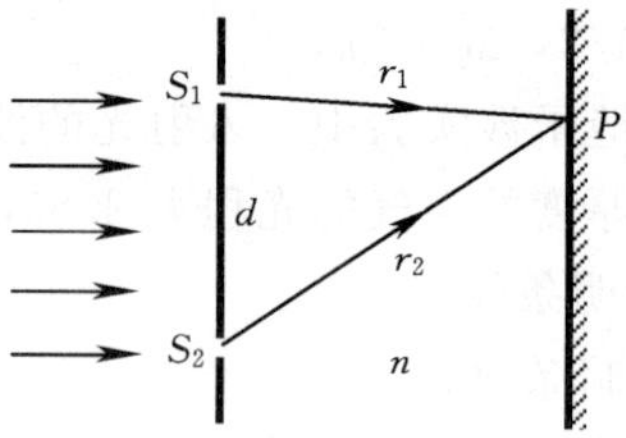

图 13－24

（4）如图 13－24 所示，单色平行光垂直入射到双缝上。观察屏上 P 点到两缝的距离分别为 r_1 和 r_2。设双缝和屏之间充满折射率为 n 的媒质，则 P 点处二束相干光的光程差为（　）。

（5）在双缝干涉实验中，双缝间距为 d，双缝到屏的距离为 D，已知 $D \gg d$，测得中央零级明纹与第六级明纹之间的距离为 x，则入射光的波长为（　）。

(6) 在双缝干涉实验中，如果两缝的间距为所用光波波长的 K 倍，观察屏到双缝的距离为 D，则屏上相邻明纹的间距为（　　）。

(7) 用波长为 650nm 的单色光垂直照射牛顿环装置时，从中央暗斑向外数第五个暗环对应的空气膜厚度为（　　）μm。

(8) 在空气中有一个劈形透明膜，其尖角为 1.5×10^{-4} rad，当用波长为 700nm 的单色光垂直照射时，两相邻明条纹间距为 0.25cm，则此透明材料的折射率为（　）。

(9) 如图 13-25 所示，用波长为 λ 的单色光垂直照射折射率为 n 的劈形膜，各部分折射率的关系是 $n_1<n<n_2$。观察反射光的干涉条纹，从劈形膜棱边开始向左数第十七条暗条纹中心所对应的薄膜厚度为（　　）。

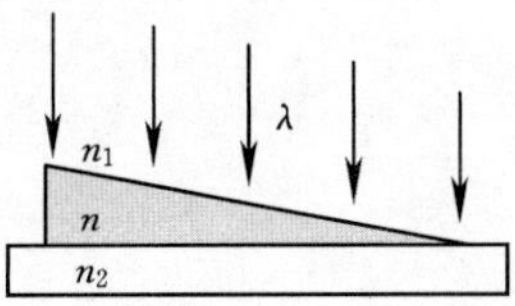

图 13-25

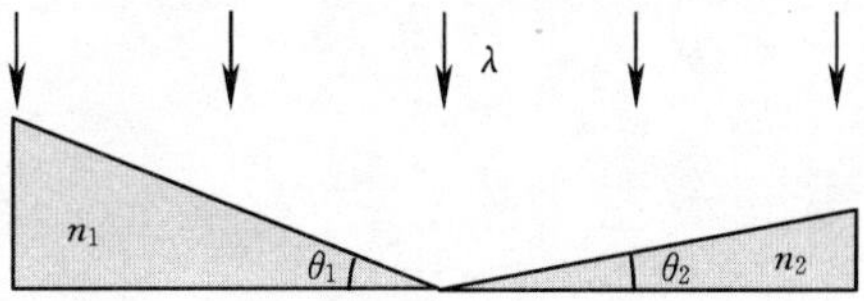

图 13-26

(10) 如图 13-26 所示，波长为 λ 的单色平行光垂直照射到两个劈形膜上，它们的劈尖角分别为 θ_1 和 θ_2，折射率分别为 n_1 和 n_2，如果二者分别形成的干涉条纹的明条纹间距相等，则 θ_1，θ_2，n_1 和 n_2 之间的关系为（　　）。

(11) 用波长为 λ 的单色光垂直照射折射率为 n 的劈形膜形成等厚干涉条纹，如果测得相邻明条纹的间距为 l，则劈尖角为（　　）。

(12) 波长为 λ 的单色平行光垂直照射到劈形膜上，劈尖角为 θ，劈形膜的折射率为 n，第 k 级明条纹与第 $k+6$ 级明纹的间距为（　　）。

(13) 一块平凸透镜的凸面朝下放在一块平玻璃板上。透镜刚好与玻璃板接触。用波长分别为 600nm 和 500nm 的两种单色光垂直入射，观察反射光形成的牛顿环，从中心向外数的两种光的第四个明环所对应的空气膜厚度之差为（　　）nm。

3. 计算题（每题 10 分，共 40 分）

(1) 在双缝干涉实验装置中，光屏到双缝的距离 D 远大于双缝之间的距离 d。整个双缝装置处在空气中。用波长为 589.3nm 的钠黄光做实验，产生的干涉条纹相邻明条纹的角距离为 0.20°。

1) 用另外一种单色光做实验，所得相邻明条纹的角距离比用钠黄光测得的角距离大 10%，试求该单色光的波长。

2) 如果将该装置浸入水中，已知水的折射率为 1.33，则钠黄光相邻明条纹的角距离变为多少？

(2) 用白光垂直照射置于空气中的厚度为 0.50μm、折射率为 1.50 的玻璃片，在可见光范围内哪些波长的反射光得到最大限度的增强？已知可见光的波长范围为400～760nm。

(3) 用波长为 700nm 的红光垂直照射在折射率为 1.50 的劈形液膜上，液面两侧是同一种介质。观察反射光的干涉条纹，则：

1) 离开劈形膜棱边的第一条明条纹中心所对应的薄膜厚度是多少？

2）如果相邻的明条纹间距为6mm，上述第一条明纹中心到劈形膜棱边的距离等于多少？

（4）在牛顿环装置的平凸透镜和平玻璃板之间充满折射率为1.33的透明液体，已知平凸透镜和平玻璃板的折射率均大于1.33。凸透镜的曲率半径为3.0m，用波长为650nm的平行单色光垂直照射在该牛顿环装置上，凸透镜顶部刚好与平玻璃板接触。求：

1）从中心向外数第十三个明环所在处的液体厚度。

2）第十三个明环的半径。

第十四章 光 的 衍 射

一、基本内容

(一) 光的衍射现象、惠更斯—菲涅耳原理

1. 光的衍射现象

光的衍射现象：光在传播过程中遇到障碍物时，能够绕过障碍物传播的现象。

发生光的衍射现象的基本条件：光的波长与障碍物的线度相近。

光的衍射的分类：①菲涅耳衍射：衍射孔与光源或光屏的距离为有限远；②夫琅禾费衍射：衍射孔与光源、光屏的距离都是无穷远。

2. 惠更斯—菲涅耳原理

惠更斯—菲涅耳原理：介质中波动传到的各点都可以看作是发射子波的波源，在其后任一时刻所有这些子波的前方包迹即为该时刻的波阵面。(菲涅耳补充) 从同一波阵面上各点发出的子波可以产生干涉现象。

(二) 夫琅禾费单缝衍射

图 14 - 1 是夫琅禾费单缝衍射实验的示意图。

1. 半波带

最大光程差：从波阵面 AB 发出的所有子波射线中，从 A、B 两点发出的子波射线在 P 点引起的光程差 $a\sin\theta$ 最大。

衍射角：子波射线与入射方向的夹角 θ。

半波带：从波阵面 AB 发出的各个子波沿 θ 方向传播，将波阵面 AB 划分成若干个等宽的带，使相邻带上的对应位置发出的子波在 P 点相遇时的光程差等于 $\lambda/2$，这种等宽的波带就是半波带。

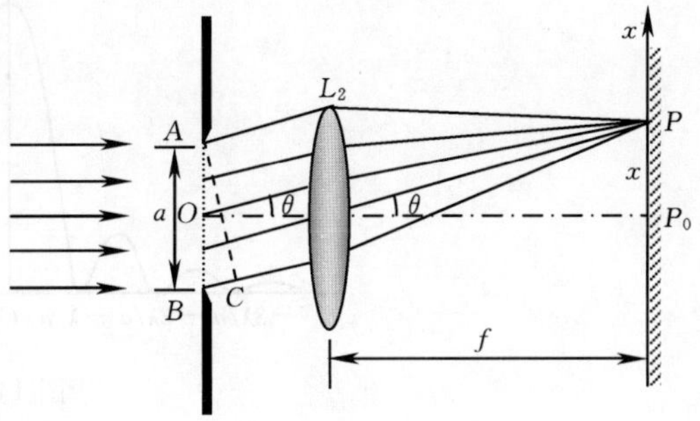

图 14 - 1

半波带数目 m 为

$$m=\frac{a\sin\theta}{\lambda/2}$$

2. 单缝衍射明暗条纹条件

单缝衍射中央明条纹的条件为

$$\theta=0 \text{ 或 } x=0$$

单缝衍射明条纹的光程差条件为

$$a\sin\theta=\pm(2k+1)\frac{\lambda}{2}\ (k=1,2,3,\cdots)$$

$k=1$，2，3，…分别为第一级、第二级、第三级、……明条纹。

单缝衍射暗条纹的光程差条件为

$$a\sin\theta=\pm 2k\cdot\frac{\lambda}{2}=\pm k\lambda\ (k=1,2,3,\cdots)$$

$k=1$，2，3，…分别为第一级、第二级、第三级……暗条纹。

单缝衍射明条纹的坐标条件为

$$x=\pm(2k+1)\frac{f}{a}\frac{\lambda}{2}\ (k=1,2,3,\cdots)$$

单缝衍射暗条纹的坐标条件为

$$x=\pm k\frac{f}{a}\lambda\ (k=1,2,3,\cdots)$$

上述公式中的正负号表示各级明条纹（或暗条纹）对称分布在中央明条纹的两侧。

中央明条纹宽度：两个一级暗条纹之间的距离。

$$\Delta x_0=2\frac{f}{a}\lambda$$

条纹宽度：相邻明条纹（或暗条纹）之间的距离。

$$\Delta x=\frac{f}{a}\lambda=\frac{1}{2}\Delta x_0$$

3. 夫琅禾费单缝衍射的光强分布（图 14-2）

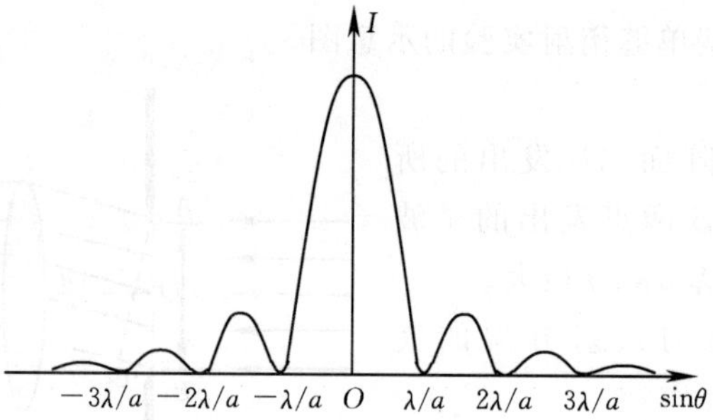

图 14-2

（三）衍射光栅

衍射光栅：由许多平行、等宽度、等距离的细缝组成的光学器件。

光栅常数 d：相邻透光缝之间的距离。

光栅常数等于透光缝的宽度 a 与不透光缝的宽度 b 的和，即

$$d=a+b$$

光栅衍射是单缝衍射与多缝干涉的总效果。

光栅狭缝数目越多，衍射条纹变得越细、越亮。

光栅方程：光栅衍射形成主极大（即明条纹）的条件，即

$$d\sin\theta=\pm k\lambda\ (k=0,1,2,\cdots)$$

$k=0$ 为中央明纹，$k=1$，2，3，…分别为第一级、第二级、第三级、……明条纹。公式中的正负号表示各级明条纹对称分布在中央明条纹的两侧。

缺级现象：如果光栅衍射的明条纹恰好处在单缝衍射暗条纹的位置上，这个明条纹实际上并不出现的现象。

当衍射角 θ 同时满足光栅方程 $d\sin\theta=k\lambda$ 和单缝衍射暗条纹的条件 $a\sin\theta=k'\lambda$ 时发生缺级现象，缺少的级数 k 为

$$k=\frac{d}{a}k'=\frac{a+b}{a}k' \ (k'=\pm1,\pm2,\pm3,\cdots)$$

光栅光谱：由各种颜色光的同一级条纹合成的整体。

连续光谱：各种色光连成一片的光谱，如太阳光谱等。

线状光谱：由一些具有特定波长的分立的明线构成的光谱，如原子光谱。

带状光谱：由若干条明带组成，每条明由一些密集的谱线构成，如分子光谱。

(四) 圆孔衍射、光学仪器的分辨率

1. 圆孔衍射

艾里斑：圆孔衍射的中央亮圆斑。

艾里斑的角半径：艾里斑对透镜光心的半张角。即

$$\theta=1.22\,\frac{\lambda}{d}$$

其中，λ 为入射单色光的波长，d 为圆孔的直径。

艾里斑的直径为

$$D=2\theta f=2.44\,\frac{f}{d}\lambda$$

其中 f 为透镜的焦距。

2. 光学仪器的分辨率

圆孔衍射会造成光学仪器的分辨本领降低。

瑞利判据：如果两个强度相等的点光源的距离恰好使两个艾里斑中心的距离等于艾里斑的半径，这两个点光源恰好能被该光学仪器分辨。

最小分辨角 θ_0：两个点光源恰好能被光学仪器分辨时，这两个点光源对透镜光心的张角。显然。最小分辨角等于艾里斑的角半径，即

$$\theta_0=1.22\,\frac{\lambda}{d}$$

θ_0 越小，光学仪器的分辨本领越强。

分辨率：光学仪器最小分辨角的倒数。即

$$光学仪器的分辨率=\frac{1}{\theta_0}=\frac{d}{1.22\lambda}$$

(五) X 射线的衍射

X 射线：高速电子撞击金属等物质时发射的一种波长约为 0.1nm、穿透本领很强的辐射线。

布拉格公式：当 X 射线照射到晶体表面发生衍射时，两束反射光干涉加强所满足的

公式，即

$$2d\sin\theta=k\lambda\ (k=0,1,2,\cdots)$$

其中，d 为晶体相邻晶面之间的距离；θ 称为掠射角，是 X 射线入射方向与原子层平面之间的夹角。满足上式的掠射角称为布拉格角。

二、思考与讨论题目详解

1. 夫琅禾费单缝衍射

（1）在夫琅禾费单缝衍射实验中，波长为 λ 的单色光垂直入射在宽度为 4λ 的单缝上，对应的衍射角为 30°，则单缝处的波阵面可以划分成多少个半波带？

【答案：4】

详解： 依题意，在衍射角为 30°的方向上的最大光程差为

$$a\sin\theta=4\lambda\sin30^\circ=2\lambda$$

因此，单缝处的波阵面可划分的半波带数目为

$$\frac{a\sin\theta}{\lambda/2}=4$$

（2）一束波长为 λ 的平行单色光垂直入射在单缝 AB 上，装置如图 14－3 所示。在屏幕 E 上形成衍射图样，如果 P 是中央亮纹一侧第一条暗纹的位置，则 BC 的长度是波长 λ 的多少倍？

【答案：1】

详解： 由于 P 是中央亮纹一侧第一条暗纹的位置，因此

$$BC=a\sin\theta=\lambda$$

即 BC 的长度是波长 λ 的 1 倍。

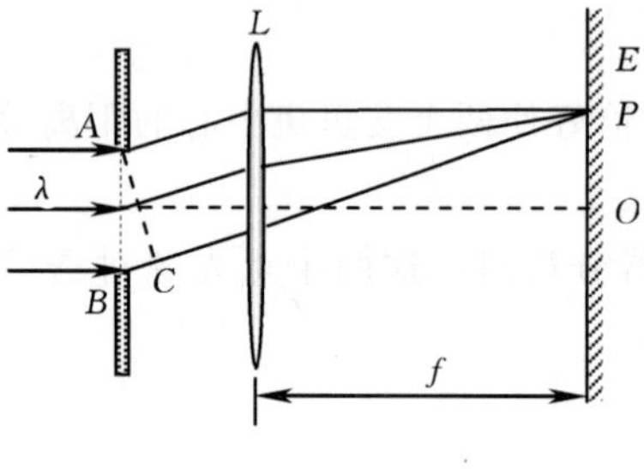

图 14－3

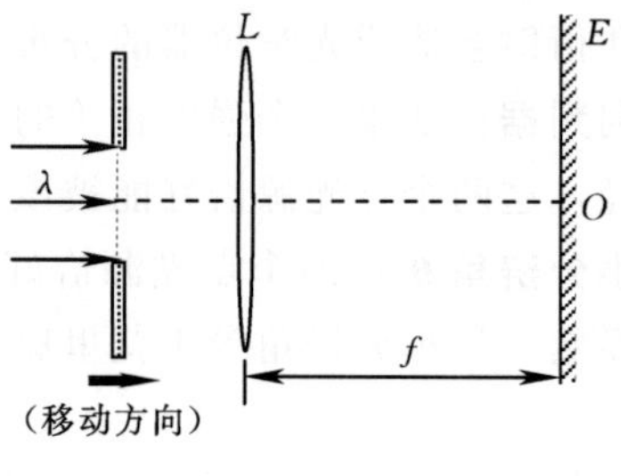

图 14－4

（3）在如图 14－4 所示的夫琅禾费单缝衍射实验中，如果将单缝沿透镜光轴方向向透镜平移，则屏幕上的衍射条纹间距如何变化？明暗条纹的位置是否发生变化？

【答案：屏幕上的衍射条纹间距和明暗条纹的位置都不变】

详解： 由于屏幕上的衍射条纹间距和明暗条纹的位置与单缝和透镜之间的距离无关，因此当单缝沿透镜光轴方向向透镜平移时，屏幕上的衍射条纹间距和明暗条纹的位置都不改变。

（4）在夫琅禾费单缝衍射实验中，波长为 λ 的单色光垂直入射到单缝上。在衍射角等

于 30°的方向上，单缝处的波面可以划分成 4 个半波带，则狭缝宽度 a 等于 λ 的多少倍？

【答案：4】

详解：依题意有

$$\frac{a\sin 30^\circ}{\lambda/2}=4$$

解之得

$$a=4\lambda$$

即此时狭缝宽度 a 等于 λ 的 4 倍。

（5）波长为 500nm 的单色光垂直照射到宽度为 0.25mm 的单缝上，单缝后面放置一块凸透镜，在凸透镜的焦平面上放置一个用来观测衍射条纹的屏幕。测得屏幕上中央明条纹两侧的第三条暗条纹之间的距离为 12mm，则凸透镜的焦距 f 等于多少？

【答案：1m】

详解：中央明条纹两侧的第 k 条暗条纹之间的距离为

$$\Delta x=2k\frac{f}{a}\lambda$$

由此解得凸透镜的焦距为

$$f=\frac{a\Delta x}{2k\lambda}=\frac{0.25\times10^{-3}\times12\times10^{-3}}{2\times3\times500\times10^{-9}}=1\ (\text{m})$$

（6）在如图 14－5 所示的夫琅禾费单缝衍射实验中，中央明纹的衍射角范围很小。如果使单缝宽度 a 变为原来的 1.5 倍，同时使入射单色光的波长 λ 变为原来的 0.75 倍，则屏幕 E 上单缝衍射条纹中央明纹的宽度 Δx 将变为原来的多少倍？

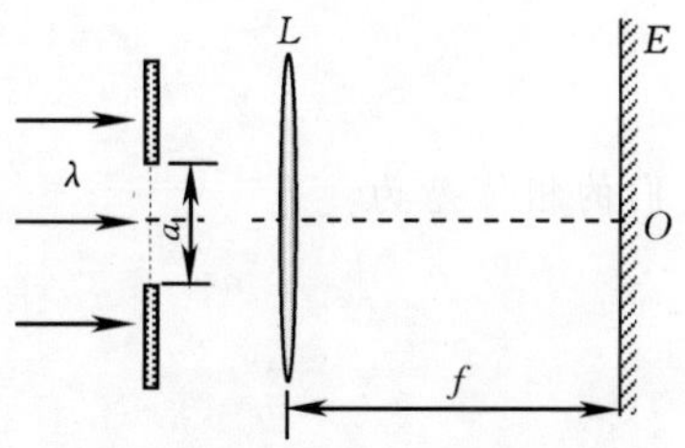

图 14－5

【答案：0.5】

详解：原来中央明条纹的宽度为

$$\Delta x_0=2\frac{f}{a}\lambda$$

单缝宽度、入射光波长改变之后中央明条纹的宽度为

$$\Delta x'=2\frac{f}{1.5a}\times0.75\lambda=2\frac{0.5f}{a}\lambda=0.5\Delta x_0$$

即屏幕 E 上单缝衍射条纹中央明纹的宽度将变为原来的 0.5 倍。

（7）在夫琅禾费单缝衍射实验中，屏上第三级暗条纹对应的单缝处波面可划分为多少个半波带？如果将缝宽缩小一半，原来的第三级暗纹处将是什么条纹？

【答案：6；第一级明条纹】

详解：第三级暗条纹对应的最大光程差为

$$a\sin\theta=3\lambda$$

因此，单缝处的波阵面可划分的半波带数目为

$$\frac{a\sin\theta}{\lambda/2}=\frac{3\lambda}{\lambda/2}=6$$

如果将缝宽缩小一半而衍射方向不变，单缝处的波阵面对应的最大光程差变为

$$a'\sin\theta=\frac{1}{2}a\sin\theta=\frac{3}{2}\lambda=(2\times1+1)\frac{\lambda}{2}$$

即原来的第三级暗纹处将是第一级明条纹。

(8) 在夫琅禾费单缝衍射实验中，设第一级暗纹的衍射角很小，如果波长为589nm的钠黄光中央明纹宽度为4.0mm，则波长为442nm的蓝紫色光的中央明纹宽度为多少？

【答案： 3.0mm**】**

详解： 对于同一个单缝衍射实验装置，两种波长光的中央明条纹宽度分别为

$$\Delta x_{01}=2\frac{f}{a}\lambda_1,\ \Delta x_{02}=2\frac{f}{a}\lambda_2$$

由此解得波长为442nm的蓝紫色光的中央明纹宽度为

$$\Delta x_2=\frac{\lambda_2}{\lambda_1}\Delta x_1=\frac{442}{589}\times4.0=3.0\ (\mathrm{mm})$$

(9) 如图14-6所示，在夫琅禾费单缝衍射中，波长为λ的单色光垂直入射在单缝上。如果对应于会聚点P的衍射光线在单缝处的波阵面恰好可以分成3个半波带，已知$AB=BC=CD$，则光线3和光线4在P点的相位差等于多少？

【答案： π**】**

详解： 依题意，光线3和4在P点的光程差为

$$\Delta S=\frac{\lambda}{2}$$

它们的相位差为

$$\Delta\varphi=\frac{2\pi\Delta S}{\lambda}=\frac{2\pi\times\lambda/2}{\lambda}=\pi$$

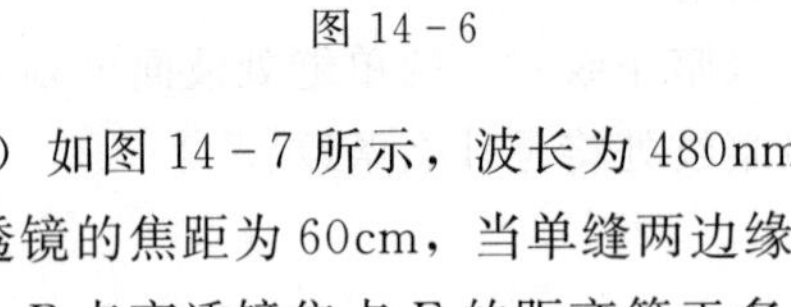

图14-6

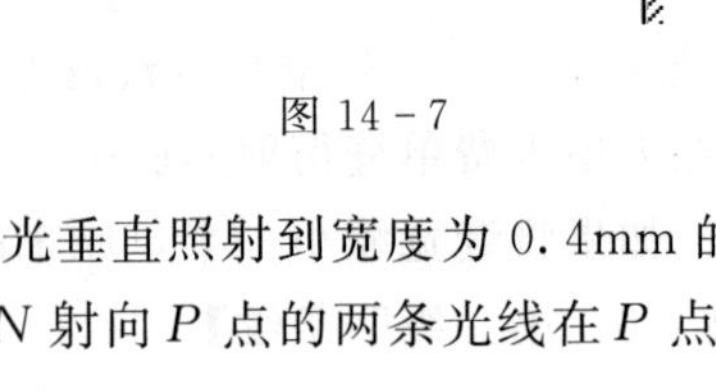

图14-7

(10) 如图14-7所示，波长为480nm的平行光垂直照射到宽度为0.4mm的单缝上，单缝后透镜的焦距为60cm，当单缝两边缘点M、N射向P点的两条光线在P点的相位差为π时，P点离透镜焦点F的距离等于多少？

【答案： 0.36mm**】**

详解： 由相位差公式$\Delta\varphi=\dfrac{2\pi\Delta S}{\lambda}$得$M$、$N$两点射向$P$点的两条光线在$P$点的光程差为

$$\Delta S=\frac{\Delta\varphi}{2\pi}\lambda=\frac{\pi}{2\pi}\lambda=\frac{\lambda}{2}$$

因此，P 点离透镜焦点 F 的距离为

$$x=\frac{f}{a}\Delta S=\frac{f\lambda}{2a}=\frac{60\times10^{-2}\times480\times10^{-9}}{2\times0.4\times10^{-3}}\times10^{3}=0.36\ (\text{mm})$$

2. 光栅衍射

(1) 一束平行单色光垂直入射在光栅上，当光栅常数 d 等于狭缝宽度 a 的多少倍时，$k=3$，6，9 等级次的主极大均不出现？

【答案：3】

详解： 在光栅衍射时，如果光栅衍射的 $k=3$，6，9 等级次的主极大分别与单缝衍射的 $k'=1$，2，3 等级次的暗条纹重叠时，这些光栅衍射的主极大实际上是不出现的，由缺级公式得

$$\frac{d}{a}=\frac{k}{k'}=3$$

即当 $d=3a$ 时，$k=3$，6，9 等级次的主极大均不出现。

(2) 一束白光垂直照射在一个光栅上，在形成的同一级光栅光谱中，偏离中央明纹最远的是什么颜色的光？

【答案：红光】

详解： 由光栅方程 $d\sin\theta=\pm k\lambda$ 可知，在用白光做光栅衍射实验时，在形成的同一级光栅光谱（即 k 相同，但 $k\neq0$）中，波长 λ 越长的光衍射角越大，偏离中央明纹最远，由于白光中的红光波长最长，因此偏离中央明纹最远的是红光。

(3) 某元素的特征光谱中含有波长分别为 450nm 和 750nm 的光谱线。在光栅光谱中，这两种波长的谱线有重叠现象，重叠处波长为 750nm 的谱线的级数应该是多少？

【答案：3，6，9，12，…】

详解： 两种波长的谱线的光栅方程分别为

$$d\sin\theta_1=k_1\lambda_1,\ d\sin\theta_2=k_2\lambda_2$$

由于这两种谱线重叠，因此 $\theta_1=\theta_2$，由上式容易得到

$$k_1\lambda_1=k_2\lambda_2$$

由此解得

$$\frac{k_1}{k_2}=\frac{\lambda_2}{\lambda_1}=\frac{750}{450}=\frac{5}{3}$$

可见，波长为 450nm 的光的 5，10，15，20，…光谱线分别与波长为 750nm 的光的 3，6，9，12，…光谱线重叠，即重叠处波长为 750nm 的谱线的级数应该是 3，6，9，12，…。

(4) 在光栅光谱中，假如所有偶数级次的主极大都恰好在单缝衍射的暗纹方向上，因而实际上不出现，那么此光栅每个透光缝宽度 a 和相邻两缝间不透光部分宽度 b 的关系怎样？

【答案：$a=b$】

详解： 在光栅衍射时，如果光栅衍射的 $k=2$，4，6，…级次的主极大分别与单缝衍射的 $k'=1$，2，3，…级次的暗条纹重叠时，这些光栅衍射的主极大实际上是不出现的，

由缺级公式得

$$\frac{a+b}{a}=\frac{k}{k'}=2$$

由此解得

$$a=b$$

即此光栅每个透光缝宽度 a 与相邻两缝间不透光部分的宽度 b 相等。

(5) 波长为 550nm 的单色光垂直入射于光栅常数为 2×10^{-4} cm 的平面衍射光栅上，可能观察到光谱线的最高级次为多少？

【答案：3】

详解： 光栅方程为

$$d\sin\theta=k\lambda$$

可见，衍射角 θ 越大，光谱线的级次 k 越大，衍射角 θ 的最大值为 90°，这时

$$k=\frac{d\sin\theta}{\lambda}=\frac{2\times10^{-4}\times\sin90^\circ}{550\times10^{-7}}=3.6$$

在 0～3.6 范围内的最大整数为 3，即实验中可能观察到的光谱线的最高级次为 3 级。

(6) 衍射光栅主极大公式为 $d\sin\varphi=\pm k\lambda$（$k=0$，1，2…）。在 $k=2$ 的方向上，第一条缝与第六条缝对应点发出的两条衍射光的光程差等于多少？

【答案：10λ】

详解： $k=2$ 时的光栅方程为

$$d\sin\theta_2=2\lambda$$

光栅中的第一条缝与第六条缝对应点发出的两条衍射光的光程差为

$$\Delta S=5d\sin\theta_2=5\times2\lambda=10\lambda$$

(7) 用波长为 λ 的单色平行光垂直入射在一块光栅常数为 3μm、每条缝的宽度为 1μm 的衍射光栅上，则在单缝衍射的中央明条纹中共有多少条光栅光谱线？

【答案：5】

详解： 单缝衍射 1 级暗纹公式为

$$a\sin\theta=\lambda$$

设在衍射角 θ 方向为光栅衍射的 k 级明纹，由光栅方程得

$$d\sin\theta=k\lambda$$

以上两式相除，解得

$$k=\frac{d}{a}=3$$

由于光栅衍射的 3 级明纹落在单缝衍射 1 级暗纹处，实际上是看不到的，因此在单缝衍射的中央明条纹中有 0，±1，±2 共 5 条光栅光谱线。

(8) 用平行的白光垂直入射在平面透射光栅上时，波长为 440nm 的第 3 级光谱线将与波长为多少的第 2 级光谱线重叠？

【答案：660nm】

详解： 由光栅方程得

$$d\sin\theta_1=k_1\lambda_1,\quad d\sin\theta_2=k_2\lambda_2$$

由于两种波长的光重叠，因此$\theta_1=\theta_2$，即

$$k_1\lambda_1=k_2\lambda_2$$

由此解得

$$\lambda_2=\frac{k_1\lambda_1}{k_2}=\frac{3\times440}{2}=660\ (\text{nm})$$

即波长为440nm的第3级光谱线将与波长为660nm的第2级光谱线重叠。

3. 圆孔衍射、光学仪器的分辨率和X射线的衍射

(1) 孔径相同的微波望远镜与光学望远镜相比较，前者的分辨本领较小的原因是什么？

【答案：微波的波长比可见光的波长大】

详解：

$$光学仪器的分辨率=\frac{d}{1.22\lambda}$$

可见，对孔径相同的光学仪器而言，采用的光的波长越小，其分辨率越高。

由于微波的波长比可见光的波长大，因此微波望远镜比光学望远镜的分辨率低。

(2) 如果星光的波长按550nm计算，则地面上孔径为127cm的大型望远镜所能分辨的两颗星的最小角距离θ等于多少？

【答案：5.28×10^{-7}rad】

详解：该大型望远镜所能分辨的这样两颗星的最小角距离为

$$\theta=1.22\frac{\lambda}{d}=1.22\times\frac{550\times10^{-7}}{127}=5.28\times10^{-7}(\text{rad})$$

(3) 一块直径为3cm的会聚透镜的焦距为20cm。入射光的波长为550nm。为了可以分辨，两个远处的点状物体对透镜中心的张角必须不小于多少弧度？这时在透镜焦平面上两个衍射图样中心间的距离不小于多少微米？

【答案：2.24×10^{-5}rad；4.48μm】

详解：为了可以分辨，两个远处的点状物体对透镜中心的张角的最小值为

$$\theta_{\min}=1.22\frac{\lambda}{d}=1.22\times\frac{550\times10^{-7}}{3}=2.24\times10^{-5}(\text{rad})$$

在透镜焦平面上两个衍射图样中心间距离的最小值为

$$L_{\min}=\theta_{\min}f=4.48\times10^{-4}\text{cm}=4.48\ (\mu\text{m})$$

(4) 汽车两盏前灯相距l，与观察者相距10km。夜间人眼瞳孔直径为5.0mm。人眼敏感波长为550nm，若只考虑人眼的圆孔衍射，则人眼可以分辨出汽车两前灯间距l的最小值等于多少？

【答案：1.34m】

详解：汽车两盏前灯对人眼瞳孔的最小可分辨张角为

$$\theta_{\min}=1.22\frac{\lambda}{d}$$

因此，人眼可以分辨出汽车两前灯间距的最小值为

$$l_{\min}=\theta_{\min}L=\frac{1.22\lambda L}{d}=\frac{1.22\times550\times10^{-9}\times10^4}{5.0\times10^{-3}}=1.34\ (\text{m})$$

(5) 波长为 0.168nm 的 X 射线以掠射角 θ 射向某晶体表面时，在反射方向出现第一级极大，已知晶体的晶格常数为 0.168nm，则 θ 角等于多少度？

【答案：30°】

详解：由布拉格公式

$$2d\sin\theta=k\lambda$$

解得掠射角为

$$\theta=\arcsin\frac{k\lambda}{2d}=\arcsin\frac{1\times0.168}{2\times0.168}=30^\circ$$

(6) 波长为 0.426nm 的单色光，以 70°角掠射到岩盐晶体表面上时，在反射方向出现第一级极大，则岩盐晶体的晶格常数等于多少？

【答案：0.227nm】

解：由布拉格公式

$$2d\sin\theta=k\lambda$$

解得岩盐晶体的晶格常数为

$$d=\frac{k\lambda}{2\sin\theta}=\frac{1\times0.426}{2\times\sin70^\circ}=0.227\ (\text{nm})$$

(7) X 射线射到晶体上，对于间距为 d 的平行点阵平面，能产生衍射主极大的最大波长是 d 的多少倍？

【答案：2d】

解：由布拉格公式

$$2d\sin\theta=k\lambda$$

解得 X 射线的波长为

$$\lambda=\frac{2d\sin\theta}{k}$$

为使波长 λ 最大，应使 k 最小，$\sin\theta$ 最大，由于

$$k_{\min}=1,\ (\sin\theta)_{\max}=1$$

因此，波长 λ 的最大值为

$$\lambda_{\max}=2d$$

即能产生衍射主极大的最大波长是 d 的 2 倍。

三、课后习题解答

(1) 在某次单缝衍射实验中，光源发出两种波长 λ_1 和 λ_2 的光，它们垂直入射在单缝上。如果 λ_1 的第一级衍射极小与 λ_2 的第二级衍射极小相重合。

1) 这两种光的波长之间有何关系？

2) 在这两种波长的光所形成的衍射图样中，是否还有其他极小相重合？

解：1) 由单缝衍射暗条纹公式得

$$a\sin\theta_1=\lambda_1,\ a\sin\theta_2=2\lambda_2$$

单缝衍射条纹重合的条件为 $\theta_1=\theta_2$，因此两种光的波长之间的关系为

$$\lambda_1 = 2\lambda_2$$

2）两种光单缝衍射暗条纹公式为

$$a\sin\theta_1 = k_1\lambda_1,\ a\sin\theta_2 = k_2\lambda_2$$

由于 $\theta_1=\theta_2$，因此

$$k_1\lambda_1 = k_2\lambda_2$$

即

$$\frac{k_1}{k_2} = \frac{\lambda_2}{\lambda_1} = \frac{\lambda_2}{2\lambda_2} = \frac{1}{2} = \frac{2}{4} = \frac{3}{6} = \frac{4}{8} = \cdots$$

因此，λ_1 的任一 k_1 级极小都有 λ_2 的 $2k_1$ 级极小与之重合。

(2) 波长为 600nm 的单色光垂直入射到宽度为 0.1mm 的单缝上，观察夫琅禾费衍射图样，光屏在透镜的焦平面处，透镜焦距为 1.0m。求：

1）中央衍射明条纹的宽度。

2）第三级暗条纹离透镜焦点的距离。

解： 1）中央衍射明条纹的宽度为

$$\Delta x_0 = 2\frac{f}{a}\lambda = \frac{2\times 1.0\times 600\times 10^{-9}}{0.1\times 10^{-3}}\times 10^2 = 1.2\ (\text{cm})$$

2）第三级暗条纹离透镜焦点的距离为

$$x_3 = 3\frac{f}{a}\lambda = \frac{3}{2}\Delta x_0 = 1.8\ (\text{cm})$$

(3) 某种单色平行光垂直入射在单缝上，单缝的宽度为 0.15mm。缝后放焦距为 400mm 的凸透镜，在透镜的焦平面上，测得中央明条纹两侧的两个第三级暗条纹之间的距离为 8.0mm，求入射光的波长。

解： 夫琅禾费单缝衍射暗条纹的坐标公式为

$$x = k\frac{f}{a}\lambda$$

中央明条纹两侧的两个第 k 级暗条纹之间的距离为

$$\Delta x = 2k\frac{f}{a}\lambda$$

由此解得入射光的波长为

$$\lambda = \frac{a\Delta x}{2kf}$$

依题意得该入射光的波长为

$$\lambda = \frac{0.15\times 8.0}{2\times 3\times 400}\times 10^6 = 500\ (\text{nm})$$

(4) 在夫琅禾费单缝衍射实验中，垂直入射的光有 400nm 和 760nm 两种波长成分。

1）已知单缝的宽度为 1.0×10^{-2}cm，透镜焦距为 50cm。求两种光的第一级衍射明条纹中心之间的距离。

2）如果用光栅常数为 1.0×10^{-3}cm 的光栅替换单缝，其他条件不变，求两种光的第一级主极大之间的距离。

解： 1）两种波长的光的夫琅禾费单缝衍射第一级明条纹坐标公式分别为

$$x_1=(2\times1+1)\frac{f}{a}\frac{\lambda_1}{2}=\frac{3f\lambda_1}{2a}$$

$$x_2=\frac{3f\lambda_2}{2a}$$

它们中心之间的距离为

$$x_2-x_1=\frac{3f(\lambda_2-\lambda_1)}{2a}=\frac{3\times0.5\times(760-400)\times10^{-9}}{2\times10^{-4}}\times10^2=0.27\ (\text{cm})$$

2）由光栅方程 $d\sin\theta=k\lambda$ 得两种波长的光的第一级主极大衍射角分别为

$$\theta_1=\arcsin\frac{\lambda_1}{d}=\arcsin\frac{400\times10^{-7}}{1.0\times10^{-3}}=0.04\ (\text{rad})$$

$$\theta_2=\arcsin\frac{\lambda_2}{d}=\arcsin\frac{760\times10^{-7}}{1.0\times10^{-3}}=0.076\ (\text{rad})$$

它们到中央明纹中心的距离分别为

$$x_1=f\tan\theta_1=50\times\tan0.04=2.0\ (\text{cm})$$

$$x_2=f\tan\theta_2=50\times\tan0.076=3.8\ (\text{cm})$$

它们中心之间的距离为

$$x_2-x_1=1.8\ (\text{cm})$$

（5）波长为 600nm 的单色光垂直入射到一块光栅上，测得第二级主极大的衍射角为 30°，且第三级是缺级。

1）光栅常数等于多少？

2）透光缝可能的最小宽度等于多少？

3）在选定了上述光栅常数和透光缝宽度之后，求在衍射角 $-90°<\theta<90°$ 范围内可能观察到的全部主极大的级次。

解：1）光栅方程为

$$d\sin\theta=k\lambda$$

由此解得光栅常数为

$$d=\frac{k\lambda}{\sin\theta}=\frac{2\times600}{\sin30°}\times10^{-7}=2.4\times10^{-4}(\text{cm})$$

2）缺级条件为

$$\frac{d}{a}=\frac{k}{k'}$$

依题意，$k=3$，因此透光缝的宽度为

$$a=\frac{k'}{k}d=k'\frac{d}{3}$$

当 $k'=3$ 时，透光缝宽度最小，最小值为

$$a_{\min}=\frac{d}{3}=0.8\times10^{-4}(\text{cm})$$

3）当 $-90°<\theta<90°$ 时，$-1<\sin\theta<1$，由光栅方程得

$$-1<k\frac{\lambda}{d}<1\quad\text{或}\quad-\frac{d}{\lambda}<k<\frac{d}{\lambda}$$

将 d、λ 的值代入上式得

$$-4<k<4$$

即在衍射角 $-90^\circ<\theta<90^\circ$ 范围内应该观察到的主极大级次为 0，±1，±2，±3。

缺级条件为

$$k=k'\frac{d}{a}=3k'$$

当 $k'=1, 2, 3, \cdots$ 时，$k=3, 6, 9, \cdots$，即光栅衍射的 ±3，±6，±9，…级次的条纹不出现，它们缺级。

因此，考虑到光栅衍射的缺级现象，在衍射角 $-90^\circ<\theta<90^\circ$ 范围内可以观察到的主极大级次为 0，±1，±2。

注意，$k=\pm4$ 的条纹在 -90° 和 90° 处，实际上是看不到的。

(6) 一束平行光垂直入射到某个光栅上，该光束有 440nm 和 660nm 两种波长成分的光。实验发现这两种波长的谱线第二次重合于衍射角 60°的方向上。求此光栅的光栅常数。

解： 由光栅方程得两光束形成明条纹的条件为

$$d\sin\theta_1=k_1\lambda_1,\ d\sin\theta_2=k_2\lambda_2$$

两种波长的光栅衍射谱线重合的条件为 $\theta_1=\theta_2$，因此

$$k_1\lambda_1=k_2\lambda_2$$

由此解得

$$\frac{k_1}{k_2}=\frac{\lambda_2}{\lambda_1}=\frac{660}{440}=\frac{3}{2}=\frac{6}{4}=\frac{9}{6}=\frac{12}{8}=\cdots$$

即波长为 440nm 的光的 3，6，9，12，…级谱线分别与波长为 660nm 的光的 2，4，6，8，…级谱线重合。

可见，两条谱线第二次重合时 $k_1=6$，$k_2=4$。由光栅方程得

$$d=\frac{k_1\lambda_1}{\sin\theta_1}=\frac{6\times440}{\sin60^\circ}\times10^{-6}=3.05\times10^{-3}(\text{mm})$$

(7) 用一束具有 600nm 和 400nm 两种波长成分的平行光垂直入射在光栅上，发现距中央明纹 5cm 处，波长为 600nm 的光的第 k 级主极大和波长为 400nm 的光的第 $k+1$ 级主极大相重合，放置在光栅与屏之间的透镜焦距为 50cm，试问：

1) 上述 k 值等于多少?

2) 该光栅的光栅常数等于多少?

解： 1) 由光栅方程得两种波长的光形成 k 级和 $(k+1)$ 级主极大的条件分别为

$$d\sin\theta_1=k\lambda_1,\ d\sin\theta_2=(k+1)\lambda_2$$

它们重合的条件为 $\theta_1=\theta_2$，因此

$$k\lambda_1=(k+1)\lambda_2$$

由此解得

$$k=\frac{\lambda_2}{\lambda_1-\lambda_2}=\frac{400}{600-400}=2$$

2) 由几何关系得这两个重合主极大的衍射角为

$$\theta=\arctan\frac{x}{f}=\arctan\frac{5}{50}=0.1\ (\text{rad})$$

该光栅的光栅常数为

$$d=\frac{k\lambda_1}{\sin\theta}=\frac{2\times600\times10^{-7}}{\sin0.1}=1.2\times10^{-3}(\text{cm})$$

(8) 用含有600nm和500nm两种波长的复色光垂直入射到每毫米有200条刻痕的光栅上，光栅后面放置一块焦距为50cm的凸透镜，在透镜焦平面处放置屏幕，求以上两种波长光的第二级谱线的间距。

解：该光栅的光栅常数为

$$d=\frac{1}{200}\times10^6=5000\ (\text{nm})$$

由光栅方程得两种波长的光形成二级明条纹的条件分别为

$$d\sin\theta_1=2\lambda_1,\ d\sin\theta_2=2\lambda_2$$

由此解得它们的衍射角分别为

$$\theta_1=\arcsin\frac{2\lambda_1}{d}=\arcsin\frac{2\times600}{5000}=0.24\ (\text{rad})$$

$$\theta_2=\arcsin\frac{2\lambda_2}{d}=\arcsin\frac{2\times500}{5000}=0.20\ (\text{rad})$$

它们之间的距离为

$$\Delta x=x_1-x_2=f(\tan\theta_1-\tan\theta_2)=50\times(\tan0.24-\tan0.20)=2.1\ (\text{cm})$$

(9) 以波长为400～760nm的白光垂直照射在光栅上，发现它的第二级和第三级衍射光谱发生重叠，求第二级光谱被重叠的波长范围。

解：设第三级光谱中$\lambda_1=400$nm的光与第二级光谱中波长为λ_2的光对应的衍射角都为θ，由光栅方程得

$$d\sin\theta=3\lambda_1,\ d\sin\theta=2\lambda_2$$

由此解得

$$\lambda_2=\frac{3}{2}\lambda_1=\frac{3}{2}\times400=600\ (\text{nm})$$

因此第二级光谱被重叠的波长范围是600～760nm。

(10) 氢放电管发出的光垂直照射在某光栅上，在衍射角为41°的方向上看到656.2nm和410.1nm的谱线重合，求光栅常数的最小值。

解：设$\lambda_1=656.2$nm的光的k_1级光谱与$\lambda_2=410.1$nm的光的k_2级光谱重合，由光栅方程得

$$d\sin\theta=k_1\lambda_1,\ d\sin\theta=k_2\lambda_2$$

由此解得

$$\frac{k_1}{k_2}=\frac{\lambda_2}{\lambda_1}=\frac{410.1}{652.2}=\frac{5}{8}=\frac{10}{16}=\frac{15}{24}=\cdots$$

当$k_1=5$、$k_2=8$时，即λ_1的第5级与λ_2的第8级重合时光栅常数最小，其最小值为

$$d_{\min}=\frac{5\lambda_1}{\sin\theta}=\frac{5\times652.2}{\sin41^\circ}=4970.6\ (\text{nm})$$

（11）一个双缝的缝间距为 0.40mm，缝宽度都是 0.08mm，用波长为 480nm 的平行光垂直照射该双缝，在双缝后放置一块焦距为 2.0m 的透镜。求：

1）在透镜焦平面处的屏上，双缝干涉条纹的间距。

2）在单缝衍射中央亮纹范围内，双缝干涉亮纹数目和相应的级数。

解：1）双缝干涉条纹的间距为

$$\Delta x=\frac{f}{a}\lambda=\frac{2.0}{0.40\times10^{-3}}\times480\times10^{-6}=2.4\ (\mathrm{mm})$$

2）设单缝衍射的 1 级暗纹与双缝干涉的 k 级亮纹重合，则

$$a\sin\theta=\lambda,\ d\sin\theta=k\lambda$$

由此解得

$$k=\frac{d}{a}=\frac{0.40}{0.08}=5$$

由于双缝干涉的 5 级亮纹与单缝衍射的 1 级暗纹重合，实际上是不出现的，因此在单缝衍射中央亮纹范围内，双缝干涉亮纹数目等于 9，它们是 0，±1，±2，±3，±4 级亮纹。

（12）在夫琅禾费圆孔衍射实验中，已知圆孔半径 a、透镜焦距 f 和入射光波长 λ。求透镜焦平面上中央亮斑的直径 D。

解：透镜焦面上中央亮斑的直径等于圆孔衍射第 1 暗环的直径。设第 1 暗环的衍射角为 θ_1，其满足的公式为

$$a\sin\theta_1=0.61\lambda$$

因此，焦面上第 1 暗环的直径为

$$D=2f\tan\theta_1$$

其中 f 为透镜的焦距。由于 θ_1 很小，因此

$$D=2f\tan\theta_1=2f\sin\theta_1=2f\times\frac{0.61\lambda}{a}=1.22\frac{f}{a}\lambda$$

（13）在通常亮度下，人眼瞳孔直径约为 3mm，视觉感受最灵敏的光波长为 550nm，试问：

1）人眼的最小分辨角等于多少？

2）在黑板上画一个“＝”，其两横线相距 2mm，通过计算说明，坐在距黑板 10m 处的同学能否看清这个“＝”？

解：1）人眼的最小分辨角为

$$\theta_0=1.22\frac{\lambda}{d}=1.22\times\frac{550\times10^{-6}}{3}=2.24\times10^{-4}(\mathrm{rad})$$

2）在距黑板 10m 处的同学的眼睛能分辨的最小距离为

$$\Delta x=\theta_0 L=2.24\times10^{-4}\times10\times10^{3}=2.24\ (\mathrm{mm})$$

由于两横线相距 2mm＜2.24mm，超出了人眼的可分辨范围，因此坐在距黑板 10m 处的同学不能看清这个“＝”。

（14）某单色 X 射线以 30°角掠射晶体表面时，在反射方向出现第一级极大；而另一波长为 0.097nm 的单色 X 射线，它在与晶体表面掠射角为 60°时出现第三级极大。试求第一束 X 射线的波长。

解：以上两种情况反射光干涉加强满足的布拉格公式分别为

$$2d\sin\theta_1=\lambda_1,\ 2d\sin\theta_3=3\lambda_2$$

以上两式相除得第一束X射线的波长为

$$\lambda_1=\frac{3\lambda_2\sin\theta_1}{\sin\theta_3}=\frac{3\times0.097\times\sin30^\circ}{\sin60^\circ}=0.168\ (\text{nm})$$

（15）在X射线的衍射实验中，用波长从0.095nm到0.130nm的连续X射线以45°角掠射到晶体表面。若晶体的晶格常数为0.275nm，则在反射方向上有哪些波长的X光衍射极大？

解：由布拉格公式

$$2d\sin\theta=k\lambda$$

解得X射线的波长为

$$\lambda=\frac{2d\sin\theta}{k}=\frac{2\times0.275\times\sin45^\circ}{k}=\frac{2\times0.275\times\sin45^\circ}{k}=\frac{0.39}{k}$$

由于连续X射线的波长范围为0.095～0.130nm，因此

$$0.095\leqslant\frac{0.39}{k}\leqslant0.130$$

解之得

$$4.1\leqslant k\leqslant3$$

在此范围内的整数k值为3和4，因此在反射方向上X射线衍射极大的波长为

$$\lambda_1=\frac{0.39}{3}=0.130\ (\text{nm})$$

$$\lambda_2=\frac{0.39}{4}=0.098\ (\text{nm})$$

四、自我检测题

1. 单项选择题（每题3分，共30分）

（1）根据惠更斯—菲涅耳原理，如果光在某时刻的波阵面为S，那么S的前方某点P的光强度决定于S上所有面积元发出的子波各自传到P点的［　　］。

（A）振动振幅之和；　　（B）振动振幅之和；

（C）平方光强之和；　　（D）振动的相干叠加。

（2）在夫琅禾费单缝衍射实验中，如果入射的单色光确定，当缝宽度变小时，除了中央亮纹的中心位置不变以外，各级衍射条纹［　　］。

（A）对应的衍射角也不变；　　（B）对应的衍射角变大；

（C）对应的衍射角变小；　　（D）光强也不变。

（3）在单缝夫琅禾费衍射实验中，如果增大缝宽，其他条件不变，则中央明条纹［　　］。

（A）宽度变小；　　（B）宽度不变，且中心强度也不变；

（C）宽度变大；　　（D）宽度不变，但中心强度增大。

(4) 波长一定的单色光垂直入射在衍射光栅上，屏幕上只出现了零级和一级主极大，如果想使屏幕上出现更高级次的主极大，应该 [　　]。

(A) 将光栅靠近屏幕；　　(B) 换一个光栅常数较小的光栅；

(C) 将光栅远离屏幕；　　(D) 换一个光栅常数较大的光栅。

(5) 波长为 550nm 的单色光垂直入射在光栅常数为 2×10^{-3}mm 的衍射光栅上，这时可以观察到光谱线的最大级次为 [　]。

(A) 5；　(B) 4；　(C) 3；　(D) 2。

(6) 在双缝衍射实验中，如果保持双缝的中心间距不变，而把两条缝的宽度同时略微加宽相同的数值，则 [　]。

(A) 单缝衍射的中央明纹变窄，其中包含的干涉条纹数目变少；

(B) 单缝衍射的中央明纹变宽，其中包含的干涉条纹数目变多；

(C) 单缝衍射的中央明纹变窄，其中包含的干涉条纹数目变多；

(D) 单缝衍射的中央明纹变宽，其中包含的干涉条纹数目变少。

(7) 想用衍射光栅准确测定某单色可见光的波长，在下列各种光栅常数的光栅中，应该选用 [　　]。

(A) 5.5×10^{-1}mm；　　(B) 0.5×10^{-3}mm；

(C) 0.8×10^{-2}mm；　　(D) 1.5×10^{-3}mm。

(8) 远处点光源发出的光照射在小圆孔上，通过圆孔后会聚在凸透镜的透镜焦面上时不是光源的几何像点，而是一个衍射斑，衍射斑对小孔中心的张角大小与照射光波长和圆孔的直径的关系是 [　]。

(A) 与照射光波长成反比，与圆孔的直径成正比；

(B) 与照射光波长成正比，与圆孔的直径成正比；

(C) 与照射光波长成正比，与圆孔的直径成反比；

(D) 与照射光波长成反比，与圆孔的直径成反比。

(9) 某双星发出波长为 550nm 的光，用一台物镜直径为 1.20m 的望远镜观察时，能分辨的最小角间隔为 [　　]。

(A) 5.4×10^{-5}rad；　　(B) 1.1×10^{-6}rad；

(C) 2.8×10^{-7}rad；　　(D) 5.6×10^{-7}rad。

(10) 一束伦琴射线射到晶面间距为 0.282nm 的晶面族上，测得与第一级主极大的反射光相应的掠射角为 $17°30'$，则该伦琴射线的波长为 [　]。

(A) 0.341nm；　(B) 0.170nm；　(C) 0.085nm；　(D) 0.512nm。

2. 填空题 (每空 2 分，共 30 分)

(1) 波长为 600nm 的单色平行光垂直入射在缝宽为 0.60mm 的单缝上，该单缝后有一个焦距为 60cm 的透镜，在透镜焦平面上观察衍射图样，中央明纹的宽度为 (　　)，两个第四级暗纹之间的距离为 (　　)。

(2) 平行单色光垂直入射在单缝上，观察夫琅禾费单缝衍射图样时，发现屏上 P 点处为第三级暗条纹，则单缝处的波面相应地可以划分为 (　　) 个半波带。如果将单缝宽度缩小一半，P 点处将是第 (　　) 级 (　　) 条纹。

（3）波长为 λ 的单色光垂直入射在缝宽为 4λ 的单缝上。对应于 30° 的衍射角，单缝处的波面可划分为（　　）个半波带。

（4）惠更斯-菲涅耳原理的基本内容是：波阵面上各面积元所发出的子波在观察点 P 的（　　）决定了该点的合振动及光强。

（5）在单缝夫琅禾费衍射实验中，波长为 λ 的单色光垂直入射在宽度为 5λ 的单缝上。对应于衍射角 φ，如果单缝处的波面恰好可以划分成 5 个半波带，则衍射角 φ 等于（　　）。

（6）测量未知单缝宽度 a 的一种方法是：用已知波长 λ 的平行光垂直入射在单缝上，在距单缝距离为 $D(D\gg a)$ 处测出衍射图样的中央亮纹宽度为 l，则由单缝衍射的原理可得 a 与 λ、D 和 l 的关系为 a（　　）。

（7）一束单色光垂直入射在光栅上，衍射光谱中共出现了 5 条明纹。已知此光栅缝宽度与不透光部分的宽度相等，那么在中央明纹一侧的两条明纹分别是第（　　）级和第（　　）级谱线。

（8）如果光栅的光栅常数 d、缝宽 a 和入射光波长 λ 都保持不变，而使该光栅的缝数 N 增加，则光栅光谱的同级光谱线将变得（　　）。

（9）用波长为 546.1nm 的平行单色光垂直照射在某透射光栅上，在分光计上测得第一级光谱线的衍射角为 30°，则该光栅每毫米有（　　）条刻痕。

（10）可见光的波长范围是 400～760nm。用平行的白光垂直入射在平面透射光栅上，它产生的不与另一级光谱重叠的完整的可见光光谱是第（　　）级光谱。

（11）用波长为 λ 的单色平行红光垂直照射在光栅常数为 2μm 的透射光栅上，用焦距为 0.50m 的透镜将光聚在屏上，测得第一级谱线与透镜主焦点的距离为 0.17m，则该红光的波长为（　　）。

3. 计算题（共 40 分）

（1）用波长为 632.8nm（$1\text{nm}=10^{-9}\text{m}$）的平行光垂直照射单缝，缝宽为 0.15mm，缝后用凸透镜把衍射光会聚在焦平面上，测得第二级与第三级暗条纹之间的距离为 1.7mm，求此透镜的焦距。（本题 5 分）

（2）用波长为 632.8nm 的平行光垂直入射在单缝上，用焦距为 0.4m 的凸透镜将衍射光会聚在焦平面上。测得中央明条纹的宽度为 3.5mm，单缝的宽度等于多少？（本题 5 分）

（3）用每毫米 300 条刻痕的衍射光栅检验有红和蓝两种单色成分的光谱。其中红光的波长在 0.63～0.76μm 范围内，蓝光的波长在 0.43～0.49μm 范围内。当这种光垂直入射在光栅上时，发现在衍射角为 24.46° 处红蓝两谱线同时出现。①在衍射角等于多少时红蓝两谱线还会同时出现？②在衍射角等于多少时只有红光出现？（本题 10 分）

（4）用波长为 589.3nm 的钠光垂直照射到某光栅上，测得第三级光谱的衍射角为 60°。①如果用另一种单色光源做实验，测得其第二级光谱的衍射角为 30°，它发出的光的波长等于多少？②如果用波长范围为 400～760nm 的白光照射在该光栅上，其第二级光谱的张角等于多少？（本题 10 分）

（5）在圆孔夫琅禾费衍射实验中，已知圆孔的半径为 a，透镜焦距为 f，入射光波长

为 λ。求透镜焦面上中央亮斑的直径 D。（本题 5 分）

（6）设汽车前灯灯光的波长为 550nm，两盏车灯的距离为 1.22m，夜间人眼瞳孔的直径为 5mm，试根据瑞利判据计算人眼刚能分辨上述两盏车灯时，人与汽车的距离 S。（本题 5 分）

第十五章 光的偏振

一、基本内容

(一) 自然光和偏振光

1. 光的偏振态

偏振：横波的振动方向对于波的传播方向的不对称性。

光的偏振现象表明，光波是横波。

光的偏振态：光矢量的振动状态。

光的五种基本偏振态：自然光、线偏振光、部分偏振光、圆偏振光和椭圆偏振光。

2. 自然光、偏振光和部分偏振光

自然光：在一切可能的方向都有光振动，并且各个方向的光矢量的振幅都相等的光。

图 15-1 是自然光的几种表示方法。

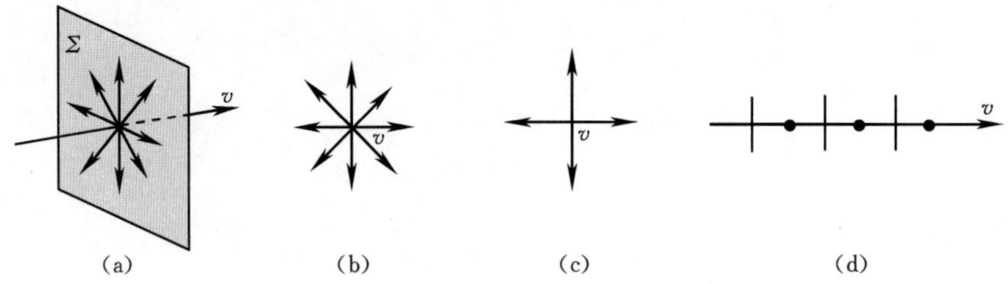

图 15-1

线偏振光（或偏振光、全偏振光等）：只在某一个固定方向上有光振动的光。

振动面：偏振光的振动方向与其传播方向构成的平面。

图 15-2 是偏振光的几种表示方法。

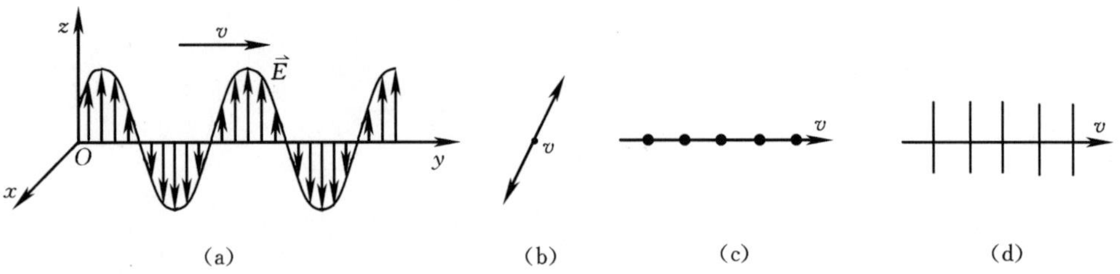

图 15-2

部分偏振光：在某一方向的光振动比与之垂直的光振动更占优势的光。

图 15-3 是部分偏振光的几种表示方法。

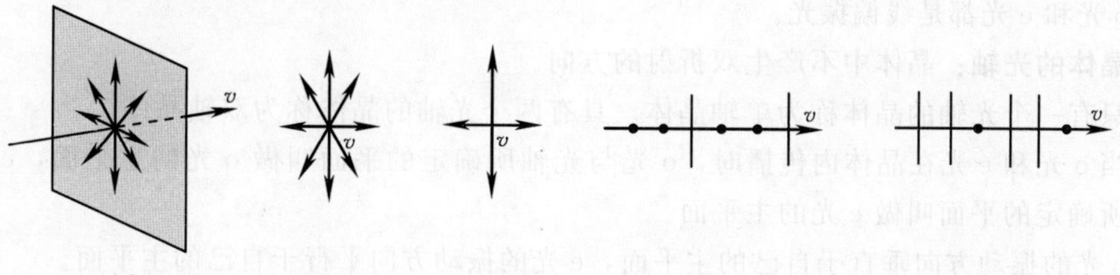

图 15-3

（二）马吕斯定律

1. 起偏与检偏

二向色性： 当自然光入射到某些物质上时，某一个方向的光振动能被强烈地吸收，而与该方向垂直的光振动可以通过。

偏振片： 利用具有二向色性的物质制成的产生偏振光的器件。

偏振化方向： 偏振片允许光通过的方向。

起偏： 由自然光获得偏振光的过程。

检偏： 检查一束光是否为偏振光的过程。

偏振片既可以用作起偏器，也可以用作检偏器。

2. 马吕斯定律

马吕斯定律： 若入射在偏振片上的偏振光强度为 I_0，偏振光的振动方向与偏振片的偏振化方向之间的夹角为 α，则从该偏振片出射的偏振光强度为

$$I=I_0\cos^2\alpha$$

（三）布儒斯特定律

自然光入射到两种介质的分界面上时，反射光和折射光都是部分偏振光，反射光垂直于入射面的振动较强，折射光平行于入射面的振动较强。

布儒斯特定律： 当入射角等于某一个特定值 i_0（叫做布儒斯特角或起偏振角）时，反射光是光振动垂直入射面的线偏振光。i_0 满足的关系式为

$$\tan i_0=n_{21}$$

其中，$n_{21}=n_2/n_1$ 是介质 2 对介质 1 的相对折射率。

当入射角等于 i_0 时：①折射光仍然是部分偏振光，但偏振化程度最大；②反射光与折射光互相垂直。

常常使用玻璃片堆获得强度较大的完全偏振光。这时反射光是完全偏振光，透射光偏振化程度非常高，可以近似地看作是完全偏振光，并且传播方向与入射光相同。

（四）光的双折射

1. 双折射现象

双折射： 一束光通过某些各向异性介质时产生两束折射光的现象。

双折射晶体： 能产生双折射现象的晶体，例如方解石、石英等。

寻常光线和非常光线： 发生双折射现象时，遵从通常的折射定律的那束折射光叫做寻

常光线（简称 o 光）；不遵从通常的折射定律那束折射光叫做非常光线（简称 e 光）。

o 光和 e 光都是线偏振光。

晶体的光轴：晶体中不产生双折射的方向。

只有一个光轴的晶体称为单轴晶体。具有两个光轴的晶体称为双轴晶体。

当 o 光和 e 光在晶体内传播时，o 光与光轴所确定的平面叫做 o 光的主平面，e 光与光轴所确定的平面叫做 e 光的主平面。

o 光的振动方向垂直于自己的主平面，e 光的振动方向平行于自己的主平面。

2. 产生双折射现象的原理

点光源在晶体内经过 1s 形成的波阵面如图 15－4 所示。

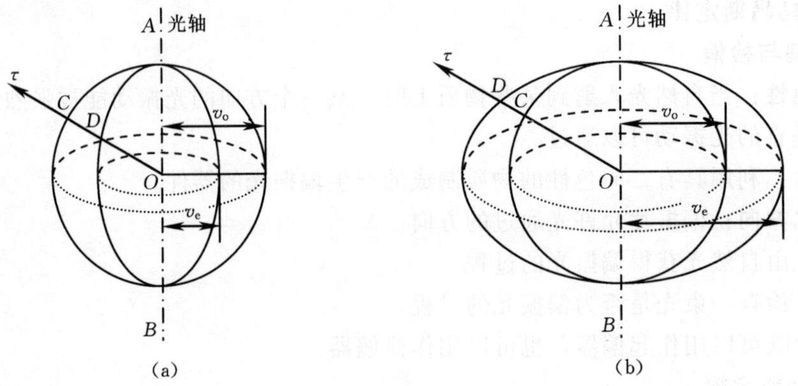

图 15－4

在单轴晶体中，o 光沿各个方向的传播速度相等，点光源形成的 o 光波阵面是球面。e 光在晶体中沿各个方向传播速度不相同，e 光的波阵面是旋转椭球面。

o 光和 e 光在光轴方向传播速度相等。

o 光的传播速度为 v_o，e 光在垂直于光轴方向的传播速度为 v_e。

晶体的主折射率为

$$n_o=\frac{c}{v_o},\ n_e=\frac{c}{v_e}$$

正单轴晶体：$v_o>v_e$，$n_o<n_e$，球面包围椭球面的晶体，如石英。

负单轴晶体：$v_o<v_e$，$n_o>n_e$，椭球面包围球面的晶体，如方解石。

用惠更斯作图法可以直观地解释双折射现象。

（五）偏振光的干涉

1. 四分之一波片和二分之一波片

晶片的光轴在入射面内并且与界面平行，平行自然光垂直入射其表面，这时出射的 o 光和 e 光虽然不分开，但却有一定的光程差，可以发生干涉。

平行自然光垂直入射在厚度为 d 的晶片上，出射的 o 光和 e 光的光程差为 $(n_o-n_e)d$，相应的相位差为

$$\Delta\varphi=\frac{2\pi(n_o-n_e)d}{\lambda}$$

四分之一波片：厚度 $d=\lambda/4(n_o-n_e)$ 的晶片。

二分之一波片（或半波片）：厚度 $d=\lambda/2(n_o-n_e)$ 的晶片。

2. 偏振光的干涉

一束自然光通过偏振片 P_1 后成为偏振光，该偏振光再通过晶片 C（偏振光的振动方向与晶片光轴不垂直）后被分解为具有光程差 $(n_o-n_e)d$ 的、互相垂直的两束偏振光，使它们再通过偏振片 P_2 后成为两束干涉光，它们干涉加强和减弱的条件分别为

$$\frac{2\pi(n_o-n_e)d}{\lambda}+\pi=2k\pi\ (k=1,2,3,\cdots)$$

$$\frac{2\pi(n_o-n_e)d}{\lambda}+\pi=(2k+1)\pi\ (k=1,2,3,\cdots)$$

3. 椭圆偏振光和圆偏振光

一束自然光通过偏振片 P_1 后成为偏振光，该偏振光再通过晶片 C（偏振光的振动方向与晶片光轴不垂直，设它们的夹角为 α）后被分解为具有光程差 $(n_o-n_e)d$ 的、互相垂直的两束偏振光，它们的相位差为

$$\Delta\varphi=\frac{2\pi(n_o-n_e)d}{\lambda}$$

选择适当的晶片厚度，如果 $\Delta\varphi=0$、π、2π，两束光合成为线偏振光；如果 $\Delta\varphi=\pi/2$，并且 $\alpha=45°$，两束光合成为圆偏振光；如果 $\Delta\varphi=\pi/2$，但是 $\alpha\neq45°$，这两束光合成为椭圆偏振光。当然，如果相位差 $\Delta\varphi$ 不等于上述值，两束光合成的结果也是椭圆偏振光。

线偏振光通过四分之一波片后成为变成圆偏振光；圆偏振光通过四分之一波片成为得线偏振光。

线偏振光通过半波片后仍然是线偏振光，不过其振动方向转过了 2α 的角度。

4. 人为双折射

光弹性效应（或应力双折射）：某些各向同性的透明物质受到机械力作用发生形变时表现出各向异性的性质的现象。

发生光弹性效应时，o 光和 e 光的折射率之差与应力 p 成正比，即

$$n_o-n_e=kp$$

克尔效应：某些各向同性的透明物质在外电场的作用下表现出各向异性的性质的现象。

发生克尔效应时，o 光和 e 光的折射率之差与外电场的平方成正比，即

$$n_o-n_e=kE^2$$

泡克耳斯效应：某些晶体在电场的作用下，原有的双折射性会发生变化的现象。

科顿－穆顿效应（或磁致双折射效应）：某些各向同性的透明物质在外磁场的作用下表现出各向异性的性质的现象。

（六）旋光现象

旋光现象：偏振光通过某些物质以后，其振动面将以光的传播方向为轴转过一定的角度的现象。

旋光物质：能产生旋光现象的物质。

偏振光通过液态旋光物质后，振动面的旋转角为

$$\beta=\alpha lC$$

其中，l 为旋光物质的透光长度，C 为液态旋光物质的浓度，α 是与旋光物质有关的常量。

偏振光通过固体旋光物质后，振动面的旋转角为

$$\beta=\alpha l$$

其中，α 是与旋光物质及入射光波长有关的常量。

右旋物质和左旋物质：迎着光观察，能使振动面沿顺时针方向旋转的物质叫做右旋物质；使振动面沿逆时针方向旋转的物质叫左旋物质。

二、思考与讨论题目详解

1. 马吕斯定律

（1）一束光垂直入射在偏振片上，以入射光线为轴转动偏振片，观察通过偏振片后的光强变化过程。如果观察到光强不变，则入射光是什么光？如果观察到明暗交替变化，有时出现全暗，则入射光是什么光？如果观察到明暗交替变化，但不出现全暗，则入射光是什么光？

【答案：自然光；完全偏振光；部分偏振光】

详解：当一束光垂直入射在偏振片上时，以入射光线为轴转动偏振片，如果观察到通过偏振片后的光强不发生变化，入射光是由自然光；如果观察到光强有明暗交替变化，并且有时出现全暗，则入射光是完全偏振光；如果观察到光强有明暗交替变化，但不出现全暗，则入射光是部分偏振光。

（2）一束光是自然光和线偏振光的混合光，让它垂直通过一个偏振片。若以此入射光束为轴旋转偏振片，测得透射光强度最大值是最小值的 5 倍，那么入射光束中自然光与线偏振光的光强比值为多少？

【答案：1/2】

详解：设该光束中自然光和线偏振光的强度分别为 I_1 和 I_2。当以此入射光束为轴旋转偏振片时，透射光强度的最大值和最小值分别为

$$I_{\max}=\frac{1}{2}I_1+I_2,\quad I_{\min}=\frac{1}{2}I_1$$

依题意有 $I_{\max}=5I_{\min}$，即

$$\frac{1}{2}I_1+I_2=5\times\frac{1}{2}I_1$$

解之得

$$\frac{I_1}{I_2}=\frac{1}{2}$$

即入射光束中自然光与线偏振光的光强比值等于 1/2。

（3）一束光强为 I_0 的自然光相继通过三个偏振片 P_1、P_2、P_3 后，出射光的光强为 $0.125I_0$。已知 P_1 和 P_2 的偏振化方向相互垂直，若以入射光线为轴旋转 P_2，要使出射光的光强为零，P_2 最少要转过多大的角度？

【答案：45°】

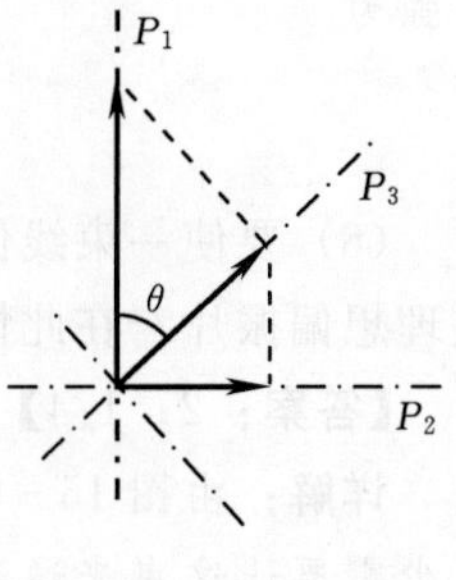

图 15－5

详解：由于 P_1 和 P_2 的偏振化方向相互垂直，而自然光相继通过三个偏振片后的光强不等于零，说明自然光通过偏振片的顺序为 P_1、P_3、P_2。

如图 15－5 所示，设偏振片 P_1 和 P_3 的夹角为 θ，由马吕斯定律得出射光强为

$$I=\frac{I_0}{2}\cos^2\theta\cos^2(90°-\theta)=\frac{I_0}{8}\sin^2 2\theta$$

由于 $I=0.125I_0$，代入上式解得

$$\theta=45°$$

要使出射光强为零，应使 P_2 和 P_3 的偏振化方向垂直，因此 P_2 最少要转过的角度也等于 45°。

（4）一束光强为 I_0 的自然光垂直穿过两个偏振片，且这两个偏振片的偏振化方向的夹角成 45°角，则穿过两个偏振片后的光强是 I_0 的多少倍？

【答案：1/4】

详解：由马吕斯定律得光强为 I_0 的自然光垂直穿过两个偏振片后的光强为

$$I=\frac{I_0}{2}\cos^2 45°=\frac{I_0}{4}$$

即穿过两个偏振片后的光强是 I_0 的 1/4 倍。

（5）三个偏振片 P_1，P_2 与 P_3 堆叠在一起，P_1 与 P_3 的偏振化方向相互垂直，P_2 与 P_1 的偏振化方向间的夹角为 30°。强度为 I_0 的自然光垂直入射于偏振片 P_1，并依次透过偏振片 P_1、P_2 与 P_3，则通过三个偏振片后的光强是 I_0 的多少倍？

【答案：3/32】

详解：由马吕斯定律得光强为 I_0 的自然光垂直穿过这三个偏振片后的光强为

$$I=\frac{I_0}{2}\cos^2 30°\cos^2(90°-30°)=\frac{3}{32}I_0$$

即穿过这三个偏振片后的光强是 I_0 的 3/32 倍。

（6）两个偏振片堆叠在一起，一束自然光垂直入射其上时没有光线通过。当其中一个偏振片慢慢转动 180°时，透射光强度将发生怎样的变化？

【答案：光强先增加，达到最大值后又减小至零】

详解：一束自然光垂直入射两个堆叠的偏振片上时没有光线通过，说明这两个偏振片的偏振化方向相互垂直。当其中一个偏振片慢慢转动 90°时，透射光强度逐渐增大到最大值。该偏振片沿原方向继续慢慢转动 90°时，透射光强度将逐渐减小到 0。

因此，当其中一个偏振片慢慢转动 180°时，透射光强度将先增加，达到最大值后又减小至零。

（7）使光强为 I_0 的平面偏振光先后通过两个偏振片 P_1 和 P_2。P_1 和 P_2 的偏振化方向与原入射光光矢量振动方向的夹角分别是 α 和 90°，则通过这两个偏振片后的光强 I 是多少？

【答案：$\frac{1}{4}I_0\sin^2 2\alpha$】

详解：依题意，由马吕斯定律得光强为 I_0 的平面偏振光先后通过这两个偏振片后的

光强为

$$I=I_0\cos^2\alpha\cos^2(90°-\alpha)=\frac{1}{4}I_0\sin^2 2\alpha$$

（8）要使一束线偏振光通过偏振片之后振动方向转过 90°，至少需要让这束光通过几块理想偏振片？在此情况下，透射光强最大是原来光强的多少倍？

【答案：2；1/4】

详解： 由图 15－6 可以看出，要使一束线偏振光通过偏振片之后振动方向转过 90°，至少需要让这束光通过 2 块理想偏振片。

由马吕斯定律得透射光强为

$$I_2=I_1\cos^2(90°-\alpha)=I\cos^2\alpha\cos^2(90°-\alpha)=\frac{I}{4}\sin^2 2\alpha$$

可见，当 $\sin^2 2\alpha=1$ 时，透射光强最大，其值为

$$I_{2\max}=\frac{I}{4}$$

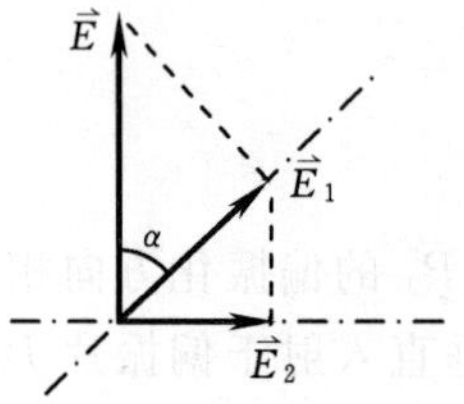

图 15－6

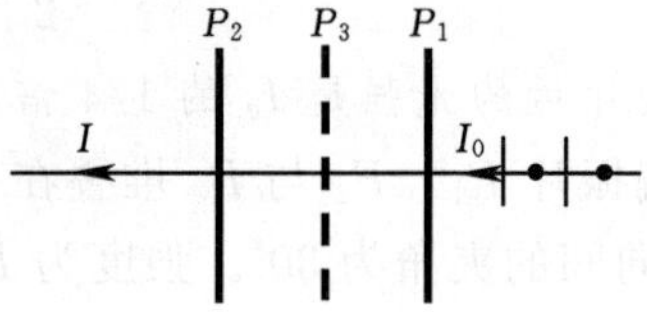

图 15－7

（9）如图 15－7 所示，P_1、P_2 为偏振化方向夹角为 α 的两个偏振片。光强为 I_0 的平行自然光垂直入射到 P_1 表面上，则通过 P_2 的光强等于多少？如果在 P_1、P_2 之间插入第三个偏振片 P_3，则通过 P_2 的光强发生了变化。实验发现，以光线为轴旋转 P_2，使其偏振化方向旋转 θ 角后，发生消光现象，从而可以推算出 P_3 的偏振化方向与 P_1 的偏振化方向之间的夹角 α' 等于多少？（假设题中所涉及的角均为锐角，并且 $\alpha'<\alpha$）

【答案： $\frac{I_0}{2}\cos^2\alpha$；$(\theta+\alpha)-90°$ 或 $90°-(\theta+\alpha)$**】**

详解： 由于 P_1、P_2 偏振化方向夹角为 α，因此通过 P_2 的光强为

$$I=\frac{I_0}{2}\cos^2\alpha$$

在 P_1、P_2 之间插入第三个偏振片后，使 P_2 旋转角度 θ 后发生消光现象，则必有 P_2 与 P_3 的偏振化方向垂直。由于题中所涉及的角均为锐角，并且 $\alpha'<\alpha$，因此得到如图 15－8 所示的两种振幅投影图。

在图 15－8（a）的情况下，由几何关系得 P_3 与 P_1 的偏振化方向之间的夹角为

$$\alpha'=(\theta+\alpha)-90°$$

在图 15－8（b）的情况下，有

$$\alpha'=90°-(\theta+\alpha)$$

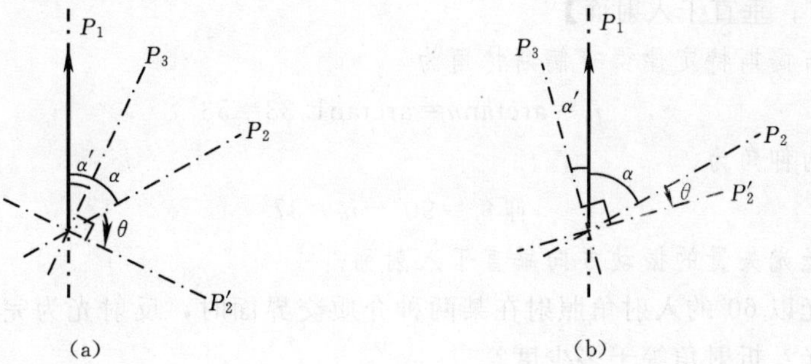

图 15－8

2. 布儒斯特定律

(1) 如图 15－9 所示，一束自然光从空气射向一块平板玻璃，设入射角等于布儒斯特角 i_0，则在界面 2 的反射光是不是线偏振光？如果是线偏振光，其光矢量的振动方向如何？

【答案：反射光是线偏振光；光矢量的振动方向垂直于入射面**】**

详解：自然光从空气射向平板玻璃时入射角等于布儒斯特角 i_0，设与此对应的折射角为 r_0，则必有

$$i_0+r_0=90°$$

由光的折射定律得

$$\sin i_0=n\sin r_0$$

当光入射在平板玻璃的界面 2 上时，入射角等于 r_0，设与此对应的折射角为 r，由光的折射定律得

$$n\sin r_0=\sin r$$

比较两个折射定律，有 $r=i_0$，因此

$$r_0+r=r_0+i_0=90°$$

即在界面 2 的反射光与折射光也是垂直的，入射角也是布儒斯特角，反射光必然是线偏振光，其光矢量的振动方向垂直于入射面。

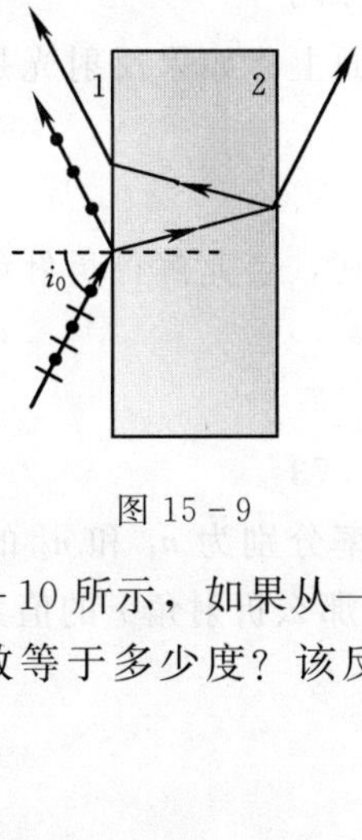

图 15－9

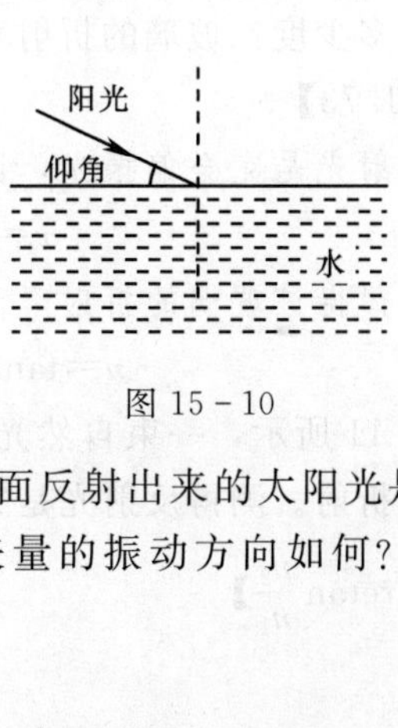

图 15－10

(2) 如图 15－10 所示，如果从一池静水的表面反射出来的太阳光是线偏振光，那么太阳光的仰角大致等于多少度？该反射光的光矢量的振动方向如何？已知水的折射率为 1.33。

【答案：37°；垂直于入射面】

详解：由布儒斯特定律得布儒斯特角为

$$i_0=\arctan n=\arctan 1.33=53°$$

因此，太阳光的仰角为

$$\text{仰角}=90°-i_0=37°$$

此时反射光光矢量的振动方向垂直于入射面。

(3) 自然光以60°的入射角照射在某两种介质交界面时，反射光为完全线偏振光，则折射光是什么光？折射角等于多少度？

【答案：部分偏振光；30°】

详解：折射光是部分偏振光。

由于反射光为完全线偏振光，因此 $i_0+r=90°$，由此解得折射角为

$$r=90°-i_0=30°$$

(4) 某种透明介质对于空气的临界角等于45°，光从空气射向此介质时的布儒斯特角等于多少？

【答案：54.7°】

详解：由于这种透明介质对空气的临界角等于45°，因此这种透明介质的折射率为

$$n=\frac{1}{\sin C}=\frac{1}{\sin 45°}=\sqrt{2}$$

当光从空气射向此介质时的布儒斯特角为

$$i_0=\arctan n=\arctan\sqrt{2}=54.7°$$

(5) 一束自然光从空气投射到玻璃表面上，当折射角为30°时，反射光是完全偏振光，则此玻璃板的折射率等于多少？

【答案：1.73】

详解：一束自然光从空气投射到玻璃表面上，当反射光是完全偏振光时，其入射角等于布儒斯特角，由于布儒斯特角与折射角的和等于90°，而折射角等于30°，因此布儒斯特角等于60°。该玻璃板的折射率为

$$n=\tan i_0=\tan 60°=1.73$$

(6) 一束平行的自然光以60°角入射到平玻璃表面上。如果反射光是完全偏振的，则透射光的折射角是多少度？玻璃的折射率等于多少？

【答案：30°；1.73】

详解：由于反射光是完全偏振光，因此 $i_0+r=90°$，由此解得折射角为

$$r=90°-i_0=30°$$

由布儒斯特定律得该玻璃的折射率为

$$n=\tan i_0=\tan 60°=1.73$$

(7) 如图15-11所示，一束自然光入射到折射率分别为 n_1 和 n_2 的两种介质的交界面上，发生反射和折射。测得反射光是完全偏振光，那么折射角 r 的值为多少？

【答案：$\frac{\pi}{2}-\arctan\frac{n_2}{n_1}$】

详解：由于反射光是完全偏振光，因此入射角是布儒斯特角。由布儒斯特定律得

$$i_0 = \arctan\frac{n_2}{n_1}$$

由于这时反射光与折射光垂直，因此折射角为

$$r = \frac{\pi}{2} - i_0 = \frac{\pi}{2} - \arctan\frac{n_2}{n_1}$$

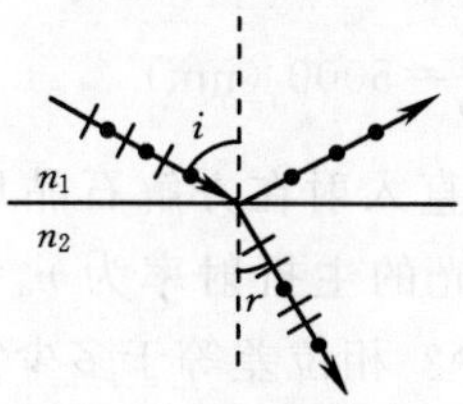

图 15 - 11

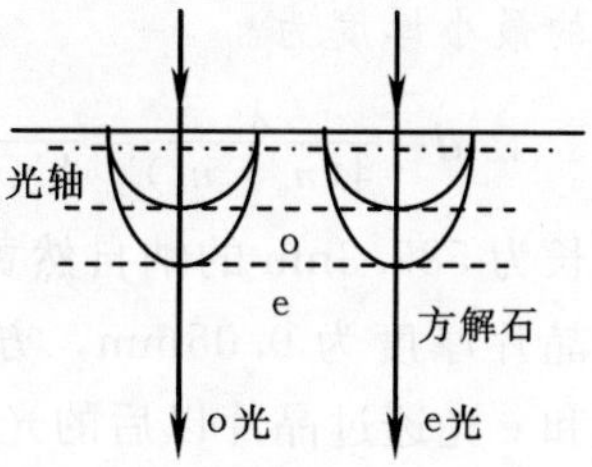

图 15 - 12

(8) 一束平行的线偏振光在真空中的波长为 589nm，垂直入射到方解石晶体上，晶体的光轴与表面平行，如图 15 - 12 所示。已知方解石晶体对该单色 o 光和 e 光的折射率分别为 1.658、1.486。方解石晶体中寻常光的波长和非常光的波长分别等于多少？

【答案：355.2nm；396.4nm】

详解：方解石晶体中 o 光和 e 光的波长分别为

$$\lambda_o = \frac{\lambda}{n_o} = \frac{589}{1.658} = 355.2\ (\text{nm})$$

$$\lambda_e = \frac{\lambda}{n_e} = \frac{589}{1.486} = 396.4\ (\text{nm})$$

3. 偏振光的干涉、旋光现象

(1) 圆偏振光通过四分之一波片后的出射光是什么偏振光？

【答案：线偏振光】

详解：由于形成圆偏振光的互相垂直的线偏振光的光程差为 $\lambda/4$，圆偏振光通过四分之一波片后又产生了 $\lambda/4$ 的光程差，这两个线偏振光的光程差变为 $\lambda/2$，它们合成的结果为线偏振光。

(2) 在两个偏振化方向正交的偏振片之间平行于偏振片插入一块厚度为 l 的双折射晶片，晶片对 o 光、e 光的折射率分别为 n_o 和 n_e。晶片光轴平行于晶面且与第一偏振片的偏振化方向之间有一个夹角。一束单色自然光垂直入射于系统，则通过第二块偏振片射出的两束光的振幅大小有什么关系？它们之间的相位差等于多少？

【答案：相等；$\dfrac{2\pi|n_o - n_e|l}{\lambda} + \pi$】

详解：由偏振光的干涉知识可知，这种情况下通过第二块偏振片射出的两束光的振幅大小相等。它们之间的相位差为

$$\Delta\varphi = \frac{2\pi|n_o - n_e|l}{\lambda} + \pi$$

(3) 波长为 600nm 的单色光垂直入射到某种双折射材料制成的四分之一波片上。已

知该材料对非寻常光的主折射率为 1.74，对寻常光的折射率为 1.71，则此波片的最小厚度等于多少？

【答案： 5000nm**】**

详解： 单色光通过四分之一波片的光程差为

$$(n_e-n_o)d=\frac{\lambda}{4}$$

由此解得此波片的最小厚度为

$$d=\frac{\lambda}{4(n_e-n_o)}=\frac{600}{4\times(1.74-1.71)}=5000\ (\text{nm})$$

(4) 一束波长为 589.3nm 的钠自然黄光自空气垂直入射在方解石晶片上，光轴平行于晶片的表面，晶片厚度为 0.05mm，方解石对钠黄光的主折射率为 $n_o=1.6584$、$n_e=1.4864$，则 o 光和 e 光透过晶片以后的光程差等于多少？相位差等于多少？

【答案： 8.6μm；91.7rad**】**

详解： o 光和 e 光透过晶片以后的光程差为

$$(n_o-n_e)d=(1.6584-1.4864)\times0.05\times10^3=8.6\ (\mu\text{m})$$

与上述光程差对应的相位差为

$$\Delta\varphi=\frac{2\pi(n_o-n_e)d}{\lambda}=\frac{2\pi\times8.6\times10^3}{589.3}=91.7\ (\text{rad})$$

(5) 如图 15-13 (a) 所示，一个晶体偏振器由两个直角棱镜组成（中间密合）。其中一个直角棱镜由方解石晶体制成，另一个直角棱镜由玻璃制成，其折射率 n 等于方解石对 e 光的折射率 n_e。一束单色自然光垂直入射，试定性地画出折射光线，并标明折射光线光矢量的振动方向。

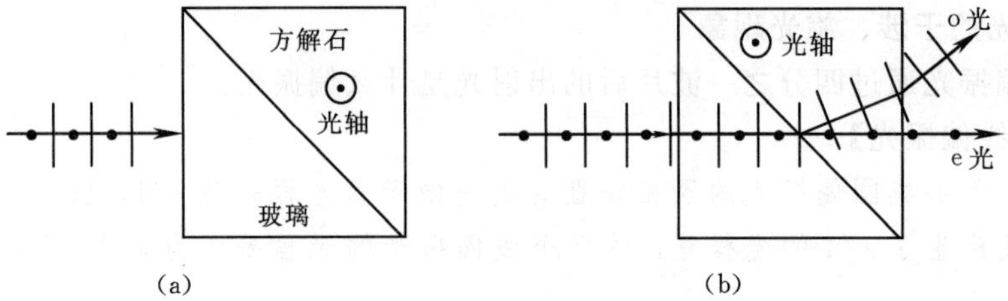

图 15-13

【答案： 见图 15-13 (b)**】**

详解： 方解石对 o 光和 e 光的主折射率分别为 1.658 和 1.486。由于玻璃的折射率 n 等于方解石对 e 光的折射率，因此 e 光进入方解石后传播方向不变。而 $n=n_e>n_o$，透过因此 o 光进入方解石后的折射角小于 45°。据此得光路图 15-13 (b)。

(6) 原来是光学各向同性的介质，如果在机械应力作用下，显现出光学各向异性，即产生了双折射现象，这是什么效应？如果在外加电场作用下发生双折射现象，这是什么效应？如果在外加磁场的作用下发生双折射现象，这又是什么效应？

【答案： 弹性效应（或应力双折射）；克尔效应；科顿－穆顿效应（或磁致双折射效应）**】**

详解：光某些各向同性的透明物质受到机械力作用发生形变时表现出各向异性的性质的现象叫做弹性效应（或应力双折射）；某些各向同性的透明物质在外电场的作用下表现出各向异性的性质的现象叫做克尔效应；某些各向同性的透明物质在外磁场的作用下表现出各向异性的性质的现象叫做科顿—穆顿效应（或磁致双折射效应）。

（7）对波长为589.3nm的钠光，石英的旋光率 $\alpha=21.7°/\text{mm}$。如果将一块石英晶体垂直其光轴切割制成晶片，放在两个偏振化方向互相平行的偏振片 P_1、P_2 之间，使三者互相平行放置并使钠光垂直于 P_1 射入，则当石英晶片的厚度等于多少毫米时，没有光通过 P_2？

【答案：4.15mm**】**

详解：由于 P_1、P_2 的偏振化方向互相平行，因此偏振光通过石英后没有光通过 P_2，偏振光必然是旋转了90°。

由旋光公式 $\beta=\alpha l$ 得石英晶片的厚度为

$$l=\frac{\beta}{\alpha}=\frac{90}{21.7}=4.15\ (\text{mm})$$

（8）一束单色线偏振光沿光轴方向通过厚度为 d 的旋光晶体，组成线偏振光的右旋和左旋圆偏振光在通过旋光晶体后产生的相位差为

$$\Delta\varphi=\frac{2\pi(n_R-n_L)d}{\lambda}$$

其中 n_R 和 n_L 表示什么物理量？

【答案：n_R 表示旋光晶体对于右旋圆偏振光的折射率；n_L 表示旋光晶体对于左旋圆偏振光的折射率**】**

（9）量糖计的糖溶液器皿中的溶液厚度为0.1m，放入左旋葡萄糖溶液后，测出钠黄光的振动面旋转了12.07°，已知左旋葡萄糖对钠黄光的旋光率为 $-51.4°/\text{dm}(\text{g/cm}^3)$，则该溶液浓度为多少？

详解：由旋光公式 $\beta=\alpha lC$ 得该溶液浓度为

$$C=\frac{\beta}{\alpha l}=\frac{12.07}{51.4\times0.1\times10}=0.235\ (\text{g/cm}^3)$$

三、课后习题解答

（1）将三个偏振片叠放在一起，第二与第三个偏振片的偏振化方向分别与第一个偏振片的偏振化方向成45°和90°角。

1）强度为 I_0 的自然光垂直入射到这一堆偏振片上，试求经每一偏振片后的光强和偏振状态。

2）如果将第二个偏振片抽走，情况又如何？

解：1）光强为 I_0 的自然光透过第一、第二和第三个偏振片后的光强度分别为

$$I_1=\frac{I_0}{2}$$

$$I_2 = I_1 \cos^2 45° = \frac{I_0}{4}$$

$$I_3 = I_2 \cos^2 45° = \frac{I_0}{8}$$

通过每一个偏振片后的光都是线偏振光，其光振动方向与对应的偏振片的偏振化方向平行。

2）如果将第二个偏振片抽走，透过第一个偏振片的光强度和偏振状态不变。由于第三与第一个偏振片的偏振化方向相互垂直，因此

$$I_3 = 0$$

（2）两个偏振片叠在一起，在它们的偏振化方向成 30°时，观测一束单色自然光。又在它们的偏振化方向成 45°时，观测另一束单色自然光。如果两次测得的透射光强度相等，则两次入射自然光的强度之比等于多少？

解：设两束入射单色自然光的光强分别为 I_{10} 和 I_{20}，由马吕斯定律得透过两个偏振片后的光强分别为

$$I_1 = \frac{I_{10}}{2}\cos^2 30°,\ I_2 = \frac{I_{20}}{2}\cos^2 45°$$

依题意 $I_1 = I_2$，即

$$\frac{I_{10}}{2}\cos^2 30° = \frac{I_{20}}{2}\cos^2 45°$$

由此解得两次入射自然光的强度之比为

$$\frac{I_{10}}{I_{20}} = \frac{\cos^2 45°}{\cos^2 30°} = \frac{2}{3}$$

（3）一束光强为 I_0 的自然光垂直入射在三个叠在一起的偏振片 P_1、P_2、P_3 上，已知 P_1 与 P_3 的偏振化方向相互垂直。

1）求 P_2 与 P_3 的偏振化方向之间夹角为多少时，穿过第三个偏振片的透射光强为 $0.125I_0$。

2）如果以入射光方向为轴转动 P_2，当 P_2 转过多大角度时，穿过第三个偏振片的透射光强由原来的 $0.125I_0$ 单调减小到 $0.0625I_0$？此时 P_2、P_1 的偏振化方向之间的夹角多大？

解：1）光强为 I_0 的自然光透过 P_1 的偏振光强度为

$$I_1 = \frac{I_0}{2}$$

设 P_2 与 P_1 的偏振化方向之间的夹角为 α，则透过 P_2 后的偏振光强度为

$$I_2 = I_1 \cos^2\alpha = \frac{I_0}{2}\cos^2\alpha$$

透过 P_3 后的偏振光强度为

$$I_3 = I_2 \cos^2(90° - \alpha) = \frac{I_0}{2}\cos^2\alpha \sin^2\alpha = \frac{I_0}{8}\sin^2 2\alpha$$

已知 $I_3 = 0.125I_0 = \frac{I_0}{8}$，因此

$$\sin^2 2\alpha=1$$

由此解得

$$\alpha=45^\circ$$

所以 P_2 与 P_3 的偏振化方向之间夹角为

$$\theta=90^\circ-\alpha=45^\circ$$

2）依题意，$I_3'=0.0625I_0=\dfrac{I_0}{16}$，设此时 P_2 与 P_1 的偏振化方向之间的夹角为 α'，则有

$$\frac{I_0}{16}=\frac{I_0}{8}\sin^2 2\alpha'$$

解之得

$$\alpha'=\frac{1}{2}\times45^\circ=22.5^\circ$$

P_2 以入射光方向为轴转过的角度为

$$\Delta\alpha=\alpha-\alpha'=45^\circ-22.5^\circ=22.5^\circ$$

（4）两个偏振片 P_1、P_2 叠在一起，一束强度为 I_0 的光垂直入射到偏振片上。已知该入射光由强度相同的自然光和线偏振光混合而成，且入射光穿过第一个偏振片 P_1 后的光强为 $0.716I_0$；当将 P_1 抽出去后，入射光穿过 P_2 后的光强为 $0.375I_0$。求 P_1、P_2 偏振化方向之间的夹角。

解： 设入射光中线偏振光的振动方向与 P_1 的偏振化方向之间的夹角为 α_1，已知透过 P_1 后的光强 $I_1=0.716I_0$，则有

$$0.716I_0=\frac{1}{2}\times\frac{I_0}{2}+\frac{I_0}{2}\cos^2\alpha_1$$

解之得

$$\alpha_1=15^\circ$$

设入射光中线偏振光的振动方向与 P_2 的偏振化方向之间的夹角为 α_2，已知透过 P_2 后的光强 $I_2=0.375I_0$，则有

$$0.375I_0=\frac{1}{2}\times\frac{I_0}{2}+\frac{I_0}{2}\cos^2\alpha_2$$

解之得

$$\alpha_2=60^\circ$$

因此 P_1、P_2 偏振化方向之间的夹角为

$$\theta=\alpha_2-\alpha_1=45^\circ\quad\text{或}\quad\theta=\alpha_2+\alpha_1=75^\circ$$

（5）两个偏振片 P_1、P_2 叠在一起，其偏振化方向之间的夹角为 30°。一束强度为 I_0 的光垂直入射到偏振片上，已知该入射光由强度相同的自然光和线偏振光混合而成，现测得连续透过两个偏振片后的出射光强与 I_0 之比为 9∶16，试求入射光中线偏振光的光矢量方向。

解： 设入射光中线偏振光光矢量的振动方向与 P_1 的偏振化方向之间的夹角为 α，由马吕斯定律得透过 P_1 后的光强为

$$I_1=\frac{1}{2}\times\frac{1}{2}I_0+\frac{1}{2}I_0\cos^2\alpha=\frac{1}{4}I_0+\frac{1}{2}I_0\cos^2\alpha$$

透过 P_2 后的光强为

$$I_2=I_1\cos^2 30°=\frac{3}{4}\left(\frac{1}{4}I_0+\frac{1}{2}I_0\cos^2\alpha\right)=\frac{3}{16}I_0(1+2\cos^2\alpha)$$

依题意有 $I_2:I_0=9:16$，即

$$\frac{9}{16}I_0=\frac{3}{16}I_0(1+2\cos^2\alpha)$$

由此解得入射光中线偏振光光矢量的振动方向与 P_1 的偏振化方向之间的夹角为

$$\alpha=0$$

即入射光中线偏振光光矢量的振动方向与 P_1 的偏振化方向平行。

(6) 一光束由强度相同的自然光和线偏振光混合而成。此光束垂直入射到几个叠在一起的偏振片上。要使最后出射光振动方向垂直于原来入射光中线偏振光的振动方向，并且入射光中两种成分的光的出射光强相等，至少需要几个偏振片？它们的偏振化方向应如何放置？最后出射光强与入射光强的比值等于多少？

解： 设混合入射光的强度为 I_0，其中自然光和线偏振光强度均为 $I_0/2$。

设入射偏振光振动方向与偏振片 P_1 的偏振化方向夹角为 α，则自然光和线偏振光透过偏振片 P_1 的光强分别为

$$I_{11}=\frac{I_0}{4},\ I_{21}=\frac{I_0}{2}\cos^2\alpha$$

它们的振动方向都与 P_1 的偏振化方向平行。依题意可知，这两部分偏振光再透过其他偏振片后光强相等，因此必有 $I_{11}=I_{21}$，即

$$\frac{I_0}{4}=\frac{I_0}{2}\cos^2\alpha$$

由此解得入射偏振光振动方向与偏振片 P_1 的偏振化方向夹角为

$$\alpha=45°$$

要使最后出射光振动方向垂直于原来入射光中线偏振光的振动方向，只要使偏振片 P_2 与 P_1 的偏振化方向的夹角也等于 45°即可，即为满足题目中的要求，至少需要 2 个偏振片。它们的偏振化方向之间的夹角等于 45°。

由于入射在偏振片 P_2 上的偏振光强度为 $2\times I_0/4=I_0/2$，因此透过 P_2 的光强为

$$I=\frac{I_0}{2}\cos^2 45°=\frac{I_0}{4}$$

由此解得最后出射光强与入射光强的比值为

$$\frac{I}{I_0}=\frac{1}{4}$$

(7) 两个偏振片叠在一起，欲使一束垂直入射的线偏振光经过这两个偏振片之后振动方向转过了 90°，且使出射光强尽可能大，那么入射光振动方向和两偏振片的偏振化方向之间的夹角应如何选择？这种情况下的最大出射光强与入射光强的比值是多少？

解： 设两偏振片 P_1、P_2 的偏振化方向之间的夹角为 α，为了使偏振光经过这两个偏振片之后振动方向转过 90°，偏振光的光矢量方向应与 P_2 的偏振化方向垂直，而与 P_1 的

偏振化方向之间的夹角为 $90°-\alpha$。

由马吕斯定律得出射光强为

$$I=I_0\cos^2(90°-\alpha)\cos^2\alpha=I_0\sin^2\alpha\cos^2\alpha=\frac{I_0}{4}\sin^2 2\alpha$$

为使出射光强尽可能大，应有

$$\sin^2 2\alpha=1$$

由此解得两偏振片 P_1、P_2 的偏振化方向之间的夹角为

$$\alpha=45°$$

最大光强为

$$I_{max}=\frac{I_0}{4}$$

这种情况下的最大出射光强与入射光强的比值为

$$\frac{I_{max}}{I_0}=\frac{1}{4}$$

(8) 两个偏振片 P_1、P_2 堆叠在一起，由自然光和线偏振光混合而成的光束垂直入射在偏振片上。进行了两次观测，P_1、P_2 的偏振化方向夹角两次分别为 30°和 45°，并且入射光中线偏振光的光矢量振动方向与 P_1 的偏振化方向夹角两次分别为 45°和 60°。如果测得这两种安排下连续穿透 P_1、P_2 后的透射光强之比为 9 : 5，在忽略偏振片对透射光的反射和可透分量的吸收的情况下，求：

1) 入射光中线偏振光强度与自然光强度之比。

2) 每次穿过 P_1 后的透射光强与入射光强之比。

3) 每次连续穿过 P_1、P_2 后的透射光强与入射光强之比。

解： 1) 设入射光中线偏振光强度为 I_0，自然光强度为 I_n。依题意得第一种安排下连续穿过 P_1、P_2 后的透射光强为

$$I_1=\left(\frac{I_n}{2}+I_0\cos^2 45°\right)\cos^2 30°=\frac{3}{8}(I_n+I_0)$$

第二种安排下连续穿过 P_1、P_2 后的透射光强为

$$I_2=\left(\frac{I_n}{2}+I_0\cos^2 60°\right)\cos^2 45°=\frac{1}{8}(2I_n+I_0)$$

已知 $I_1 : I_2=9 : 5$，因此

$$\frac{9}{5}=\frac{3(I_n+I_0)}{2I_n+I_0}$$

解之得入射光中线偏振光强度与自然光强度之比为

$$\frac{I_0}{I_n}=\frac{1}{2}$$

2) 设入射光强为 I，由于 $I_n=2I_0$，因此

$$I=I_n+I_0=2I_0+I_0=3I_0$$

第一种安排下穿过 P_1 后的光强为

$$I_1'=\frac{I_n}{2}+I_0\cos^2 45°=\frac{1}{2}(I_n+I_0)=\frac{1}{2}I$$

因此第一种安排下穿过 P_1 后的光强与入射光强之比为

$$\frac{I_1'}{I}=\frac{1}{2}$$

第二种安排下穿过 P_1 后的光强为

$$I_2'=\frac{I_n}{2}+I_0\cos^2 60°=\frac{1}{4}(2I_n+I_0)=\frac{1}{4}(4I_0+I_0)=\frac{5}{4}I_0=\frac{5}{12}I$$

因此第二种安排下穿过 P_1 后的光强与入射光强之比为

$$\frac{I_2'}{I}=\frac{5}{12}$$

3）在第一种和第二种安排下连续穿过 P_1、P_2 后的透射光强分别为

$$I_1=\frac{3}{8}(I_n+I_o)=\frac{3}{8}I$$

$$I_2=\frac{1}{8}(2I_n+I_o)=\frac{1}{8}\left(2\times\frac{2}{3}I+\frac{I}{3}\right)=\frac{5}{24}I$$

它们与入射光强之比分别为

$$\frac{I_1}{I}=\frac{3}{8},\frac{I_2}{I}=\frac{5}{24}$$

（9）两个偏振片 P_1，P_2 叠在一起，由强度相同的自然光和线偏振光混合而成的光束垂直入射在偏振片上。进行了两次测量，第一次和第二次测量时 P_1、P_2 的偏振化方向夹角分别为 30°和未知的 φ，并且入射光中线偏振光的光矢量振动方向与 P_1 的偏振化方向夹角分别为 45°和 30°。如果连续穿过 P_1、P_2 后的透射光强的两次测量值相等，求 φ。

解： 设入射光强度为 I_0，依题意可知自然光和线偏振光的强度均为 $I_0/2$。由马吕斯定律得第一次和第二次测量时，连续穿过 P_1、P_2 的透射光强分别为

$$I_1=\left(\frac{I_0}{4}+\frac{I_0}{2}\cos^2 45°\right)\cos^2 30°=\frac{3}{8}I_0$$

$$I_2=\left(\frac{I_0}{4}+\frac{I_0}{2}\cos^2 30°\right)\cos^2\varphi=\frac{5}{8}I_0\cos^2\varphi$$

已知 $I_1=I_2$，即

$$\frac{3}{8}I_0=\frac{5}{8}I_0\cos^2\varphi$$

由此解得第二次测量时 P_1 与 P_2 的偏振化方向夹角为

$$\varphi=\arccos\sqrt{\frac{3}{5}}=39.23°$$

（10）如图 15-14 所示，有一块平面玻璃板放在水中，板面与水面的夹角为 α。已知水和玻璃的折射率分别为 1.333 和 1.517。测得图中水面的反射光是完全偏振光，欲使在玻璃板面的反射光也是完全偏振光，α 角应该等于多少？

解： 由题意可知 i_1 和 i_2 为相应的布儒斯特角，由布儒斯特定律得

$$\tan i_1=n_1=1.333$$

$$\tan i_2=\frac{n_2}{n_1}=\frac{1.517}{1.333}$$

由此解得

$$i_1=53.12°,\ i_2=48.69°$$

由图 15-14 中的几何关系得

$$\alpha+(90°+r)+(90°-i_2)=180°$$

即

$$\alpha=i_2-r$$

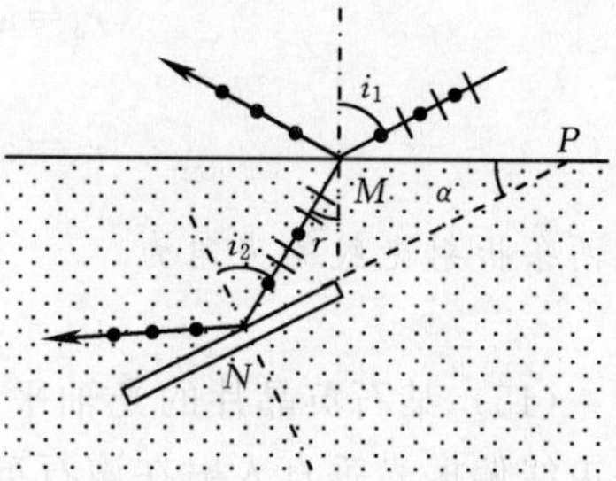

图 15-14

由布儒斯特定律可知

$$r=90°-i_1$$

将 r 代入上式即得

$$\alpha=i_1+i_2-90°=53.12°+48.69°-90°=11.81°$$

（11）一束自然光从空气入射到水的表面上，如果反射光是线偏振光，此入射光的入射角和折射角分别为多少？已知水的折射率为 1.33。

解： 由于反射光是线偏振光，因此入射角为布儒斯特角。由布儒斯特定律得

$$i_0=\arctan n=\arctan n1.33=53.1°$$

由于入射角光线和折射光线垂直，因此折射角为

$$r=90°-i_0=36.9°$$

（12）一束自然光以起偏角 48.09°从某透明液体入射到玻璃表面上，已知该玻璃的折射率为 1.56，求折射角和该液体的折射率。

解： 由于自然光以起偏角从某透明液体入射到玻璃表面上，因此入射角光线和折射光线垂直，折射角为

$$r=90°-i_0=41.91°$$

由布儒斯特定律 $\tan i_0=n_2/n_1$ 得该液体的折射率为

$$n_1=\frac{n_2}{\tan i_0}=\frac{1.56}{\tan 48.09°}=1.40$$

（13）在水和某种玻璃的交界面上，自然光从水中射向玻璃，求起偏角。如果自然光从玻璃射向水中，起偏角又等于多少？已知水的折射率为 1.33，玻璃的折射率为 1.56。

解： 由布儒斯特定律 $\tan i_0=n_2/n_1$ 得起偏角为

$$i_0=\arctan\frac{n_2}{n_1}=\arctan\frac{1.56}{1.33}=49.55°$$

同理，自然光从玻璃射向水中时起偏角为

$$i_0=\arctan\frac{1.33}{1.56}=40.45°$$

（14）一束钠黄光以 50°角入射到方解石平板上，方解石的光轴平行于平板表面且与入射面垂直，求方解石中两条折射光线的夹角。已知方解石对钠黄光的 o 光折射率为 1.658，e 光折射率为 1.486。

解： 在本题的情况下，可以用折射定律求解双折射问题。

设入射角为 i、o 光和 e 光的折射角分别为 r_o 和 r_e，它们满足的折射定律分别为

$$\sin i=n_o\sin r_o,\quad \sin i=n_e\sin r_e$$

由此解得 o 光和 e 光的折射角分别为

$$r_o = \arcsin\frac{\sin i}{n_o} = \arcsin\frac{\sin 50°}{1.658} = 27.5°$$

$$r_e = \arcsin\frac{\sin i}{n_e} = \arcsin\frac{\sin 50°}{1.486} = 31.0°$$

这两条折射光线的夹角为

$$\Delta r = r_o - r_e = 3.5°$$

（15）某石英晶片的光轴平行于晶片表面，主折射率分别为 $n_o = 1.544$，$n_e = 1.553$。一束线偏振光垂直入射在该石英晶片表面上。

1）如果入射光振动方向与晶片的光轴成 60°角，不考虑反射与吸收的损失，试估算透过晶片的 o 光与 e 光强度之比。

2）如果晶片厚度为 0.50mm，透过晶片的 o 光与 e 光的光程差多大？

解： 1）设入射偏振光的振幅为 E，则透过晶片的 o 光与 e 光振幅分别为

$$E_o = E\sin\theta, E_e = E\cos\theta$$

由于光强与其对应的振幅的平方成正比，因此透过晶片的 o 光与 e 光的强度之比为

$$\frac{I_o}{I_e} = \frac{E_o^2}{E_e^2} = \frac{\sin^2\theta}{\cos^2\theta} = \tan^2\theta = \tan^2 60 = 3$$

2）透过厚度为 0.50mm 的晶片的 o 光与 e 光的光程差为

$$\Delta S = (n_e - n_o)d = (1.553 - 1.544) \times 0.5 = 4.5 \times 10^{-3}(\text{mm})$$

（16）用方解石制作对波长为 589.3nm 的钠黄光适用的四分之一波片。

1）请指出应如何选取该波片的光轴方向。

2）已知对该钠黄光，方解石的主折射率分别为 $n_o = 1.658$、$n_e = 1.486$，求此四分之一波片的厚度 d。

解： 1）在制作方解石晶片时，使晶体光轴与晶片表面平行。

2）对四分之一波片而言，有

$$(n_o - n_e)d = \frac{\lambda}{4}$$

由此解得该四分之一波片的厚度为

$$d = \frac{\lambda}{4(n_o - n_e)} = \frac{589.3}{4 \times (1.658 - 1.486)} = 856.5(\text{nm})$$

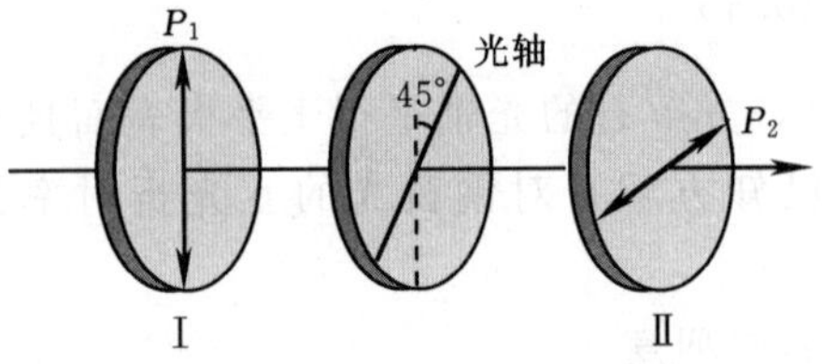

图 15－15

（17）在两个正交偏振片Ⅰ、Ⅱ之间插入一个厚度为 0.025mm 的方解石波片，晶片表面与偏振片平行，光轴与晶面平行且与偏振片Ⅰ的偏振化方向成 45°角，如图 15－15 所示。已知方解石的主折射率为 $n_o = 1.658$、$n_e = 1.486$。如果用波长在 450nm 到 650nm 范围内的平行光束垂直照射偏振片Ⅰ，通过图中三个元件之后，哪些波长的光将发生消光现象？（假设在上述波长范围内 n_o、n_e 的值为常数）

解： 依题意，发生消光现象的条件为

$$\frac{2\pi(n_o-n_e)d}{\lambda}+\pi=(2k+1)\pi$$

化简上式，得

$$(n_o-n_e)d=k\lambda$$

由此解得

$$\lambda=\frac{(n_o-n_e)d}{k}=\frac{(1.658-1.486)\times 0.025}{k}\times 10^6=\frac{4300}{k}\ (\text{nm})$$

波长在 450～650nm 范围内，即

$$450\leqslant\frac{4300}{k}\leqslant 650$$

解之得

$$6.6\leqslant k\leqslant 9.6$$

在此范围内 k 的整数为 7、8、9，因此发生消光现象的光波长分别为

$$\lambda_1=\frac{4300}{7}=614.3\ (\text{nm})$$

$$\lambda_2=537.5\text{nm}$$

$$\lambda_3=477.8\text{nm}$$

（18）如图 15-16（a）所示，在两个偏振化方向互相平行的偏振片 P_1 和 P_2 之间插入一块厚度为 d 的方解石晶片，用波长为 500nm 的单色平行自然光垂直入射时，透过检偏器 P_2 的光强恰好为零。已知此方解石晶片的光轴 C 与起偏器 P_1 的偏振化方向间的夹角 $\alpha=45°$，光轴与晶片表面平行，方解石的主折射率 $n_o=1.66$，$n_e=1.49$。求此方解石晶片可能的最小厚度 d。

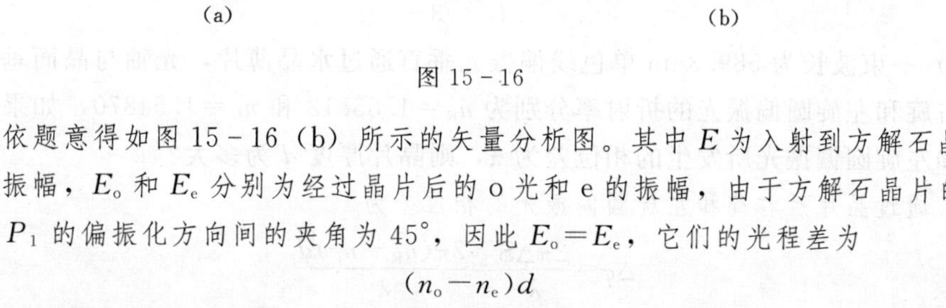

图 15-16

解： 依题意得如图 15-16（b）所示的矢量分析图。其中 E 为入射到方解石晶片上的偏振光的振幅，E_o 和 E_e 分别为经过晶片后的 o 光和 e 的振幅，由于方解石晶片的光轴 C 与起偏器 P_1 的偏振化方向间的夹角为 45°，因此 $E_o=E_e$，它们的光程差为

$$(n_o-n_e)d$$

这两束偏振光通过偏振片 P_2 后，成为振幅相等的相干光，由于它们干涉相消，因此

$$(n_o-n_e)d=(2k+1)\frac{\lambda}{2}$$

由此解得方解石晶片的厚度为

$$d=\frac{(2k+1)\lambda}{2(n_o-n_e)}$$

如果 $k=0$，晶片的厚度最小，其值为

$$d_{\min}=\frac{\lambda}{2(n_o-n_e)}=\frac{500}{2\times(1.66-1.49)}=1471\ (\text{nm})$$

（19）一束光相继穿过两个尼科耳棱镜。现在固定第一个尼科耳棱镜，转动第二个尼科耳棱镜，使得两个尼科耳棱镜的主截面间的夹角由 60°变到 30°。

1）如果入射光是一束自然光，求转动前后透射光的强度之比。

2）如果入射光是一束线偏振光，且它的光矢量振动方向不垂直于第一个尼科耳棱镜的主截面，再求转动前后透射光的强度之比。

解： 设入射光强为 I，第二个尼科耳棱镜转动前后的透射光强度分别为 I_1、I_2。

1）如果入射光是自然光，当一束自然光入射时，由马吕斯定律得

$$I_1=\frac{I}{2}\cos^2 60°=\frac{I}{8}$$

$$I_2=\frac{I}{2}\cos^2 30°=\frac{3I}{8}$$

因此，第二个尼科耳棱镜转动前后透射光的强度之比为

$$\frac{I_1}{I_2}=\frac{1}{3}$$

2）设入射的线偏振光光矢量的振动方向与第一个尼科耳棱镜的夹角为 α，由马吕斯定律得

$$I_1=I\cos^2\alpha\cos^2 60°=\frac{1}{4}I\cos^2\alpha$$

$$I_2=I\cos^2\alpha\cos^2 30°=\frac{3}{4}I\cos^2\alpha$$

因此，第二个尼科耳棱镜转动前后透射光的强度之比为

$$\frac{I_1}{I_2}=\frac{1}{3}$$

（20）一束波长为 589.3nm 单色线偏振光垂直通过水晶薄片，光轴与晶面垂直。已知水晶对右旋和左旋圆偏振光的折射率分别为 $n_R=1.55812$ 和 $n_L=1.54870$，如果通过晶片后右旋和左旋圆偏振光所发生的相位差为 π，则晶片厚度 d 为多大？

解： 通过晶片后右旋和左旋圆偏振光的相位差为

$$\Delta\varphi=\frac{2\pi\Delta S}{\lambda}=\frac{2\pi(n_R-n_L)d}{\lambda}$$

由此解得晶片的厚度为

$$d=\frac{\Delta\varphi}{2\pi(n_R-n_L)}\lambda=\frac{\pi\times589.3}{2\pi\times(1.55812-1.54870)}=31279.2(\text{nm})$$

四、自我检测题

1. 单项选择题（每题 3 分，共 30 分）

(1) 用单色自然光做双缝干涉实验时，如果在其中一条缝后放一个偏振片，则[　　]。

(A) 干涉条纹的间距不变，但明纹的亮度加强；

(B) 干涉条纹的间距不变，但明纹的亮度减弱；

(C) 干涉条纹的间距变窄，且明纹的亮度减弱；

(D) 干涉条纹的间距变宽，且明纹的亮度加强。

(2) 两个偏振片堆叠在一起，使它们的偏振化方向之间的夹角为 60°，当用光强为 I_0 的自然光垂直入射时，出射光强为[　]。

(A) $I_0/8$；　(B) $I_0/4$；　(C) $3I_0/4$；　(D) $3I_0/8$。

(3) 自然光以布儒斯特角从空气入射到一块玻璃的表面上，则反射光是[　]。

(A) 在入射面内振动的完全线偏振光；

(B) 平行于入射面的振动占优势的部分偏振光；

(C) 垂直于入射面的振动占优势的部分偏振光；

(D) 垂直于入射面振动的完全线偏振光。

(4) 一束汞灯的自然绿光从空气以 45°的入射角入射到水晶平板上。其光轴平行于板面并垂直于入射面，水晶对于该绿光的 o 光和 e 光的主折射率分别为 1.5642 和 1.5554。这时晶体中 o 光线与 e 光线的夹角为[　]。

(A) 0.278°；　(B) 1.740°；　(C) 0.174°；　(D) 2.780°。

(5) 圆偏振光通过二分之一波片后的出射光是[　]。

(A) 偏振光；　(B) 原旋转方向相同的圆偏振光；

(C) 圆偏振光；　(D) 原旋转方向相反的圆偏振光。

(6) 一束单色线偏振光的振动方向与四分之一波片的光轴之间的夹角为 $\pi/4$。该偏振光经过 1/4 波片后[　　]。

(A) 仍为线偏振光；　(B) 变为圆偏振光；

(C) 振动面旋转了 $\pi/4$；　(D) 振动面旋转了 $\pi/2$。

(7) 下列说法中，正确的是[　]。

(A) 一束垂直入射的圆偏振光通过四分之一波片后将成为线偏振光；

(B) 一束垂直入射的圆偏振光通过二分之一波片后将成为线偏振光；

(C) 一束垂直入射的椭圆偏振光通过二分之一波片后将成为线偏振光；

(D) 一束垂直入射的自然光通过四分之一波片后将成为线偏振光。

(8) 测量单色光的波长时，下列方法中比较准确的方法是[　　]。

(A) 牛顿环；　(B) 双缝干涉；　(C) 光栅衍射；　(D) 单缝衍射。

(9) 在夫琅禾费单缝衍射实验中，如果减小缝宽，其他条件不变，则中央明条纹[　]。

（A）宽度变小；　　　　　　（C）宽度不变，且中心强度也不变；
（B）宽度变大；　　　　　　（D）宽度不变，但中心强度变小。

（10）在相同的时间内，一束波长为 λ 的单色光在空气中和在玻璃中[　　]。

（A）传播的路程相等，走过的光程相等；

（B）传播的路程不相等，走过的光程不相等；

（C）传播的路程不相等，走过的光程相等；

（D）传播的路程相等，走过的光程不相等。

2. 填空题（每空 2 分，共 30 分）

（1）马吕斯定律的数学表达式为 $I=I_0\cos^2\alpha$。其中 I 为通过检偏器的透射光强度，I_0 为入射（　　）光的强度，α 为入射光（　　）方向与检偏器的偏振化方向之间的夹角。

（2）两个偏振片叠放在一起，强度为 I_0 的自然光垂直入射，如果通过两个偏振片后的光强为 $I_0/8$，则这两个偏振片的偏振化方向间的夹角为（　）。如果在两偏振片之间再插入一个偏振片，其偏振化方向与前后两片的偏振化方向的夹角相等，则通过三个偏振片后的透射光强度为（　）。

（3）布儒斯特定律的数学表达式为 $\tan i_0=n_{21}$，其中（　　）为布儒斯特角，（　　）为折射媒质对入射媒质的相对折射率。

（4）应用布儒斯特定律可以测定介质的折射率。已经测得某介质的起偏振角为 56.0°，这种物质的折射率等于（　　）。

（5）在光学各向异性晶体内部有一个确定的方向，沿这一方向寻常光和非常光的（　）相等，这一方向称为晶体的光轴。只具有一个光轴的晶体称为（　）晶体。

（6）光的干涉和衍射现象表明光具有（　　）性质。光的偏振现象则说明光波是（　　）波。

（7）将方解石晶体磨制成光轴平行于表面的薄片，且厚度 d 满足的公式为

$$(n_o-n_e)d=k\lambda+\lambda/4$$

其中 λ 为入射光波长，k 为正整数。这种晶体薄片称为（　　）片。

（8）通过（　　）或（　　）或（　　）等的作用，可使某些光学各向同性的介质变为光学各向异性介质，从而产生人为双折射现象。

3. 计算题（共 40 分）

（1）两个偏振片 P_1、P_2 叠在一起，自然光与线偏振光的混合光垂直入射在偏振片上。进行了两次实验测量：第一次 P_1、P_2 的偏振化方向的夹角为 60°，入射光中线偏振光的光矢量振动方向与 P_1 的偏振化方向夹角也为 60°；第二次 P_1、P_2 的偏振化方向的夹角为 45°，入射光中线偏振光的光矢量振动方向与 P_2 的偏振化方向夹角为 α，穿过 P_1 的透射光强与入射光强之比为 5：12。两次测量中连续穿过 P_1、P_2 后的透射光强之比为 1：2。忽略偏振片对光的反射和吸收，求①入射光中线偏振光与自然光的强度之比；②角度 α。（本题 10 分）

（2）如图 5-17 所示，三种透光媒质 A、B、C 的折射率分别为 1.33、1.50 和 1.00。两个界面相互平行。一束自然光从媒质 A 中入射到 A、B 的交界面上，如果反射光是线偏振光，①求入射角 i；②媒质 B、C 交界面上的反射光是不是线偏振光？为什么？（本题

10 分）

（3）线偏振光垂直入射在石英晶片上，石英的光轴平行于晶片的表面，石英对 o 光和 e 光的主折射率分别为 1.544 和 1.553。①如果入射光振动方向与晶片的光轴成 60°角，不考虑反射和吸收损失，计算透过石英晶片的 o 光与 e 光的光强之比；②如果晶片的厚度为 0.50 mm，透过的 o 光与 e 光的光程差等于多少？（本题 10 分）

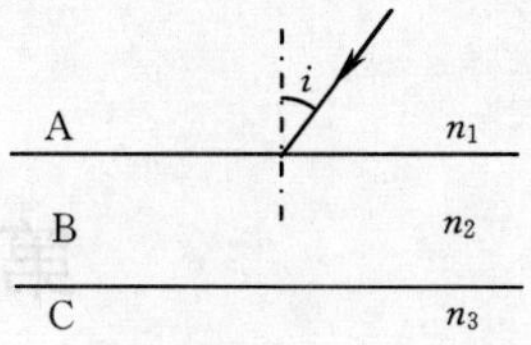

图 15－17

（4）一束自然光入射到两个尼科耳棱镜上，当两个尼科耳棱镜的主截面间的夹角由 30°转到 60°时，求转动前后两次透射光强之比。（本题 5 分）

（5）一束波长为 589.3nm 的单色线偏振光垂直通过水晶薄片，水晶的光轴与晶面垂直。已知水晶对右旋和左旋圆偏振光的折射率分别为 1.55812 和 1.54870，如果通过晶片后右旋和左旋圆偏振光产生的相位差为 π，则晶片的厚度等于多少？（本题 5 分）

第十六章　气体动理论

一、基本内容

（一）气体动理论的基本概念

热现象：与温度有关的物理现象。

大量气体分子运动的宏观表现符合统计规律。

气体动理论的基本概念：①一切宏观物体都是由大量分子组成的，分子间存在间隙；②分子永不停息地作无规则运动；③分子间存在相互作用力。

微观量：描述个别分子的物理量，如分子的质量、速度、能量、体积、动量等。

宏观量：表征大量分子集体特征的物理量，如温度、压强等。

理想气体的宏观量和微观量的统计平均值之间存在某种必然的联系。

分子力：物体内部分子与分子之间存在的很强相互作用力。

当 $r=r_0$（数量级为 10^{-10}m）时分子力为0；当 $r<r_0$ 时分子力表现为斥力，随 r 的减小斥力剧烈增大；当 $r>r_0$ 时分子力表现为引力，随 r 的增大引力逐渐增大，当达到最大值以后，随 r 的增大引力逐渐减小，当 $r>10^{-9}$m（叫做分子力有效作用半径）时，分子力为0。

分子力是短程力。

（二）气体的状态参量、理想气体状态方程

1. 平衡态、状态参量

平衡态：在不受外界影响的情况下，一个系统经过一定时间以后会达到各处均匀一致，系统的宏观性质不随时间发生变化的状态。

状态参量：描述系统平衡态宏观性质的物理量。

气体的状态参量有压强 p、温度 T 和体积 V。

（1）**压强 p**：气体分子作用在容器器壁单位面积上的正压力。

压强的单位为Pa（帕斯卡）。

$$1\text{mmHg}=1.333\times10^{2}\text{Pa}$$

$$1\text{atm}=760\text{mmHg}=1.013\times10^{5}\text{Pa}$$

（2）**温度 T**：气体的冷热程度，是描述大量气体分子热运动剧烈程度的物理量。

温度的单位为K（开尔文）。

热力学温度 T 与摄氏温度 t 的关系为

$$T=t+273.15$$

（3）**体积 V**：气体分子作无规则运动所能达到的空间范围。

体积的单位为 m^3。

2. 理想气体状态方程

理想气体的三条实验定律：

玻意耳定律为

$$pV=C$$

查理定律为

$$\frac{p}{T}=C$$

盖·吕萨克定律为

$$\frac{V}{T}=C$$

理想气体：在气体压强不太大、温度不太低时，严格遵守三条实验定律的气体。

克拉珀龙方程为

$$\frac{pV}{T}=C$$

理想气体状态方程为

$$pV=\frac{m}{M}RT$$

其中，R 称为普适气体常量，$R=8.31\text{J/mol}\cdot\text{K}$。

理想气体状态方程的另一种表达形式　$p=nkT$

其中，n 为气体分子数密度；k 叫做玻尔兹曼常量，其值为

$$k=\frac{R}{N_A}=1.38\times10^{-23}(\text{J/K})$$

其中，N_A 为阿伏伽德罗常量。

（三）理想气体的压强公式

理想气体的微观模型：①气体分子本身的大小与分子之间的平均距离相比可以忽略不计，分子可以看作是质点；②除了碰撞的瞬间以外，分子之间的相互作用力可以忽略不计；③分子之间的相互碰撞以及分子与器壁的碰撞可以看作是完全弹性碰撞。

统计假设：当气体处于平衡态时，在忽略重力影响的情况下：①大量分子向各个方向运动的机会均等，没有哪一个方向的运动比其他方向的运动更占优势；②任何时刻沿各个方向运动的分子数相等，每一个分子出现在容器中任何一点的机会均等，分子在容器中均匀分布。

统计假设的一个推论：气体分子速度在各个方向的分量的各种统计平均值相等。

气体动理论的压强公式为

$$p=\frac{2}{3}n\bar{\varepsilon}_k$$

其中，$\bar{\varepsilon}_k=\frac{1}{2}m_0\overline{v^2}$为气体分子的平均平动动能。

（四）能量均分定理、理想气体的内能

1. 气体分子的平均平动动能与温度的关系

气体动理论的温度公式为

$$\bar{\varepsilon}_k=\frac{3}{2}kT$$

上式表明，温度是描述气体分子热运动激烈程度的宏观物理量。

方均根速率为

$$\sqrt{\overline{v^2}}=\sqrt{\frac{3kT}{m_0}}=\sqrt{\frac{3RT}{M}}$$

2. 能量均分定理

自由度 i：确定一个物体在空间的位置所需要的独立坐标数目。

单原子分子的自由度 $i=3$、刚性双原子分子的自由度 $i=5$、刚性多原子分子的自由度 $i=6$。

能量按自由度均分定理（简称能量均分定理）：气体处于平衡态时，气体分子任何一个自由度上的平均能量都相等，均为$\frac{1}{2}kT$。

自由度为 i 的气体分子的平均总动能为

$$\bar{\varepsilon}=\frac{i}{2}kT$$

3. 气体的内能

气体的内能：气体中所有分子的动能与势能的总和。

由于理想气体分子之间不存在相互作用的势能，因此理想气体的内能是所有分子的各种动能的总和。

理想气体的内能为

$$E=\frac{m}{M}\frac{i}{2}RT$$

实际气体的内能是气体状态参量的函数。

（五）气体分子速率分布规律

1. 气体分子速率分布规律

气体分子的速率分布：气体在平衡状态下，分布在各速率区间内的分子数占总分子数的百分率。

速率分布函数（或概率密度）$f(v)$：表示速率在 v 附近的单位速率区间内的分子数占总分子数的百分比，或某个气体分子的速率在速率 v 附近单位速率区间内的概率。即

$$f(v)=\frac{dN}{N dv}$$

麦克斯韦速率分布律为

$$f(v)=4\pi\left(\frac{m_0}{2\pi kT}\right)^{\frac{3}{2}}v^2 e^{-\frac{m_0 v^2}{2kT}}$$

在速率区间 $v_1 \sim v_2$ 内的气体分子数 ΔN 占总分子数 N 的百分比为

$$\frac{\Delta N}{N}=\int_{v_1}^{v_2}f(v)dv=\int_{v_1}^{v_2}4\pi\left(\frac{m_0}{2\pi kT}\right)^{\frac{3}{2}}v^2 e^{-\frac{m_0 v^2}{2kT}}dv$$

速率分布函数的归一化条件：气体分子速率在全部速率区间内的概率等于1。即

$$\int_0^\infty f(v)\mathrm{d}v = 1$$

2. 三种速率

(1) **最概然速率 v_p：**与速率分布函数 $f(v)$ 最大值相对应的速率。

由 $\dfrac{\mathrm{d}f(v)}{\mathrm{d}v}=0$ 解得

$$v_p=\sqrt{\frac{2kT}{m_0}}=\sqrt{\frac{2RT}{M}}$$

(2) **平均速率 $\overline{v}$：**气体中所有分子速率的算术平均值。

由 $\overline{v}=\dfrac{1}{N}\displaystyle\int_0^N v\mathrm{d}N=\int_0^\infty vf(v)\mathrm{d}v$ 解得

$$\overline{v}=\sqrt{\frac{8kT}{\pi m_0}}=\sqrt{\frac{8RT}{\pi M}}$$

(3) **方均根速率 $\sqrt{\overline{v^2}}$：**与分子平均平动动能相联系的速率。

由 $\overline{v^2}=\dfrac{1}{N}\displaystyle\int_0^N v^2\mathrm{d}N=\int_0^\infty v^2 f(v)\mathrm{d}v$ 解得

$$\sqrt{\overline{v^2}}=\sqrt{\frac{3kT}{m_0}}=\sqrt{\frac{3RT}{M}}$$

(六) 玻尔兹曼分布律

玻尔兹曼分布律：当理想气体在外力场中处于平衡状态时，分子速度介于 $v_x \sim v_x+\mathrm{d}v_x$，$v_y \sim v_y+\mathrm{d}v_y$，$v_z \sim v_z+\mathrm{d}v_z$ 之间，位置坐标介于 $x\sim x+\mathrm{d}x$，$y\sim y+\mathrm{d}y$，$z\sim z+\mathrm{d}z$ 之间的分子数为

$$\mathrm{d}N=Ce^{-\frac{(E_k+E_p)}{kT}}\mathrm{d}v_x\mathrm{d}v_y\mathrm{d}v_z\mathrm{d}x\mathrm{d}y\mathrm{d}z$$

分子数密度按势能分布公式：位置坐标介于 $x\sim x+\mathrm{d}x$，$y\sim y+\mathrm{d}y$，$z\sim z+\mathrm{d}z$ 之间的体积元 $\mathrm{d}x\mathrm{d}y\mathrm{d}z$ 中单位体积内的分子数。即

$$n=n_0\mathrm{e}^{-\frac{E_p}{kT}}$$

分子数密度按高度分布公式为

$$n=n_0\mathrm{e}^{-\frac{m_0gy}{kT}}$$

气压公式为

$$p=p_0\mathrm{e}^{-\frac{m_0gy}{kT}}$$

(七) 分子碰撞

平均自由程 $\overline{\lambda}$：分子相邻两次碰撞之间所通过的平均路程。

平均碰撞频率（或平均碰撞次数）$\overline{Z}$：单位时间内分子与其他分子的平均碰撞次数。

分子的平均速率为 $\overline{v}$ 与平均自由程 $\overline{\lambda}$、平均的碰撞次数 $\overline{Z}$ 的关系式为

$$\overline{v}=\overline{Z\lambda}$$

有效直径 d：两个分子之间最小距离的平均值。

碰撞过程：当两个分子互相逼近到它们之间的距离小于有效直径时，分子间的斥力变得很大，使它们互相分开的过程。

分子数密度 n：单位体积内的分子数。

平均碰撞频率的表达式为

$$\overline{Z}=\sqrt{2}n\pi d^2\,\overline{v}$$

平均自由程的表达式为

$$\overline{\lambda}=\frac{1}{\sqrt{2}\pi d^2 n}=\frac{kT}{\sqrt{2}\pi d^2 p}$$

二、思考与讨论题目详解

1. 理想气体状态方程和压强公式

（1）在一密闭容器中，储有 A、B、C 三种理想气体，处于平衡状态。A、B、C 三种气体的分子数密度分别为 n_1、$2n_1$、$3n_1$，已知 A 种气体产生的压强为 p_1，则混合气体的压强 p 为多少？

【答案：$6p_1$】

详解：根据理想气体状态方程得混合气体的压强为

$$p=p_1+p_2+p_3=n_1kT+2n_1kT+3n_1kT=6n_1kT$$

其中，$n_1kT=p_1$，因此

$$p=6p_1$$

（2）有一个截面均匀的封闭圆筒，中间被一个光滑的活塞分隔成两边，如果其中的一边装有 0.1kg 的氢气，为了使活塞停留在圆筒的正中央，另一边应该装入同一温度的氧气质量是多少？

【答案：1.6kg】

详解：为使活塞停留在圆筒的正中央，两侧的气体压强应该相等。由理想气体状态方程得

$$\frac{m_1}{M_1}\frac{RT}{V}=\frac{m_2}{M_2}\frac{RT}{V}$$

由此解得另一边装入的同温度氧气的质量为

$$m_2=\frac{M_2}{M_1}m_1=\frac{32}{2}\times 0.1=1.6\ (\text{kg})$$

（3）一定量的某理想气体按 $pV^2=C$（C 为恒量）的规律膨胀，则膨胀后理想气体的温度怎样变化？

【答案：降低】

详解：将理想气体的膨胀规律 $pV^2=C$（C 为恒量）代入理想气体状态方程中，解得

$$T=\frac{MpV}{mR}=\frac{MC}{mRV}$$

可见，当气体膨胀，即体积 V 增大时，气体的温度将降低。

（4）如果室内生起炉子后温度从 15℃升高到 27℃，而室内气压不变，则此时室内的分子数减少的百分比是多少？

【答案：4.2%】

详解：理想气体状态方程可以改写为

$$pV=\frac{m}{M}RT=\frac{Nm_0}{N_A m_0}RT=\frac{N}{N_A}RT$$

由此解得体积 V 空间内的气体分子数为

$$N=\frac{N_A pV}{RT}$$

在体积 V 和压强 p 不变的情况下，由于温度升高而使室内分子数减少的百分比为

$$\frac{|\Delta N|}{N}=\frac{T_2-T_1}{T_1}\times 100\%=4.2\%$$

(5) 如图 16-1 所示，两个大小不同的容器用均匀的细管相连，管中有一个水银滴作活塞，大容器内装有氧气，小容器装有氢气。当温度相同时，水银滴静止于细管中央，此时这两种气体中的密度哪一个大一些？

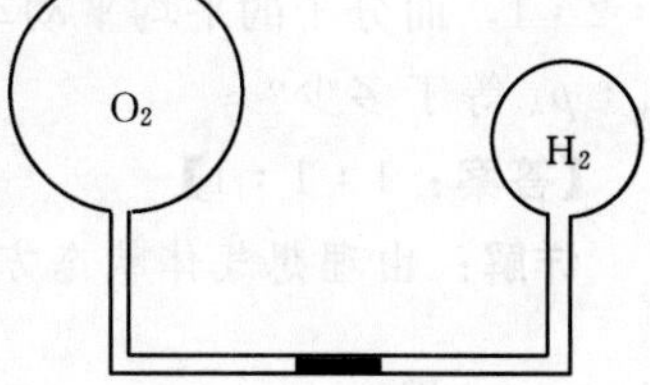

图 16-1

【答案：氧气的密度大】

详解：理想气体状态方程可以改写为

$$p=\frac{m}{MV}RT=\frac{\rho}{M}RT$$

由于水银滴静止于细管中央，因此两侧气体的压强 $p_1=p_2$ 相等。又由于两侧气体的温度相同，因此

$$\frac{\rho_1}{M_1}RT=\frac{\rho_2}{M_2}RT$$

由此解得

$$\frac{\rho_1}{\rho_2}=\frac{M_1}{M_2}$$

由于氧气的摩尔质量大于氢气的摩尔质量，即 $M_1>M_2$，因此 $\rho_1>\rho_2$，即氧气的密度大于氢气的密度。

(6) 某容器内分子数密度为 $10^{26}/m^3$，每个分子的质量为 3×10^{-27}kg，设其中$\frac{1}{6}$的分子以 200m/s 的速率垂直向容器的一个壁运动，而其余$\frac{5}{6}$的分子或者离开此壁或者平行此壁方向运动，且分子与容器壁的碰撞是完全弹性的。则每个分子作用于器壁的冲量大小等于多少？每秒碰在器壁单位面积上的分子数等于多少？作用在器壁上的压强等于多少？

【答案：1.2×10^{-24}N·s；$3.3\times10^{27}\,m^{-2}s^{-1}$；$4\times10^3$Pa】

详解：由动量定理可得每个分子作用于器壁的冲量大小为

$$I=mv-(-mv)=2mv=1.2\times10^{-24}(N\cdot s)$$

每秒碰在器壁单位面积上的分子数为

$$N=\frac{1}{6}nv=3.3\times10^{27}(m^{-2}\cdot s^{-1})$$

作用在器壁上的压强为

$$p=NI=4\times10^{3}\,(\text{Pa})$$

（7）有一个电子管，其真空度（即电子管内气体压强）为 1.0×10^{-5} mmHg，则 27℃时管内单位体积内的分子数为多少？

【答案：$3.2\times10^{17}\,\text{m}^{-3}$**】**

详解：由理想气体状态方程

$$p=nkT$$

解得单位体积内的分子数为

$$n=\frac{p}{kT}=3.2\times10^{17}\,(\text{m}^{-3})$$

（8）A、B、C 三个容器中都装有理想气体，它们的分子数密度之比为 $n_A:n_B:n_C=4:2:1$，而分子的平均平动动能之比为 $\bar{\varepsilon}_{kA}:\bar{\varepsilon}_{kB}:\bar{\varepsilon}_{kC}=1:2:4$，则它们的压强之比 $p_A:p_B:p_A$ 等于多少？

【答案：1∶1∶1**】**

详解：由理想气体状态方程和分子的平均平动动能公式得

$$\bar{\varepsilon}_k=\frac{3}{2}kT\,\bar{\varepsilon}_k=\frac{3p}{2n}$$

由此解得气体的压强为

$$p=\frac{2}{3}n\,\bar{\varepsilon}_k$$

因此，这三个容器中的理想气体压强之比为

$$p_A:p_B:p_C=n_A\,\bar{\varepsilon}_{kA}:n_B\,\bar{\varepsilon}_{kB}:n_C\,\bar{\varepsilon}_{kC}=4n_C\,\bar{\varepsilon}_{kA}:4n_C\,\bar{\varepsilon}_{kA}:4n_C\,\bar{\varepsilon}_{kA}=1:1:1$$

（9）某种理想气体在温度为 27℃和压强为 1.0×10^{-2} atm 的情况下，密度为 11.3g/m³，这种气体的摩尔质量等于多少？

【答案：27.8 g/mol**】**

详解：理想气体状态方程可以改写为

$$p=\frac{m}{MV}RT=\frac{\rho}{M}RT$$

由此解得这种气体的摩尔质量为

$$M=\frac{\rho RT}{p}=27.8\,(\text{g/mol})$$

（10）理想气体的三种状态变化关系式为：①$p\mathrm{d}V=\frac{m}{M}R\mathrm{d}T$；②$V\mathrm{d}p=\frac{m}{M}R\mathrm{d}T$；③$p\mathrm{d}V+V\mathrm{d}p=0$。它们分别表示什么过程？

【答案：①表示等压过程；②表示等体过程；③表示等温过程**】**

详解：将理想气体状态方程 $pV=\frac{m}{M}RT$ 微分得

$$V\mathrm{d}p+p\mathrm{d}V=\frac{m}{M}R\mathrm{d}T$$

将题中的三种状态变化关系式与上式比较可知：①式 $\mathrm{d}p=0$，即式①表示等压过程；②式 $\mathrm{d}V=0$，即式②表示等体过程；③式 $\mathrm{d}T=0$，即式③表示等温过程。

2. 能量均分定理、理想气体的内能

(1) 关于温度的意义，有下列几种说法：①气体的温度是分子平均平动动能的量度；②气体的温度是大量气体分子热运动的集体表现，具有统计意义；③温度的高低反映物质内部分子运动剧烈程度的不同；④从微观上看，气体的温度表示每个气体分子的冷热程度。其中哪些说法是正确的？

【答案：①②③】

详解：分子平均平动动能为$\bar{\varepsilon}_k=\frac{3}{2}kT$，由于$\bar{\varepsilon}_k$ 与 T 成正比，因此说法①是正确的。

由于$\bar{\varepsilon}_k$ 是大量气体分子的平均平动动能，具有统计意义，而 T 又与$\bar{\varepsilon}_k$ 成正比，因此说法②是正确的。

由于$\bar{\varepsilon}_k$ 反映了物质内部分子运动剧烈程度，而 T 又与$\bar{\varepsilon}_k$ 成正比，因此说法③是正确的。

冷热程度是人的主观感觉，与分子的微观表现无关，因此说法④是错误的。

(2) 一瓶氦气和一瓶氮气密度相同，分子平均平动动能相同，而且它们都处于平衡状态，它们的温度和压强是否相同？如果不同，哪种气体的更大一些？

【答案：温度相同、压强不同；氦气的压强大】

详解：分子平均平动动能为

$$\bar{\varepsilon}_k=\frac{3}{2}kT$$

由于氦气和氮气的分子平均平动动能$\bar{\varepsilon}_k$ 相同，因此它们的温度相同。

由理想气体状态方程容易得到公式

$$p=\frac{\rho}{M}RT$$

尽管氦气和氮气密度相同、温度相同，但是由于它们的摩尔质量不同，因此它们的压强不同。由于氦气的摩尔质量比氮气的小，因此氦气的压强大。

(3) 在标准状态下，氧气和氦气均可视为由刚性双原子分子构成的理想气体，如果它们的体积比 $V_1:V_2=1:2$，则它们的内能之比 $E_1:E_2=$？

【答案：5∶6】

详解：由于理想气体状态方程为

$$pV=\frac{m}{M}RT$$

因此，理想气体的内能公式可以改写为

$$E=\frac{m}{M}\frac{i}{2}RT=\frac{i}{2}pV$$

由于标准状态下，氧气和氦气的压强相同，因此它们的内能之比为

$$\frac{E_1}{E_2}=\frac{i_1V_1}{i_2V_2}=\frac{5}{3}\times\frac{1}{2}=\frac{5}{6}$$

(4) 水蒸气可以分解为同温度的氢气和氧气，如果忽略振动自由度和化学能，则在分解过程中内能增加了百分之几？

【答案：25%】

详解：水蒸气分解为同温度的氢气和氧气的方程式为

$$H_2O = H_2 + \frac{1}{2}O_2$$

即1mol的水蒸气可分解成1mol的氢气和0.5mol的氧气。由于H_2O分子、H_2分子和O_2分子的自由度分别为6、5和5，因此该过程中内能的增量为

$$\Delta E = \left(\frac{5}{2}RT + 0.5 \times \frac{5}{2}RT\right) - \frac{6}{2}RT = \frac{3}{4}RT$$

内能增加的百分比为

$$\frac{\Delta E}{E_1} = \frac{3RT/4}{3RT} \times 100\% = 25\%$$

（5）压强为p、体积为V的氢气可视为由刚性分子构成的理想气体，其内能等于多少？

【答案：$\frac{5}{2}pV$】

详解：将理想气体状态方程代入内能公式中，得

$$E = \frac{i}{2}pV$$

由于刚性氢气分子为双原子分子，自由度$i=5$，因此其内能为

$$E = \frac{5}{2}pV$$

（6）三个容器内分别贮有1mol氦气（He）、1mol氢气（H_2）和1mol氨气（NH_3），这三种气体均可视为由刚性分子构成的理想气体。如果使它们的温度都升高1K，则它们的内能分别增加了多少？

【答案：12.5J；20.8J；24.9J】

详解：对将1mol理想气体而言，其内能为

$$E = \frac{i}{2}RT$$

当温度升高1K时，内能增量为

$$\Delta E = \frac{i}{2}R$$

将氦气分子、氢气分子和氨气分子的自由度3、5和6分别代入上式，解得它们的内能增量分别为

$$\Delta E_{氦气} = 12.5\text{J},\ \Delta E_{氢气} = 20.8\text{J},\ \Delta E_{氨气} = 24.9\text{J}$$

（7）有一瓶质量为M、温度为T的氢气可视为由刚性双原子分子构成的理想气体，则氢分子的平均平动动能等于多少？氢分子的平均动能等于多少？该瓶氢气的内能等于多少？

【答案：$\frac{3}{2}kT$；$\frac{5}{2}kT$；$\frac{5}{2}\frac{M}{M_{mol}}RT$】

详解：氢分子的平均平动动能

$$\bar{\varepsilon}_k=\frac{3}{2}kT$$

氢分子的平均动能为

$$\bar{\varepsilon}=\frac{i}{2}kT\,\bar{\varepsilon}=\frac{5}{2}kT$$

该瓶氢气的内能为

$$E=\frac{M}{M_{mol}}\frac{i}{2}RT=\frac{5}{2}\frac{M}{M_{mol}}RT$$

(8) 一个能量为 10^{12} eV 的宇宙射线粒子射入一个氖管中，氖管内充有 0.1mol 的氖气，如果宇宙射线粒子的能量全部被氖气分子所吸收，则氖气温度升高了多少 K？

【答案：1.28×10^{-7}K】

详解：由于氦气分子的自由度 $i=3$，因此氖气的内能增量为

$$\Delta E=\frac{m}{M}\frac{i}{2}R\Delta T=\frac{3}{2}\frac{m}{M}R\Delta T$$

由此解得氖气的温度升高值为

$$\Delta T=\frac{2\Delta E}{3(m/M)R}=1.28\times10^{-7}(\mathrm{K})$$

(9) 容器中储有 1mol 的氮气，容器内的压强为 1.33Pa，温度为 7℃，则在 $1\mathrm{m}^3$ 的体积中氮气的分子数为多少？容器中的氮气的密度为多少？$1\mathrm{m}^3$ 的体积中氮分子的总平动动能为多少？已知氮气的摩尔质量为 28×10^{-3}kg/mol。

【答案：$3.44\times10^{20}\mathrm{m}^{-3}$；$1.6\times10^{-5}\mathrm{kg/m^3}$；2.0J】

详解：由理想气体状态方程 $p=nkT$ 解得 $1\mathrm{m}^3$ 的体积中氮气的分子数为

$$n=\frac{p}{kT}=3.44\times10^{20}(\mathrm{m}^{-3})$$

由理想气体状态方程容易得到

$$p=\frac{\rho}{M}RT$$

因此，容器中的氮气的密度为

$$\rho=\frac{pM}{RT}=1.60\times10^{-5}(\mathrm{kg/m^3})$$

$1\mathrm{m}^3$ 的体积中氮分子的总平动动能为

$$E_k=n\cdot\frac{3}{2}kT=\frac{p}{kT}\cdot\frac{3}{2}kT=\frac{3}{2}p=2.0\ (\mathrm{J})$$

(10) 储有某种刚性双原子分子理想气体的容器以 100m/s 的速度运动，设该容器突然停止时气体的全部定向运动的动能都变为气体分子热运动的动能，此时容器中气体的温度升高了 6.74K，则容器中的气体的摩尔质量等于多少？

【答案：28×10^{-3}kg/mol】

解：该理想气体定向运动的动能和内能增量分别为

$$\frac{1}{2}Nm_0v^2=\frac{1}{2}mv^2,\ \Delta E\,\frac{m}{M}\frac{i}{2}R\Delta T$$

其中，m_0 为气体分子的质量，m 为该气体的质量，$m=Nm_0$。由能量守恒得

$$\frac{1}{2}mv^2=\frac{m}{M}\frac{i}{2}R\Delta T$$

由此解得该气体的摩尔质量为

$$M=\frac{iR\Delta T}{v^2}=\frac{5R\Delta T}{v^2}=28\times10^{-3}(\text{kg/mol})$$

（11）用绝热材料制成一个体积为 $2V_0$ 的容器，被绝热板隔成体积相等的两部分 A、B，A 内储有 1mol 单原子分子理想气体，B 内储有 2mol 刚性双原子分子理想气体，A、B 两部分压强相等，均等于 p_0，则两种气体的内能分别等于多少？抽去绝热板，两种气体混合后达到平衡态后的温度等于多少？

【答案：$\frac{3}{2}p_0V_0$；$\frac{5}{2}p_0V_0$；$\frac{8p_0V_0}{13R}$**】**

详解： 将理想气体状态方程代入内能公式中，得

$$E=\frac{i}{2}pV$$

A、B 内气体分子的自由度分别为 3 和 5，因此这两种气体的内能分别为

$$E_A=\frac{3}{2}p_0V_0,\ E_B=\frac{5}{2}p_0V_0$$

设抽去绝热板两种气体混合达到平衡态后的共同温度为 T，它们的内能为

$$E=1\times\frac{3}{2}RT+2\times\frac{5}{2}RT=\frac{13}{2}RT$$

由于能量守恒，即 $E=E_A+E_B$，因此

$$\frac{13}{2}RT=\frac{3}{2}p_0V_0+\frac{5}{2}p_0V_0=4p_0V_0$$

由此解得两种气体混合后的共同温度为

$$T=\frac{8p_0V_0}{13R}$$

（12）在一个以匀速度 u 运动的容器中，盛有分子质量为 m 的某种单原子理想气体。如果使容器突然停止运动，则气体状态达到平衡后，其温度的增量 ΔT 为多少？

【答案：$\frac{mu^2}{3k}$**】**

解： 设该单原子分子将全部动能都转变为热运动动能，则有

$$\frac{1}{2}mu^2=\frac{3}{2}k\Delta T$$

由此解得温度的增量为

$$\Delta T=\frac{mu^2}{3k}$$

3. 气体分子速率分布规律

（1）设声波通过理想气体时的速率与气体分子热运动的平均速率成正比，则声波通过具有相同温度的氧气和氢气的速率之比等于多少？

【答案：1∶4】

解：设声波通过具有相同温度的氧气和氢气的速率 v_1、v_2，则依题意有

$$v_1 = C\bar{v}_1 = \sqrt{\frac{8RT}{\pi M_1}} \qquad v_2 = C\bar{v}_2 = \sqrt{\frac{8RT}{\pi M_2}}$$

这两个速率之比为

$$\frac{v_1}{v_2} = \sqrt{\frac{M_2}{M_1}} = \sqrt{\frac{2}{32}} = \frac{1}{4}$$

(2) 设图 16-2 所示的两条曲线分别表示在相同温度下氧气和氢气分子的速率分布曲线，则 A、B 哪条曲线是氢气分子的速率分布曲线？氧气和氢气的最概然速率之比等于多少？

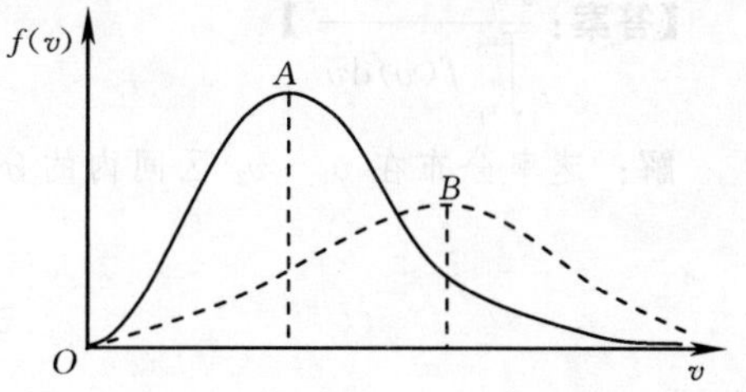

图 16-2

【答案：B 曲线；1∶4】

解：最概然速率为

$$v_p = \sqrt{\frac{2RT}{M}}$$

由于氢气的摩尔质量比氧气的小，在相同温度下氢气的最概然速率比氧气的大，因此 B 曲线是氢气分子的速率分布曲线。

氧气和氢气的最概然速率之比为

$$\frac{v_{p1}}{v_{p2}} = \sqrt{\frac{M_2}{M_1}} = \sqrt{\frac{2}{32}} = \frac{1}{4}$$

(3) 已知一定量的某种理想气体，在温度为 T_1 与 T_2 时分子的最概然速率分别为 v_{p1} 和 v_{p2}，分子速率分布函数的最大值分别为 $f(v_{p1})$ 和 $f(v_{p2})$。如果 $T_1 > T_2$，v_{p1} 和 v_{p2} 中哪一个大一些？$f(v_{p1})$ 和 $f(v_{p2})$ 中哪一个大一些？

【答案：$v_{p1} > v_{p2}$；$f(v_{p1}) < f(v_{p2})$】

解：最概然速率为

$$v_p = \sqrt{\frac{2RT}{M}}$$

对同种理想气体而言，温度高的最概然速率大。由于 $T_1 > T_2$，因此 $v_{p1} > v_{p2}$。

通过麦克斯韦速率分布曲线可以看出，v_p 越大的曲线 $f(v_p)$ 越小，因此 $f(v_{p1}) < f(v_{p2})$。

(4) 如果 $f(v)$ 为气体分子速率分布函数，N 为气体分子总数，m_0 为气体分子的质量，则 $\int_{v_1}^{v_2} \frac{1}{2} m_0 v^2 N f(v) \mathrm{d}v$ 表示的物理意义是什么？

【答案：速率处在 $v_1 \sim v_2$ 之间的分子的平动动能总和】

解：由于速率分布函数为

$$f(v) = \frac{\mathrm{d}N}{N\mathrm{d}v}$$

由此解得

$$\mathrm{d}N = Nf(v)\mathrm{d}v$$

题中的积分公式也可以改写为

$$\int_{v_1}^{v_2} \frac{1}{2} m_0 v^2 N f(v) \mathrm{d}v = \int_{v_1}^{v_2} \frac{1}{2} m_0 v^2 \mathrm{d}N$$

因此，它表示的物理意义为速率处在 $v_1 \sim v_2$ 之间的分子的平动动能总和。

（5）已知分子总数为 N，它们的速率分布函数为 $f(v)$，则速率分布在 $v_1 \sim v_2$ 区间内的分子的平均速率的表达式如何？

【答案：$\dfrac{\int_{v_1}^{v_2} v f(v) \mathrm{d}v}{\int_{v_1}^{v_2} f(v) \mathrm{d}v}$**】**

解： 速率分布在 $v_1 \sim v_2$ 区间内的分子的平均速率为

$$\overline{v} = \frac{\int_{v_1}^{v_2} v \mathrm{d}N}{\int_{v_1}^{v_2} \mathrm{d}N}$$

其中，$\mathrm{d}N = N f(v) \mathrm{d}v$，因此上式也可以写为

$$\overline{v} = \frac{\int_{v_1}^{v_2} v N f(v) \mathrm{d}v}{\int_{v_1}^{v_2} N f(v) \mathrm{d}v} = \frac{\int_{v_1}^{v_2} v f(v) \mathrm{d}v}{\int_{v_1}^{v_2} f(v) \mathrm{d}v}$$

（6）已知气体分子总数为 N，速率分布函数为 $f(v)$，则速率大于 v_0 的分子数的表达式如何？速率大于 v_0 的那些分子的平均速率的表达式如何？多次观察某一分子的速率，发现其速率大于 v_0 的概率的表达式如何？

【答案：$\int_{v_0}^{\infty} N f(v) \mathrm{d}v$；$\dfrac{\int_{v_0}^{\infty} v f(v) \mathrm{d}v}{\int_{v_0}^{\infty} f(v) \mathrm{d}v}$；$\int_{v_0}^{\infty} f(v) \mathrm{d}v$**】**

解： 速率大于 v_0 的分子数的表达式为

$$\Delta N = \int_{v_0}^{\infty} \mathrm{d}N = \int_{v_0}^{\infty} N f(v) \mathrm{d}v$$

速率大于 v_0 的那些分子的平均速率的表达式为

$$\overline{v} = \frac{\int_{v_0}^{\infty} v N f(v) \mathrm{d}v}{\int_{v_0}^{\infty} N f(v) \mathrm{d}v} = \frac{\int_{v_0}^{\infty} v f(v) \mathrm{d}v}{\int_{v_0}^{\infty} f(v) \mathrm{d}v}$$

多次观察某一分子的速率，发现其速率大于 v_0 的概率的表达式为

$$\frac{\Delta N}{N} = \frac{\int_{v_0}^{\infty} \mathrm{d}N}{N} = \frac{\int_{v_0}^{\infty} N f(v) \mathrm{d}v}{N} = \int_{v_0}^{\infty} f(v) \mathrm{d}v$$

（7）某气体在温度为 273K 时的压强为 1.0×10^{-2} atm、密度为 $1.24 \times 10^{-2} \mathrm{kg/m^3}$，则该气体分子的方均根速率等于多少？

【答案：495m/s**】**

详解： 由理想气体状态方程容易得到公式

$$p=\frac{\rho}{M}RT$$

将上式代入方均根速率公式中，即得

$$\sqrt{\overline{v^2}}=\sqrt{\frac{3RT}{M}}=\sqrt{\frac{3p}{\rho}}=465\ (\mathrm{m/s})$$

(8) 在容积为 V 的容器内，同时盛有质量为 M_1 和 M_2 的两种单原子分子的理想气体，已知此混合气体处于平衡状态时它们的内能相等，都等于 E。则混合气体压强等于多少？两种分子的平均速率之比等于多少？

【答案： $\frac{4E}{3V}$；$\sqrt{\frac{M_2}{M_1}}$**】**

详解： 由理想气体状态方程得两种混合气体的压强为

$$p=p_1+p_2=\frac{M_1}{M_{\mathrm{mol1}}}\frac{RT}{V}+\frac{M_2}{M_{\mathrm{mol2}}}\frac{RT}{V}$$

两种气体的内能相等，都等于 E，即

$$E=\frac{3}{2}\frac{M_1}{M_{\mathrm{mol1}}}RT=\frac{3}{2}\frac{M_2}{M_{\mathrm{mol2}}}RT$$

由此解得

$$\frac{M_1}{M_{\mathrm{mol1}}}RT=\frac{M_2}{M_{\mathrm{mol2}}}RT=\frac{2}{3}E$$

因此混合气体的压强为

$$p=\frac{2}{3}\frac{E}{V}+\frac{2}{3}\frac{E}{V}=\frac{4E}{3V}$$

由于

$$\frac{RT}{M_{\mathrm{mol1}}}=\frac{2E}{3M_1},\ \frac{RT}{M_{\mathrm{mol2}}}=\frac{2E}{3M_2}$$

两种气体分子的平均速率可以写为

$$\overline{v}_1=\sqrt{\frac{8RT}{\pi M_{\mathrm{mol1}}}}=\sqrt{\frac{16E}{3\pi M_1}},\ \overline{v}_2=\sqrt{\frac{8RT}{\pi M_{\mathrm{mol2}}}}=\sqrt{\frac{16E}{3\pi M_2}}$$

这两个平均速率之比为

$$\frac{\overline{v}_1}{\overline{v}_2}=\sqrt{\frac{M_2}{M_1}}$$

(9) 当理想气体处于平衡态时，如果气体分子速率分布函数为 $f(v)$，则分子速率处于最概然速率 v_p 至∞范围内的概率等于多少？

【答案： $\int_{v_0}^{\infty}f(v)\mathrm{d}v$**】**

解： 分子速率处于最概然速率 v_p 至∞范围内的概率为

$$\frac{\Delta N}{N}=\frac{\int_{v_0}^{\infty}\mathrm{d}N}{N}=\frac{\int_{v_0}^{\infty}Nf(v)\mathrm{d}v}{N}=\int_{v_0}^{\infty}f(v)\mathrm{d}v$$

4. 玻尔兹曼分布律

(1) 气体在某一温度下达到平衡状态，有人根据玻尔兹曼分布律得出如下四种说法，你认为那些说法是正确的？

1）分布在某一状态区间内的分子数与该区间内的粒子能量成正比。

2）在同样大小的状态区间内，能量较大的分子数较少，而能量较小的分子数较多。

3）在大小相等的各个状态区间内，分子总是处于低能态的概率大一些。

4）分布在某一坐标区间内，具有各种速度的分子总数只与坐标区间的间隔成正比，与粒子的能量无关。

【答案：2）3)】

详解：分布在某一状态区间内的分子数与该区间内的粒子能量的关系为

$$dN=Ce^{-\frac{(E_k+E_p)}{kT}}dv_x dv_y dv_z dx dy dz$$

而不是与该区间内的粒子能量成正比，因此说法1）是错误的。

由上式可以看出，在同样大小的状态区间（即 $dv_x dv_y dv_z dx dy dz$ 相同）内，能量（即 E_k+E_p）较大的分子数（即 dN）较少，而能量较小的分子数较多，因此说法2）是正确的。

分子处于某能态的概率为 dN/N，因此在大小相等的各个状态区间内，分子总是处于低能态的概率大一些，因此说法3）是正确的。

分布在某一坐标区间（例如 $x_1\sim x_2$、$y_1\sim y_2$、$y_1\sim y_2$）内，具有各种速度的分子总数为

$$N=C\int_0^{\infty}\int_0^{\infty}\int_0^{\infty}dv_x dv_y dv_z\int_{x_1}^{x_1}\int_{y_1}^{y_2}\int_{z_1}^{z_2}e^{-\frac{(E_k+E_p)}{kT}}dx dy dz$$

由于 E_k+E_p 是速度和坐标的函数，因此 N 不但与坐标区间间隔有关，而且也与粒子的能量有关，因此，说法4）是错误的。

(2) 处于重力场中的某种气体，在高度 z 处分子数密度为 n。如果 $f(v)$ 是分子的速率分布函数，则坐标介于 $x\sim x+dx$、$y\sim y+dy$、$z\sim z+dz$ 区间内，速率介于 $v\sim v+dv$ 区间内的分子数的表达式如何？

【答案：$nf(v)dx dy dz dv$】

详解：由分子的速率分布函数的定义可以得到

$$dN=f(v)Ndv$$

其中，N 为坐标介于 $x\sim x+dx$、$y\sim y+dy$、$z\sim z+dz$ 区间内的分子总数，由题意得

$$N=n dx dy dz$$

因此，坐标介于 $x\sim x+dx$、$y\sim y+dy$、$z\sim z+dz$ 区间内，速率介于 $v\sim v+dv$ 区间内的分子数的表达式为

$$dN=nf(v)dx dy dz dv$$

(3) 已知大气中分子数密度 n 随高度 h 的变化规律为

$$n=n_0 e^{-\frac{Mgh}{RT}}$$

其中，n_0 为 $h=0$ 处的分子数密度。如果大气中空气的摩尔质量为 M，温度为 T，且处处相同，并设重力场是均匀的，则空气分子数密度减少到地面的一半时的高度为等于多少？

【答案：1950m】

详解：空气分子数密度减少到地面的一半时，有

$$\frac{1}{2}n_0=n_0\mathrm{e}^{-\frac{Mgh}{RT}}$$

由此解得此处距地面的高度为

$$h=\frac{RT}{Mg}\ln 2$$

(4) 已知大气压强随高度 h 的变化规律为

$$p=p_0\mathrm{e}^{-\frac{Mgh}{RT}}$$

设气温 $t=5℃$，同时测得海平面的气压和山顶的气压分别为 750mmHg 和 590mmHg，则山顶的海拔高度等于多少？已知空气的摩尔质量为 29×10^{-3}kg/mol.

【答案： $h=\frac{RT}{Mg}\ln 2$**】**

详解： 由大气压强随高度 h 的变化规律解得山顶的海拔高度为

$$h=\frac{RT}{Mg}\ln\frac{p_0}{p}=1950\ (\mathrm{m})$$

(5) 一定量的理想气体，在温度不变的条件下，当体积增大时，分子的平均碰撞频率 $\overline{Z}$ 和平均自由程 $\overline{\lambda}$ 分别怎样变化？

【答案： $\overline{Z}$**减小；**$\overline{\lambda}$**增大】**

详解： 由理想气体状态方程得

$$p=\frac{m}{M}\frac{RT}{V}$$

将上式代入平均自由程的计算公式中，得

$$\overline{\lambda}=\frac{kT}{\sqrt{2}\pi d^2 p}=\frac{kT}{\sqrt{2}\pi d^2}\frac{M}{m}\frac{V}{RT}=\frac{kMV}{\sqrt{2}\pi mRd^2}$$

可见，对一定量（m/M 恒定）的理想气体，在温度 T 不变的条件下，当体积 V 增大时平均自由程 $\overline{\lambda}$ 增大。

分子的平均碰撞频率与平均自由程的关系为

$$\overline{Z}=\frac{\overline{v}}{\overline{\lambda}}=\frac{1}{\overline{\lambda}}\sqrt{\frac{8RT}{\pi M}}$$

由于温度 T 不变，当平均自由程 $\overline{\lambda}$ 增大时，平均碰撞频率 $\overline{Z}$ 减小。

(6) 在一个体积不变的容器中，储有一定量的理想气体，温度为 T_0 时，气体分子的平均速率为 $\overline{v}_0$，分子平均碰撞频率为 $\overline{Z}_0$，平均自由程为 $\overline{\lambda}_0$。当气体温度升高为 $4T_0$ 时，气体分子的平均速率 $\overline{v}$、平均碰撞频率 $\overline{Z}$ 和平均自由程 $\overline{\lambda}$ 分别等于原来值的多少倍？

【答案： 2；2；1**】**

详解： 体积不变的一定量理想气体，温度由 T_0 升高为 $4T_0$ 时，三个物理量变化情况如下：

由气体分子的平均速率公式 $\overline{v}=\sqrt{\frac{8RT}{\pi M}}$ 可得

$$\frac{\overline{v}}{\overline{v}_0}=\sqrt{\frac{4T_0}{T_0}}=2$$

即气体分子的平均速率等于原来值的 2 倍。

由分子平均碰撞频率公式$\overline{Z}=\sqrt{2}n\pi d^2\ \overline{v}$可知，在 n、d 不变的情况下，有

$$\frac{\overline{Z}}{\overline{Z}_0}=\frac{\overline{v}}{\overline{v}_0}=2$$

即气体分子的平均碰撞频率等于原来值的 2 倍。

由分子平均自由程公式$\overline{\lambda}=\dfrac{1}{\sqrt{2}\pi d^2 n}$可知，在 n、d 不变的情况下，气体分子的平均自由程不变，即气体分子的平均自由程等于原来值的 1 倍。

(7) 在一个封闭容器中盛有 1mol 氦气（可以视为理想气体），这时分子无规则运动的平均自由程只由哪一个物理量决定？

【答案：体积 V】

详解：对于 1mol 的理想气体，由理想气体状态方程得

$$p=\frac{RT}{V}$$

将上式代入平均自由程公式中，得

$$\overline{\lambda}=\frac{kT}{\sqrt{2}\pi d^2 p}=\frac{kT}{\sqrt{2}\pi d^2}\frac{V}{RT}=\frac{kV}{\sqrt{2}\pi R d^2}$$

可见，对于 1mol 的理想气体，其平均自由程$\overline{\lambda}$只由体积 V 决定。

(8) 一个容器贮有某种理想气体，其分子平均自由程为$\overline{\lambda}_0$，如果气体的热力学温度降到原来的一半，但体积不变，分子作用球半径不变，这时的平均自由程是$\overline{\lambda}_0$ 的多少倍？

【答案：1】

详解：将理想气体状态方程代入平均自由程公式中，得

$$\overline{\lambda}=\frac{kT}{\sqrt{2}\pi d^2 p}=\frac{k}{\sqrt{2}\pi d^2}\frac{MV}{mR}=\frac{kMV}{\sqrt{2}\pi m R d^2}$$

可见，尽管温度降到原来的一半，但体积 V 和分子作用球半径 d 不变，平均自由程并不发生变化，即这时的平均自由程等于原来值的 1 倍。

(9) 氮气在标准状态下的分子平均碰撞频率为 $5.42\times10^8\mathrm{s}^{-1}$，平均自由程为 6×10^{-6} cm。如果温度不变，气压降为 0.1atm，则分子的平均碰撞频率和平均自由程分别等于多少？

【答案：6×10^{-5}cm；$5.42\times10^7\mathrm{s}^{-1}$】

详解：变化前后氮气的平均自由程分别为

$$\overline{\lambda}_0=\frac{kT_0}{\sqrt{2}\pi d^2 p_0},\ \overline{\lambda}=\frac{kT_0}{\sqrt{2}\pi d^2 p}$$

以上两式相除即得变化后氮气分子的平均自由程为

$$\overline{\lambda}=\frac{p_0}{p}\overline{\lambda}_0=6\times10^{-5}(\mathrm{cm})$$

由于$\overline{v}=\overline{Z\lambda}$，温度不变则平均速率也不变，因此

$$\overline{Z}_0\ \overline{\lambda}_0=\overline{Z}\ \overline{\lambda}$$

由此解得变化后氮气分子的平均碰撞频率为

$$\bar{Z}=\frac{\bar{\lambda}_0}{\bar{\lambda}}\bar{Z}_0=\frac{p}{p_0}\bar{Z}_0=5.42\times10^{-7}(\mathrm{s}^{-1})$$

（10）一定量的某种理想气体，先经过等体过程使其热力学温度升高为原来的 2 倍，再经过等压过程使其体积膨胀为原来的 2 倍，则分子的平均自由程变为原来的多少倍？

【答案：2】

详解：将理想气体状态方程代入平均自由程公式中，得

$$\bar{\lambda}=\frac{kT}{\sqrt{2}\pi d^2 p}=\frac{k}{\sqrt{2}\pi d^2}\frac{MV}{mR}=\frac{kMV}{\sqrt{2}\pi mRd^2}$$

因此，变化后分子的平均自由程为

$$\bar{\lambda}_2=\frac{kMV_2}{\sqrt{2}\pi mRd^2}=\frac{2kMV_1}{\sqrt{2}\pi mRd^2}=2\bar{\lambda}_1$$

三、课后习题解答

（1）两个相同的容器装有氢气，以一根细玻璃管相连通，管中用一滴水银作活塞，如图 16－3 所示。当左边容器的温度为 20℃，而右边容器的温度为 0℃时，水银滴刚好在管的中央。试问，当左边容器温度由 20℃增到 30℃，而右边容器温度由 0℃增到 5℃时，水银滴是否会移动？如何移动？

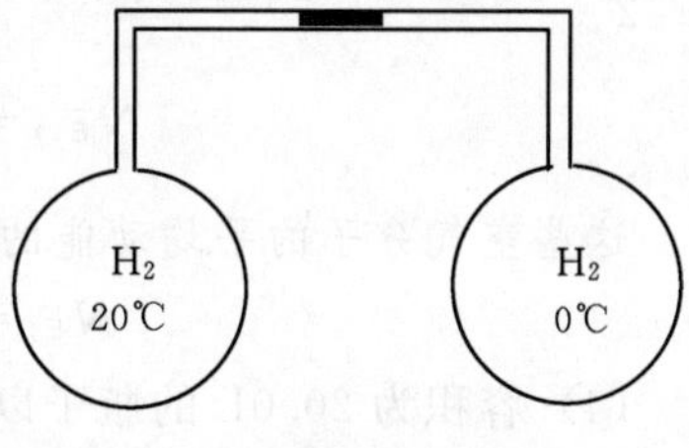

图 16－3

解：假设两侧容器内的氢气温度升高时，不让水银滴移动，则两侧容器内的氢气作等体变化。

设左侧容器内的氢气温度升高前后的压强、温度分别为 p_1、T_1 和 p_1'、T_1'，右侧容器内的氢气温度升高前后的压强、温度分别为 p_2、T_2 和 p_2'、T_2'，则由查理定律得

$$\frac{p_1}{T_1}=\frac{p_1'}{T_1'},\ \frac{p_2}{T_2}=\frac{p_2'}{T_2'}$$

将以上两式相除，同时注意到 $p_1=p_2$，得

$$\frac{p_1'}{p_2'}=\frac{T_1'T_2}{T_2'T_1}=\frac{303\times273}{278\times293}=1.02>1$$

即 $p_1'>p_2'$，因此水银滴会发生移动，并且向右移动。

（2）黄绿光的波长是 500nm。理想气体在标准状态下，以黄绿光的波长为边长的立方体内有多少个气体分子？

解：根据理想气体状态方程 $p=nkT$ 得理想气体在标准状态下的分子数密度为

$$n=\frac{p}{kT}$$

因此，以 λ 为边长的立方体内的分子数为

$$N=nV=\frac{p\lambda^3}{kT}=3.36\times10^6$$

（3）一个容积为 $10\mathrm{cm}^3$ 的电子管，当温度为 300K 时，用真空泵将管内空气抽成压强

为 5×10^{-6} mmHg的高真空，问此时管内有多少个空气分子？这些空气分子的平均平动动能的总和是多少？平均转动动能的总和是多少？平均动能的总和是多少？设空气分子为刚性双原子分子。

解： 由于理想气体状态方程

$$p=nkT=\frac{N}{V}kT$$

因此，管内的空气分子数为

$$N=\frac{pV}{kT}=1.61\times10^{12}$$

由于气体分子的平均平动动能为$\bar{\varepsilon}_{k1}=\frac{3kT}{2}$，因此这些空气分子的平均平动动能的总和为

$$N\bar{\varepsilon}_{k1}=\frac{pV}{kT}\times\frac{3}{2}kT=\frac{3}{2}pV=1.0\times10^{-8}(\mathrm{J})$$

由于认为空气分子是刚性双原子分子，因此空气分子的平均转动动能为$\bar{\varepsilon}_{k2}=\frac{(5-3)kT}{2}=kT$，这些空气分子的平均转动动能的总和为

$$N\bar{\varepsilon}_{k2}=\frac{pV}{kT}\times kT=pV=0.67\times10^{-8}(\mathrm{J})$$

这些空气分子的平均动能的总和为

$$N\bar{\varepsilon}_{k}=N\bar{\varepsilon}_{k1}+N\bar{\varepsilon}_{k2}=1.67\times10^{-8}(\mathrm{J})$$

(4) 容积为20.0L的瓶子以200 $\mathrm{m\cdot s^{-1}}$的速率匀速运动，瓶子中充有质量为100g的氦气。设瓶子突然停止，且气体的全部定向运动的动能都变为气体分子热运动的动能，瓶子与外界没有热量交换，求热平衡后氦气的温度、压强、内能及氦气分子的平均动能各增加多少？

解： 氦气定向运动的动能和内能增量分别为

$$\frac{1}{2}Nm_0v^2=\frac{1}{2}mv^2,\ \Delta E=\frac{m}{M}\frac{i}{2}R\Delta T$$

其中 m_0 为氦气分子的质量，m 为氦气的质量，$m=Nm_0$。由能量守恒得

$$\frac{1}{2}mv^2=\frac{m}{M}\frac{i}{2}R\Delta T$$

由此解得氦气温度的增量为

$$\Delta T=\frac{Mv^2}{iR}=\frac{Mv^2}{iR}=\frac{4.0\times10^{-3}\times200^2}{3\times8.31}=6.42\ (\mathrm{K})$$

由理想气体状态方程得 $pV=\frac{m}{M}RT$ 氦气压强的增量为

$$\Delta p=\frac{mR\Delta T}{MV}=\frac{mR}{MV}\frac{Mv^2}{iR}=\frac{mv^2}{iV}=\frac{0.1\times200^2}{3\times20.0\times10^{-3}}=6.67\times10^4(\mathrm{Pa})$$

内能的增量为

$$\Delta E=\frac{m}{M}\frac{i}{2}R\Delta T=\frac{1}{2}mv^2=\frac{1}{2}\times0.1\times200^2=2.0\times10^3(\mathrm{J})$$

氦气分子的平均动能的增量为

$$\Delta\bar{\varepsilon}=\frac{i}{2}k\Delta T=\frac{i}{2}\frac{R}{N_A}\frac{Mv^2}{iR}=\frac{Mv^2}{2N_A}=\frac{4.0\times10^{-3}\times200^2}{2\times6.022\times10^{23}}=1.33\times10^{-22}(\mathrm{J})$$

(5) 某密封房间的体积为 5m×3m×3m，室温为 20℃，室内空气分子热运动的平均平动动能的总和是多少？如果气体的温度升高 1.0K，而体积不变，则气体的内能变化多少？气体分子的方均根速率增加多少？已知空气的密度为 $1.29\mathrm{kg/m^3}$，摩尔质量为 $29\times10^{-3}\mathrm{kg/mol}$，且空气分子可认为是刚性双原子分子。

解：空气分子热运动的平均平动动能的总和为

$$N\bar{\varepsilon}_k=N\frac{3}{2}kT=N_A\frac{m}{M}\times\frac{3}{2}\frac{R}{N_A}T=\frac{3}{2}\frac{\rho V}{M}RT=7.31\times10^6(\mathrm{J})$$

气体内能的增量为

$$\Delta E=\frac{m}{M}\frac{i}{2}R\Delta T=\frac{\rho V}{M}\frac{i}{2}R\Delta T=4.16\times10^4(\mathrm{J})$$

气体分子的方均根速率增量为

$$\Delta\sqrt{\overline{v^2}}=\sqrt{\frac{3RT_2}{M}}-\sqrt{\frac{3RT_1}{M}}=\sqrt{\frac{3R}{M}}(\sqrt{T_2}-\sqrt{T_1})=0.856\ (\mathrm{m/s})$$

(6) 有 $2\times10^{-3}\mathrm{m^3}$ 的刚性双原子分子理想气体，其内能为 6.75×10^2 J。

1) 试求气体的压强。

2) 设分子总数为 5.4×10^{22} 个，求分子的平均平动动能及气体的温度。

解：1) 理想气体的内能为

$$E=\frac{m}{M}\frac{i}{2}RT$$

将理想气体状态方程 $pV=\frac{m}{M}RT$ 代入上式，有

$$E=\frac{i}{2}pV$$

由此解得该气体的压强为

$$p=\frac{2E}{iV}=1.35\times10^5(\mathrm{Pa})$$

2) 理想气体的内能也可以表达为

$$E=N\frac{i}{2}kT=\frac{5}{2}NkT$$

由此解得该气体的温度为

$$T=\frac{2E}{5Nk}=362\ (\mathrm{K})$$

该分子的平均平动动能为

$$\bar{\varepsilon}_k=\frac{3}{2}kT=\frac{3}{2}k\times\frac{2E}{5Nk}=\frac{3E}{5N}=7.5\times10^{-21}(\mathrm{J})$$

(7) 一瓶氢气和一瓶氧气温度相同。如果氢气分子的平均平动动能为 6.21×10^{-21}J。试求：

1) 氧气分子的平均平动动能和方均根速率。

2）氧气的温度。

解：1）由于氧气和氢气的温度相同，因此氧气分子的平均平动动能与氢气分子的平均平动动能相等，即

$$\bar{\varepsilon}_{kO_2}=\frac{3}{2}kT=6.21\times10^{-21}\,(\text{J})$$

由上式可以解得

$$3kT=2\,\bar{\varepsilon}_{kO_2}$$

因此氧气分子的方均根速率为

$$\sqrt{\overline{v_{O_2}^2}}=\sqrt{\frac{3kT}{m_{0O_2}}}=\sqrt{\frac{2\,\bar{\varepsilon}_{kO_2}}{m_{0O_2}}}=\sqrt{\frac{2N_A\,\bar{\varepsilon}_{kO_2}}{M_{O_2}}}=483.5\ (\text{m/s})$$

2）由氧气分子的平均平动动能公式容易得到氧气的温度为

$$T=\frac{2\,\bar{\varepsilon}_{kO_2}}{3k}=300\ (\text{K})$$

（8）水蒸气分解为同温度的氢气和氧气时，有

$$H_2O=\!=\!=H_2+\frac{1}{2}O_2$$

2mol 的水蒸气可分解成 2mol 氢气和 1mol 氧气。当不计振动自由度时，求此过程中内能的增量。

解：当不计振动自由度时，H_2O 分子、H_2 分子和 O_2 分子的自由度分别为 6、5 和 5。因此，1mol 的水蒸气分解为同温度的 1mol 氢气和 0.5mol 氧气时，内能的增量为

$$\Delta E=\left(\frac{5}{2}RT+0.5\times\frac{5}{2}RT\right)-\frac{6}{2}RT=\frac{3}{4}RT$$

（9）容器内有 2.66kg 的氧气，已知其气体分子的平动动能的总和为 4.14×10^5J，求：

1）气体分子的平均平动动能。

2）气体温度。

解：1）气体分子的平均平动动能和气体分子的平动动能的总和分别为

$$\bar{\varepsilon}_k=\frac{3}{2}kT,\ \overline{E}_k=\frac{m}{M}\frac{3}{2}RT$$

以上两式相除即得气体分子的平均平动动能为

$$\bar{\varepsilon}_k=\frac{kM\overline{E}_k}{mR}=\frac{M\overline{E}_k}{mN_A}=8.27\times10^{-21}\,(\text{J})$$

2）由气体分子的平动动能总和公式即得气体的温度为

$$T=\frac{2M\overline{E}_k}{3mR}=400\ (\text{K})$$

（10）容积为 1m^3 的容器内混有 1.0×10^{25} 个氢气分子和 4.0×10^{25} 个氧气分子，混合气体的温度为 400K，求：

1）气体分子的平动动能总和。

2）混合气体的压强。

解：1）气体分子的平动动能总和为

$$E_K=N\bar{\varepsilon}=(n_1+n_2)\frac{3}{2}kT$$

$$=(1.0\times10^{25}+4.0\times10^{25})\times\frac{3}{2}\times1.38\times10^{-23}\times400$$

$$=4.14\times10^5(\mathrm{J})$$

2）混合气体的压强为

$$p=(n_1+n_2)kT=\frac{2}{3}E_K=\frac{2}{3}\times4.14\times10^5=2.76\times10^5(\mathrm{Pa})$$

（11）容器内混有二氧化碳和氧气两种气体，混合气体的温度是290K，内能是9.64$\times10^5$J，总质量是5.4kg，试分别求二氧化碳和氧气的质量。

解：二氧化碳和氧气的摩尔质量分别为$M_1=44\times10^{-3}$kg和$M_2=32\times10^{-3}$kg，自由度分别为$i_1=6$和$i_2=5$。设二氧化碳和氧气的质量分别为m_1和m_2，则有

$$m_1+m_2=m$$

$$\frac{m_1}{M_1}\frac{i_1}{2}RT+\frac{m_2}{M_2}\frac{i_2}{2}RT=E$$

由以上两式解得

$$m_1=\left(\frac{2E}{RT}-\frac{mi_2}{M_2}\right)\frac{M_1M_2}{M_1i_2-M_2i_1}=2.2\,(\mathrm{kg})$$

$$m_2=m-m_1=3.2\,(\mathrm{kg})$$

（12）将氢气视为刚性双原子分子气体，当氢气和氦气的压强、体积和温度都相等时，求它们的质量比和内能比。

解：由于氢气和氦气的压强、体积和温度都相等，由理想气体状态方程$pV=\frac{m}{M}RT$可知，氢气和氦气的摩尔数相等，即

$$\frac{m_{H_2}}{M_{H_2}}=\frac{m_{He}}{M_{He}}$$

由此解得氢气和氦气的质量比为

$$\frac{m_{H_2}}{m_{He}}=\frac{M_{H_2}}{M_{He}}=\frac{2}{4}=\frac{1}{2}$$

由于氢气和氦气的摩尔数和温度都相等，由理想气体的内能公式$E=\frac{m}{M}\frac{i}{2}RT$即得氢气和氦气的内能比为

$$\frac{E_{H_2}}{E_{He}}=\frac{i_{H_2}}{i_{He}}=\frac{5}{3}$$

（13）计算下列一组粒子的平均速率和方均根速率，见表16－1。

表16－1　　**课后习题解答题13表**

粒子数 N_i	2	4	6	8	5	2
速率 v_i（m/s）	10.0	20.0	30.0	40.0	50.0	60.0

解： 这组粒子的平均速率为

$$\overline{v}=\frac{\sum N_i v_i}{\sum N_i}=\frac{2\times10+4\times20+6\times30+8\times40+5\times50+2\times60}{2+4+6+8+5+2}=35.9\ (\text{m/s})$$

方均根速率为

$$\sqrt{\overline{v^2}}=\sqrt{\frac{\sum N_i v_i^2}{\sum N_i}}$$

$$=\sqrt{\frac{2\times10^2+4\times20^2+6\times30^2+8\times40^2+5\times50^2+2\times60^2}{2+4+6+8+5+2}}$$

$$=38.3\ (\text{m/s})$$

(14) 质量为 6.2×10^{-17} g 的微粒悬浮在 27℃ 的液体中，观测到悬浮粒子的方均根速率为 $1.4\text{cm}\cdot\text{s}^{-1}$。假设粒子速率服从麦克斯韦速率分布，求阿伏伽德罗常数。

解： 方均根速率为

$$\sqrt{\overline{v^2}}=\sqrt{\frac{3RT}{M}}=\sqrt{\frac{3RT}{N_A m_0}}$$

由此解得阿伏伽德罗常数为

$$N_A=\frac{3RT}{m_0(\sqrt{\overline{v^2}})^2}=6.15\times10^{23}(\text{mol}^{-1})$$

(15) 某星球的温度达到 10^8 K。在这温度下原子已经不存在了，而质子是存在的。如果将质子视为理想气体，求：

1) 质子的方均根速率是多少？

2) 质子的平均平动动能是多少电子伏特？

解： 1) 由于质子的摩尔质量 $M=1\times10^{-3}\text{kg}\cdot\text{mol}^{-1}$，因此质子的方均根速率为

$$\sqrt{\overline{v^2}}=\sqrt{\frac{3RT}{M}}=1.58\times10^6(\text{m/s})$$

2) 质子的平均平动动能为

$$\overline{\varepsilon}_k=\frac{3}{2}kT=1.29\times10^4(\text{eV})$$

(16) 一个氧气瓶的容积为 V，充了气未使用时压强为 p_1，温度为 T_1；使用后瓶内氧气的质量减少为原来的一半，其压强降为 p_2，试求此时瓶内氧气的温度 T_2 和使用前后分子热运动平均速率之比 $\overline{v}_1:\overline{v}_2$。

解： 由理想气体状态方程得

$$p_1V=\frac{m}{M}RT_1,\ p_2V=\frac{m}{2M}RT_2$$

因此，解得后来瓶内氧气的温度为

$$T_2=\frac{2p_2}{p_1}T_1$$

由平均速率公式 $\overline{v}=\sqrt{\frac{8RT}{\pi M}}$ 得氧气使用前后分子热运动的平均速率之比为

$$\frac{\overline{v}_1}{\overline{v}_2}=\sqrt{\frac{T_1}{T_2}}=\sqrt{\frac{p_1}{2p_2}}$$

（17）假设地球大气层由同种分子构成，且充满整个空间，并设各处温度 T 相等。试根据玻尔兹曼分布律计算大气层中分子的平均重力势能。（已知积分公式 $\int_0^\infty x^n e^{-ax} dx = \frac{n!}{a^{n+1}}$）

解：取 y 轴竖直向上，地面处 $y=0$，在 y 处取垂直于 y 轴的面积 S，根据玻尔兹曼分布律得体积元 Sdy 内的分子数为

$$dN = nSdy = n_0 S e^{-\frac{m_0 gy}{kT}} dy$$

其中，n_0 为地面处的分子数密度。

分子的平均重力势能为

$$\overline{E}_p = \frac{\int_0^\infty m_0 gy dN}{\int_0^\infty dN} = \frac{\int_0^\infty n_0 S m_0 gy e^{-\frac{m_0 gy}{kT}} dy}{\int_0^\infty n_0 S e^{-\frac{m_0 gy}{kT}} dy} = \frac{m_0 g \int_0^\infty y e^{-\frac{m_0 gy}{kT}} dy}{\int_0^\infty e^{-\frac{m_0 gy}{kT}} dy}$$

$$= \frac{m_0 g [kT/(m_0 g)]^2}{kT/(m_0 g)} = kT$$

（18）当温度为 15℃、压强为 0.76mHg 时，氩分子和氖分子的平均自由程分别为 6.7×10^{-8}m 和 13.2×10^{-8}m，求：

1）氖分子和氩分子有效直径之比等于多少？

2）当温度为 20℃、压强为 0.15mHg 时，氩分子的平均自由程等于多少？

解：1）由平均自由程计算公式 $\overline{\lambda} = \frac{kT}{\sqrt{2}\pi d^2 p}$ 得氖分子和氩分子的有效直径之比为

$$\frac{d_{Ne}}{d_{Ar}} = \sqrt{\frac{\overline{\lambda}_{Ar}}{\overline{\lambda}_{Ne}}} = 0.71$$

2）在两种情况下氩分子的平均自由程分别为

$$\overline{\lambda}_1 = \frac{kT_1}{\sqrt{2}\pi d^2 p_1}, \overline{\lambda}_2 = \frac{kT_2}{\sqrt{2}\pi d^2 p_2}$$

两式相除即得第二种情况下氩分子的平均自由程为

$$\overline{\lambda}_2 = \frac{p_1 T_2}{p_2 T_1} \overline{\lambda}_1 = 3.5\times10^{-7}(\text{m})$$

四、自我检测题

1. 单项选择题（每题 3 分，共 30 分）

（1）如果理想气体的体积为 V，压强为 p，温度为 T，一个分子的质量为 m_0，k 为玻尔兹曼常量，R 为普适气体常量，则该理想气体的分子数为[　　]。

(A) $\frac{pV}{m_0}$；　(B) $\frac{pV}{RT}$；　(C) $\frac{pV}{kT}$；　(D) $\frac{pV}{m_0 T}$。

（2）三个容器 A、B、C 中装有同种理想气体，它们中的气体分子数密度 n 相同，而方均根速率之比为 1∶2∶4，则其压强之比 $p_A : p_B : p_C$ 为[　　]。

(A) 1∶2∶4；　(B) 4∶2∶1；　(C) 1∶4∶16；　(D) 1∶4∶8。

(3) 已知氢气与氧气的温度相同，下列说法中正确的是[　　]。

(A) 由于氧分子的质量比氢分子大，因此氢分子的速率一定比氧分子的速率大；

(B) 由于氧分子的质量比氢分子大，因此氧气的密度一定大于氢气的密度；

(C) 由于氧分子的质量比氢分子大，因此氧气的压强一定大于氢气的压强；

(D) 由于氧分子的质量比氢分子大，因此氢分子的方均根速率一定比氧分子的方均根速率大。

(4) 当温度为 T 时，1mol 刚性双原子分子理想气体的内能为[　　]。

(A) $\frac{3}{2}RT$；　(B) $\frac{5}{2}RT$；　(C) $\frac{3}{2}kT$；　(D) $\frac{5}{2}kT$。

(5) 两瓶不同种类的理想气体，它们的温度和压强都相同但体积不同，则单位体积内的气体分子数 n、单位体积内的气体分子的总平动动能 (E_k/V)、单位体积内的气体质量 ρ 分别有如下关系[　　]。

(A) n 不同，E_k/V 不同，ρ 不同；　(B) n 相同，E_k/V 相同，ρ 不同；

(C) n 不同，E_k/V 不同，ρ 相同；　(D) n 相同，E_k/V 相同，ρ 相同。

(6) 在标准状态下体积比为 1∶2 的氧气和氦气均视为刚性分子理想气体，将它们相混合，混合气体中氧气和氦气的内能之比为[　　]。

(A) 1∶2；　(B) 5∶3；　(C) 5∶6；　(D) 10∶3。

(7) 某容器内装有 N_1 个单原子理想气体分子和 N_2 个刚性双原子理想气体分子，当该系统处在温度为 T 的平衡态时，其内能为[　　]。

(A) $(N_1+N_2)\left(\frac{3}{2}kT+\frac{5}{2}kT\right)$；　(B) $N_1\frac{5}{2}kT+N_2\frac{3}{2}kT$；

(C) $N_1\frac{3}{2}kT+N_2\frac{5}{2}kT$；　(D) $\frac{1}{2}(N_1+N_2)\left(\frac{3}{2}kT+\frac{5}{2}kT\right)$。

(8) 用$\overline{v}$表示气体分子运动的平均速率，v_p 表示气体分子运动的最概然速率，$\sqrt{\overline{v^2}}$表示气体分子运动的方均根速率. 对处于平衡状态下理想气体而言，三种速率的关系为[　　]。

(A) $v_p>\overline{v}>\sqrt{\overline{v^2}}$；　(B) $\overline{v}=v_p<\sqrt{\overline{v^2}}$；

(C) $v_p<\overline{v}<\sqrt{\overline{v^2}}$；　(D) $\sqrt{\overline{v^2}}=\overline{v}=v_p$。

(9) 在一个容积不变的封闭容器内，如果将理想气体分子的平均速率提高为原来的 2 倍，则[　　]。

(A) 温度和压强都为原来的 4 倍；

(B) 温度为原来的 2 倍，压强为原来的 4 倍；

(C) 温度为原来的 4 倍，压强为原来的 2 倍；

(D) 温度和压强都提高为原来的 2 倍。

(10) 在恒定不变的压强下，气体分子的平均碰撞频率$\overline{Z}$与气体的热力学温度 T 的关系为[　　]。

(A) $\overline{Z}$与 T 无关　(B) $\overline{Z}$与 T 成正比；

(C) $\overline{Z}$与$\sqrt{T}$成反比；　(D) $\overline{Z}$与$\sqrt{T}$成正比。

2. 填空题（每空 2 分，共 30 分）

（1）氢分子的质量为 3.3×10^{-24}g，如果每秒有 10^{23} 个氢分子沿着与容器器壁的法线成 $45°$ 角的方向以 2.0×10^{5}cm/s 的速率撞击在 2.0cm^2 的面积上，已知碰撞是完全弹性的，则此氢气的压强为（　　）。

（2）两个容积相等的容器，用光滑细管相连通，细管中的一个小滴水银将两个容器分开。两个容积中分别装有相同质量的 N_2 和 O_2 气体。它们的温度差为 30K，当水银滴在正中央不动时，N_2 和 O_2 的温度为（　　）和（　　）。

（3）2g 氢气与 2g 氦气分别装在两个容积相同的封闭容器内，它们的温度也相同。如果氢气分子可以视为刚性双原子分子，则氢气分子与氦气分子的平均平动动能之比为（　　）；氢气与氦气的压强之比为（　　）；氢气与氦气的内能之比为（　　）。

（4）根据能量按自由度均分原理，设气体分子为刚性分子，分子自由度数为 i，则当温度为 T 时，一个分子的平均动能为（　　）；1mol 氧气分子的转动动能总和为（　　）。

（5）1mol 氮气由状态 $A(p_1, V)$ 变到状态 $B(p_2, V)$，该氮气内能的增量为（　　）。

（6）一个氧气瓶的容积为 V，充入氧气后的压强为 p_1，用了一段时间后压强降为 p_2，则瓶中剩下的氧气的内能与未使用前的内能之比为（　　）。

（7）图 16－4 所示曲线为处于同一温度 T 时氦（原子量 4）、氖（原子量 20）和氩（原子量 40）三种气体分子的速率分布曲线。其中曲线Ⅰ是（　　）气分子的速率分布曲线；曲线Ⅲ是（　　）气分子的速率分布曲线。

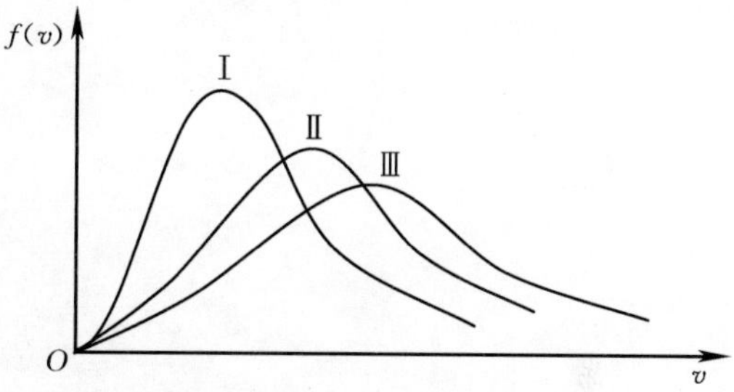

图 16－4

（8）一个容器内有摩尔质量分别为 M_1 和 M_2 的两种不同的理想气体 1 和 2，当此混合气体处于平衡状态时，1 和 2 两种气体分子的方均根速率之比是（　　）。

（9）已知大气压强随高度 h 变化的规律为

$$p=p_0\mathrm{e}^{-\frac{Mgh}{RT}}$$

拉萨海拔约为 3600m，设大气温度为 27℃，而且处处相同，则拉萨的气压为（　　）Pa。已知空气的摩尔质量为 29×10^{-3}kg/mol。

（10）一定量的某种理想气体，先经过等体过程使其热力学温度升高为原来的 2 倍，再经过等压过程使其体积膨胀为原来的 2 倍，则分子的平均自由程变为原来的（　　）倍。

3. 计算题（每题 10 分，共 40 分）

（1）已知某理想气体分子的方均根速率为 400m/s，当其压强为 1atm 时，气体的密度等于多少？

（2）容积为 1m^3 的容器储有 1mol 氧气，使该容积以 $10\text{m}\cdot\text{s}^{-1}$ 的速度运动，如果容器突然停止，其中氧气的 80％的机械运动动能转化为气体分子热运动动能，则气体的温度及压强各升高了多少？

（3）将 1kg 氦气和 Mkg 氢气混合，平衡后混合气体的内能为 2.45×10^{6}J，氦分子平

均动能是 6×10^{-21}J，求氢气质量 M。

（4）有 N 个粒子，其速率分布函数为

$$f(v)=\begin{cases}k, & (0\leqslant v\leqslant v_0)\\0, & (v\geqslant v_0)\end{cases}$$

试求其速率分布函数中的常数 k 和粒子的平均速率（均用 v_0 表示）。

第十七章 热 力 学

一、基本内容

（一）功、热量和内能

1. 热力学系统、准静态过程

热力学系统（简称系统）：热力学所研究的对象。

外界（环境）：系统以外与系统发生作用的物体。

$p\sim V$ 图上的一个点表示一个平衡态。

非静态过程：系统经历一系列非平衡态的过程。

准静态过程：系统经历一系列平衡态的过程。

$p\sim V$ 图上的一条曲线表示一个准静态过程。

2. 功、热量和系统的内能

系统体积从 V_1 变化到 V_2 的过程中，系统对外界所做的功为

$$W=\int_{V_1}^{V_2}p\mathrm{d}V$$

W 等于 $p\sim V$ 曲线下的面积。系统膨胀过程中 $W>0$；系统压缩过程中 $W<0$。

功是过程量。

热量 Q：由于系统与外界之间存在温度差而传递的能量。

系统从外界吸收热量，$Q>0$；系统向外界释放热量，$Q<0$。

热量是过程量。

系统的内能：系统内部大量分子的无规则运动（平动、转动、振动）的动能和分子间相互作用的势能的总和。

热力学系统的内能是系统状态的即

$$E=E(T,V)$$

理想气体的内能为

$$E=E(T)=\frac{m}{M}\frac{i}{2}RT$$

即理想气体的内能是温度的单值函数。

内能是状态量。

（二）热力学第一定律

1. 热力学第一定律

热力学第一定律：系统从外界吸收的热量，一部分用于增加系统的内能，另一部分用

于对外做功。即

$$Q=E_2-E_1+W$$

热力学第一定律的微分形式为

$$dQ=dE+p dV$$

2. 理想气体的等值过程

（1）等体过程。

等体过程：系统的体积保持不变的热力学过程。

等体线平行于 p 轴的直线段如图 17-1 所示。

$$W_V=0$$

$$Q_V=E_2-E_1=\frac{m}{M}\frac{i}{2}R(T_2-T_1)$$

在等体过程中，系统不对外界做功，系统吸收的热量全部用于增加系统的内能。

（2）等压过程。

等压过程：系统的压强保持不变的热力学过程。

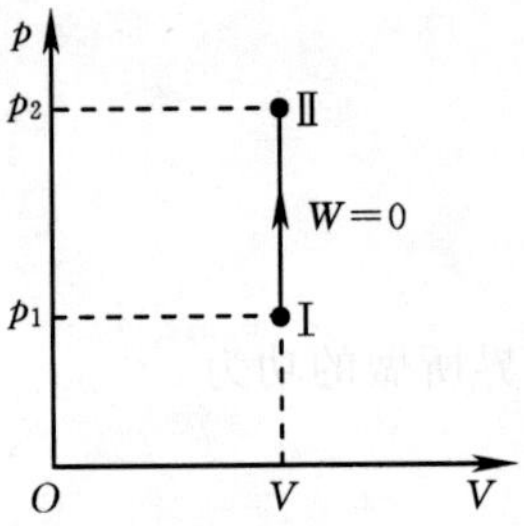

图 17-1

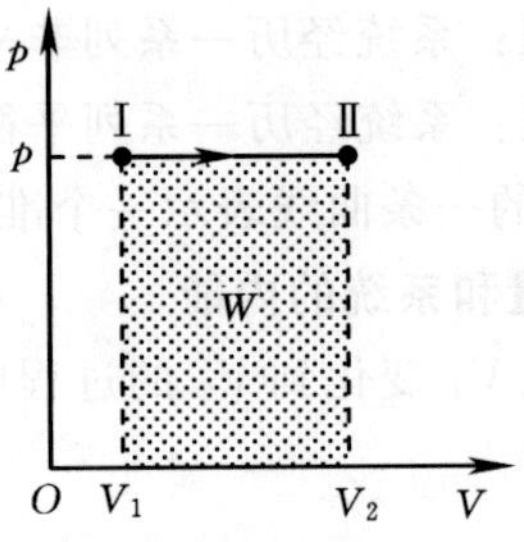

图 17-2

等压线是平行于 V 轴的直线段，如图 17-2 所示。

$$W_p=p(V_2-V_1)=\frac{m}{M}R(T_2-T_1)$$

$$\Delta E=E_2-E_1=\frac{m}{M}\frac{i}{2}R(T_2-T_1)$$

$$Q_p=\Delta E+W_p=\frac{m}{M}\frac{i+2}{2}R(T_2-T_1)$$

在等压过程中，系统所吸收的热量一部分用于增加系统的内能，另一部分用来对外做功。

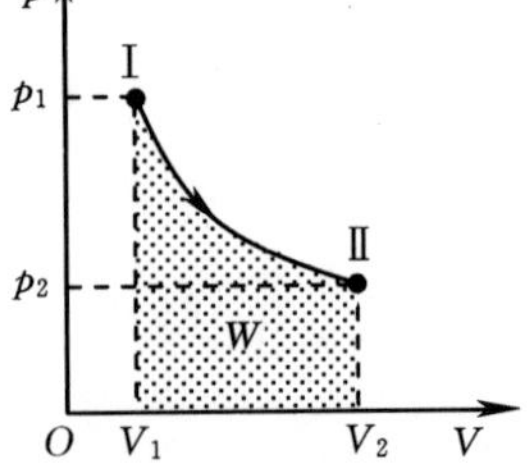

图 17-3

（3）等温过程。

等温过程：系统的温度保持不变的热力学过程。

等温线是反比例曲线，如图 17-3 所示。

$$\Delta E=E_2-E_1=0$$

$$Q_T=W_T=\frac{m}{M}RT\ln\frac{V_2}{V_1}=\frac{m}{M}RT\ln\frac{p_1}{p_2}$$

在等温过程中，系统吸收的热量完全用于对外界做功。

(三) 气体的热容

摩尔热容 C：1mol 的物质温度升高 1K 时吸收的热量。

C 的单位：J/(mol·K)

m/M 摩尔的物体的温度从 T_1 升高到 T_2 时，物体吸收的热量为

$$Q=\frac{m}{M}C(T_2-T_1)$$

1. 气体的定体摩尔热容

定体摩尔热容 C_V：1mol 的气体在体积保持不变的情况下，温度升高 1K 时所吸收的热量。

$$C_V=\frac{dQ_V}{dT}=\frac{dE}{dT}$$

理想气体的定体摩尔热容 $C_V=\frac{i}{2}R$

2. 气体的定压摩尔热容

定压摩尔热容 C_p：1mol 的气体在压强保持不变时，温度升高 1K 时所吸收的热量。

$$C_p=\frac{dQ_p}{dT}=\frac{dE}{dT}+p\frac{dV}{dT}$$

迈耶公式：理想气体的定压摩尔热容比定体摩尔热容大一个常数 R。也就是说，使 1mol 理想气体温度升高 1K 时，等压过程比等体过程多吸收了 8.31J 热量，这一部分热量用来对外做功了。即

$$C_p=C_V+R=\frac{i+2}{2}R$$

3. 热容比

热容比 γ：定压摩尔热容与定体摩尔热容的比值，即

$$\gamma=\frac{C_p}{C_V}$$

对于理想气体，有

$$\gamma=\frac{i+2}{i}$$

对于单原子分子理想气体，有

$$\gamma=\frac{5}{3}=1.67$$

对于双原子分子理想气体，有

$$\gamma=\frac{7}{5}=1.40$$

对于多原子分子理想气体，有

$$\gamma=\frac{8}{6}=1.33$$

(四) 理想气体的绝热过程

绝热过程：系统与外界之间没有热量交换的热力学过程。

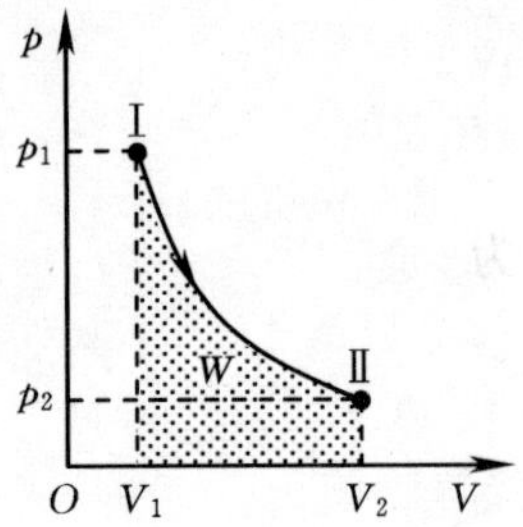

图 17－4

图 17－4 为绝热过程曲线。绝热线比等温线更陡。

在绝热过程中，有

$$Q=0$$

$$W_Q=-(E_2-E_1)=-\frac{m}{M}C_V(T_2-T_1)=\frac{C_V}{R}(p_1V_1-p_2V_2)$$

$$=\frac{p_1V_1-p_2V_2}{\gamma-1}$$

绝热方程：

$$pV^{\gamma}=\text{constant}$$

$$V^{\gamma-1}T=\text{constant}$$

$$p^{\gamma-1}T^{-\gamma}=\text{constant}$$

（五）循环过程

1. 循环过程

循环过程（简称循环）：物质系统由某一个状态出发，经过一系列变化又回到初始状态的过程。

工作物质（简称工质）：参与循环的物质系统。

在 $p\sim V$ 图上一条闭合曲线表示一个准静态循环过程。

系统经过一个循环过程对外界所做的净功在数值上就等于 $p\sim V$ 图上循环曲线所包围的面积。

循环过程的特征为

$$\Delta E=0$$

在循环过程中工作物质吸收的净热量等于它对外界所做的净功。即

$$Q=W$$

其中，$Q=Q_1-Q_2$，Q_1 为一个循环过程中工作物质从外界吸收的热量（$Q_2>0$），Q_2 为工作物质向外界放出的热量。因此

$$Q_1=W+Q_2$$

即在一个循环过程中，工作物质从高温热源吸收热量 Q_1，一部分用来对外做功 W，另一部分 Q_2 释放到低温热源中了。

2. 热机效率、制冷系数

正循环（或热机循环）：在 $p\sim V$ 图上沿顺时针方向进行的循环。

热机效率 η：热机完成一次循环后，系统对外做的功 W 占吸收的热量 Q_1 的百分比。即

$$\eta=\frac{W}{Q_1}=1-\frac{Q_2}{Q_1}$$

热机效率总是小于 1。

逆循环（或制冷机循环）：在 $p\sim V$ 图上沿逆时针方向进行的循环。

制冷系数 e：在逆循环中，外界对系统所做的功 W 与系统从低温热源吸收的热量 Q_2 的比值。即

$$e=\frac{Q_2}{W}=\frac{Q_2}{Q_1-Q_2}$$

3. 卡诺循环

卡诺循环：由两个等温过程和两个绝热过程构成的循环。

卡诺热机的效率为

$$\eta=1-\frac{T_2}{T_1}$$

卡诺制冷机的制冷系数为

$$e=\frac{T_2}{T_1-T_2}$$

（六）热力学第二定律

热力学第二定律的开尔文说法（简称开氏说法）：不可能制造出这样一种循环工作的热机，它只从单一热源吸收热量使之完全变为有用的功，而不使外界发生任何变化。

热力学第二定律的克劳修斯说法（简称克氏说法）：热量不可能自动地从低温物体流向高温物体。

（七）卡诺定理

1. 可逆过程和不可逆过程

可逆过程：一个热力学系统的逆过程能重复正过程的每一个中间状态，并且不引起其他变的过程。

不可逆过程：虽然系统逆过程能重复正过程的每一个中间状态，但是引起了其他变化的过程。

热力学第二定律的实质是与热现象有关的一切实际过程都是不可逆过程。

2. 卡诺定理

（1）所有工作在相同的高温热源 T_1 和低温热源 T_2 之间的一切可逆热机，不论用什么工作物质，效率都为

$$\eta=1-\frac{T_2}{T_1}$$

（2）所有工作在相同的高温热源 T_1 和低温热源 T_2 之间的一切不可逆热机，其效率不可能高于可逆热机的效率。即

$$\eta=1-\frac{Q_2}{Q_1}<1-\frac{T_2}{T_1}$$

卡诺定理的意义：指出了热机效率的上限，即任何热机效率都不可能超过 $1-\frac{T_2}{T_1}$。同时它也提出了提高热机效率的有效途径，即尽量提高高温热源的温度 T_1、降低低温热源的温度 T_2，使热机工作物质的循环过程尽量接近可逆循环。

（八）熵、热力学第二定律的统计意义

1. 熵

熵 S：为了用来解决实际过程进行的方向而引入的一个与系统平衡态有关的状态函数。

克劳修斯熵公式为

$$\Delta S = S_B - S_A = \int_A^B \frac{dQ}{T}$$

熵的单位：J/K。

理想气体在可逆过程中的熵增

$$\Delta S=\frac{m}{M}C_V\ln\frac{T_2}{T_1}+\frac{m}{M}R\ln\frac{V_2}{V_1}$$

（1）理想气体可逆等温过程的熵增为

$$\Delta S=\frac{m}{M}R\ln\frac{V_2}{V_1}$$

（2）理想气体可逆等体过程的熵增为

$$\Delta S=\frac{m}{M}C_V\ln\frac{T_2}{T_1}$$

（3）理想气体可逆等压过程的熵增为

$$\Delta S=\frac{m}{M}C_p\ln\frac{T_2}{T_1}$$

（4）理想气体可逆绝热过程的熵增为

$$\Delta S=0$$

2. 熵增原理

熵增原理：一个孤立系统经历不可逆的热力学过程熵增加，可逆的热力学过程熵不变。即

$$\Delta S\geqslant 0$$

3. 热力学第二定律的统计意义

微观状态：考虑具体分子得到的每一种可能的分布。

宏观状态：不考虑具体分子得到的每一种可能的分布。

热力学概率 W：在孤立系统中，与某一个宏观状态相对应的微观状态数目。

热力学概率 W 是系统内分子热运动无序度的量度。

热力学第二定律的统计意义：一个不受外界影响的孤立系统，其内部的自发过程总是由热力学概率小的状态向热力学概率大的状态进行。

玻耳兹曼关系式：反映宏观量熵 S 与微观量热力学概率 W 之间的关系式。

$$S=k\ln W$$

二、思考与讨论题目详解

1. 热力学第一定律

（1）如图 17－5 所示，一定量的理想气体从体积 V_1 膨胀到体积 V_2，分别经历的过程是等压过程 $A\to B$、等温过程 $A\to C$ 和绝热过程 $A\to D$，其中吸收热量最多的是哪一个过程？

【答案：等压过程**】**

详解：在等压过程 $A \to B$ 中吸收热量 $Q_{AB}=W_{AB}+\Delta E_{AB}$，$W_{AB}$ 等于等压线 AB 下所包围的面积，根据理想气体状态方程可知，在等压膨胀过程中，气体的温度升高，因此 $\Delta E_{AB}>0$。

在等温过程 $A \to C$ 中，$\Delta E_{AC}=0$，W_{AC} 等于等温线 AC 下所包围的面积，从图中容易看出，$W_{AC}<W_{AB}$，因此 $Q_{AC}<Q_{AB}$。

在绝热过程 $A \to D$ 中，$Q_{AD}=0$，因此 $Q_{AD}<Q_{AC}<Q_{AB}$。

可见，在这三个过程中，等压过程吸收热量最多。

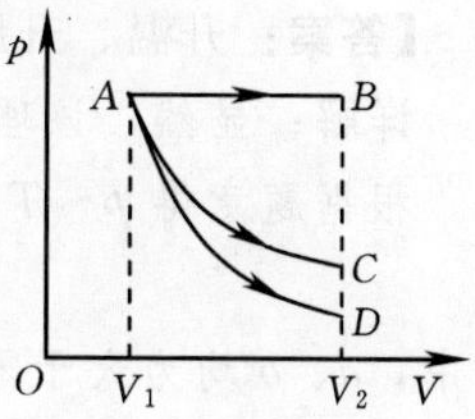

图 17-5

(2) 如图 17-6 (a) 所示的是 $p \sim T$ 图像，一定量的理想气体分别由初态 A 经 $A \to B$ 过程和由初态 C 经 $C \to D \to B$ 过程到达相同的终态 B，在这两个过程中，气体从外界吸收的热量哪一个多一些？这两个热量值都是正值吗？

【**答案**：$A \to B$ 多一些；$Q_{AB}>0$、$Q_{CDB}<0$】

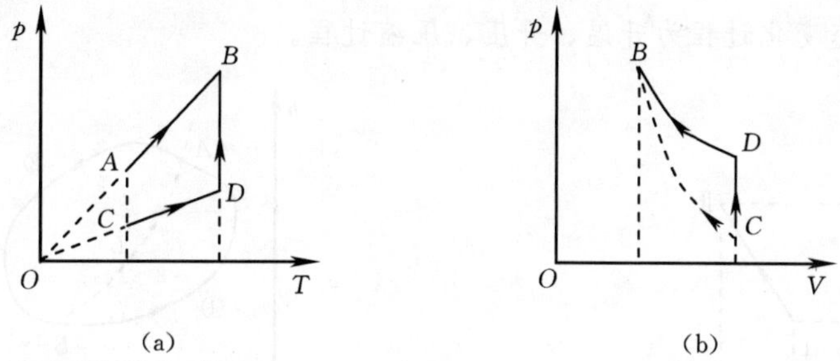

图 17-6

详解：热力学第一定律为

$$Q=W+\Delta E$$

在 $A \to B$ 的过程中，压强与温度成正比，因此这是一个等体过程，因此在该过程中 $W=0$，吸收的热量为

$$Q_{AB}=\Delta E=\frac{m}{M}\frac{i}{2}R(T_B-T_A)$$

由于 $T_B>T_A$，因此

$$Q_{AB}>0$$

在 $C \to D \to B$ 的过程中，由于 $T_C=T_A$，因此在该过程中的内能增量也为 ΔE。$C \to D$ 是等体过程，因此 $W_{CD}=0$。是等温升压过程，$W_{DB}<0$。因此在 $C \to D \to B$ 的过程中吸收的热量为

$$Q_{CDB}=W_{DB}+\Delta E<Q_{AB}$$

将 $C \to D \to B$ 过程画在如图 17-6 (b) 所示的 $p \sim V$ 图上。我们可以在 B 点和 C 点（或 C 点的下方，或 C 点的上方一点）作一条绝热线，这时闭合曲线 $CDBC$ 构成一个逆循环过程。$CDBC$ 所包围的面积等于 Q_{CDB}（或大于 Q_{CDB}，或小于 Q_{CDB}），但无论如何，总有

$$Q_{CDB}<0$$

(3) 如图 17-7 所示，一定量的理想气体，其状态改变在 $p \sim T$ 图上沿着一条直线从平衡态Ⅰ到平衡态Ⅱ。这是一个什么热力学过程？

【答案：升温、升压、压缩过程】

详解： 显然，该理想气体从平衡态Ⅰ到平衡态Ⅱ的过程中，温度升高、压强增大。

根据题意得 $p\sim T$ 关系方程为

$$p=aT-b$$

其中，a、b 均为大于零的常数。

理想气体状态方程为

$$pV=\frac{m}{M}RT$$

因此，该状态变化过程中的体积为

$$V=\frac{m}{M}R\ \frac{T}{p}=\frac{m}{M}R\ \frac{T}{aT-b}=\frac{mR}{aM}\left(1+\frac{b}{aT-b}\right)$$

可见，当温度升高时，气体体积减小。

因此，该状态变化过程为升温、升压、压缩过程。

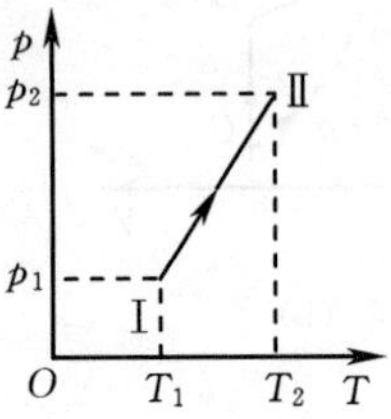

图 17－7

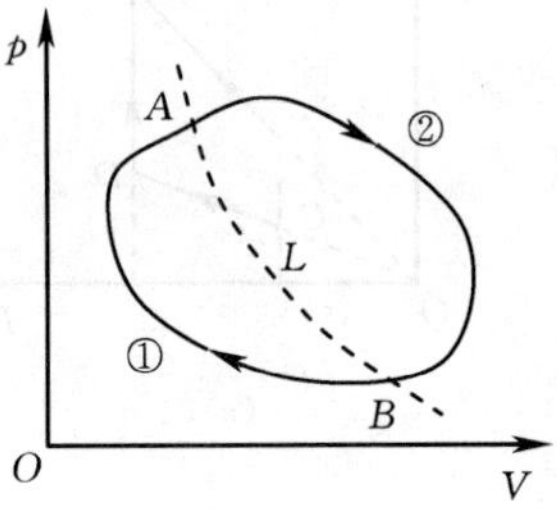

图 17－8

(4) 如图 17－8 所示，一定量的理想气体，从 $p\sim V$ 图上的初态 A 经历①或②过程到达末态 B，已知 A、B 两个状态处于同一条绝热线 L 上，则气体在①、②两个过程中分别吸热还是放热？

【答案：在①过程中放热，在②过程中吸热】

详解： 系统从初态 A 到达末态 B，对绝热过程应用热力学第一定律得

$$0=(E_B-E_A)+W_Q$$

其中，$W_Q>0$ 为该绝热过程系统对外界所做的功。

对①过程应用热力学第一定律得

$$Q_1=(E_B-E_A)+W_1$$

其中，$W_1>0$ 为①过程系统对外界所做的功。将绝热过程的热力学第一定律方程代入上式得

$$Q_1=W_1-W_Q$$

由于 $W_1<W_Q$，因此 $Q_1<0$，即气体在①过程中向外界放出热量。

对②过程应用热力学第一定律得

$$Q_2=(E_B-E_A)+W_2$$

其中，$W_2>0$ 为②过程系统对外界所做的功。将绝热过程的热力学第一定律方程代入上式得

$$Q_2 = W_2 - W_Q$$

由于 $W_2 > W_Q$，因此 $Q_2 > 0$，即气体在②过程中从外界吸收热量。

本题也可以用循环的思想解决，读者不妨试一试。

(5) 某理想气体被等温压缩到给定体积时外界对气体做的功大小为 $|W_1|$，又经绝热膨胀过程返回原来体积时气体对外做的功大小为 $|W_2|$，则整个过程中气体从外界吸收的热量和内能增加量分别为多少？

【答案：$-|W_1|$；$-|W_2|$】

详解： 该理想气体在等温压缩过程中内能增量 $\Delta E_1 = 0$，气体从外界吸收的热量 $Q_1 = -|W_1|$。

在绝热膨胀过程气体从外界吸收的热量 $Q_2 = 0$，内能增量 $\Delta E_2 = -|W_2|$。

因此，在整个过程中气体从外界吸收的热量为

$$Q = Q_1 + Q_2 = -|W_1|$$

内能增加量为

$$\Delta E = \Delta E_1 + \Delta E_2 = -|W_2|$$

(6) 如图 17-9 所示，在大气中有一个绝热气缸，其中装有一定量的理想气体，然后用电热丝徐徐供热，使活塞无摩擦地缓慢左移。在此过程中，气体压强、气体分子平均动能和气体的内能将如何变化？

【答案：气体压强不变；气体分子平均动能变大；气体的内能变大】

详解： 在该过程中气体的压强始终等于大气压强，保持不变。

由理想气体状态方程可知，在等压膨胀过程中，温度 T 与体积 V 成正比，因此在该过程中气体温度 T 升高，气体分子平均动能 $\bar{\varepsilon}_k = \frac{i}{2}kT$ 变大，气体的内能 $E = \frac{m}{M}\frac{i}{2}RT$ 也变大。

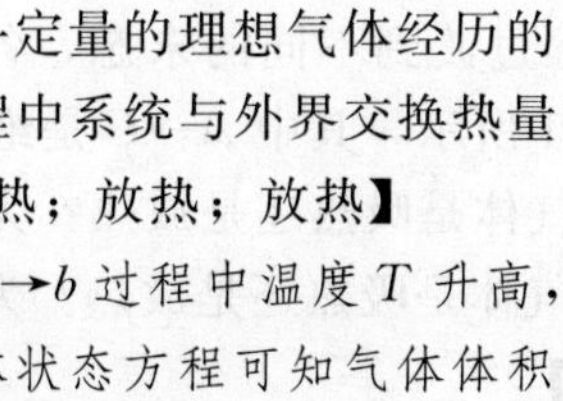

图 17-9

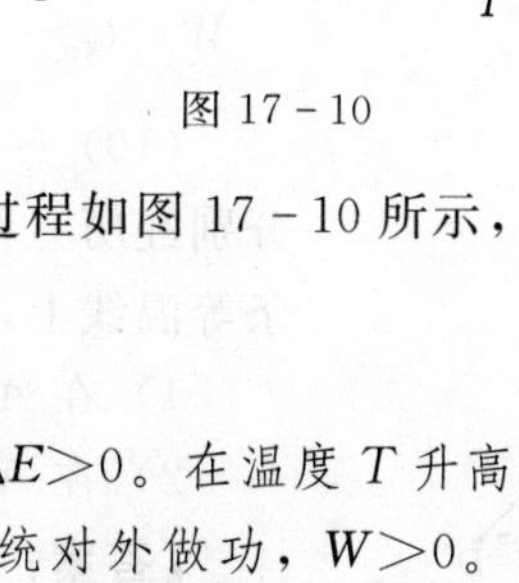

图 17-10

(7) 已知一定量的理想气体经历的 $p \sim T$ 循环过程如图 17-10 所示，分别说明 $a \to b$、$b \to c$、$c \to a$ 过程中系统与外界交换热量的情况。

【答案：吸热；放热；放热】

详解： 在 $a \to b$ 过程中温度 T 升高，内能增量 $\Delta E > 0$。在温度 T 升高的同时压强 p 减小，由理想气体状态方程可知气体体积 V 增大，系统对外做功，$W > 0$。由热力学第一定律 $Q = W + \Delta E$ 可知 $Q > 0$，即在 $a \to b$ 过程中系统从外界吸收热量。

在 $b \to c$ 过程中温度 T 不变，内能增量 $\Delta E = 0$。由理想气体状态方程可知压强 p 增大

时体积 V 减小，外界对系统做功，$W<0$。由热力学第一定律可知 $Q<0$，即在 $b\rightarrow c$ 过程中系统向外界放出热量。

在 $c\rightarrow a$ 过程中温度 T 降低，内能增量 $\Delta E<0$。由理想气体状态方程可知压强 p 不变、温度 T 降低时，体积减小，外界对系统做功，$W<0$。由热力学第一定律可知 $Q<0$，即在 $c\rightarrow a$ 过程中系统向外界放出热量。

(8) 一定量的理想气体从同一状态开始体积由 V_1 膨胀到 $2V_1$，分别经历等压、等温和绝热三种过程。其中哪一个过程气体对外做的功最多？哪一个过程气体内能增加最多？哪一个过程气体吸收的热量最多？

【答案：等压；等压；等压】

详解：一定量的理想气体从同一状态开始体积由 V_1 膨胀到 $2V_1$ 时，等压、等温和绝热三条过程曲线相比较，等压线下所包围的面积最大，因此等压过程气体对外做的功最多。

在等压膨胀过程中温度升高，$\Delta E>0$；在等温过程中 $\Delta E=0$；在绝热过程中由于 $W>0$，因此 $\Delta E<0$。可见等压过程气体内能增加最多。

由热力学第一定律 $Q=W+\Delta E$ 可知，在等压膨胀过程中 W、ΔE 都最大，因此等压过程气体吸收的热量最多。

(9) 处于平衡态 A 的一定量的理想气体，如果经准静态的等体过程变到平衡态 B，从外界吸收 416J 的热量；如果经准静态的等压过程变到与平衡态 B 有相同温度的平衡态 C，从外界吸收 582J 的热量。则从平衡态 A 变到平衡态 C 的准静态等压过程中，气体对外界所做的功等于多少？

【答案：166J】

详解：从 $A\rightarrow C$ 的准静态等压过程中，内能增量为

$$\Delta E=\frac{m}{M}\frac{i}{2}R(T_C-T_A)$$

而从 $A\rightarrow B$ 的准静态等体过程中，从外界吸收的热量为

$$Q_V=\frac{m}{M}\frac{i}{2}R(T_B-T_A)$$

依题意可知，$T_B=T_C$，因此 $Q_V=\Delta E$。

由热力学第一定律 $Q=W+\Delta E$ 得

$$W=Q_p-\Delta E=Q_p-Q_V=166\ (\text{J})$$

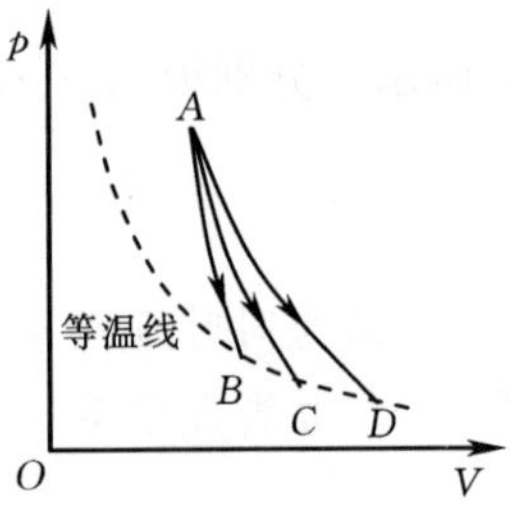

图 17-11

(10) 一定量的理想气体从 $p\sim V$ 图上同一个初态 A 开始，分别经历三种不同的过程过渡到不同的末态，各个末态在同一条等温线上，如图 17-11 所示，其中 $A\rightarrow C$ 是绝热过程。

1) 在 $A\rightarrow B$ 过程中气体是吸热还是放热？为什么？

2) 在 $A\rightarrow D$ 过程中气体是吸热还是放热？为什么？

【答案：放热；吸热】

详解：由于 B、C、D 三个状态在同一条等温线上，因此从 $A\rightarrow B$、$A\rightarrow C$、$A\rightarrow D$ 三个过程内能增量相同。

由热力学第一定律 $Q=W+\Delta E$ 得

$$Q_{AC}=W_{AC}+\Delta E$$

由于 $A\to C$ 是绝热过程，因此 $Q_{AC}=0$，由上式解得

$$\Delta E=-W_{AC}$$

其中，W_{AC} 等于 $A\to C$ 曲线下所包围的面积，并且 $W_{AC}>0$。

对 $A\to B$ 过程应用热力学第一定律，有

$$Q_{AB}=W_{AB}+\Delta E=W_{AB}-W_{AC}$$

其中，W_{AB} 等于 $A\to B$ 曲线下所包围的面积，由于 $W_{AB}<W_{AC}$，因此 $Q_{AB}<0$，即在 $A\to B$ 过程中气体向外界放出热量。

对 $A\to D$ 过程应用热力学第一定律，有

$$Q_{AD}=W_{AD}+\Delta E=W_{AD}-W_{AC}$$

由于 $W_{AD}>W_{AC}$，因此 $Q_{AD}>0$，即在 $A\to D$ 过程中气体从外界吸收热量。

2. 理想气体的典型过程

(1) 同一种理想气体的定压摩尔热容 C_p 大于定体摩尔热容 C_V，其原因是什么？

【答案：在等压升温过程中，气体要膨胀而对外做功，所以要比气体等体升温过程多吸收一部分热量】

详解：使一定量的理想气体升高相同的温度，在等体过程中吸收的热量只用来增加气体本身的内能而不对外做功，但是在等压过程中吸收的热量一部分用来增加与等体过程相同的内能，还有一部分用来使气体膨胀对外做功。因此使 1mol 理想气体温度升高 1K 时，气体在等压过程中吸收的热量 C_p 必然大于等体过程中吸收的热量 C_V。

(2) 如图 17-12 所示，一定量的理想气体经历 ACB 过程时吸收的热量为 500J。则经历 $ACBDA$ 过程时吸收的热量为多少？

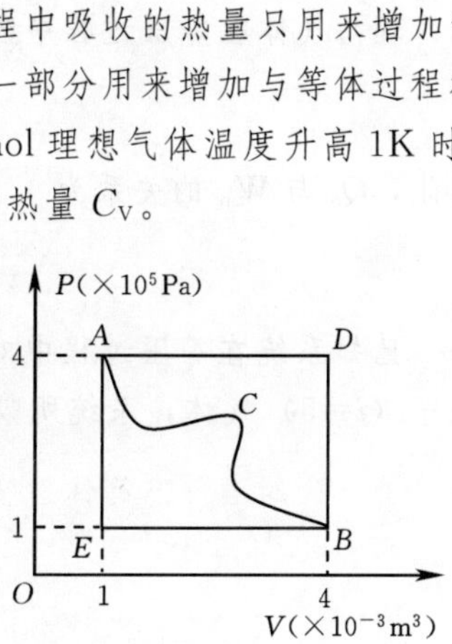

图 17-12

【答案：−700J】

详解：由于 $p_AV_A=p_BV_B$，根据理想气体状态方程可知 $T_A=T_B$，因此

$$\Delta E=E_B-E_A=0$$

由热力学第一定律 $Q=W+\Delta E$ 得理想气体经历 ACB 过程对外所做的功为

$$W_{ACB}=Q_{ACB}-\Delta E=Q_{ACB}=500\ (\text{J})$$

这个功值等于 ACB 过程曲线下所包围的面积。

根据循环知识可知，$ACBDA$ 过程吸收的热量等于该循环曲线所包围面积的负值，即

$$Q_{ACBDA}=-[(4-1)\times10^{-3}\times4\times10^{-5}-500]=-700\ (\text{J})$$

(3) 一定量的理想气体从 A 状态 $(2p_1, V_1)$ 经历如图 17-13 所示的直线过程变到 B 状态 $(p_1, 2V_1)$，则 AB 过程中系统所做的功 $W=$？内能的改变 $\Delta E=$？

【答案：$\frac{3}{2}p_1V_1$；0】

详解：AB 过程中系统所做的功等于 AB 过程曲线下所包围的面积即

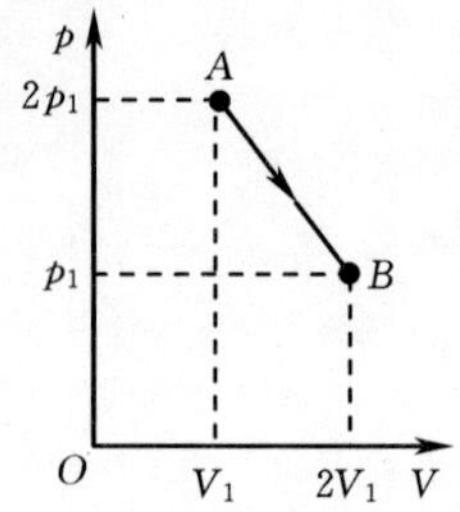

图 17－13

$$W_{ACB}=\frac{1}{2}(p_1+2p_1)(2V_1-V_1)=\frac{3}{2}p_1V_1$$

由于 $p_AV_A=p_BV_B=2p_1V_1$，根据理想气体状态方程可知 $T_A=T_B$，因此，内能的增量为

$$\Delta E=E_B-E_A=0$$

（4）一定量的某种理想气体在等压过程中对外做功 200J。如果这种气体为单原子分子气体，该过程中需要吸收多少热量？如果为双原子分子气体，需要吸收多少热量？

【答案：500J；700J】

详解： 理想气体在等压过程中对外做功的表达式为

$$W_p=p\Delta V$$

对等压过程应用理想气体状态方程得

$$p\Delta V=\frac{m}{M}R\Delta T$$

因此

$$W_p=\frac{m}{M}R\Delta T$$

理想气体在等压过程中吸收热量的表达式为

$$Q_p=\frac{m}{M}\frac{i+2}{2}R\Delta T$$

因此，Q_p 与 W_p 的关系为

$$Q_p=\frac{i+2}{2}W_p$$

已知系统在等压过程中对外界所做的功为200J，对单原子分子（$i=3$）气体和双原子分子（$i=5$）气体，系统所吸收的热量分别为

$$Q_{p1}=\frac{3+2}{2}\times 200=500\ (\mathrm{J})$$

$$Q_{p2}=\frac{5+2}{2}\times 200=700\ (\mathrm{J})$$

（5）氢气和氦气都可以视为刚性分子的理想气体，如果它们的压强、体积和温度都相同，它们的质量之比为多少？内能之比为多少？如果它们分别在等压过程中吸收了相等的热量，它们对外做的功之比为多少？

【答案：1∶2；5∶3；5∶7】

详解： 由于氢气和氦气的压强、体积和温度都相同，由理想气体状态方程 $pV=\frac{m}{M}RT$ 可知，它们的摩尔数相等，即

$$\frac{m_1}{M_1}=\frac{m_2}{M_2}$$

由此解得氢气和氦气的质量之比为

$$\frac{m_1}{m_2}=\frac{M_1}{M_2}=\frac{2}{4}=\frac{1}{2}$$

由理想气体的内能公式 $E=\frac{m}{M}\frac{i}{2}RT$ 可得氢气和氦气的内能之比为

$$\frac{E_1}{E_2}=\frac{i_1}{i_2}=\frac{5}{3}$$

理想气体在等压过程中吸收的热量和对外做功的表达式分别为

$$Q_p=\frac{m}{M}\frac{i+2}{2}R\Delta T,\ W_p=\frac{m}{M}R\Delta T$$

由此得出它们的关系为

$$Q_p=\frac{i+2}{2}W_p$$

如果它们分别在等压过程中吸收了相等的热量，则它们对外做的功之比为

$$\frac{W_{p1}}{W_{p2}}=\frac{i_2+2}{i_1+2}=\frac{3+2}{5+2}=\frac{5}{7}$$

(6) 3mol 的理想气体开始时处在压强为 6atm、温度为 500K 的平衡状态。经过等温过程后，压强变为 3atm。则该气体在此等温过程中吸收了多少热量？

【答案：8640J】

详解：理想气体在等温过程中吸热的表达式为

$$Q_p=\frac{m}{M}RT\ln\frac{p_1}{p_2}$$

因此，该气体在此等温过程中吸收的热量为

$$Q_p=3\times8.31\times500\times\ln\frac{6}{3}=8640\ (\text{J})$$

(7) 比热容比为 γ 的一定量理想气体从标准状态（p_0，V_0，T_0）开始作绝热膨胀，体积增大到原来的 3 倍。膨胀后温度 T、压强 p 与标准状态时温度 T_0、压强 p_0 之关系如何？

【答案：$T=\frac{T_0}{3^{\gamma-1}}$；$p=\frac{p_0}{3^\gamma}$】

详解：由绝热方程 $V_0^{\gamma-1}T_0=V^{\gamma-1}T$，$p_0V_0^\gamma=pV^{\gamma-1}$ 得膨胀后的温度和压强分别为

$$T=\left(\frac{V_0}{V}\right)^{\gamma-1}T_0=\frac{T_0}{3^{\gamma-1}}$$

$$p=\left(\frac{V_0}{V}\right)^{\gamma}V_0=\frac{p_0}{3^\gamma}$$

(8) 气缸中有一定量可以视为理想气体的氦气，经过绝热压缩后体积变为原来的一半，则气体分子的平均速率变为原来的多少倍？

【答案：$\frac{1}{\sqrt[3]{2}}$】

详解：由绝热方程 $V_1^{\gamma-1}T_1=V_2^{\gamma-1}T_2$ 得压缩后的温度与原来温度的比值为

$$\frac{T_1}{T_2}=\left(\frac{V_2}{V_1}\right)^{\gamma-1}=\frac{1}{2^{\gamma-1}}$$

由于气体分子的平均速率为 $\bar{v}=\sqrt{\frac{8RT}{\pi M}}$，因此压缩后的平均速率与原值之比为

$$\frac{\overline{v}_1}{\overline{v}_2}=\sqrt{\frac{T_1}{T_2}}=\frac{1}{2^{(\gamma-1)/2}}=\frac{1}{2^{(\frac{5}{3}-1)/2}}=\frac{1}{\sqrt[3]{2}}$$

（9）某理想气体状态变化时，内能随体积的变化关系如图 17-14 中直线 AB 所示。$A\to B$ 表示的过程是什么热力学过程？

【答案：等压】

详解： 理想气体的内能表达式为

$$E=\frac{m}{M}\frac{i}{2}RT$$

将理想气体状态方程 $pV=\frac{m}{M}RT$ 代入上式得

$$E=\frac{i}{2}pV$$

由本题的内能随体积的变化关系曲线可以看出，内能与体积成正比，即

$$\frac{i}{2}p=\text{恒量}$$

可见，对一定的理想气体（自由度 i 一定），压强保持不变，即 $A\to B$ 表示的过程是等压过程。

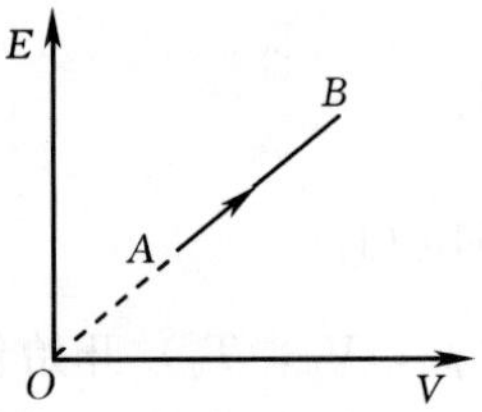

图 17-14

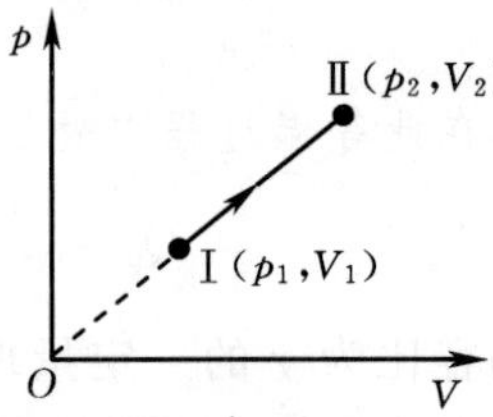

图 17-15

（10）1mol 的单原子理想气体，从状态Ⅰ（p_1，V_1）变化至状态Ⅱ（p_2，V_2），如图 17-15 所示，在此过程中气体对外做的功等于多少？吸收的热量等于多少？

【答案：$\frac{1}{2}(p_1+p_2)(V_2-V_1)$；$\frac{3}{2}(p_2V_2-p_1V_1)+\frac{1}{2}(p_1+p_2)(V_2-V_1)$】

详解： 在此过程中气体对外做的功等于过程曲线下所包围的面积，即

$$W=\frac{1}{2}(p_1+p_2)(V_2-V_1)$$

在此过程中的内能增量为

$$\Delta E=\frac{i}{2}R(T_2-T_1)=\frac{3}{2}(p_2V_2-p_1V_1)$$

由热力学第一定律得在此过程中气体吸收的热量为

$$Q=\Delta E+W=\frac{3}{2}(p_2V_2-p_1V_1)+\frac{1}{2}(p_1+p_2)(V_2-V_1)$$

（11）试画出在可逆绝热过程中，理想气体的密度随压强变化的关系曲线。

【答案：如图 17-16 所示】

详解： 气体的密度为

$$\rho=\frac{m}{V}$$

由理想气体的绝热过程方程 $pV^{\gamma}=C$ 得

$$V=\frac{C^{1/\gamma}}{p^{1/\gamma}}$$

因此，在可逆绝热过程中，理想气体的密度随压强变化的关系式为

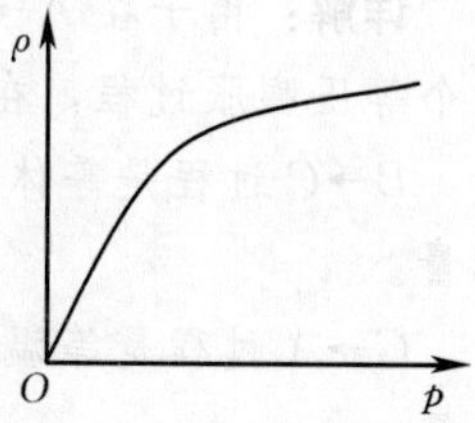

图 17-16

$$\rho=\frac{mp^{1/\gamma}}{C^{1/\gamma}}$$

对一定量（气体的质量 m 一定）的某种理想气体（热容比 γ 一定）而言，密度随压强变化的关系式可以改写为

$$\rho=Kp^{1/\gamma}$$

其中，K 为恒量。$1/\gamma<1$，因此理想气体在可逆绝热过程中的密度随压强变化的关系曲线如图 17-16 所示。

3. 循环过程

(1) 在 $p\sim V$ 图上，系统的某一个平衡态用什么图形来表示？某一个准静态过程用什么图形来表示？某一个准静态循环过程用什么图形来表示？

【答案：一个点；一条曲线；一条封闭曲线**】**

详解：由于系统处于平衡态时，系统内部各个点的状态参量 p、V、T 都相同，因此一个平衡态可以用 $p\sim V$ 图上的一个点来表示。

由于平衡过程的每一个中间状态都是平衡态，都可以用一个点来表示，所有这些点连接起来构成一个平衡过程，因此系统的某一个平衡过程可以用一条曲线来表示。

平衡循环过程的过程曲线的起点与终点重合，因此系统的某一个平衡循环过程可以用一条封闭曲线来表示。

(2) 一定量的某种理想气体起始温度为 T，体积为 V，该气体在循环过程中经过了以下三个准静态过程：①绝热膨胀到体积为 $2V$；②等体变化使温度恢复为 T；③等温压缩到原来体积 V。在整个循环过程中，气体向外界放热还是从外界吸热？气体对外界做正功还是负功？气体的内能是增加还是减少？

【答案：放热；做负功；不变**】**

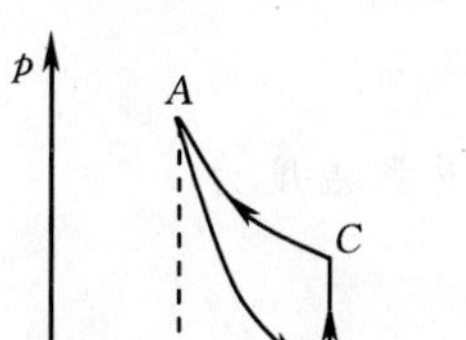

图 17-17

详解：依题意作出如图 17-17 所示的循环图。

由于该循环是逆循环，因此 $W<0$，即气体对外界做负功。

在任何循环过程中，总有 $\Delta E=0$，即气体的内能保持不变。

由热力学第一定律 $Q=\Delta E+W$ 可知，$Q=W<0$，即气体向外界放热。

(3) 一定量的理想气体经历的循环过程用 $V\sim T$ 曲线表示，如图 17-18 所示。在此循环过程中，气体从外界吸收热量的是哪些过程？

【答案：$A\rightarrow B$ 过程**】**

详解：由于在 $A\to B$ 过程中体积 V 与温度 T 成正比，并且体积 V 在增大，因此这是一个等压膨胀过程，在该过程中 $Q>0$，即气体从外界吸收热量。

$B\to C$ 过程是等体降温过程，由于 $W=0$，$\Delta E<0$，因此 $Q<0$，即气体向外界放出热量。

$C\to A$ 过程是等温压缩过程，由于 $W<0$，$\Delta E=0$，因此 $Q<0$，即气体向外界放出热量。

可见，只有在 $A\to B$ 过程中气体从外界吸收热量。

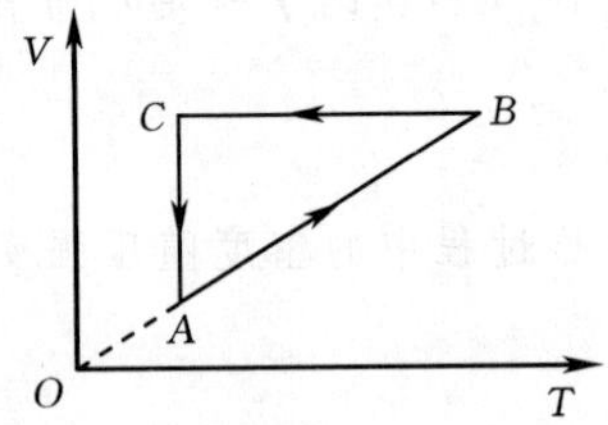

图 17-18

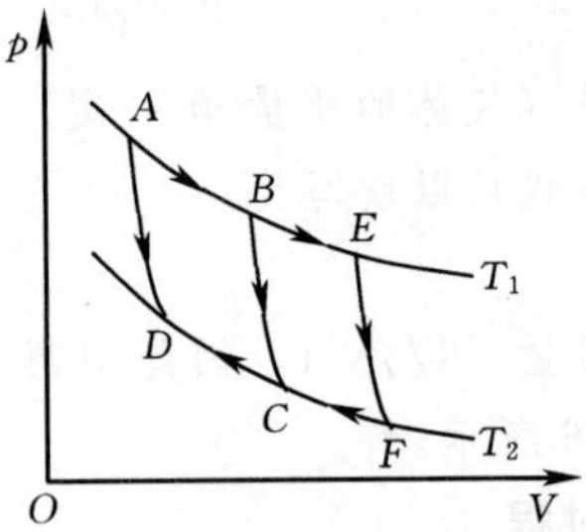

图 17-19

（4）如果卡诺热机的循环曲线所包围的面积从图 17-19 中的 $ABCDA$ 增大为 $AEFDA$，与循环 $ABCDA$ 相比，循环 $AEFDA$ 所做的净功和热机效率有什么变化？

【答案：净功增大；效率不变】

详解：在任何正循环过程中，系统所做的净功都等于循环曲线所包围的面积。由于 $S_{ABCDA}<S_{AEFDA}$，因此循环 $AEFDA$ 所做的净功增大了。

卡诺热机的效率为

$$\eta=1-\frac{T_2}{T_1}$$

由于两个循环的高温热源温度 T_1 相同，低温热源温度 T_2 也相同，因此两个循环的效率相同。

（5）某可逆卡诺热机低温热源的温度为 27℃，热机效率为 40%，求其高温热源温度。现在将该热机的效率提高到 50%，如果低温热源保持不变，求其高温热源的温度的增加值。

【答案：500；100】

详解：由卡诺热机的效率 $\eta=1-\frac{T_2}{T_1}$ 解得该可逆卡诺热机的高温热源温度为

$$T_1=\frac{T_2}{\eta-1}=500\ (\mathrm{K})$$

当热机的效率提高到 50% 时高温热源的温度为

$$T_1'=\frac{T_2}{\eta'-1}=600\ (\mathrm{K})$$

因此，高温热源的温度增加值为

$$\Delta T=T_1'-T_1=100\ (\mathrm{K})$$

(6) 设某卡诺热机高温热源的热力学温度是低温热源的 n 倍，则理想气体在一次卡诺循环中，传给低温热源的热量是从高温热源吸取热量的多少倍?

【答案：$1/n$】

详解： 由卡诺热机的效率 $\eta=1-\frac{Q_2}{Q_1}=1-\frac{T_2}{T_1}$ 解得该可逆卡诺热机的高温热源温度为

$$\frac{Q_2}{Q_1}=\frac{T_2}{T_1}=\frac{T_2}{nT_2}=\frac{1}{n}$$

即传给低温热源的热量 Q_2 是从高温热源吸取的热量 Q_1 的 $1/n$ 倍。

(7) 如图 17-20 所示，理想气体卡诺循环过程的两条绝热线下的面积分别为 S_1 和 S_2，则 S_1 和 S_2 哪一个更大一些?

【答案：相等】

详解： 由于在绝热过程中 $Q=0$，因此

$$W=-\Delta E$$

由于 $S_1=|W_1|=|\Delta E_1|$、$S_2=|W_2|=|\Delta E_2|$，而

$$|\Delta E_1|=|\Delta E_2|=\frac{m}{M}\frac{i}{2}R(T_1-T_2)$$

因此，$S_1=S_2$，即这两个面积一样大。

(8) 气体经历如图 17-21 所示的循环过程，在这个循环中外界传给气体的净热量是多少?

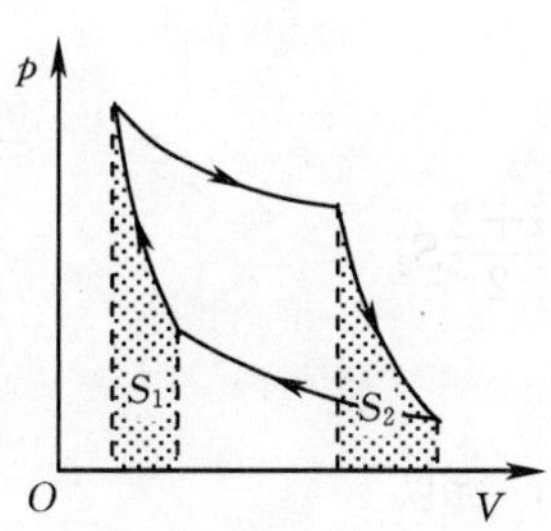

图 17-20

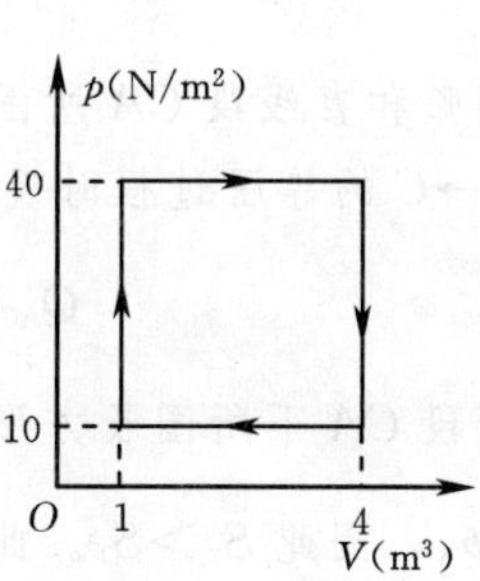

图 17-21

【答案：90J】

详解： 气体经历一个的循环过程中，外界传给气体的净热量等于是气体对外界所做的净功，即

$$Q=W$$

气体经历一个的循环过程中对外界所做的净功等于 $p\sim V$ 曲线下所包围的面积，对本题而言

$$W=\Delta p\Delta V=(40-10)\times(4-1)=90\ (\text{J})$$

因此

$$Q=90\ (\text{J})$$

即气体在经历如图 17-21 所示的循环过程中，外界传给气体的净热量为 90J。

(9) 一个作可逆卡诺循环的热机的效率为 η，它逆向运转时便成为一台制冷机，其制

冷机的制冷系数为 e，则 η 与 e 的关系如何？

【答案：$\eta=\frac{1}{e+1}$】

详解： 由卡诺制冷机的制冷系数 $e=\frac{T_2}{T_1-T_2}$ 解得

$$\frac{T_2}{T_1}=\frac{e}{e+1}$$

将其代入卡诺热机的效率 $\eta=1-\frac{T_2}{T_1}$ 中，整理即得 η 与 e 的关系为

$$\eta=\frac{1}{e+1}$$

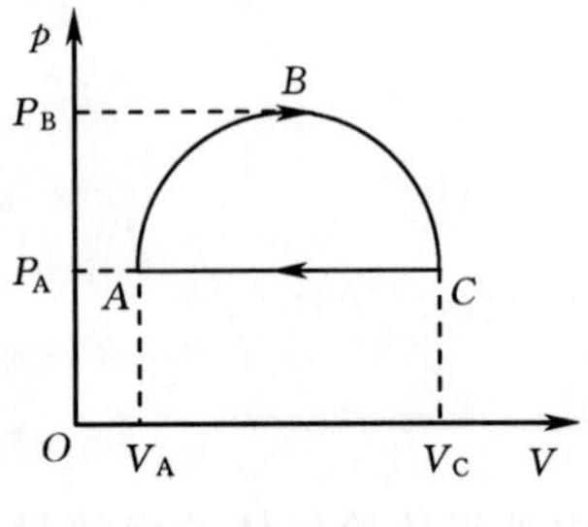

图 17－22

（10）有 ν 摩尔的理想气体，作如图 17－22 所示的循环过程 $ABCA$，其中 ABC 为半圆弧，$C\rightarrow A$ 为等压线，$p_B=2p_A$。已知气体进行 $A\rightarrow C$ 的等压过程时吸收的热量为 Q_{AC}，则在此循环过程中气体从外界吸收的净热量 Q 比 Q_{AC} 大还是比 Q_{AC} 小？

【答案：$Q<Q_{AC}$】

详解： 气体经历 $ABCA$ 循环过程中，从外界吸收的净热量为

$$Q=W_{ABCA}=S_1$$

其中，S_1 为半圆弧和直线段 CA 所围面积。

气体进行 $A\rightarrow C$ 的等压过程时吸收的热量为

$$Q_{AC}=\frac{i+2}{2}W_{AC}=\frac{i+2}{2}S_2$$

其中，S_2 为直线段 CA 下所围长方形的面积。

由于 $p_B=2p_A$，因此 $S_2>S_1$。此外 $\frac{(i+2)}{2}>1$，所以

$$Q<Q_{AC}$$

即在此循环过程中，气体从外界吸收的净热量 Q 小于 $A\rightarrow C$ 等压过程所吸收的热量 Q_{AC}。

（11）图 17－23（a）～（c）各表示一个循环过程，其中图 17－23（a）是两个半径相等的圆构成的循环过程，图 17－23（b）、（c）为半径不等的两个圆构成的循环过程。则在这三个循环过程中，系统对外界做的总净功分别是大于零、小于零还是等于零？

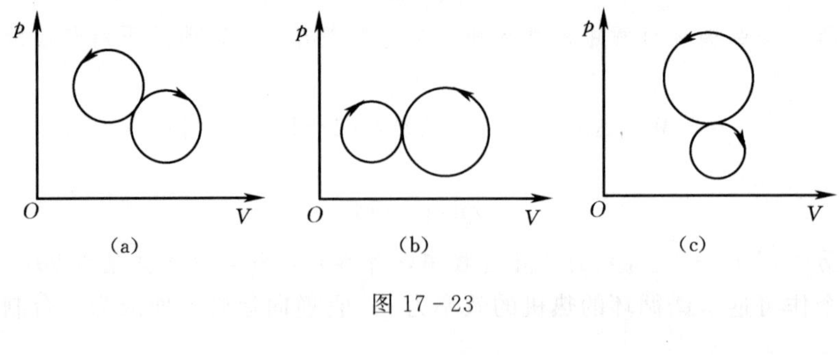

图 17－23

【**答案**：等于零；小于零；小于零】

详解：图 17-23（a）的两个分循环中，一个是正循环，另一个是逆循环，由于$|W_{正}|=|W_{逆}|$，因此，系统对外界做的总净功为

$$W=|W_{正}|-|W_{逆}|=0$$

图 17-23（b）、（c）的两个分循环中$|W_{正}|<|W_{逆}|$，因此系统对外界做的总净功为

$$W=|W_{正}|-|W_{逆}|<0$$

即在这三个循环过程中，循环（a）对外界做的总净功等于零，循环（b）和（c）对外界做的总净功均小于零。

4. 理热力学第二定律

（1）“理想气体与单一热源接触作等温膨胀时，吸收的热量全部用来对外做功。”这种说法是否违反热力学第一定律和热力学第二定律？

【**答案**：不违反热力学第一定律，也不违反热力学第二定律】

详解：这种说法不违反热力学第一定律，因为理想气体作等温膨胀时内能增量$\Delta E=0$，$Q=W$，即吸收的热量全部用来对外做功。

这种说法也不违反热力学第二定律，因为热力学第二定律的开尔文说法指的是循环工作的热机，对于作为非循环的等温膨胀过程，系统从单一热源吸收热量使之完全变为有用的功，而不使外界发生任何变化是完全可能的。

（2）有以下五个过程：①两种不同气体在等温下互相混合；②理想气体在等体下降温；③液体在等温下汽化；④理想气体在等温下压缩；⑤理想气体绝热自由膨胀。其中哪些过程是熵增加的过程？

【**答案**：①、③、⑤】

详解：熵增原理指出，一个孤立系统在经历了一个热力学过程后，不可逆过程的熵增加；可逆过程熵不变。而可逆过程是指一个热力学系统的逆过程能重复正过程的每一个中间状态，并且不引起其他变化。

由于过程①、③、⑤都是不可逆过程，因此这三种过程的熵均增加。

（3）如图 17-24（a）所示，设某热力学系统经历 $C\to D\to E$ 的过程，其中 AB 是一条绝热曲线，C、E 在这条绝热曲线上。试分析该系统与外界交换热量的情况。

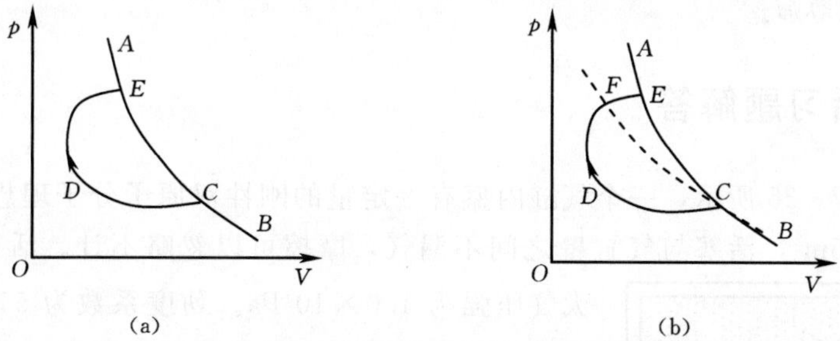

图 17-24

【**答案**：有些阶段吸热，有些阶段放热，整个过程中吸热大于放热】

详解：将 $ECDE$ 看作是一个循环，则有

$$Q_{ECDE}=Q_{EC}+Q_{CDE}=W$$

因为 $ECDE$ 循环是正循环，因此 $W>0$，又因为 EC 是绝热过程，因此 $Q_{EC}=0$，上式可以改写为

$$Q_{CDE}=W>0$$

即在 CDE 整个过程中系统从外界吸收热量。

如图 17-24（b）所示，过状态 C 作一条等温线，与 CDE 过程曲线相交于 F 点。在 CDF 过程中，内能增量 $\Delta E_{CDF}=0$，由于是压缩过程，因此 $W_{CDF}<0$，由热力学第一定律得

$$Q_{CDF}=\Delta E_{CDF}+W_{CDF}=W_{CDF}<0$$

即在 CDF 过程中系统向外界放出热量。

由于

$$Q_{FE}=Q_{CDE}-Q_{CDF}>0$$

因此，在 FE 过程中系统从外界吸收热量。

总之，该热力学系统在 CDE 过程中，在某些阶段从外界吸收热量，某些阶段向外界放出热量，而在整个过程中吸收的热量大于放出的热量。

（4）一定量的理想气体向真空作绝热自由膨胀，体积由 V_1 增至 V_2，在此过程中气体的内能和熵如何变化？

【答案：内能不变；熵增加】

详解：理想气体向真空作绝热自由膨胀的过程中，$W=0$、$\Delta Q=0$，由热力学第一定律可知 $\Delta E=0$，即气体的内能保持不变。

由于理想气体向真空作绝热自由膨胀的过程是不可逆过程，由熵增定理可知，气体的熵的将增加。

（5）由绝热材料包围的容器被隔板隔为两半，左边是理想气体，右边为真空。如果将隔板撤去，气体将进行自由膨胀过程，达到平衡后气体的温度与原来相比较发生怎样的变化？气体的熵增加还是减少了？

【答案：温度不变；熵增加】

详解：由于理想气体向真空作绝热自由膨胀的过程中 $\Delta E=0$，由于内能是温度的单值函数，因此，$\Delta T=0$，即气体的温度保持不变。

气体的熵将增加。

三、课后习题解答

（1）如图 17-25 所示，一个气缸内盛有一定量的刚性双原子分子理想气体，气缸活塞的面积为 0.05m^2，活塞与气缸壁之间不漏气，摩擦可以忽略不计。活塞左侧通大气，大气压强为 $1.0\times10^5\text{Pa}$。劲度系数为 $5\times10^4\text{N/m}$ 的弹簧的两端分别固定于活塞和固定物上。开始时气缸内气体处于压强为 $1.0\times10^5\text{Pa}$、体积为 0.015m^3 的状态；然后缓慢加热气缸，使缸内气体缓慢地膨胀到 0.02m^3。在此过程中气体从外界吸收了多少热量？

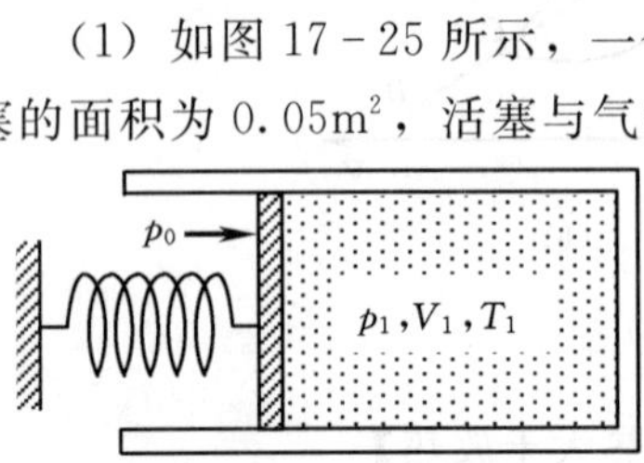

图 17-25

解：由题意可知，当气体处于初态时弹簧为原长。当气缸内的气体体积由 V_1 膨胀到 V_2 时，弹簧被压缩，设压缩量为 l，则有

$$V_2 - V_1 = lS$$

由此解得弹簧的压缩量为

$$l = \frac{V_2 - V_1}{S} = 0.1\ (\mathrm{m})$$

气体末态的压强为

$$p_2 = p_0 + \frac{kl}{S} = 2.0 \times 10^5\ (\mathrm{Pa})$$

气体在膨胀过程中内能的增量为

$$\Delta E = \frac{m}{M}\frac{i}{2}R(T_2 - T_1)$$

由理想气体状态方程得

$$p_1 V_1 = \frac{m}{M}RT_1,\ p_2 V_2 = \frac{m}{M}RT_2$$

因此，内能增量为

$$\Delta E = \frac{i}{2}(p_2 V_2 - p_1 V_1) = 6.25 \times 10^3\ (\mathrm{J})$$

缸内气体对外界所做的功为

$$W = p_0 S l + \frac{1}{2}kl^2 = 750\ (\mathrm{J})$$

因此，缸内气体在整个膨胀过程中从外界吸收的热量为

$$Q = \Delta E + W = 7.00 \times 10^3\ (\mathrm{J})$$

（2）一定量的单原子分子理想气体，从初态 A 出发，如图 17-26 所示的直线过程变到另一个状态 B，又经过等容和等压过程回到状态 A。求：

1）$A \to B$、$B \to C$、$C \to A$ 各过程中系统对外所做的功 W、内能的增量 ΔE 和所吸收的热量 Q。

2）整个循环过程中系统对外所做的总功和从外界吸收的总热量。

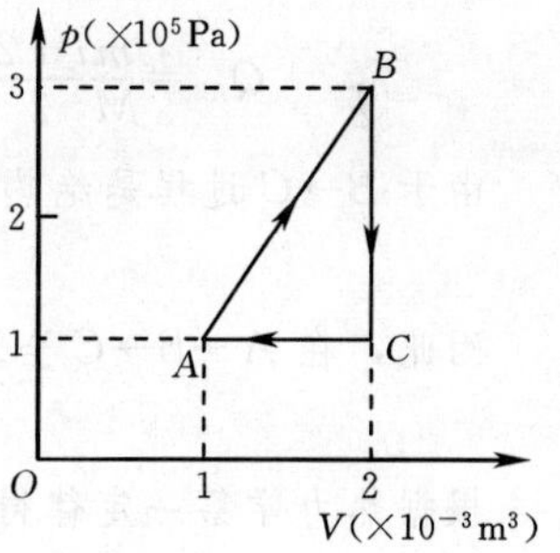

图 17-26

解：1）$A \to B$ 过程中系统对外所做的功、内能的增量和所吸收的热量分别为

$$W_1 = \frac{1}{2}(p_1 + p_1)(V_2 - V_1) = 200\ (\mathrm{J})$$

$$\Delta E_1 = \frac{3}{2}(p_2 V_2 - p_1 V_1) = 750\ (\mathrm{J})$$

$$Q_1 = W_1 + \Delta E_1 = 950\ (\mathrm{J})$$

$B \to C$ 过程中系统对外所做的功、内能的增量和所吸收的热量分别为

$$W_2 = 0$$

$$\Delta E_2 = \frac{3}{2}(p_1 V_2 - p_2 V_2) = -600\ (\mathrm{J})$$

$$Q_2=W_2+\Delta E_2=-600\ (\text{J})$$

$C\to A$ 过程中系统对外所做的功、内能的增量和所吸收的热量分别为

$$W_3=p_1(V_1-V_2)=-100\ (\text{J})$$

$$\Delta E_3=\frac{3}{2}(p_1V_1-p_1V_2)=-150\ (\text{J})$$

$$Q_3=W_3+\Delta E_3=-250\ (\text{J})$$

2）在整个循环过程中系统对外所做的总功和从外界吸收的总热量分别为

$$W=W_1+W_2+W_3=100\ (\text{J})$$

$$Q=Q_1+Q_2+Q_3=100\ (\text{J})$$

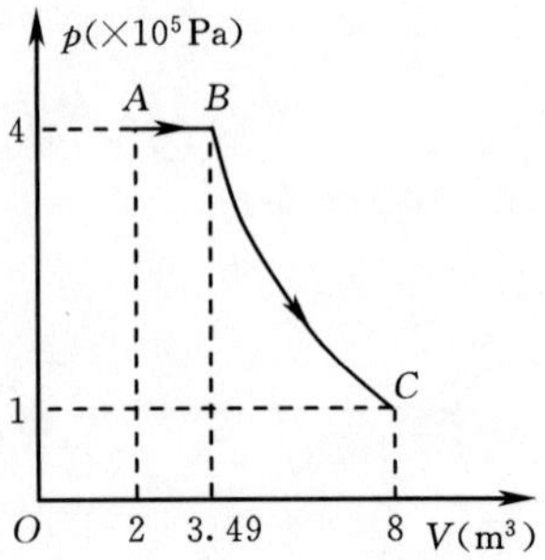

图 17-27

（3）一定量的单原子分子理想气体，从 A 态出发经等压过程膨胀到 B 态，又经绝热过程膨胀到 C 态，如图 17-27 所示。试求该过程中气体对外所做的功、内能的增量和吸收的热量。

解：从题图可以看出

$$p_AV_A=p_CV_C$$

由理想气体状态方程 $pV=\frac{m}{M}RT$ 容易得出

$$T_A=T_C$$

因此，在 $A\to B\to C$ 全过程中的内能增量为

$$\Delta E=\frac{m}{M}\frac{3}{2}R(T_C-T_A)=0$$

在 $A\to B$ 过程（等压过程）中系统吸收的热量为

$$Q_{AB}=\frac{m}{M}\frac{i+2}{2}R(T_B-T_A)=\frac{5}{2}(p_BV_B-p_AV_A)=1.49\times10^6\,(\text{J})$$

由于 $B\to C$ 过程是绝热过程，因此

$$Q_{BC}=0$$

因此，在 $A\to B\to C$ 全过程中系统吸收的热量为

$$Q=Q_{AB}+Q_{BC}=1.49\times10^6\,(\text{J})$$

根据热力学第一定律得 $A\to B\to C$ 全过程中系统对外所做的功为

$$W=Q-\Delta E=1.49\times10^6\,(\text{J})$$

（4）汽缸内有 2mol 氦气，初始温度为 27℃、体积为 20L。先将氦气等压膨胀到原体积的 2 倍，然后绝热膨胀，直至回复初温为止。将氦气视为理想气体。试在 $p\sim V$ 图上画出气体的状态变化过程。在这个过程中氦气吸收了多少热量？氦气的内能增加了多少？氦气所做的总功是多少？

解：依题意得气体的状态变化过程 $p\sim V$ 图如图 17-28 所示。

等压过程的末温为

$$T_B=\frac{V_A}{V_B}T_A=600\ (\text{K})$$

等压过程氦气吸收的热量为

$$Q_{AB}=\frac{m}{M}\frac{i+2}{2}R(T_B-T_A)=1.25\times10^4(\text{J})$$

由于 $B\rightarrow C$ 过程是绝热过程，因此 $Q_{BC}=0$。在整个过程中氦气吸收的热量为

$$Q=Q_{AB}+Q_{BC}=1.25\times10^4(\text{J})$$

由于 $T_A=T_C$，因此在整个过程中氦气内能的增量为

$$\Delta E=\frac{m}{M}\frac{i}{2}R(T_C-T_A)=0$$

根据热力学第一定律得 $A\rightarrow B\rightarrow C$ 全过程中系统对外所做的功为

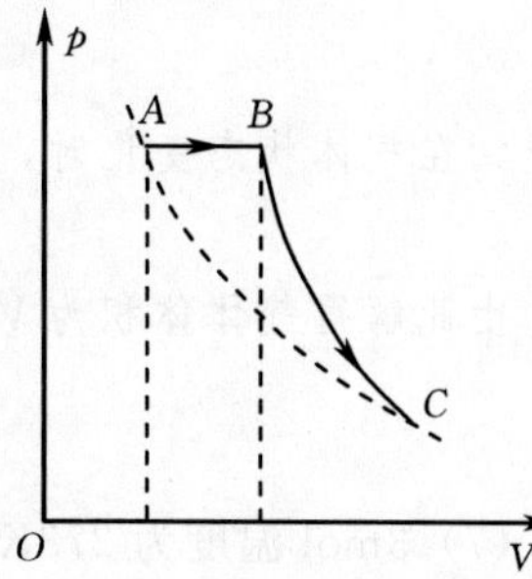

图 17-28

$$W=Q-\Delta E=1.25\times10^4(\text{J})$$

(5) 某种 1mol 刚性多原子分子理想气体原来的压强为 1.0atm、温度为 27℃，经过一个绝热过程使其压强增加到 16atm。在该过程中，气体内能增量等于多少？气体做了多少功？末态时气体的分子数密度等于多少？

解：刚性多原子分子的自由度 $i=6$，其热容比为

$$\gamma=\frac{i+2}{i}=\frac{4}{3}$$

由绝热方程 $p^{\gamma-1}T^{-\gamma}=$恒量解得末态温度为

$$T_2=T_1\left(\frac{p_2}{p_1}\right)^{\frac{\gamma-1}{\gamma}}=600\ (\text{K})$$

在该绝热过程中气体内能的增量为

$$\Delta E=\frac{m}{M}\frac{i}{2}R(T_2-T_1)=7.48\times10^3(\text{J})$$

由于在绝热过程中 $\Delta Q=0$，由热力学第一定律得在该过程中系统对外所做的功为

$$W=Q-\Delta E=-\Delta E=-7.48\times10^3(\text{J})$$

由理想气体状态方程 $p=nkT$ 解得末态的气体分子数密度为

$$n_2=\frac{p_2}{kT_2}=1.96\times10^{26}(\text{m}^{-3})$$

(6) 如果一定量的理想气体，其体积和压强按 $V=ap^{-0.5}$ 的规律变化，其中 a 为已知常量。试求：

1) 气体从体积 V_1 膨胀到 V_2 的过程中所做的功。

2) 气体体积为 V_1 时的温度 T_1 与体积为 V_2 时的温度 T_2 之比。

解：1) 由 $V=ap^{-0.5}$ 解得

$$p=\frac{a^2}{V^2}$$

气体从体积 V_1 膨胀到 V_2 的过程中所做的功为

$$W=\int_{V_1}^{V_2}p\mathrm{d}V=\int_{V_1}^{V_2}\frac{a^2}{V^2}\mathrm{d}V=a^2\left(\frac{1}{V_1}-\frac{1}{V_2}\right)$$

2) 将 $p=a^2/V^2$ 代入理想气体状态方程中，得

$$a^2=\frac{m}{M}RTV$$

因此，在气体状态变化时，有

$$T_1V_1=T_2V_2$$

由此解得气体体积为 V_1 时的温度 T_1 与体积为 V_2 时的温度 T_2 之比为

$$\frac{T_1}{T_2}=\frac{V_2}{V_1}$$

（7）3mol 温度为 273K 的理想气体，先经过等温过程体积膨胀到原来的 5 倍，然后等体加热，使其末态的压强刚好等于初始压强，在整个过程中传给气体的热量为 8×10^4J。试画出此过程的 $p\sim V$ 图，并求这种气体的比热容比。

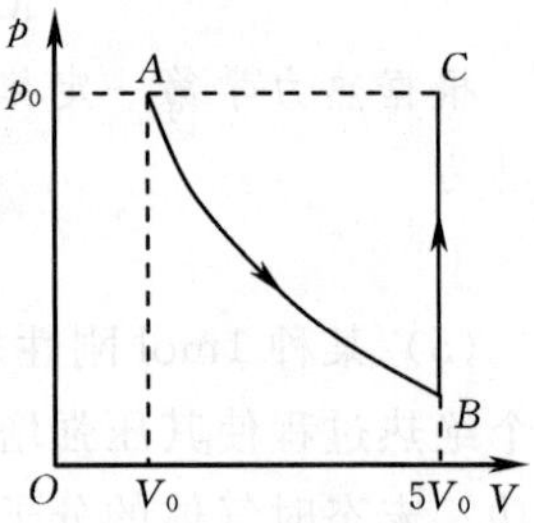

图 17-29

解： 依题意得此过程的 $p\sim V$ 图如图 17-29 所示。

设末态温度为 T。在初态 A 到末态 C 设计一个假想的等压过程，则末态温度为

$$T=\frac{5V_0}{V_0}T_0=5T_0$$

在等温过程 AB 中系统吸收的热量为

$$Q_T=\frac{m}{M}RT\ln\frac{V_2}{V_1}=3RT_0\ln5$$

设该气体的定体摩尔热容为 C_V。在等体过程 BC 中系统吸收的热量为

$$Q_V=\frac{m}{M}C_V(T_2-T_1)=3C_V(5T_0-T_0)=12C_VT_0$$

由于 $Q=Q_T+Q_V$，因此

$$Q=3RT_0\ln5+12C_VT_0$$

由此解得定体摩尔热容为

$$C_V=\frac{Q-3RT_0\ln5}{12T_0}$$

这种气体的比热容比为

$$\gamma=\frac{C_p}{C_V}=\frac{C_V+R}{C_V}=1+\frac{12RT_0}{Q-3RT_0\ln5}=1.39$$

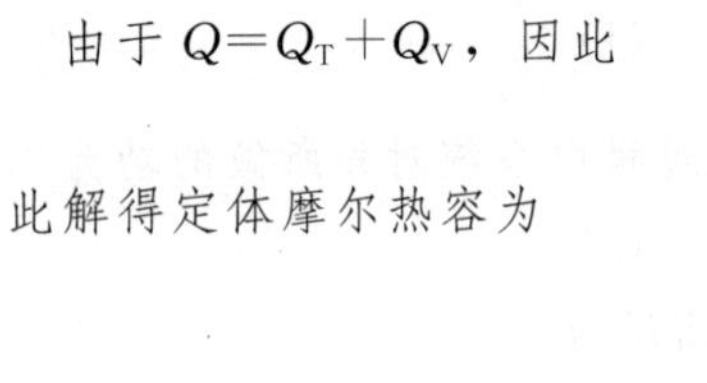

图 17-30

（8）如图 17-30 所示，气缸和活塞均用绝热材料制成。气缸的中间被一块隔板等分为两部分，其中右边储有 1mol 标准状态的氦气，氦气可以视为理想气体，左边为真空。先把隔板拉开，待气体平衡后，再缓慢向右推动活塞，将气体压缩到原来的体积。在这个过程中，氦气的温度改变了多少？

解： 氦气开始时的状态为 p_0、V_0、T_0，在向真空作绝热膨胀的过程中，由于 $W=0$、$Q=0$，因此 $\Delta E=0$，膨胀结束时，有

$$T_1=T_0,\ V_1=2V_0$$

然后作绝热压缩。应用绝热方程，有

$$T_1V_1^{\gamma-1}=T_2V_2^{\gamma-1}$$

其中，$V_2=V_0$，$\gamma=5/3$，末态温度为

$$T_2=T_1\left(\frac{V_1}{V_2}\right)^{\gamma-1}=T_0\left(\frac{2V_0}{V_0}\right)^{\gamma-1}=4^{1/3}T_0$$

其中，$T_0=273\text{K}$，因此氦气温度的增加量为

$$\Delta T=T_2-T_0=(4^{1/3}-1)T_0=160\ (\text{K})$$

(9) 如图 17-31 所示，体积为 30L 的圆柱形容器内，有一个能沿竖直方向自由滑动的活塞，活塞的质量和厚度可以忽略。容器内盛有 1mol 温度为 127℃的单原子分子理想气体。如果容器外的大气压强为 1atm，气温为 27℃，求当容器内气体与外界达到平衡时需要向外放出多少热量？

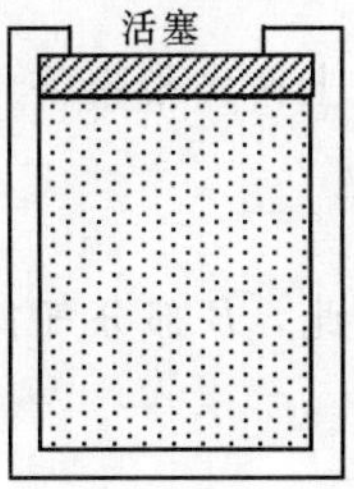

图 17-31

解： 容器内气体与外界达到平衡是指容器内的气体温度和压强与外界达到一致的状态。

由理想气体状态方程得容器内气体初始时的压强为

$$p_1=\frac{RT_1}{V_1}=1.108\times10^5\ (\text{Pa})$$

即 $p_1>p_0$。因此容器内气体达到与外界平衡需经过两个阶段：第一阶段为等体降温，直至气体压强 $p_2=p_0$，设此时温度为 T_2，放出热量为 Q_1；第二阶段为等压降温，直至温度 $T_3=T_0$ 设该阶段放出热量为 Q_2。

由理想气体状态方程得第一个阶段末态温度为

$$T_2=\frac{p_2}{p_1}T_1=\frac{p_0}{p_1}T_1=365.7\ (\text{K})$$

该阶段放出的热量为

$$Q_1=\frac{i}{2}R(T_1-T_2)=\frac{3}{2}R(T_1-T_2)=428\ (\text{J})$$

第二阶段放出的热量为

$$Q_2=\frac{i+2}{2}R(T_2-T_3)=\frac{5}{2}R(T_2-T_0)=1365\ (\text{J})$$

因此，当容器内气体与外界达到平衡时需要向外放出的热量为

$$Q=Q_1+Q_2=1793\ (\text{J})$$

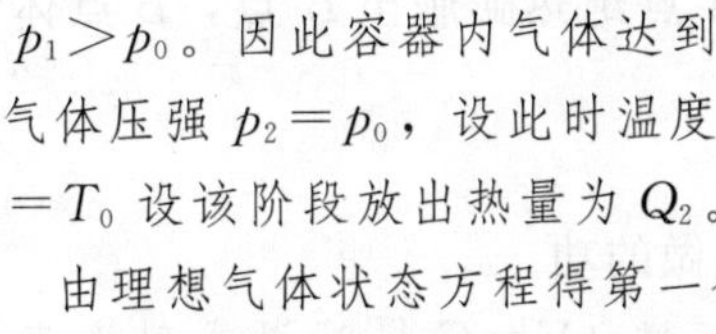

图 17-32

(10) 如图 17-32 所示，一个四周用绝热材料制成的气缸，中间有一块用导热材料制成的固定隔板 C，它将气缸分成 A、B 两部分。A 中盛有 1mol 氦气，B 中盛有 1mol 氮气，这两种气体均视为刚性分子的理想气体。D 是一个绝热的活塞。加外力缓慢地移动活塞 D，在压缩 A 部分气体的过程中，外力对气体做功为 W，试求在此过程中 B 部分气体内能的增量。

解： 将 A、B 两部分气体作为一个系统。由于容器是用绝热材料制成的，因此在外界

压缩气体的过程中，系统与外界之间交换的热量 $Q=0$。根据热力学第一定律，有

$$Q=\Delta E+(-W)=0$$

即 $\Delta E=W$。设 A、B 两部分气体的内能变化分别为 ΔE_A 和 ΔE_B，则系统内能的变化为

$$\Delta E=\Delta E_A+\Delta E_B$$

由于固定隔板C是用导热材料制成的，因此 A、B 两部分气体的温度始终相同。设外界压缩气体的过程中温度的变化为 ΔT，则 A、B 两部分气体内能的变化分别为

$$\Delta E_A=\frac{3}{2}R\Delta T,\ \Delta E_B=\frac{5}{2}R\Delta T$$

以上两式相除得

$$\frac{\Delta E_A}{\Delta E_B}=\frac{3}{5}$$

因此，B 部分气体内能的增量为

$$\Delta E_B=\frac{3}{8}\Delta E=\frac{3}{8}W$$

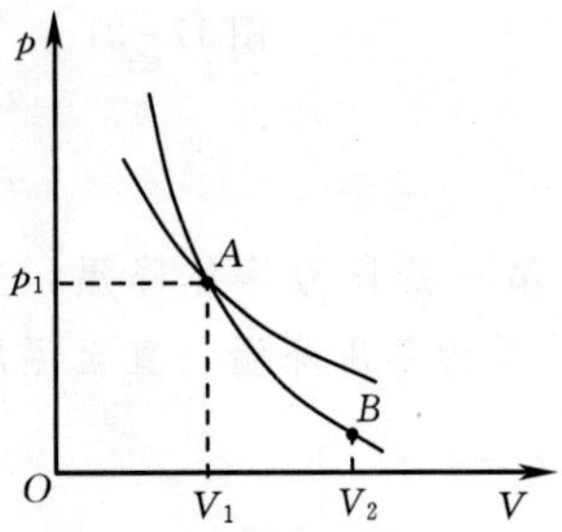

图 17-33

（11）某理想气体在 $p\sim V$ 图上的等温线与绝热线相交于 A 点，如图 17-33 所示。已知 A 点的压强为 2×10^5 Pa、体积为 $0.5\times10^{-3}\ \mathrm{m}^3$，并且 A 点处的等温线斜率与绝热线斜率之比为 0.714。现使气体从 A 点绝热膨胀至 B 点，B 点体积为 $1\times10^{-3}\ \mathrm{m}^3$，求：

1）B 点处的压强。

2）在此过程中气体对外做的功。

解：1）由盖·吕萨克定律 $pV=C$ 得等温线斜率表达式为

$$\left(\frac{\mathrm{d}p}{\mathrm{d}V}\right)_T=-\frac{p}{V}$$

由绝热方程 $pV^\gamma=C$ 得绝热线斜率表达式为

$$\left(\frac{\mathrm{d}p}{\mathrm{d}V}\right)_Q=-\gamma\frac{p}{V}$$

由题意得

$$\frac{(\mathrm{d}p/\mathrm{d}V)_T}{(\mathrm{d}p/\mathrm{d}V)_Q}=\frac{-p/V}{-\gamma p/V}=\frac{1}{\gamma}=0.714$$

由此解得该理想气体的热容比为

$$\gamma=1.40$$

由绝热方程 $p_1V_1^\gamma=p_2V_2^\gamma$ 解得 B 点处的压强为

$$p_2=p_1\left(\frac{V_1}{V_2}\right)^\gamma=7.58\times10^4\ (\mathrm{Pa})$$

2）气体从 A 点绝热膨胀至 B 点的过程中，气体对外所做的功为

$$W=\frac{p_1V_1-p_2V_2}{\gamma-1}=60.5\ (\mathrm{J})$$

（12）1mol 刚性双原子分子的理想气体，开始时处于压强为 1.01×10^5 Pa、体积为 1

$\times 10^{-3}m^3$ 的 A 状态；然后经图 17-34 所示的直线过程变到压强为 4.04×10^5Pa、体积为 $2\times 10^{-3}m^3$ 的 B 状态；最后又经方程为 $pV^{\frac{1}{2}}=K$（K 为常量）的过程变到压强等于初态压强的 C 状态。求在 $A\to B$ 过程和整个过程中气体分别吸收的热量。

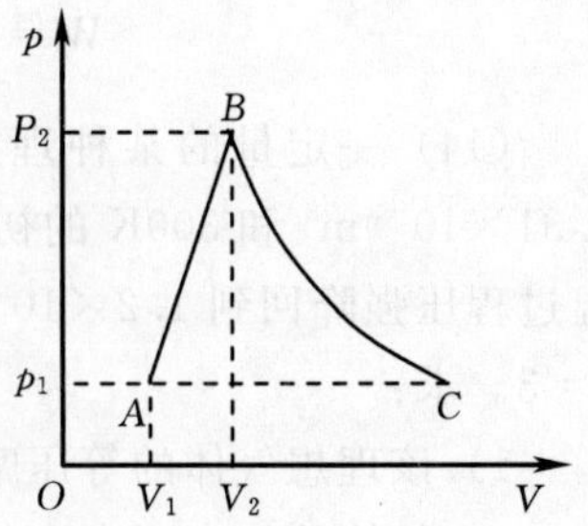

图 17-34

解：1）在 $A\to B$ 过程中气体对外做的功等于 $p\sim V$ 图过程直线下的面积，即

$$W_1=\frac{1}{2}(p_1+p_2)(V_2-V_1)$$

在 $A\to B$ 过程中内能的增量为

$$\Delta E_1=\frac{i}{2}R(T_2-T_1)=\frac{5}{2}(p_2V_2-p_1V_1)$$

因此，在 $A\to B$ 过程中气体吸收的热量为

$$Q_1=\Delta E_1+W_1=\frac{5}{2}(p_2V_2-p_1V_1)+\frac{1}{2}(p_1+p_2)(V_2-V_1)=2.02\times 10^3(\mathrm{J})$$

2）在 $B\to C$ 过程中气体对外做的功为

$$\begin{aligned}W_2&=\int_{V_2}^{V_3}p\mathrm{d}V=p_2\sqrt{V_2}\int_{V_2}^{V_3}\frac{\mathrm{d}V}{\sqrt{V}}=2p_2\sqrt{V_2}(\sqrt{V_3}-\sqrt{V_2})\\&=2p_2\sqrt{V_2}\left(\frac{p_2\sqrt{V_2}}{p_3}-\sqrt{V_2}\right)\\&=2p_2V_2\left(\frac{p_2}{p_1}-1\right)\end{aligned}$$

在整个过程气体对外所做的功为

$$\begin{aligned}W&=W_1+W_2=\frac{1}{2}(p_1+p_2)(V_2-V_1)+2p_2V_2\left(\frac{p_2}{p_1}-1\right)\\&=5.10\times 10^3(\mathrm{J})\end{aligned}$$

整个过程气体内能的增量为

$$\begin{aligned}\Delta E&=\frac{i}{2}R(T_3-T_1)=\frac{5}{2}(p_3V_3-p_1V_1)=\frac{5}{2}\left(p_3\frac{p_2^2}{p_3^2}V_2-p_1V_1\right)\\&=\frac{5}{2}\left(\frac{p_2^2}{p_1}V_2-p_1V_1\right)=7.83\times 10^3(\mathrm{J})\end{aligned}$$

根据热力学第一定律，整个过程中气体分别吸收的热量为

$$Q=\Delta E+W=1.29\times 10^4(\mathrm{J})$$

(13) 2mol 单原子分子的理想气体，开始时处于压强为 10atm、温度为 400K 的平衡态；然后经过一个绝热过程压强变为 2atm。求在此绝热过程中气体对外做的功。

解：由绝热方程 $p_1^{\gamma-1}T_1^{-\gamma}=p_2^{\gamma-1}T_2^{-\gamma}$ 得末态的温度为

$$T_2=\left(\frac{p_1}{p_2}\right)^{\frac{1-\gamma}{\gamma}}T_1=210\ (\mathrm{K})$$

由于在绝热过程中 $Q=0$，由热力学第一定律得在此绝热过程中气体对外做的功为

$$W=-\Delta E=\frac{m}{M}\frac{i}{2}R(T_1-T_2)=4.74\times10^3\,(\mathrm{J})$$

（14）一定量的某种理想气体，开始时处于压强、体积和温度分别为 $1.2\times10^6\,\mathrm{Pa}$、$8.31\times10^{-3}\,\mathrm{m^3}$ 和 300K 的初态，然后经过一个等体过程温度升高到 450K，再经过一个等温过程压强降回到 $1.2\times10^6\,\mathrm{Pa}$ 。已知该理想气体的等压摩尔热容与等体摩尔热容之比为 5∶3。求：

1）该理想气体的等压摩尔热容和等体摩尔热容。

2）气体从初态到末态的全过程中从外界吸收的热量。

解：1）依题意有

$$\frac{C_p}{C_V}=\frac{5}{3}$$

迈耶公式为

$$C_p-C_V=R$$

联立以上两式，解得该理想气体的等压摩尔热容和等体摩尔热容分别为

$$C_p=\frac{5}{2}R,\ C_V=\frac{3}{2}R$$

2）由理想气体状态方程得该气体的摩尔数为

$$\frac{m}{M}=\frac{p_1V_1}{RT_1}=4\ (\mathrm{mol})$$

在全过程中气体内能的增量为

$$\Delta E=\frac{m}{M}C_V(T_2-T_1)=7479\ (\mathrm{J})$$

在全过程中气体对外做的功为

$$W=\frac{m}{M}RT_2\ln\frac{p_2}{p_3}=\frac{m}{M}RT_2\ln\frac{p_2}{p_1}$$

由等体过程得

$$\frac{p_2}{p_1}=\frac{T_2}{T_1}$$

因此

$$W=\frac{m}{M}RT_2\ln\frac{T_2}{T_1}=6065\ (\mathrm{J})$$

因此气体从初态到末态的全过程中从外界吸收的热量为

$$Q=\Delta E+W=13544\ (\mathrm{J})$$

（15）一定量的氦气可以看作是理想气体，原来的压强和温度分别为 1atm、300K，如果经过一个绝热过程，使其压强增加到 32atm。求末态时气体的温度和气体分子数密度。

解：由绝热方程 $p_1^{\gamma-1}T_1^{-\gamma}=p_2^{\gamma-1}T_2^{-\gamma}$ 得末态时气体的温度为

$$T_2=\left(\frac{p_1}{p_2}\right)^{\frac{1-\gamma}{\gamma}}T_1=1200\ (\mathrm{K})$$

由理想气体状态方程 $p_2=n_2kT_2$ 得气体分子数密度为

$$n_2=\frac{p_2}{kT_2}=1.96\times10^{26}(\text{m}^{-3})$$

(16) 在如图 17-35 所示的循环中，AB、DE 是绝热过程，ECA 是等温过程，BCD 是任意过程。图 17-35 中 $DECD$ 所包围的面积为 70J，$ABCA$ 所包围的面积为 30J，在整个循环过程中系统放热 100J，求 BCD 过程中系统吸收的热量。

解： 正循环 $DECD$ 系统对外做 70J 的正功；逆循环 $ABCA$ 系统对外做 30J 的负功，因此整个循环过程系统对外做的功为

$$W=70+(-30)=40\ (\text{J})$$

由于 AB、DE 是绝热过程，因此 $Q_{AB}=Q_{DE}=0$。ECA 是放热过程，依题意 $Q_{ECA}=-100\text{J}$，设 BCD 过程中系统吸收的热量为 Q_{BCD}，则在整个循环过程中，有

$$W=Q_{ECA}+Q_{BCD}$$

由此解得 BCD 过程中系统吸收的热量为

$$Q_{BCD}=W-Q_{ECA}=40-(-100)=140\ (\text{J})$$

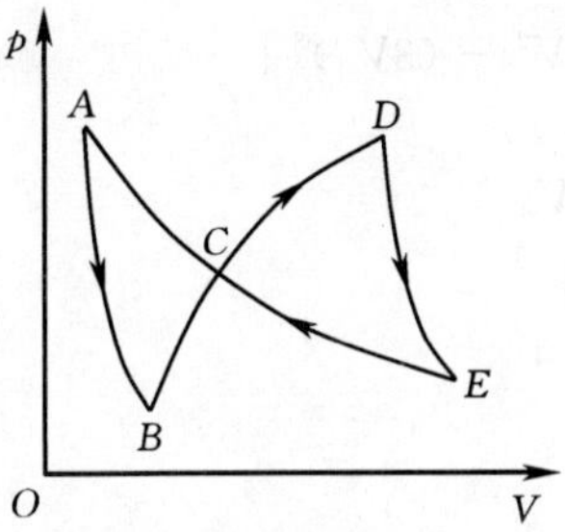

图 17-35

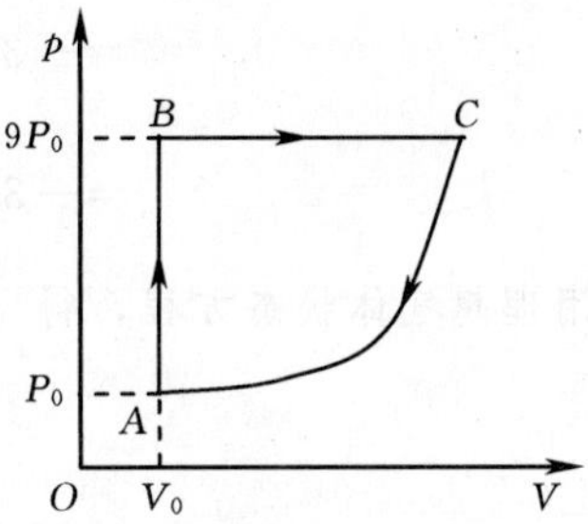

图 17-36

(17) 1mol 单原子分子理想气体经历如图 17-36 所示的可逆循环，联结 CA 两点的曲线的方程为

$$p=p_0\left(\frac{V}{V_0}\right)^2$$

已知 A 点的温度为 T_0。

1) 试以 T_0 和普适气体常量 R 表示 $A\to B$、$B\to C$ 和 $C\to A$ 过程中气体吸收的热量。

2) 求此循环的效率。

解： 设 A 状态的状态参量为 p_0、V_0、T_0。下面将 B 状态和 C 状态的状态参量用 p_0、V_0 和 T_0 表达出来。

由于 $p_B=9p_0$，$A\to B$ 为等体过程，因此

$$T_B=\frac{p_B}{p_0}T_0=\frac{9p_0}{p_0}T_0=9T_0$$

即 B 状态的状态参量为 $9p_0$，V_0，$9T_0$。

由于 $p_C=9p_0$，应用 $A\to C$ 的状态方程得 C 状态的体积为

$$V_C=\sqrt{\frac{p_C}{p_0}}V_0=\sqrt{\frac{9p_0}{p_0}}V_0=3V_0$$

对 C 状态应用理想气体状态方程 $p_CV_C=RT_C$，解得 C 状态的温度为

$$T_C=\frac{p_C V_C}{R}=\frac{9p_0\times 3V_0}{R}=27T_0$$

即 C 状态的状态参量为 $9p_0$、V_0、$27T_0$。

1）$A\to B$ 过程中气体吸收的热量为

$$Q_{AB}=\frac{i}{2}R(T_B-T_A)=\frac{3}{2}R(9T_0-T_0)=12RT_0$$

$B\to C$ 过程中气体吸收的热量为

$$Q_{BC}=\frac{i+2}{2}R(T_C-T_B)=\frac{5}{2}R(27T_0-9T_0)=45RT_0$$

$C\to A$ 过程中气体吸收的热量为

$$\begin{aligned}Q_{CA}&=\frac{i}{2}R(T_A-T_C)+\int_{V_C}^{V_A}p\mathrm{d}V\\&=\frac{3}{2}R(T_0-27T_0)+\frac{p_0}{V_0^2}\int_{3V_0}^{V_0}V^2\mathrm{d}V\\&=-39RT_0+\frac{p_0}{3V_0^2}[V_0^3-(3V_0)^3]\\&=-39RT_0-\frac{26}{3}p_0V_0\end{aligned}$$

对 A 状态应用理想气体状态方程，得

$$p_0V_0=RT_0$$

因此

$$Q_{CA}=-39RT_0-\frac{26}{3}RT_0=-\frac{143}{3}RT_0$$

2）此循环的效率为

$$\eta=1-\frac{|Q_{CA}|}{Q_{AB}+Q_{BC}}=1-\frac{143RT_0/3}{12RT_0+45RT_0}=1-\frac{143}{171}=16.4\%$$

（18）1mol 理想气体在 400K 的高温热源与 300K 的低温热源之间作可逆卡诺循环，在 400K 的等温线上起始体积为 $0.001\mathrm{m}^3$，终止体积为 $0.005\mathrm{m}^3$，试求此气体在每一循环中从高温热源吸收的热量、气体所做的净功和气体传给低温热源的热量。

解： 此气体在一个循环中从高温热源吸收的热量为

$$Q_1=RT_1\ln\frac{V_2}{V_1}=5.35\times10^3(\mathrm{J})$$

由于该可逆卡诺循环的热机效率为

$$\eta=1-\frac{T_2}{T_1}=0.25$$

因此，气体在一个循环中所做的净功为

$$W=\eta Q_1=1.34\times10^3(\mathrm{J})$$

由热力学第一定律得 $Q_1-Q_2=W$，因此气体在一个循环中传给低温热源的热量为

$$Q_2=Q_1-W=4.01\times10^3(\mathrm{J})$$

（19）一定量的某种理想气体进行如图 17－37 所示的循环过程。已知气体在状态 A

的温度为 300K，求：

1）气体在状态 B、C 的温度。

2）各过程中气体对外所做的功。

3）气体从外界吸收的总热量。

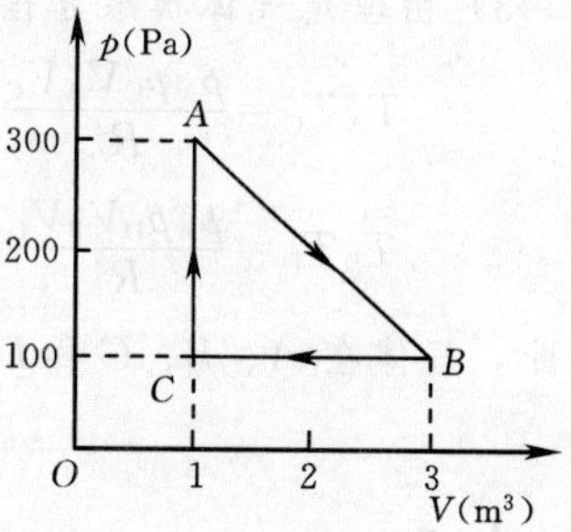

图 17-37

解：1）$C\to A$ 为等体过程，因此

$$\frac{p_A}{p_C}=\frac{T_A}{T_C}$$

由此解得气体在状态 C 的温度为

$$T_C=\frac{p_C}{p_A}T_A=100\ (\mathrm{K})$$

$B\to C$ 为等压过程，因此

$$\frac{V_B}{V_C}=\frac{T_B}{T_C}$$

由此解得气体在状态 B 的温度为

$$T_B=\frac{V_B}{V_C}T_C=300\ (\mathrm{K})$$

2）$A\to B$、$B\to C$、$C\to A$ 过程中气体所做的功分别为

$$W_1=\frac{1}{2}(p_A+p_B)(V_B-V_C)=400\ (\mathrm{J})$$

$$W_2=p_B(V_C-V_B)=-200\ (\mathrm{J})$$

$$W_3=0$$

3）气体在整个循环过程中所做的总功为

$$W=W_1+W_2+W_3=200\ (\mathrm{J})$$

因为循环过程气体内能的增量为 $\Delta E=0$，因此该循环过程中气体从外界吸收的总热量为

$$Q=W=200\ (\mathrm{J})$$

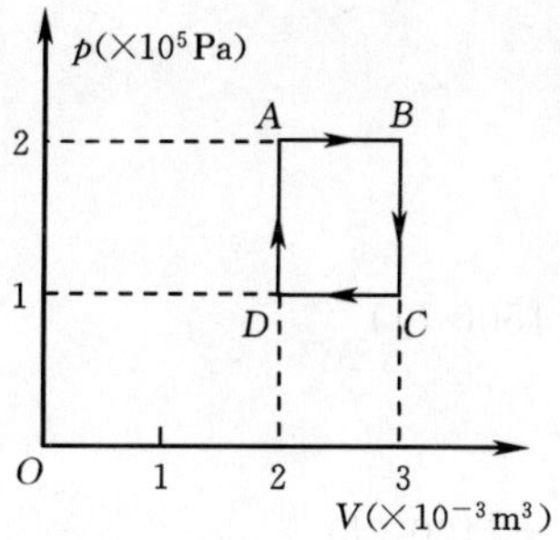

图 17-38

（20）如图 17-38 所示，$ABCDA$ 为 1mol 单原子分子理想气体的循环过程，求：

1）气体循环一次在吸热过程中从外界吸收的热量。

2）气体循环一次对外做的净功。

3）证明气体在 A、B、C 和 D 状态的温度的关系为 $T_AT_C=T_BT_D$。

解：1）DA 和 AB 过程为吸热过程，从外界吸收的总热量为

$$Q_{BC}=\frac{i}{2}R(T_A-T_D)+\frac{i+2}{2}R(T_B-T_A)$$

$$=\frac{3}{2}(p_A-p_D)V_A+\frac{5}{2}p_A(V_B-V_A)$$

$$=800\ (\mathrm{J})$$

2）气体循环一次对外做的净功等于图中矩形的面积，即

$$W=(p_A-p_D)(V_B-V_A)=100\ (\mathrm{J})$$

3）由理想气体状态方程得

$$T_A T_C = \frac{p_A p_C V_A V_C}{R^2} = \frac{2\times10^5\times1\times10^5\times2\times10^{-3}\times3\times10^{-3}}{8.31^2} = 8.69\ (\mathrm{K}^2)$$

$$T_B T_D = \frac{p_B p_D V_B V_D}{R^2} = \frac{2\times10^5\times1\times10^5\times3\times10^{-3}\times2\times10^{-3}}{8.31^2} = 8.69\ (\mathrm{K}^2)$$

因此，气体在 A、B、C 和 D 状态的温度的关系为

$$T_A T_C = T_B T_D$$

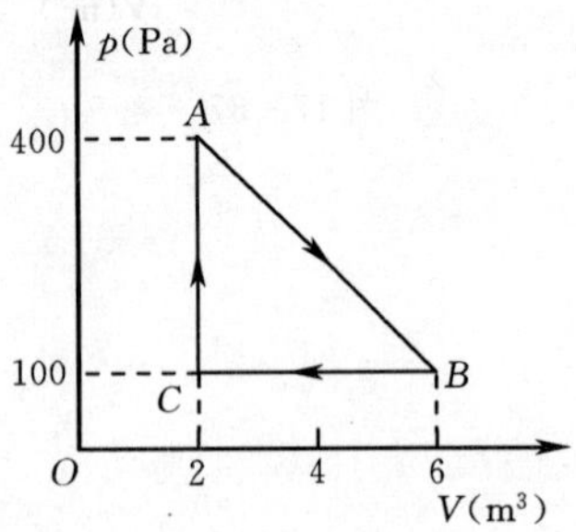

图 17-39

（21）比热容比为 1.40 的理想气体进行如图 17-39 所示的循环。已知状态 A 的温度为 300K。求：

1）状态 B、C 的温度。

2）每一过程中气体所吸收的净热量。

解：1）$C\to A$ 为等体过程，由理想气体状态方程得

$$T_C = \frac{p_C}{p_A} T_A = 75\ (\mathrm{K})$$

$B\to C$ 为等压过程，由理想气体状态方程得

$$T_B = \frac{V_B}{V_C} T_C = 225\ (\mathrm{K})$$

2）由 $\gamma=1.40$ 可知该气体为双原子分子气体，因此自由度 $i=5$。

$$C_V = \frac{5}{2}R,\ C_P = \frac{7}{2}R$$

对状态 A 应用理想气体状态方程，有

$$p_A V_A = \frac{m}{M} R T_A$$

由此解得该气体的摩尔数为

$$\frac{m}{M} = \frac{p_A V_A}{R T_A}$$

在等体过程 $C\to A$ 中气体所吸收的热量为

$$Q_{CA} = \frac{m}{M}\frac{i}{2}R(T_A - T_C) = \frac{5p_A V_A}{2T_A}(T_A - T_C) = 1500\ (\mathrm{J})$$

在等压过程 $B\to C$ 中气体所吸收的热量为

$$Q_{BC} = \frac{m}{M}\frac{i+2}{2}R(T_C - T_B) = \frac{7p_A V_A}{2T_A}(T_C - T_B) = -1400\ (\mathrm{J})$$

在整个循环过程系统对外所做的功为

$$W = \frac{1}{2}(p_A - p_C)(V_B - V_C) = 600\ (\mathrm{J})$$

由于在循环过程中 $\Delta E=0$，因此在整个循环过程系统吸收的净热量为

$$Q = W = 600\ (\mathrm{J})$$

在 $A\to B$ 过程中气体所吸收的热量为

$$Q_{AB} = Q - Q_{CA} - Q_{BC} = 500\ (\mathrm{J})$$

（22）气缸内贮有 36g 水蒸气，可以视为刚性分子理想气体，经 $ABCDA$ 循环过程，

如图 17 - 40 所示。其中 $A\to B$、$C\to D$ 是等体过程，$B\to C$ 为等温过程，$D\to A$ 为等压过程。试求：

1）$D\to A$ 过程中水蒸气做的功。

2）$A\to B$ 过程中水蒸气内能的增量。

3）循环过程水蒸汽做的净功。

4）循环效率。

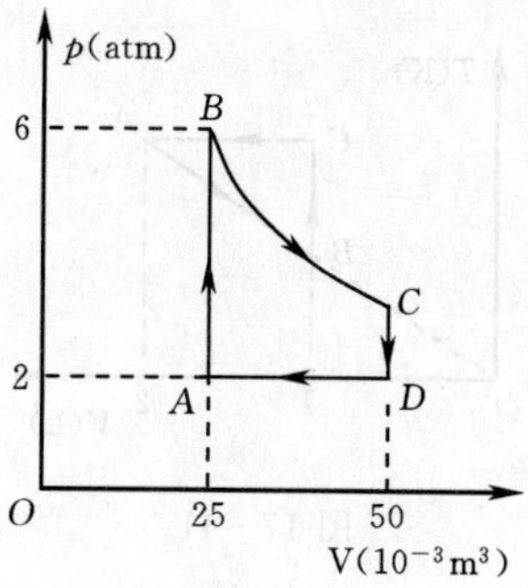

图 17 - 40

解：1）$D\to A$ 过程中水蒸气所做的功为

$$W_{DA}=p_A(V_A-V_D)$$
$$=2\times1.013\times10^5\times(25-50)\times10^{-3}$$
$$=-5.065\times10^3(J)$$

2）$A\to B$ 过程中水蒸气内能的增量为

$$\Delta E_{AB}=\frac{m}{M}\frac{i}{2}R(T_B-T_A)=\frac{i}{2}(p_B-p_A)V_A$$
$$=\frac{6}{2}\times(6-2)\times1.013\times10^5\times25\times10^{-3}$$
$$=3.039\times10^4(J)$$

3）$B\to C$ 过程中水蒸气所做的功为

$$W_{BC}=\frac{m}{M}RT_B\ln\frac{V_C}{V_B}=p_BV_B\ln\frac{V_C}{V_B}$$
$$=6\times1.013\times10^5\times25\times10^{-3}\ln\frac{50}{25}$$
$$=1.05\times10^4(J)$$

循环过程水蒸气所做的净功为

$$W=W_{BC}+W_{DA}=1.05\times10^4-5.065\times10^3=5.435\times10^3(J)$$

4）循环过程中水蒸气从外界吸收的热量为

$$Q_1=Q_{AB}+Q_{BC}=\Delta E_{AB}+W_{BC}$$
$$=3.039\times10^4+1.05\times10^4$$
$$=4.089\times10^4(J)$$

循环效率为

$$\eta=\frac{W}{Q_1}=\frac{5.435\times10^3}{4.089\times10^4}\times100\%=13.3\%$$

(23) 以氢（可以视为刚性分子的理想气体）为工作物质进行卡诺循环，如果在绝热膨胀时末态的压强 p_2 是初态压强 p_1 的一半，求该循环的效率。

解：由绝热方程得

$$p_1^{\gamma-1}T_1^{-\gamma}=p_2^{\gamma-1}T_2^{-\gamma}$$

由此解得

$$\frac{T_2}{T_1}=\left(\frac{p_2}{p_1}\right)^{\frac{\gamma-1}{\gamma}}=\left(\frac{1}{2}\right)^{\frac{1.40-1}{1.40}}=0.82$$

因此，该卡诺循环的效率为

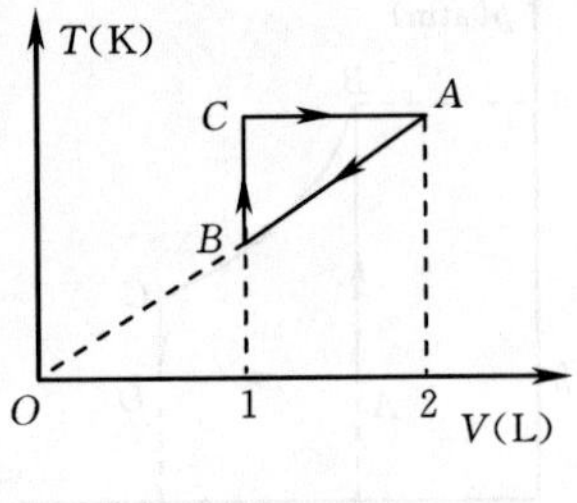

图 17 - 41

$$\eta=\left(1-\frac{T_2}{T_1}\right)\times 100\%=18\%$$

$$\eta=\left(1-\frac{T_2}{T_1}\right)\times 100\%=18\%$$

（24）1mol 单原子分子理想气体的循环过程如图 17 - 41 所示，其中 C 点的温度为 600K。试求：

1）AB、BC 和 CA 过程系统吸收的热量。

2）整个循环过程中系统所做的净功。

3）循环的效率。

解：1）由于 CA 过程是等温过程，因此

$$T_A=T_C=600\ (\mathrm{K})$$

由于 AB 过程的温度与体积成正比，由理想气体状态方程可知，该过程为等压过程。由等压方程得

$$T_B=\frac{V_B}{V_A}T_A=300\ (\mathrm{K})$$

AB 过程系统吸收的热量为

$$Q_{AB}=\frac{3+2}{2}R(T_B-T_A)=-6.23\times 10^3(\mathrm{J})$$

BC 过程系统吸收的热量为

$$Q_{BC}=\frac{3}{2}R(T_C-T_B)=3.74\times 10^3(\mathrm{J})$$

CA 过程系统吸收的热量为

$$Q_{CA}=RT_C\ln\frac{V_A}{V_B}=3.46\times 10^3(\mathrm{J})$$

2）整个循环过程中系统所做的净功等于吸收的净热量，即

$$W=Q_{AB}+Q_{BC}+Q_{CA}=0.97\times 10^3(\mathrm{J})$$

3）整个循环过程中系统吸收的热量为

$$Q_1=Q_{BC}+Q_{CA}=7.20\times 10^3(\mathrm{J})$$

因此，循环效率为

$$\eta=\frac{W}{Q_1}\times 100\%=13.5\%$$

（25）如图 17 - 42 所示，有一定量的理想气体，从状态 $A(p_1,\ V_1)$ 开始，经过一个等体过程达到压强为 $0.25p_1$ 的 B 态，再经过一个等压过程达到状态 C，最后经过一个等温过程完成整个循环。求在该循环过程中系统对外做的功 W 和从外界吸收的热量 Q。

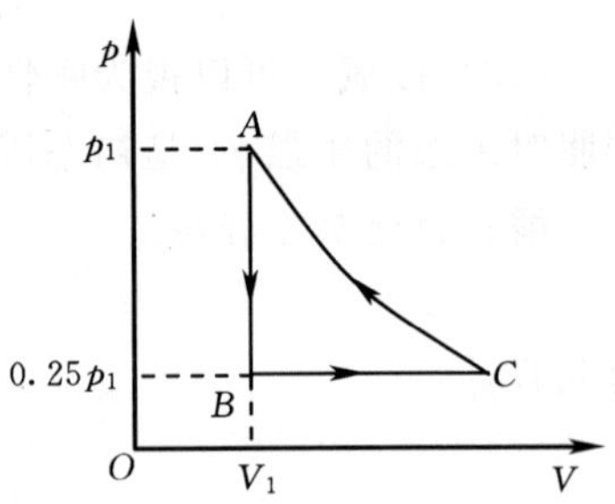

图 17 - 42

解：设 C 状态的体积为 V_2，由于 CA 过程为等温过程，因此

$$V_2=\frac{p_1V_1}{0.25p_1}=4V_1$$

BC 过程为等压过程，在该过程中系统对外做的功为

$$W_{BC}=0.25p_1(4V_1-V_1)=\frac{3}{4}p_1V_1$$

CA 过程为等温过程，在该过程中系统对外做的功为

$$W_{CA}=\frac{m}{M}RT_A\ln\frac{V_1}{4V_1}=p_1V_1\ln\frac{V_1}{4V_1}=-2p_1V_1\ln2$$

因此，在该循环过程中系统对外做的功为

$$W=W_{BC}+W_{CA}=\left(\frac{3}{4}-2\ln2\right)p_1V_1=-0.64p_1V_1$$

在循环过程中系统从外界吸收的热量等于对外界做的功，即

$$Q=W=-0.64p_1V_1$$

(26) 如图 17-43 (a) 所示，1mol 刚性双原子分子理想气体被可动活塞封在一个金属圆筒中，圆筒浸在冰水混合物中。迅速推动活塞使气体从标准状态压缩到体积为原来一半的状态，然后维持活塞不动，待气体温度下降至 0℃时再让活塞缓慢上升到原位置，从而完成一次循环。

1) 试在 $p\sim V$ 图上画出相应的理想循环曲线。

2) 如果系统作 100 次循环放出的总热量全部用来熔解冰，则有多少冰被熔化？已知冰的熔解热 $\lambda=3.35\times10^5\text{J}\cdot\text{kg}^{-1}$。

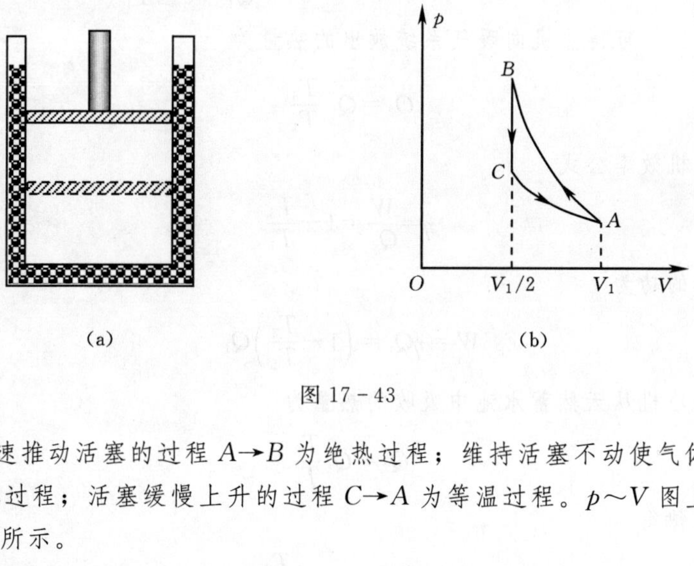

(a)　　(b)

图 17-43

解： 1) 迅速推动活塞的过程 $A\to B$ 为绝热过程；维持活塞不动使气体温度下降的过程 $B\to C$ 为等体过程；活塞缓慢上升的过程 $C\to A$ 为等温过程。$p\sim V$ 图上的循环曲线如图 17-43 (b) 所示。

2) 绝热方程为

$$V_1^{\gamma-1}T_A=(V_1/2)^{\gamma-1}T_B$$

由此解得 B 状态的温度为

$$T_B=2^{\gamma-1}T_A$$

在等体过程 $B\to C$ 中气体放出的热量为

$$Q_{BC}=\frac{i}{2}R(T_B-T_C)=\frac{i}{2}R(2^{\gamma-1}-1)T_A$$

在等温过程 $C\to A$ 气体吸收的热量为

$$Q_{CA}=RT_A\ln\frac{V_1}{V_1/2}=RT_A\ln 2$$

对双原子分子气体，$i=5$，$\gamma=1.40$，因此系统经过一次循环放出的净热量为

$$Q=Q_{BC}-Q_{CA}=\left[\frac{i}{2}(2^{\gamma-1}-1)-\ln 2\right]RT_A=240\ (\mathrm{J})$$

如果系统经过100次循环放出的总热量全部用来熔解冰，则熔解的冰的质量为

$$m=\frac{100Q}{\lambda}=7.16\times10^{-2}(\mathrm{J})$$

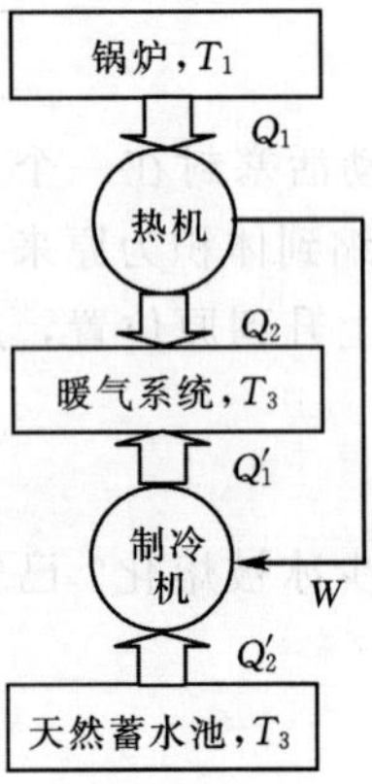

图 17-44

（27）设有一套动力暖气装置，由一台卡诺热机和一台卡诺制冷机组合而成。热机靠燃料燃烧时释放的热量工作并向暖气系统中的水放热，同时热机带动制冷机。制冷机从天然蓄水池中吸热，也向暖气系统放热。测得热机锅炉的温度为210℃，天然蓄水池中水的温度为15℃，暖气系统的温度为60℃，热机从燃烧的燃料获得热量 2.1×10^7J，计算暖气系统所得热量。

解：依题意得系统工作示意图，如图17-44所示。

由卡诺热机效率公式

$$\eta=1-\frac{Q_2}{Q_1}=1-\frac{T_3}{T_1}$$

可得热机向暖气系统放出的热量为

$$Q_2=Q_1\frac{T_3}{T_1}$$

又由卡诺热机效率公式

$$\eta=\frac{W}{Q_1}=1-\frac{T_3}{T_1}$$

得卡诺热机输出的功为

$$W=\eta Q_1=\left(1-\frac{T_3}{T_1}\right)Q_1$$

同理可得卡诺制冷机从天然蓄水池中吸收的热量为

$$Q_2'=Q_1'\frac{T_2}{T_3}$$

由热力学第一定律得

$$Q_1'=Q_2'+W=Q_1'\frac{T_2}{T_3}+W$$

由此解得制冷机向暖气系统放出的热量为

$$Q_1'=\frac{T_3}{T_3-T_2}W=\frac{T_3(T_1-T_3)}{T_1(T_3-T_2)}Q_1$$

暖气系统所得的总热量为

$$Q=Q_2+Q_1'=\frac{(T_1-T_2)T_3}{(T_3-T_2)T_1}Q_1=6.27\times10^7(\mathrm{J})$$

四、自我检测题

1. 单项选择题（每题 3 分，共 30 分）

（1）关于可逆过程和不可逆过程有如下四种判断：①可逆的热力学过程一定是准静态过程；②准静态过程一定是可逆过程；③不可逆过程就是不能向相反方向进行的过程；④凡有存在摩擦的过程都是不可逆过程。其中正确的是[ ]。

（A）①②③；（B）①②④；（C）①④；（D）②④。

（2）一定量的理想气体开始时处于压强、体积和温度分别为 p_1、V_1 和 T_1 的平衡状态，后来变到压强、体积和温度分别为 p_2，V_2 和 T_2 的终态。如果 $V_2>V_1$、$T_2=T_1$，那么以下各种说法中正确的是[ ]。

（A）如果气体从初态变到终态经历的是等温过程，则气体吸收的热量最少；

（B）不论经历的是什么过程，气体从外界吸收的净热量一定为正值；

（C）不论经历的是什么过程，气体对外做的净功一定为正值；

（D）如果气体所经历的过程未知，则气体在过程中对外做的净功和从外界吸收的净热量的正负均无法判断。

（3）质量一定的理想气体从相同的状态出发，分别经历等温过程、等压过程和绝热过程，使其体积增加 1 倍。那么气体温度的改变量（绝对值）[ ]。

（A）在绝热过程中最大，等温过程中最小；

（B）在绝热过程中最大，等压过程中最小；

（C）在等压过程中最大，等温过程中最小；

（D）在等压过程中最大，绝热过程中最小。

（4）如图 17-45 所示，1mol 理想气体从 $p\sim V$ 图上初态 A 分别经历的Ⅰ或Ⅱ过程到达末态 B。已知 $T_A<T_B$，则在这两个过程中气体吸收的热量 Q_1 和 Q_2 的关系为[ ]。

（A）$Q_1<Q_2<0$；（B）$Q_2>Q_1>0$；（C）$Q_2<Q_1<0$；（D）$Q_1>Q_2>0$。

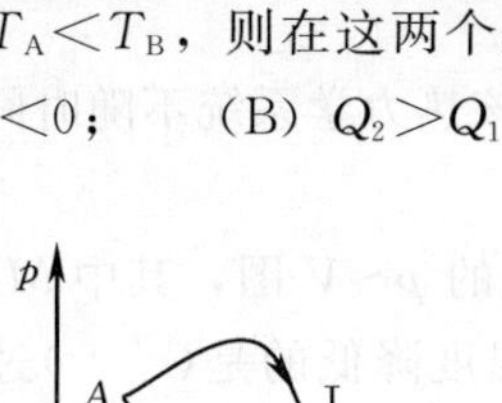

图 17-45

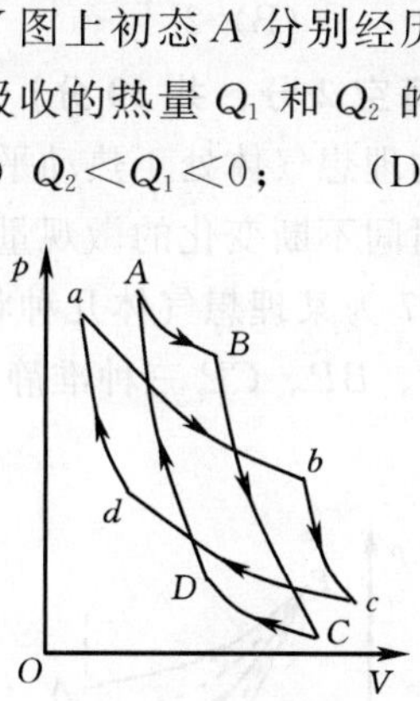

图 17-46

（5）某理想气体分别进行了如图 17-46 所示的Ⅰ（$abcda$）和Ⅱ（$ABCDA$）两个卡诺循环，并且两个循环曲线所包围的面积相等。设循环Ⅰ的效率为 η_1，每次循环在高温热源处吸收的热量为 Q_1，循环Ⅱ的效率为 η_2，每次循环在高温热源处吸的热量为 Q_2，则[ ]。

（A）$\eta_1<\eta_2$，$Q_1<Q_2$；　　（B）$\eta_1>\eta_2$，$Q_1>Q_2$；

（C）$\eta_1>\eta_2$，$Q_1<Q_2$；　　（D）$\eta_1<\eta_2$，$Q_1>Q_2$。

（6）热力学第一定律表明[　　]。

（A）系统对外所做的功不可能大于系统从外界吸收的热量；

（B）系统内能的增量等于系统从外界吸收的热量；

（C）热机的效率不可能等于1；

（D）不可能存在这样的循环过程，在此循环过程中，外界对系统所做的功不等于系统传给外界的热量。

（7）对于室温下的双原子分子理想气体，在等压膨胀的过程中，系统对外所做的功与从外界吸收的热量之比等于[　　]。

（A）2/3；　　（B）1/2；　　（C）2/5；　　（D）2/7。

（8）在理想气体内能增量公式 $\Delta E=\upsilon C_V\Delta T$ 中，C_V 为等体摩尔热容，可以视为常量，υ 为气体的摩尔数。该公式[　　]。

（A）适用于一切等体过程；（B）只适用于准静态的等体过程；

（C）适用于一切准静态过程；（D）适用于一切始末状态为平衡态的过程。

（9）根据热力学第二定律可知[　　]。

（A）一切自发过程都是不可逆的；

（B）不可逆过程就是不能向相反方向进行的过程；

（C）功可以全部转换为热，但热不能全部转换为功；

（D）热可以从高温物体传到低温物体，但不能从低温物体传到高温物体。

（10）气缸中有一定量的氮气，该氮气可以视为刚性分子理想气体，经过绝热压缩使其压强变为原来的2倍，则氮气分子的平均速率变为原来的[　　]倍。

（A）$2^{2/5}$；　　（B）$2^{2/7}$；　　（C）$2^{1/5}$；　　（D）$2^{1/7}$。

2. 填空题（每空2分，共30分）

（1）一定量的理想气体处于热动平衡状态时，该热力学系统不随时间变化的三个宏观量是（　　），随时间不断变化的微观量是（　　）。

（2）图17-47为某理想气体几种状态变化过程的 $p\sim V$ 图，其中 MP 为等温线，NP 为绝热线，在 AP、BP、CP 三种准静态过程中，温度降低的是（　　）过程，气体放热的是（　　）过程。

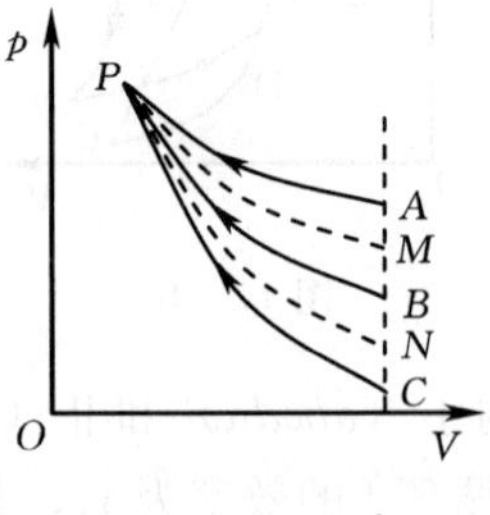

图17-47

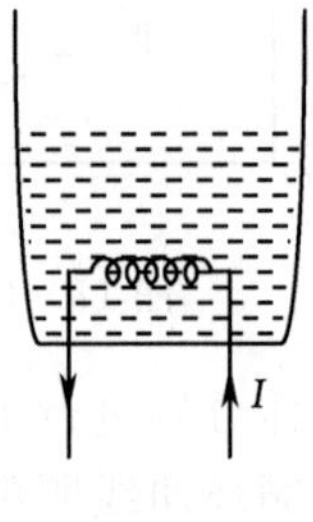

图17-48

（3）水的定压比热为4.2J/g·K。1kg水放在如图17-48所示的有电热丝的开口桶内，已知在通电使水从30℃升高到80℃的过程中，电流做功为4.2×10^5J，在该过程中系统从外界吸收的热量为(　　)J。

(4) 2mol单原子分子理想气体，从平衡态Ⅰ经等体过程后达到平衡态Ⅱ，温度从200K上升到500K，如果该过程为准静态过程，则气体吸收的热量为(　　)；如果为非准静态过程，气体吸收的热量为(　　)。

(5) 某卡诺热机用290g的空气作为工作物质，工作在27℃的高温热源与−73℃的低温热源之间，该热机的效率为(　　)。如果在等温膨胀的过程中，气缸体积增大到原来的2.718倍，则该热机在一个循环中所做的功为(　　)。已知空气的摩尔质量为29×10^{-3} kg/mol。

(6) 如图17-49所示，理想气体从状态A出发经$ABCDA$的循环过程，在该循环过程中气体吸收的净热量为(　　)J。

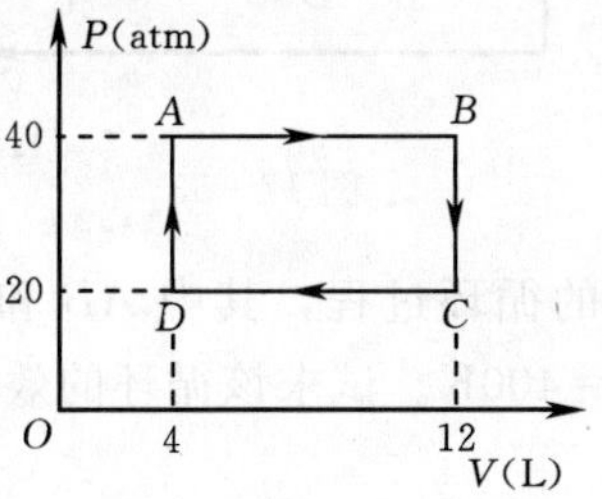

图17-49

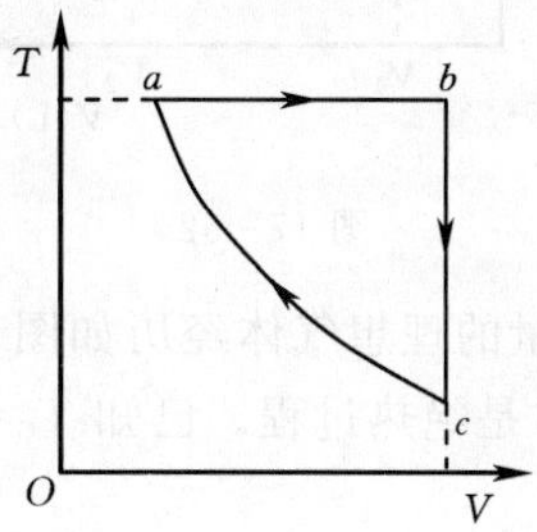

图17-50

(7) 1mol理想气体的比热容比为γ，其循环过程如图17-50的$T\sim V$所示，其中ca为绝热过程，已知a点的状态参量为(T_1, V_1)，b点的状态参量为(T_2, V_2)，则c点的状态参量$V_3=$(　　)，$T_3=$(　　)，$p_3=$(　　)。

(8) 用统计意义解释，不可逆热力学过程实质上是一个(　　)的转变过程，一切实际热力学过程都向着(　　)的方向进行。

3. 计算题（每题10分，共40分）

(1) 汽缸内有一种刚性双原子分子的理想气体，如果经过准静态绝热膨胀后气体的压强减少了一半，则变化前后气体的内能之比$E_1:E_2=$?

(2) 如图17-51所示，一个容器被一个可以无摩擦移动的绝热活塞分割成Ⅰ、Ⅱ两部分。活塞是不漏气的，容器左端封闭并且可以导热，其他部分均绝热。开始时在Ⅰ、Ⅱ中各有温度为0℃，压强为1atm的刚性双原子分子理想气体，两部分的容积均为36L。然后从容器左端缓慢地对Ⅰ中气体加热，使活塞缓慢地向右移动，直到Ⅱ中气体的体积变为18L为止。求：

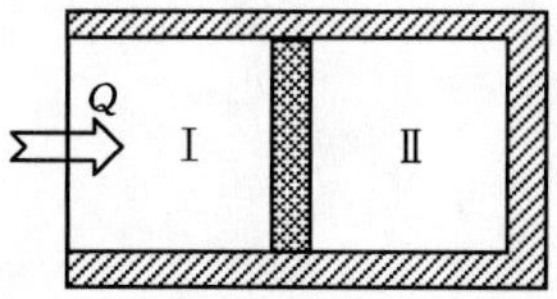

图17-51

1) Ⅰ中气体末态的压强和温度。

2) 外界传给Ⅰ中气体的热量。

(3) 1mol的氦气作如图17-52所示的可逆循环过程，其中AB和CD是绝热过程，

BC 和 DA 是等体过程，已知 $V_1=16.4\text{L}$，$V_2=32.8\text{L}$，$p_A=1\text{atm}$，$p_B=3.18\text{atm}$，$p_C=4\text{atm}$，$p_D=1.26\text{atm}$，试求：

1）在 A、B、C、D 各状态氦气的温度。

2）在 C 状态氦气的内能。

3）在一个循环过程中氦气所做的净功。

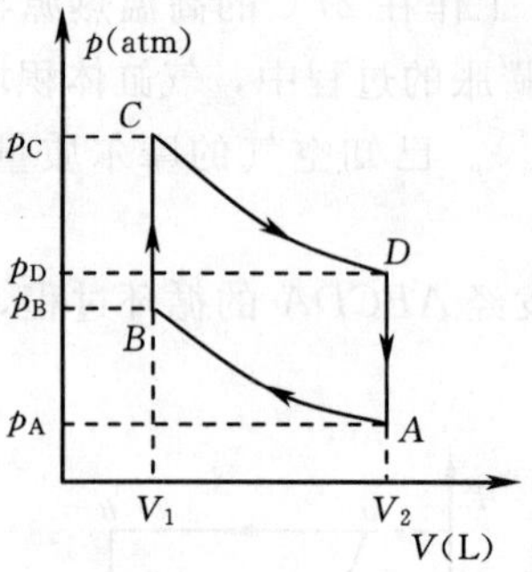

图 17－52

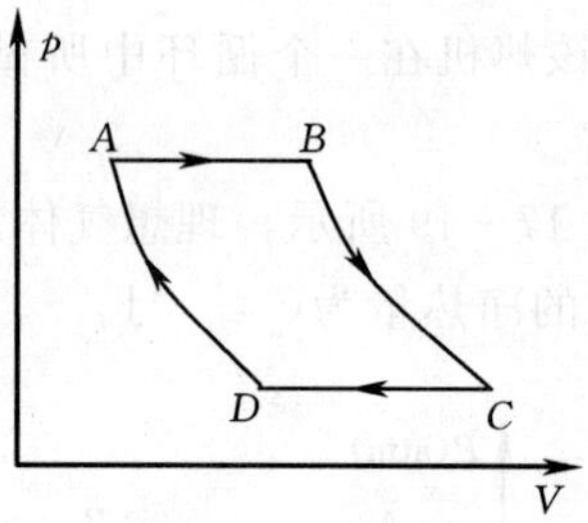

图 17－53

（4）一定量的理想气体经历如图 17－53 所示的循环过程，其中 AB 和 CD 是等压过程，BC 和 DA 是绝热过程。已知 $T_C=300\text{K}$，$T_B=400\text{K}$。试求该循环的效率。

第十八章　狭义相对论基础

一、基本内容

狭义相对论：局限于惯性参考系的理论。

广义相对论：一般参考系包括引力场在内的理论。

（一）伽利略相对性原理、经典力学时空观

伽利略相对性原理：对于某惯性系作匀速直线运动的其他参考系，其内部所发生的一切物理过程，都不会受到这些参考系匀速直线运动的影响。或者说，在一切惯性参考系中物理学规律都是等价的，物理定律都具有相同的形式。

经典时空观：时间和空间都是绝对的，与物质的存在和运动无关。

伽利略坐标变换

$$\begin{cases} x'=x-ut \\ y'=y \\ z'=z \\ t'=t \end{cases}$$

伽利略坐标逆变换

$$\begin{cases} x=x'+ut' \\ y=y' \\ z=z' \\ t=t' \end{cases}$$

伽利略速度变换

$$\begin{cases} v_x'=v_x-u \\ v_y'=v_y \\ v_z'=v_z \end{cases}$$

伽利略速度逆变换

$$\begin{cases} v_x=v_x'+u \\ v_y=v_y' \\ v_z=v_z' \end{cases}$$

伽利略加速度变换

$$\vec{a}'=\vec{a}$$

（二）狭义相对论的基本原理和狭义相对论的时空观

1. 狭义相对论的两个基本原理

相对性原理：在所有惯性系中物理定律都具有相同的形式。

光速不变原理：在所有惯性系中，光在真空中的传播速率都等于恒定值 c。

2. 狭义相对论时空观

（1）**同时的相对性**：在一个惯性系中在不同地点同时发生的两个事件，在另一个惯性系中并不是同时发生的，即同时性与参考系有关。

（2）**时间延缓**：运动的钟相对于静止的钟走得慢的现象。

固有时间（或原时）Δt_0：在某一参考系中，在同一地点先后发生的两个事件之间的时间间隔。

在运动参考系（相对于测得 Δt_0 的参考系的运动速度为 u）中测得的时间间隔为

$$\Delta t=\frac{\Delta t_0}{\sqrt{1-u^2/c^2}}$$

上式表明，原时最短。

时间延缓现象具有相对性。

(3) **长度收缩效应**：被测物体与观察者有相对运动时，物体沿运动方向长度缩短的现象。

固有长度（或原长）l_0：相对于观察者静止的两点之间的距离。

在运动参考系（相对于测得 l_0 的参考系的运动速度为 u）中测得的长度为

$$l=l_0\sqrt{1-u^2/c^2}$$

上式表明，原长最长。

长度收缩现象具有相对性。

在上述例子中，S'系中的观察者测量相对于 S 系静止的棒的长度也缩短了。

在与运动垂直的方向上长度不发生变化。

（三）洛伦兹坐标变换及其速度变换

(1) 洛伦兹坐标变换：已知 S 系的空时坐标求解 S'系的空时坐标的公式。

洛伦兹坐标变换

$$\begin{cases} x'=\dfrac{x-ut}{\sqrt{1-u^2/c^2}} \\ y'=y \\ z'=z \\ t'=\dfrac{t-ux/c^2}{\sqrt{1-u^2/c^2}} \end{cases}$$

洛伦兹坐标变换的逆变换

$$\begin{cases} x=\dfrac{x'+ut'}{\sqrt{1-u^2/c^2}} \\ y=y' \\ z=z' \\ t=\dfrac{t'+ux'/c^2}{\sqrt{1-u^2/c^2}} \end{cases}$$

真空中光的传播速度 c 是自然界中物体运动速度的极限。

(2) 洛伦兹速度变换：已知 S 系的速度求解 S'系的速度的公式。

洛伦兹速度变换

$$\begin{cases} v'_x=\dfrac{v_x-u}{1-\dfrac{uv_x}{c^2}} \\ v'_y=\dfrac{\sqrt{1-u^2/c^2}\,v_y}{1-\dfrac{uv_x}{c^2}} \\ v'_z=\dfrac{\sqrt{1-u^2/c^2}\,v_z}{1-\dfrac{uv_x}{c^2}} \end{cases}$$

洛伦兹速度变换的逆变换

$$\begin{cases} v_x=\dfrac{v'_x+u}{1+\dfrac{uv'_x}{c^2}} \\ v_y=\dfrac{\sqrt{1-u^2/c^2}\,v'_y}{1+\dfrac{uv'_x}{c^2}} \\ v_z=\dfrac{\sqrt{1-u^2/c^2}\,v'_z}{1+\dfrac{uv'_x}{c^2}} \end{cases}$$

（四）狭义相对论动力学基础

狭义相对论的动量为

$$\vec{p}=m\vec{v}$$

相对论质量与速度关系式为

$$m=\frac{m_0}{\sqrt{1-u^2/c^2}}$$

其中，m_0 为物体的静止质量，m 为物体以速度 u 运动时的质量。

狭义相对论的动力学方程为

$$\vec{F}=\frac{\mathrm{d}\,\vec{p}}{\mathrm{d}t}=\frac{\mathrm{d}}{\mathrm{d}t}\left(\frac{m_0\vec{v}}{\sqrt{1-v^2/c^2}}\right)$$

狭义相对论的动能表达式为

$$E_{\mathrm{k}}=mc^2-m_0c^2$$

其中，$E_0=m_0c^2$ 为物体的静止能量，$E=mc^2$ 为物体的总能量，该式也称为物体的质能关系式。

狭义相对论的动量与能量关系式为

$$E^2=m_0^2c^4+c^2p^2$$

二、思考与讨论题目详解

1. 狭义相对论的基本原理及其时空观

(1) 宇宙飞船相对于地面以速度 v 作匀速直线飞行，某一时刻飞船头部的宇航员向飞船尾部发出一个光讯号，经过 Δt（飞船上的钟）时间后，被尾部的接收器收到，则飞船的固有长度等于多少？

【答案：$c\Delta t$】

详解： 在宇宙飞船测得光讯号的传播速度为 c，飞船上的钟又测得光讯号从飞船头部到飞船尾部经过 Δt 时间，因此宇宙飞船中的观察者测得飞船的长度就等于飞船的固有长度，其值为

$$l_0=c\Delta t$$

(2) 一支火箭的固有长度为 l，相对于地面作匀速直线运动的速度为 v_1，火箭上有一个人从火箭的后端向火箭前端上的一个靶子发射一颗相对于火箭的速度为 v_2 的子弹。在火箭上测得子弹从射出到击中靶的时间间隔是多少？

【答案：l/v_2】

详解： 在火箭上测得子弹从射出到击中靶的过程中走的距离为 l，测得子弹的速度为 v_2，因此在火箭上测得子弹从射出到击中靶的时间间隔为

$$\Delta t=\frac{l}{v_2}$$

(3) 已知惯性系 S' 相对于惯性系 S 以 $0.6c$ 的匀速度沿 x 轴的负方向运动，如果从 S' 系的坐标原点 O' 沿 x 轴正方向发出一列光波，则 S 系中的观测者测得此光波在真空中的波速为多少？

【答案：c】

详解： 由光速不变原理可知，在任何惯性系中测量光在真空中的传播速率都相等（恒定值 c）。

(4) 以速度 v 相对于地球作匀速直线运动的恒星所发射的光子，其相对于地球的速度大小为多少？

【答案：c】

详解： 光子在真空中的传播速率是光速。光速不变原理告诉我们，在真空中光（即光子）在任何惯性系中的传播速率都等于 c，因此光子相对于地球的速度大小也为 c。

(5) 当惯性系 S 和 S' 的坐标原点 O 和 O' 重合时，有一个点光源从坐标原点发出一束光脉冲，在 S 系中经过一段时间 t 后（在 S' 系中经过时间 t'），在 S 系和 S' 系中测得该光脉冲的球面方程（用直角坐标系）分别为多少？

【答案：$x^2+y^2+z^2=c^2t^2$；$x'^2+y'^2+z'^2=c^2t'^2$】

详解： 由光速不变原理可知，在任何惯性系中测量光在真空中沿各个方向的传播速度相等，因此在 S 系中经过时间 t 后该光脉冲的形成的球面方程的直角坐标形式为

$$x^2+y^2+z^2=c^2t^2$$

在 S' 系中经过时间 t' 后该光脉冲的形成的球面方程的直角坐标形式为

$$x'^2+y'^2+z'^2=c^2t'^2$$

(6) 在狭义相对论中，有下列四种说法：①一切运动物体相对于观察者的速度都不能大于真空中的光速；②质量、长度和时间的测量结果都是随物体与观察者的相对运动状态而改变的；③在一个惯性系中发生于同一时刻、不同地点的两个事件在其他惯性系中也是同时发生的；④惯性系中的观察者观察一个与他作匀速相对运动的时钟时，会看到这时钟比与他相对静止的相同的时钟走得慢些。其中哪些说法是正确的？

【答案：①、②、③的说法是正确的】

详解： 说法①符合狭义相对论"真空中的光速是一切运动物体的速度的极限"的论断；说法②符合狭义相对论"质量、长度、时间的测量都随物体与观察者的相对运动状态而改变"的论断；说法③违背了狭义相对论的同时的相对性的结论；说法④符合狭义相对论时间延缓的结论。

(7) 在某地发生了两个事件，位于该地的静止观察者甲测得的时间间隔为 4s，如果相对于甲作匀速直线运动的乙测得的时间间隔为 5s，则乙相对于甲的运动速度是真空中光速的多少倍？

【答案：$0.6c$】

详解： 由时间延缓公式

$$\Delta t=\frac{\Delta t_0}{\sqrt{1-u^2/c^2}}$$

解得乙相对于甲的运动速度大小为

$$u=c\sqrt{1-\left(\frac{\Delta t_0}{\Delta t}\right)^2}=c\sqrt{1-\left(\frac{4}{5}\right)^2}=0.6c$$

(8) 一个宇航员要到离地球为 5 光年的星球去旅行。如果宇航员希望把这路程缩短为 3 光年，则他所乘的火箭相对于地球的速度应是真空中光速的多少倍？

【答案：$0.8c$】

详解： 由长度收缩公式

$$l=l_0\sqrt{1-\frac{u^2}{c^2}}$$

解得宇航员所乘的火箭相对于地球的速度大小为

$$u=c\sqrt{1-\left(\frac{l}{l_0}\right)^2}=c\sqrt{1-\left(\frac{3}{5}\right)^2}=0.8c$$

(9) 有以下两种情况：

1) 对某观察者来说，发生在某惯性系中同一地点、同一时刻的两个事件，对于相对该惯性系作匀速直线运动的其他惯性系中的观察者来说，它们是否同时发生？

2) 在某惯性系中发生于同一时刻、不同地点的两个事件，它们在其他惯性系中是否同时发生？

【答案：同时发生；非同时发生】

详解：狭义相对论指出：在一个惯性系中不同地点同时发生的两个事件，在另一个惯性系中并不是同时发生的，而在一个惯性系中同一地点同时发生的两个事件，在另一个惯性系中也是同时发生的。因此 1) 中的两个事件是同时发生的，而 2) 中的两个事件不是同时发生的。

(10) 边长为 a 的正方形薄板静止于惯性系 K 的 Oxy 平面内，并且其两边分别与 x、y 轴平行。另一个惯性系 K' 以 $0.6c$ 的速度相对于 K 系沿 x 轴作匀速直线运动，K' 系中的观察者测得该薄板的面积为多少？

【答案：$0.8a^2$】

详解：在 K' 系中观察，该正方形与 y 轴平行的边长度不变，与 x 轴平行的边长度缩短，即

$$\Delta y'=\Delta y=a$$

$$\Delta x'=\Delta x\sqrt{1-\frac{u^2}{c^2}}=a\sqrt{1-\frac{u^2}{c^2}}$$

因此，在 K' 系中的观察者测得该薄板的面积为

$$S'=\Delta x'\Delta y'=a^2\sqrt{1-\frac{u^2}{c^2}}=a^2\sqrt{1-0.6^2}=0.8a^2$$

2. 洛伦兹坐标变换及其速度变换

(1) 一个观察者测得沿米尺长度方向匀速运动着的米尺的长度为 0.5m，则该米尺以多大的速度接近观察者？

【答案：2.60×10^8 m/s】

详解：由长度收缩公式

$$l=l_0\sqrt{1-\frac{u^2}{c^2}}$$

解得该米尺接近观察者的速度为

$$u=c\sqrt{1-\left(\frac{l}{l_0}\right)^2}=c\sqrt{1-\left(\frac{0.5}{1.0}\right)^2}=\frac{\sqrt{3}}{2}c=2.60\times10^8\,(\mathrm{m/s})$$

(2) 在 S 系中的 x 轴上有两只同步的钟 A 和钟 B，它们之间的距离为 Δx，它们读数

相同。在S'系的x'轴上也有一只同样的钟C，设S'系相对于S系沿x轴方向作速度为v的匀速运动。当钟C与钟A相遇时，刚好两钟的读数均为零。那么，当钟C与钟B相遇时，在S系中的钟B的读数是多少？此时在S'系中钟C的读数是多少？

【答案：$\frac{\Delta x}{v}$；$\frac{\Delta x}{v}\sqrt{1-\frac{v^2}{c^2}}$**】**

详解：在S系测得钟C的速度为v，它与钟A相遇后再与钟B相遇时走的距离为Δx，因此，在S系中的B钟的读数为

$$t_B=\frac{\Delta x}{v}$$

在S'系测得钟A、B的速度也为v，当钟C与钟A相遇后再与钟B相遇时走的距离为

$$\Delta x'=\Delta x\sqrt{1-\frac{v^2}{c^2}}$$

因此，在S'系中钟C的读数为

$$t_C=\frac{\Delta x'}{v}=\frac{\Delta x}{v}\sqrt{1-\frac{v^2}{c^2}}$$

（3）一扇门的宽度为a。有一根固有长度为l_0（$l_0>a$）的水平细杆，在门外贴近门的平面内沿其长度方向匀速运动。如果站在门外的观察者认为此杆的两端可同时被拉进此门，则该杆相对于门的运动速率至少为多少？

【答案：$c\sqrt{1-\frac{a^2}{l_0^2}}$**】**

详解：站在门外的观察者测得该运动的水平细杆的长度为

$$l=l_0\sqrt{1-\frac{v^2}{c^2}}$$

由于观察者认为此杆的两端可同时被拉进宽度为a的门，因此$l\leqslant a$，即

$$l_0\sqrt{1-\frac{v^2}{c^2}}\leqslant a$$

由此解得

$$v\geqslant c\sqrt{1-\frac{a^2}{l_0^2}}$$

因此为该杆相对于门的运动速率至少为$c\sqrt{1-\frac{a^2}{l_0^2}}$。

（4）一艘宇宙飞船以相对地面$0.5c$的速率运动。从飞船中以相对飞船为$0.5c$的速率向前方发射一枚火箭，假设发射火箭不影响飞船的原有速率，则地面上的观察者测得火箭的速率为多少？

【答案：$0.8c$**】**

详解：依题意，在洛伦兹速度变换的逆变换公式中

$$v_x=\frac{v'_x+u}{1+\frac{uv'_x}{c^2}}$$

$u=0.5c$，$v'_x=0.5c$，因此地面上的观察者测得火箭的速率为

$$v_x=\frac{0.5c+0.5c}{1+\frac{0.5c\times0.5c}{c^2}}=0.8c$$

（5）地面上的观察者测得两艘相向飞行的宇宙飞船相对于地面的速率都是 $0.90c$。则其中一艘飞船测得另一艘飞船的速度大小等于多少？

【答案：$0.99c$**】**

详解：在一艘飞船（设为 A）上建立 S 参考系，在地面上建立 S' 参考系，S' 参考系沿着 x 轴正方向以速度 $u=+0.90c$ 相对于 S 参考系运动，另一艘飞船（设为 B）相对于 S' 参考系的速度为 $v'_x=+0.90c$。由洛伦兹速度变换的逆变换公式得一艘飞船测得另一艘飞船的速度大小为

$$v_x=\frac{v'_x+u}{1+\frac{uv'_x}{c^2}}=\frac{0.9c+0.9c}{1+\frac{0.9c\times0.9c}{c^2}}=0.99c$$

3. 狭义相对论动力学基础

（1）设某微观粒子的总能量是其静止能量的 N 倍，则该粒子的运动速度的大小是真空中光速 c 的多少倍？

【答案：$\frac{\sqrt{N^2-1}}{N}$**】**

详解：依题意有

$$mc^2=Nm_0c^2$$

其中

$$m=\frac{m_0}{\sqrt{1-v^2/c^2}}$$

因此

$$\frac{m_0}{\sqrt{1-v^2/c^2}}=Nm_0$$

由此解得该粒子的运动速度的大小为

$$v=\frac{\sqrt{N^2-1}}{N}c$$

即该粒子的运动速度的大小是真空中光速 c 的$\frac{\sqrt{N^2-1}}{N}$倍。

（2）某核电站年发电量为 100 亿 kW·h，它等于 3.6×10^{16}J 的能量。如果这是由核材料的全部静止能量转化产生的，则需要消耗的核材料的质量为多少千克？

【答案：0.4kg**】**

详解：由题意得

$$E=m_0c^2$$

由此解得需要消耗的核材料的质量为

$$m_0=\frac{E}{c^2}=\frac{3.6\times10^{16}}{(3\times10^8)^2}=0.4\ (\text{kg})$$

(3) 将静止质量为 m_e 的电子从静止加速到速率为 0.6c 需要做多少功？

【答案：$0.25m_ec^2$**】**

详解：将静止质量为 m_e 的电子从静止加速到速率为 0.6c 需要做的功为

$$W=E_k-E_{k0}=(mc^2-m_ec^2)-0=mc^2-m_ec^2$$
$$=\left(\frac{1}{\sqrt{1-v^2/c^2}}-1\right)m_ec^2=\left(\frac{1}{\sqrt{1-0.6^2}}-1\right)m_ec^2=0.25m_ec^2$$

(4) 当粒子的速度等于多少时，其动量等于非相对论动量的两倍？在这种情况下，粒子的动能是其静止能量的多少倍？

【答案：$\sqrt{3}c/2$；1**】**

详解：由题意得

$$mv=2m_0v$$

其中

$$m=\frac{m_0}{\sqrt{1-v^2/c^2}}$$

因此

$$\frac{m_0}{\sqrt{1-v^2/c^2}}=2m_0$$

由此解得该粒子的运动速度的大小为

$$v=\frac{\sqrt{3}}{2}c$$

在这种情况下，粒子的动能为

$$E_k=mc^2-m_0c^2=2m_0c^2-m_0c^2=m_0c^2$$

即粒子的动能是其静止能量的1倍。

(5) 观察者甲以 0.8c 的速度相对于静止的观察者乙运动，如果甲携带一根长度为 l、截面积为 S、质量为 m 的棒，棒沿着长度方向运动，那么甲、乙测得该棒的密度分别为多少？如果棒的质量 $m=0.5\text{kg}$，甲、乙测得该棒的总能量分别为多少？

【答案：$\frac{m}{lS}$，$\frac{25m}{9lS}$；$4.5\times10^{16}\text{J}$，$7.5\times10^{16}\text{J}$**】**

详解：甲测得棒的质量为 m，体积为 lS，因此甲测得该棒的密度为

$$\rho_1=\frac{m}{lS}$$

乙测得棒的质量为 $\frac{m}{\sqrt{1-v^2/c^2}}$，体积为 $lS\sqrt{1-v^2/c^2}$，因此乙测得该棒的密度为

$$\rho_2=\frac{m/\sqrt{1-v^2/c^2}}{lS\sqrt{1-v^2/c^2}}=\frac{m}{lS(1-v^2/c^2)}=\frac{m}{lS(1-0.8^2)}=\frac{25m}{9lS}$$

甲、乙测得棒的总能量分别为

$$E_1=mc^2=0.5\times(3\times10^8)^2=4.5\times10^{16}(\text{J})$$

$$E_2=\frac{mc^2}{\sqrt{1-v^2/c^2}}=\frac{4.5\times10^{16}}{\sqrt{1-0.8^2}}=7.5\times10^{16}(\text{J})$$

(6) 匀质细棒静止时的质量为 m_0、长度为 l_0，当它沿棒长方向作高速的匀速直线运动时，测得它的长度为 l，则该棒的运动速度等于多少？该棒的动能等于多少？

【答案： $c\sqrt{1-\frac{l^2}{l_0^2}}$；$\frac{l_0-l}{l}m_0c^2$**】**

详解： 由长度收缩公式

$$l=l_0\sqrt{1-\frac{u^2}{c^2}}$$

解得该棒的运动速度大小为

$$u=c\sqrt{1-\frac{l^2}{l_0^2}}$$

该棒的动能为

$$E_k=mc^2-m_0c^2=\left(\frac{1}{\sqrt{1-u^2/c^2}}-1\right)m_0c^2=\frac{l_0-l}{l}m_0c^2$$

(7) 在惯性系 S 中，一个粒子具有动量 (p_x，p_y，p_z) = ($\sqrt{2}$，3，5) MeV/c，及总能量 $E=10$MeV，其中 c 表示真空中的光速，则在 S 系中测得粒子的速度等于多少？

【答案： $0.6c$**】**

详解： 在惯性系 S 中，粒子的动量和能量表达式分别为

$$p=mv,\ E=mc^2$$

由此解得在 S 系中测得的粒子速度大小为

$$v=\frac{pc^2}{E}=\frac{c^2\sqrt{p_x^2+p_x^2+p_x^2}}{E}=\frac{c\sqrt{(\sqrt{2})^2+3^2+5^2}}{10}=0.6c$$

(8) 在惯性参考系 S 中，有两个静止质量都是 m_0 的粒子 A 和 B，分别以速度 v 沿同一直线相向运动，相碰后合在一起成为一个粒子，则合成粒子静止质量 M_0 的值等于多少？

【答案： $\frac{2m_0}{\sqrt{1-v^2/c^2}}$**】**

详解： 粒子在碰撞过程中动量守恒，即

$$mv+(-mv)=MV$$

由此解得 $V=0$，即碰撞后的合成粒子静止，其静止质量设为 M_0。

此外，粒子在碰撞过程中能量守恒，即

$$2mc^2=M_0c^2$$

其中

$$m=\frac{m_0}{\sqrt{1-v^2/c^2}}$$

因此，合成粒子的静止质量为

$$M_0=2m=\frac{2m_0}{\sqrt{1-v^2/c^2}}$$

三、课后习题解答

(1) 观察者甲测得与他相对静止的 Oxy 平面上一个圆的面积是 12cm^2，另一观察者乙相对于甲以 $0.6c$ 平行于 Oxy 平面作匀速直线运动，乙观察到的图形为椭圆，其面积是多少？

解： 由于乙相对于甲以 $u=0.6c$ 的速度作匀速运动，因此乙观测此图形时与速度 u 平行的方向上的长度将收缩，图形变为椭圆，其长度为椭圆的短轴，即

$$2b=2R\sqrt{1-\frac{u^2}{c^2}}=2R\sqrt{1-\frac{(0.6c)^2}{c^2}}=1.6R$$

与 u 垂直的方向上线度不变，即椭圆的长轴仍为 $2a=2R$。因此乙观察到的椭圆的面积为

$$S=\pi ab=\pi\times R\times 0.8R=0.8\pi R^2=0.8\times 12=9.6\ (\text{cm}^2)$$

(2) 一个体积为 V_0、质量为 m_0 的立方体沿其一条棱的方向相对于观察者以速度 v 运动。求观察者测得该立方体的密度。

解： 设立方体的长、宽、高分别为 x_0、y_0 和 z_0，观察者测得该立方体的长、宽、高分别为

$$x=x_0\sqrt{1-\frac{v^2}{c^2}},\ y=y_0,\ z=z_0$$

相应的体积为

$$V=xyz=V_0\sqrt{1-\frac{v^2}{c^2}}$$

观察者测得该立方体的质量为

$$m=\frac{m_0}{\sqrt{1-\frac{v^2}{c^2}}}$$

因此，观察者测得该立方体的密度为

$$\rho=\frac{m}{V}=\frac{m_0/\sqrt{1-\frac{v^2}{c^2}}}{V_0\sqrt{1-\frac{v^2}{c^2}}}=\frac{m_0}{V_0\left(1-\frac{v^2}{c^2}\right)}$$

(3) 一艘宇宙飞船的船身固有长度为 70m，相对于地面以 $0.6c$ 的速度在地面观测站的上空匀速飞过。

1) 观测站测得飞船的船身通过观测站的时间间隔是多少？

2) 宇航员测得船身通过观测站的时间间隔是多少？

解： 1) 观测站测得飞船的速度为 $0.6c$，船身的长度为

$$L=L_0\sqrt{1-\frac{v^2}{c^2}}=L_0\sqrt{1-\frac{(0.6c)^2}{c^2}}=0.8L_0$$

因此，观测站测得飞船的船身通过观测站的时间间隔为

$$\Delta t=\frac{L}{0.6c}=\frac{0.8L_0}{0.6c}=\frac{0.8\times 70}{0.6\times 3\times 10^8}=3.11\times 10^{-7}(\mathrm{m/s})$$

2）宇航员测得观测站的速度为 $0.6c$，观测站运行的距离为 L_0，则船身通过观测站的时间间隔为

$$\Delta t=\frac{L_0}{0.6c}=\frac{70}{0.6\times 3\times 10^8}=3.89\times 10^{-7}(\mathrm{m/s})$$

(4) 在惯性系 S 中，有两事件发生于同一地点，且第二事件比第一事件晚发生 2s；而在另一个惯性系 S' 中，观测到第二事件比第一事件晚发生 3s。那么在 S' 系中测得发生两事件的地点之间的距离是多少？

解： 设 S' 系与 S 系的相对速度为 u，依题意有

$$\Delta t'=\frac{\Delta t}{\sqrt{1-u^2/c^2}}$$

由此解得 S' 系与 S 系的相对速度为

$$u=c\sqrt{1-\left(\frac{\Delta t}{\Delta t'}\right)^2}$$

因此，在 S' 系中测得发生两事件的地点之间的距离为

$$\Delta x'=u\Delta t'=c\Delta t'\sqrt{1-\left(\frac{\Delta t}{\Delta t'}\right)^2}=c\sqrt{(\Delta t')^2-(\Delta t)^2}$$

$$=3\times 10^8\times\sqrt{3^2-2^2}=6.71\times 10^8(\mathrm{m})$$

(5) 地球的半径约为 6376km，它绕太阳的速率约为 30km/s，在太阳参考系中测量地球的半径在哪个方向上缩短得最多？假设地球相对于太阳系来说近似于惯性系，地球的半径缩短了多少？

解： 在太阳参照系中测量地球半径时，在地球绕太阳公转的方向上半径缩短得最多。

在太阳参照系中测量的地球半径为

$$R=R_0\sqrt{1-\frac{v^2}{c^2}}$$

地球半径缩短的值为

$$\Delta R=R_0-R=R_0\left(1-\sqrt{1-\frac{v^2}{c^2}}\right)\approx\frac{v^2}{2c^2}R_0\approx 3.2\ (\mathrm{cm})$$

(6) 假定在实验室中测得静止在实验室中的不稳定的 μ^+ 子的平均寿命为 2.2×10^{-6} s，而当它相对于实验室运动时，实验室中测得它的寿命为 1.63×10^{-5} s。这两个测量结果符合相对论的什么结论？μ^+ 子相对于实验室的速度是真空中光速 c 的多少倍？

解： 该测量结果符合相对论的时间延缓的结论。

时间延缓公式为

$$\Delta t=\frac{\Delta t_0}{\sqrt{1-u^2/c^2}}$$

由此解得 μ^+ 子相对于实验室的速度为

$$u=c\sqrt{1-\left(\frac{\Delta t_0}{\Delta t}\right)^2}=c\sqrt{1-\left(\frac{2.2\times 10^{-6}}{1.63\times 10^{-5}}\right)^2}=0.99c$$

(7) 宇宙飞船 A 和 B 的固有长度均为 80m，沿同一方向匀速飞行，在飞船 B 上观测到飞船 A 的船头、船尾经过飞船 B 船头的时间间隔为 $\Delta t=1.4\times10^{-7}$s，求飞船 B 相对于飞船 A 的速度大小。

解： 在飞船 B 上测得的飞船 A 的长度为

$$l=l_0\sqrt{1-\frac{u^2}{c^2}}$$

在飞船 B 上测得的飞船 A 相对于飞船 B 的速度为

$$u=\frac{l}{\Delta t}=\frac{l_0}{\Delta t}\sqrt{1-\frac{u^2}{c^2}}$$

由此解得

$$u=\frac{l_0/\Delta t}{\sqrt{1+(l_0/c\Delta t)^2}}=\frac{80/1.4\times10^{-7}}{\sqrt{1+(80/3\times10^8\times1.4\times10^{-7})^2}}=2.66\times10^8(\text{m/s})$$

(8) 某发射台向东西两侧距离均为 l 的两个接收站 E、W 发射讯号。一架飞机以匀速度 v 沿发射台与两接收站的连线由西向东飞行，在飞机上测得两个接收站接收到发射台的同一讯号的时间间隔是多少？

解： 在地面参照系上观测，两个接收站同时收到讯号，即

$$\Delta t=t_W-t_E=0$$

在地面参照系上观测到的两个接收站之间的距离为

$$x_E-t_W=2l$$

在飞机参照系上观测，两个接收站接收到的这两个讯号的时间分别为

$$t'_E=\frac{t_E-vx_E/c^2}{\sqrt{1-(v/c)^2}},\quad t'_W=\frac{t_W-vx_W/c^2}{\sqrt{1-(v/c)^2}}$$

因此，在飞机上测得这两个接收站接收到发射台的同一讯号的时间间隔为

$$\Delta t'=t'_W-t'_E=\frac{\Delta t+(v/c^2)(x_E-x_W)}{\sqrt{1-(v/c)^2}}=\frac{0+(v/c^2)2l}{\sqrt{1-(v/c)^2}}=\frac{2lv}{c\sqrt{c^2-v^2}}$$

(9) 在惯性系 K 中观测到在相距 9×10^8m 的两地点相隔 5s 先后发生了两个事件，而在相对于 K 系沿 x 方向匀速运动的 K' 系中发现这两个事件恰好发生在同一地点。试求在 K' 系中这两个事件发生的时间间隔。

解： 设两个参考系的相对速度为 v，由题意得知 $\Delta x'=0$，因此由洛仑兹变换得

$$\Delta x=\frac{\Delta x'+v\Delta t'}{\sqrt{1-(v/c)^2}}=\frac{v\Delta t'}{\sqrt{1-(v/c)^2}}$$

$$\Delta t=\frac{\Delta t'+(v/c^2)\Delta x'}{\sqrt{1-(v/c)^2}}=\frac{\Delta t'}{\sqrt{1-(v/c)^2}}$$

以上两式相除得

$$\Delta x=v\Delta t$$

因此

$$\Delta t=\frac{\Delta t'}{\sqrt{1-(\Delta x/c\Delta t)^2}}$$

由此解得在 K' 系中测得这两个事件发生的时间间隔为

$$\Delta t'=\frac{\sqrt{(c\Delta t)^2-\Delta x^2}}{c}=\frac{\sqrt{(3\times10^8\times5)^2-(9\times10^8)^2}}{3\times10^8}=4\ (\mathrm{s})$$

(10) 在惯性系 K 中，相距 $5\times10^6\mathrm{m}$ 的两个地点先后发生了两个事件，时间间隔为 $10^{-2}\mathrm{s}$，而在相对于 K 系沿 x 正方向匀速运动的 K' 系中观测到这两事件却是同时发生的。试计算在 K' 系中发生这两事件的地点间的距离。

解：设两个参考系的相对速度为 v。由题意得知 $\Delta t'=0$，因此由洛仑兹变换得

$$\Delta x=\frac{\Delta x'+v\Delta t'}{\sqrt{1-(v/c)^2}}=\frac{\Delta x'}{\sqrt{1-(v/c)^2}}$$

$$\Delta t=\frac{\Delta t'+(v/c^2)\Delta x'}{\sqrt{1-(v/c)^2}}=\frac{(v/c^2)\Delta x'}{\sqrt{1-(v/c)^2}}$$

以上两式相除，解得

$$v=\frac{c^2\Delta t}{\Delta x}$$

因此

$$\Delta x=\frac{\Delta x'}{\sqrt{1-(c\Delta t/\Delta x)^2}}$$

由此解得在 K' 系中发生这两个事件的地点间的距离为

$$\Delta x'=\sqrt{\Delta x^2-(c\Delta t)^2}=\sqrt{(5\times10^6)^2-(3\times10^8\times10^{-2})^2}=4\times10^6(\mathrm{m})$$

(11) 高速战斗机相对于地面以 $0.6c$ 的速度匀速飞离地球。战斗机驾驶员 10s 后向地面发射一枚导弹，导弹相对于地面的速度为 $0.3c$。地面上的观察者发现，战斗机起飞后经过多长时间导弹到达地球？

解：在地面上的观察，高速战斗机发射导弹时已经飞行的时间为

$$\Delta t_1=\frac{\Delta t_0}{\sqrt{1-(u_1/c)^2}}=\frac{10}{\sqrt{1-0.6^2}}=12.5\ (\mathrm{s})$$

地面上的观察者测得在这段时间内高速战斗机的飞行距离为

$$S=u_1\Delta t_1$$

地面上的观察者测得导弹飞到地球的时间为

$$\Delta t_2=\frac{S}{u_2}=\frac{u_1}{u_2}\Delta t_1=\frac{0.6c}{0.3c}\times12.5=25.0\ (\mathrm{s})$$

因此，地面上的观察者测得，从高速战斗机起飞算起到返回地球为止经过的时间为

$$\Delta t=\Delta t_1+\Delta t_2=37.5\ (\mathrm{s})$$

(12) 观测者甲和乙分别静止于惯性参照系 K 和 K' 中，甲测得在同一地点发生的两个事件的时间间隔为 4s，而乙测得这两个事件的时间间隔为 5s，求：

1) 参照系 K' 相对于 K 的运动速度大小。

2) 乙测得这两个事件发生地点的距离。

解：1) 由时间延缓公式

$$\Delta t=\frac{\Delta t_0}{\sqrt{1-(u/c)^2}}$$

解得参照系 K' 相对于参照系 K 的运动速度大小为

$$u=c\sqrt{1-\left(\frac{\Delta t_0}{\Delta t}\right)^2}=3\times10^8\times\sqrt{1-\left(\frac{4}{5}\right)^2}=1.8\times10^8\,(\text{m/s})$$

2）乙测得这两个事件发生地点的距离为

$$\Delta x=u\Delta t=1.8\times10^8\times5=9\times10^8\ (\text{m})$$

（13）在惯性系 S 中，有两个事件同时发生在 x 轴上相距 1000m 的两点，而在沿 x 轴方向相对于 S 系运动在另一个惯性系 S' 中测得这两个事件发生的地点相距 2000m。在 S' 系中测得这两个事件发生的时间间隔等于多少？

解：根据洛仑兹坐标变换公式得

$$x_1'=\frac{x_1-ut}{\sqrt{1-(u/c)^2}},\ x_2'=\frac{x_2-ut}{\sqrt{1-(u/c)^2}}$$

其中，t 为在惯性系 S 中测量两个事件发生的时间。以上两式相减得

$$\Delta x'=\frac{\Delta x}{\sqrt{1-(u/c)^2}}$$

其中，$\Delta x'=(x_2'-x_1')$ 和 $\Delta x=(x_2-x_1)$ 分别为 S 和 S' 惯性系中的观察者测量的两个事件发生的距离。由此解得 S 和 S' 惯性系的相对运动速度大小为

$$u=c\sqrt{1-\left(\frac{\Delta x}{\Delta x'}\right)^2}=\frac{\sqrt{3}}{2}c$$

根据洛仑兹时间变换公式得

$$t_1'=\frac{t-ux_1/c^2}{\sqrt{1-u^2/c^2}},\ t_2'=\frac{t-ux_2/c^2}{\sqrt{1-u^2/c^2}}$$

以上两式相减得在 S' 系中测得这两个事件发生的时间间隔为

$$\Delta t'=t_1'-t_2'=\frac{u(x_2-x_1)/c^2}{\sqrt{1-u^2/c^2}}=\frac{\sqrt{3}\Delta x}{c}=5.8\times10^{-6}\,(\text{s})$$

（14）两只火箭相向运动，它们相对于静止观察者的速率都是 $0.75c$，试求火箭甲相对火箭乙的速率。

解：设两只火箭分别为甲和乙，在火箭乙上建立 S 参考系，在地面上建立 S' 参考系。依题意，S' 参考系沿着 x 轴正方向以速度 $u=+0.75c$ 相对于 S 参考系运动，火箭甲相对于 S' 参考系的速度为 $v_x'=+0.75c$。根据狭义相对论的速度变换公式得火箭甲相对于火箭乙的速度为

$$v_x=\frac{v_x'+u}{1+\frac{uv_x'}{c^2}}=\frac{0.75c+0.75c}{1+\frac{0.75c\times0.75c}{c^2}}=0.96c$$

（15）两只飞船相向运动，它们相对地面的速率都是 v。在甲船中有一根顺着飞船运动方向放置的米尺。乙船中的观察者测得这把米尺的长度等于多少？

解：与上一题目类似，两只飞船的相对运动速率为

$$v_x=\frac{v_x'+u}{1+\frac{uv_x'}{c^2}}=\frac{v+v}{1+\frac{v\times v}{c^2}}=\frac{2vc^2}{c^2+v^2}$$

由长度收缩公式得乙船中的观察者测得该米尺的长度为

$$l=l_0\sqrt{1-\frac{v_x^2}{c^2}}=l_0\sqrt{1-\left(\frac{2vc^2}{c^2+v^2}\right)^2\times\frac{1}{c^2}}=\frac{c^2-v^2}{c^2+v^2}l_0$$

其中 $l_0=1\text{m}$ 为米尺的原长。

(16) 一个光源在 K'系的原点 O'发出一束光线，此光线在 $x'y'$平面内与 x'轴的夹角为 α。设 K'系与 K 系相应的坐标轴互相平行，K'系相对 K 系以速度 u 沿 x 轴正向运动。该光线在 K 系中的传播方向如何？

解：在 K'系中光速沿 x'、y'方向的分量分别为

$$v'_x=c\cos\alpha,\ v'_y=c\sin\alpha$$

根据相对论速度变换公式得该光束沿 x、y 方向的速度分量分别为

$$v_x=\frac{v'_x+u}{1+\frac{uv'_x}{c^2}}=\frac{c\cos\alpha+u}{1+\frac{uc\sin\alpha}{c^2}}$$

$$v_y=\frac{v'_y\sqrt{1-u^2/c^2}}{1+\frac{uv'_x}{c^2}}=\frac{c\sin\alpha\ \sqrt{1-u^2/c^2}}{1+\frac{uc\sin\alpha}{c^2}}$$

该光束与 x 轴的夹角为

$$\theta=\arctan\frac{v_y}{v_x}=\arctan\frac{c\sin\alpha\ \sqrt{1-u^2/c^2}}{c\cos\alpha+u}$$

(17) 已知 μ 子的静止能量为 105.7MeV，平均寿命为 2.2×10^{-8} s。试求动能为 150MeV 的 μ 子的速度和平均寿命。

解：由相对论的动能公式

$$E_k=mc^2-m_0c^2=\left(\frac{1}{\sqrt{1-u^2/c^2}}-1\right)m_0c^2=\left(\frac{1}{\sqrt{1-u^2/c^2}}-1\right)E_{k0}$$

解得动能为 150MeV 的 μ 子的速度大小为

$$u=c\sqrt{1-\left(\frac{E_{k0}}{E_{k0}+E_k}\right)^2}=c\sqrt{1-\left(\frac{105.7}{105.7+150}\right)^2}=0.91c$$

由相对论的动能公式解得

$$\frac{1}{\sqrt{1-u^2/c^2}}=\frac{E_k}{E_{k0}}+1$$

因此，动能为 150MeV 的 μ 子的平均寿命为

$$\tau=\frac{\tau_0}{\sqrt{1-u^2/c^2}}=\left(\frac{E_k}{E_{k0}}+1\right)\tau_0=\left(\frac{150}{105.7}+1\right)\times2.2\times10^{-8}=5.32\times10^{-8}(\text{s})$$

(18) 已知电子的静止质量为 9.11×10^{-31} kg，要使电子的速度从 1.0×10^8 m/s 增加到 2.0×10^8 m/s 必须对它做多少功？

详解：在对电子加速过程中做的功为

$$W=m_2c^2-m_1c^2=\left(\frac{1}{\sqrt{1-u_2^2/c^2}}-\frac{1}{\sqrt{1-u_1^2/c^2}}\right)m_0c^2$$

$$=\left(\frac{1}{\sqrt{1-(2/3)^2}}-\frac{1}{\sqrt{1-(1/3)^2}}\right)\times 9.11\times 10^{-31}\times(3\times 10^8)^2$$
$$=2.30\times 10^{-14}(\mathrm{J})$$

(19) 在实验室中测得电子的速度为 $2.4\times 10^8\,\mathrm{m/s}$，静止质量为 $9.11\times 10^{-31}\,\mathrm{kg}$。如果观察者相对实验室以 $1.8\times 10^8\,\mathrm{m/s}$ 的速率运动，其方向与电子运动方向相同，则该观察者测出的电子的动能和动量分别等于多少？

详解：依题意，由洛伦兹速度变换公式

$$v'=\frac{v-u}{1-\frac{uv}{c^2}}$$

得相对实验室运动的观察者测得的电子速度为

$$v'=\frac{2.4\times 10^8-1.8\times 10^8}{1-\frac{1.8\times 10^8\times 2.4\times 10^8}{(3\times 10^8)^2}}=1.154\times 10^8(\mathrm{m/s})$$

这时观察者测得的电子动能为

$$E_\mathrm{k}=\left(\frac{1}{\sqrt{1-v'^2/c^2}}-1\right)m_0c^2$$
$$=\left(\frac{1}{\sqrt{1-(1.154/3)^2}}-1\right)\times 9.11\times 10^{-31}\times(3\times 10^8)^2$$
$$=6.84\times 10^{-15}(\mathrm{J})$$

测得的电子动量为

$$p=\frac{m_0v'}{\sqrt{1-v'^2/c^2}}=\frac{9.11\times 10^{-31}\times 1.154\times 10^8}{\sqrt{1-(1.154/3)^2}}=1.14\times 10^{-22}(\mathrm{kg\cdot m/s})$$

(20) 两个质点 A 和 B 的静止质量均为 m_0。质点 A 静止，质点 B 的动能为 $6m_0c^2$。设 A、B 两质点相撞并结合成为一个复合质点。求复合质点的静止质量。

解：由于质点 B 的动能为 $6m_0c^2$，因此该质点的总能量为

$$mc^2=m_0c^2+6m_0c^2=7m_0c^2$$

设复合质点的静止质量为 M_0，运动质量为 M。由能量守恒定律得

$$Mc^2=m_0c^2+mc^2=8m_0c^2$$

由此解得复合质点的运动质量为

$$M=8m_0$$

质点 A 的动量 $p_\mathrm{A}=0$，设质点 B 的动量为 p_B，复合质点的动量为 p，由动量守恒定律得

$$p=p_\mathrm{B}$$

对质点 B 和复合质点分别应用动量能量关系式，得

$$p_\mathrm{B}^2c^2+m_0^2c^4=m^2c^4=49m_0^2c^4$$
$$p^2c^2+M_0^2c^4=M^2c^4=64m_0^2c^4$$

以上两式相减，注意 $p=p_\mathrm{B}$，得

$$M_0^2-m_0^2=15m_0^2$$

由此解得复合质点的静止质量为

$$M_0=4m_0$$

(21) 设有一个静止质量为 m_0 的质点，以接近光速的速率 v 与一个质量为 M_0 的静止质点发生碰撞结合成一个复合质点。求复合质点的速率。

解： 设复合质点的质量为 M_f，速率为 v_f，根据动量守恒和能量守恒定律得

$$\frac{m_0 v}{\sqrt{1-v^2/c^2}}=M_f v_f$$

$$M_f c^2=M_0 c^2+\frac{m_0 c^2}{\sqrt{1-v^2/c^2}}$$

由以上两个方程解得复合质点的速率为

$$v_f=\frac{m_0 v}{m_0+M_0\sqrt{1-v^2/c^2}}$$

四、自我检测题

1. 单项选择题（每题 3 分，共 30 分）

(1) 在以下说法中：①在任何惯性参考系中，光在真空中沿各个方向的传播速率都相同；②真空中的光速与光的频率、光源的运动状态无关；③所有惯性参考系对物理基本规律都是等价的。[　　]。

(A) 三种说法都是正确的；　　(B) 只有①、③是正确的；

(C) 只有②、③是正确的；　　(D) 只有①、②是正确的。

(2) 在以下关于同时性的结论中，正确的是[　]。

(A) 在一个惯性系中同一地点同时发生的两个事件，在另一个惯性系一定同时发生；

(B) 在一个惯性系中不同地点同时发生的两个事件，在另一个惯性系中一定同时发生；

(C) 在一个惯性系中同时发生的两个事件，在另一个惯性系中一定不同时发生；

(D) 在一个惯性系中不同地点不同时发生的两个事件，在另一个惯性系中一定不同时发生。

(3) 一把直尺固定在 S' 系中，它与 x' 轴的夹角为 45°，如果 S' 系以匀速沿 x 方向相对于 S 系运动，S 系中观察者测得该尺与 x 轴的夹角[　　]。

(A) 等于 45°；　(B) 小于 45°；　(C) 大于 45°；

(D) 当 S' 系沿 x 正方向运动时大于 45°，而当 S' 系沿 x 负方向运动时小于 45°。

(4) S 系和 S' 系是坐标轴互相平行的两个惯性参考系，S' 系相对于 S 系沿 x 轴正方向匀速运动。一根直尺静止在 S' 系中，与 x' 轴成 30°夹角。而在 S 系中观测得该尺与 x 轴成 45°夹角，则 S' 系相对于 S 系的速率为[　]。

(A) (2/3) c；　(B) $\sqrt{2/3}c$；　(C) (1/3) c；　(D) $\sqrt{1/3}c$。

(5) 惯性参考系 S 和 S' 沿 x（或 x'）轴方向作匀速相对运动。在 S' 系中某点先后发生了两个事件，用静止于该系的钟测得两事件发生的时间间隔为 Δt_0。而用固定在 S 系的

钟测得这两个事件发生的时间间隔为 Δt。又在 S' 系的 x' 轴上放置一根静止于该系、长度为 l_0 的细杆，而在 S 系测得此杆的长度为 l，则[ ]。

(A) $\Delta t<\Delta t_0$、$l<l_0$；　(B) $\Delta t>\Delta t_0$、$l<l_0$；

(C) $\Delta t>\Delta t_0$、$l>l_0$；　(D) $\Delta t<\Delta t_0$、$l>l_0$。

(6) 一艘宇宙飞船相对于地球以 $0.8c$ 的速度飞行。一束光脉冲从船尾传到船头。已知飞船上的观察者测得飞船长为 90m，则地球上的观察者测得该光脉冲从船尾发出和到达船头这两个事件的空间间隔为[ ]。

(A) 54m；　(B) 90m；　(C) 150m；　(D) 270m。

(7) 根据狭义相对论力学的基本方程 $\vec{F}=\mathrm{d}\,\vec{p}/\mathrm{d}t$ 得到以下论断，其中正确的是[ ]。

(A) 质点的加速度与合外力的方向必然相同，加速度的大小与合外力的大小成正比；

(B) 质点的加速度与合外力的方向必然相同，但加速度的大小与合外力可以不成正比；

(C) 质点的加速度与合外力的方向可以不同，但加速度的大小与合外力的大小成正比；

(D) 质点的加速度与合外力的方向可以不同，且加速度的大小不与合外力大小成正比。

(8) α 粒子在加速器中被加速，当其质量等于静止质量的 3 倍时，其动能等于静止能量的[ ]倍。

(A) 2；　(B) 3；　(C) 4；　(D) 5。

(9) 已知电子的静止能量为 0.51MeV，如果电子的动能为 0.25MeV，则它所增加的质量 Δm 与静止质量 m_0 的比值近似为[ ]。

(A) 0.1；　(B) 0.2；　(C) 0.5；　(D) 0.9。

(10) 将一个静止质量为 m_0 的粒子由静止加速到 $0.6c$，需要做的功为[ ]。

(A) $0.18m_0c^2$；　(B) $0.25m_0c^2$；　(C) $0.36m_0c^2$；　(D) $1.25m_0c^2$。

2. 填空题（每空 2 分，共 30 分）

(1) 在狭义相对论的两条基本原理中，相对性原理说的是（ ）；光速不变原理说的是（ ）。

(2) 狭义相对论确认，时间和空间的测量值都是（ ），它们与观察者的（ ）密切相关。

(3) π^+ 介子是不稳定的粒子，在它自己的参考系中测得平均寿命是 2.6×10^{-8}s，如果它相对实验室以 $0.8c$ 的速率运动，那么在实验室坐标系中测得 π^+ 介子的平均寿命为（ ）。

(4) 当静止时边长为 50cm 的立方体沿着与它的一个棱边平行的方向相对于地面以速率 $2.4\times10^8\,\mathrm{m\cdot s^{-1}}$ 运动时，在地面上的观察者测得它的体积为（ ）。

(5) 在惯性参考系中，两只以光速 c 运动的光子火箭相向运动，则一只火箭相对于另一只火箭的运动速率为（ ）。

(6) 有一艘速度为 u 的宇宙飞船沿 x 轴正方向飞行，飞船头尾各有一个脉冲光源在工作，处于船尾的观察者测得船头光源发出的光脉冲的传播速率为（　　）；处于船头的观察者测得船尾光源发出的光脉冲的传播速率为（　　）。

（7）两个惯性参考系 S 和 S' 以 $0.6c$ 的相对速度互相接近。如果 S 中的观察者测得两者的初始距离为 20m，则 S' 中的观察者测得两者经过（　　）s 的时间相遇。

（8）一列高速火车以速度 u 驶过车站时，固定在站台上的两只机械手在车厢上同时划出两个痕迹，静止在站台上的观察者同时测得两痕迹之间的距离为 1.5m，则车厢上的观察者测得这两个痕迹之间的距离为（　　）。

（9）在狭义相对论中，质点的质量 m 与速度 v 之间的关系式为（　　）；其动能的表达式为（　　）。

（10）已知电子的静止质量为 9.11×10^{-31} kg，某加速器将电子加速到能量等于 2×10^{6} eV 时，该电子的动能等于（　　）eV。

（11）牛郎星距离地球约 16 光年，宇宙飞船如果以（　　）的匀速度飞行，就会用 4 年的时间（宇宙飞船上的钟指示的时间）抵达牛郎星。

3. 计算题（共 40 分）

（1）在 S 参考系中有一个面积为 150cm^2 的静止正方形。在 S' 参考系中的观测者以 $0.8c$ 的匀速度沿着正方形的对角线运动，该观测者测得该图形的面积等于多少？（本题 5 分）

（2）在惯性系 S 中的观测者观测到某两个事件的空间间隔为 600m，时间间隔为 8×10^{-7} s。惯性系 S' 相对于 S 系沿 x 轴正方向匀速运动，为了使这两个事件对 S' 系来说是同时发生的，S' 系相对于 S 系的速度应该为多少？（本题 10 分）

（3）火箭 M 以 $0.8c$ 的速率相对地球向正北方向飞行，火箭 N 以 $0.6c$ 的速率相对地球向正西方向飞行，试求在火箭 N 中观察到的火箭 M 的速度大小和方向。（本题 10 分）

（4）在某惯性系中有两个静止质量都是 m_0 的粒子 A 和 B，它们以相同的速率 v 相向运动，碰撞以后合成为一个粒子，试求这个合成粒子的静止质量 M_0。（本题 10 分）

（5）一个电子以 $0.99c$ 的速率运动。已知电子的静止质量为 9.11×10^{-31} kg，试求该电子的总能量。该电子的经典力学动能与相对论动能之比等于多少？（本题 5 分）

第十九章 量子物理基础

一、基本内容

(一) 热辐射

1. 热辐射

热辐射：物体中的分子、原子受到热激发而发射电磁波的现象。

辐射功率：物体在单位时间内辐射的电磁波能量。

单色辐射度 $e(\lambda, T)$：在一定温度下，物体单位面积发射的、波长在 λ 附近单位波长间隔内的辐射功率。

$$e(\lambda, T)=\frac{\mathrm{d}M(\lambda, T)}{\mathrm{d}\lambda}$$

$e(\lambda, T)$ 的单位为 $\mathrm{W/m^3}$。

辐射度 $E(T)$：在一定温度下，物体单位面积发射的辐射功率。

辐射度是描述物体辐射电磁波本领的物理量。

辐射度与单色辐射度的关系为

$$E(\lambda)=\int_0^{\infty} e(\lambda, T)\mathrm{d}\lambda$$

$E(T)$ 的单位为 $\mathrm{W/m^2}$。

2. 黑体辐射

吸收率 $A(T)$：被物体吸收的辐射能与入射辐射能的比值。

吸收率是描述物体吸收辐射能本领的物理量。

单色吸收率 $a(\lambda, T)$：物体对对波长为 λ 的电磁波的吸收率。

黑体：在任何温度下对任何波长的入射辐射能都能全部吸收而不反射的物体。

黑体的单色吸收率 $a_0(\lambda, T)\equiv 1$。

黑体是一种理想物理模型。

基尔霍夫定律：在相同温度下，所有物体的 $e(\lambda, T)$ 与 $a(\lambda, T)$ 的比值都相同，都等于黑体的单色辐射度 $e_0(\lambda, T)$。即

$$\frac{e_1(\lambda, T)}{a_1(\lambda, T)}=\frac{e_2(\lambda, T)}{a_2(\lambda, T)}=\frac{e_3(\lambda, T)}{a_3(\lambda, T)}=\cdots=e_0(\lambda, T)$$

图 19－1 所示的模型中的小孔 S 是黑体模型。

图 19－2 是黑体在不同温度下的单色辐射度 $e_0(\lambda, T)$ 与波长 λ 的关系曲线。

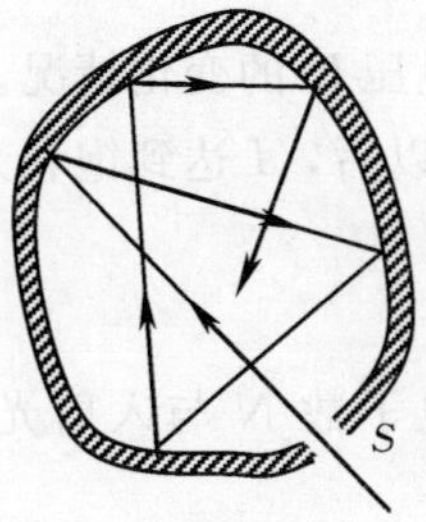

图 19－1

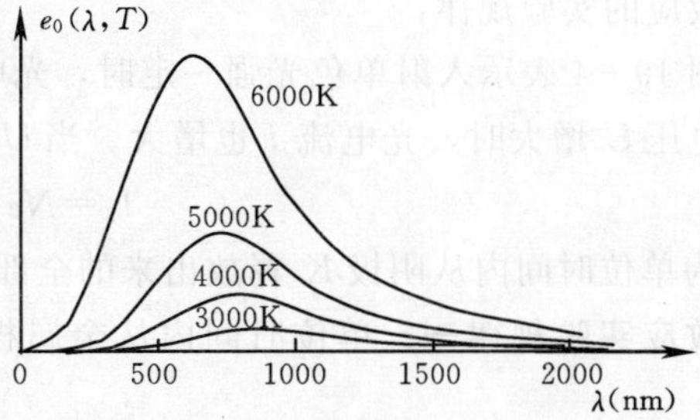

图 19－2

3. 普朗克量子假设

普朗克黑体辐射公式为

$$e_0(\lambda,T)=\frac{2\pi hc^2}{\lambda^5}\frac{1}{e^{\frac{hc}{\lambda kT}}-1}$$

其中，h 为普朗克常数，其值为 $h=6.626\times10^{-34}$ J·s。

普朗克能量子假说：黑体是由许多谐振子组成的，这些谐振子的能量只能取分立的、不连续的值，它们是最小能量 ε（称为能量子，其值为 $\varepsilon=h\nu$）的整数倍。

谐振子的允许能量为

$$E_n=nh\nu\ (n=1,\ 2,\ 3,\ \cdots)$$

（二）光电效应

光电效应：波长较短的可见光或紫外线照射某些金属表面时，金属表面有电子逸出的现象。

1. 光电效应的实验规律

图 19－3 是研究光电效应的实验装置。S 是抽成真空的光电管，W 是石英窗，A 为阳极，K 为阴极，V 为电压表，G 为电流计。

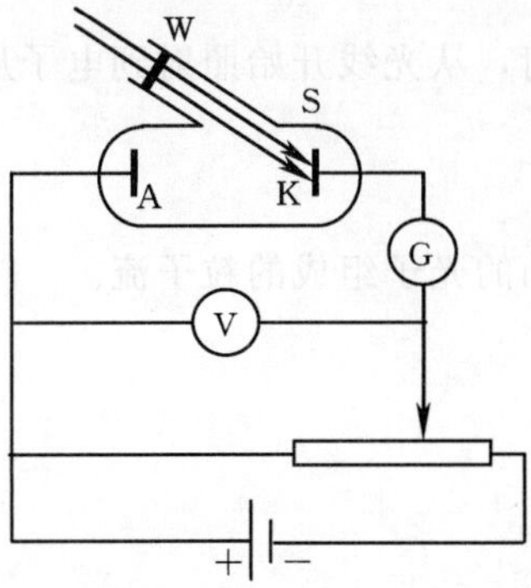

图 19－3

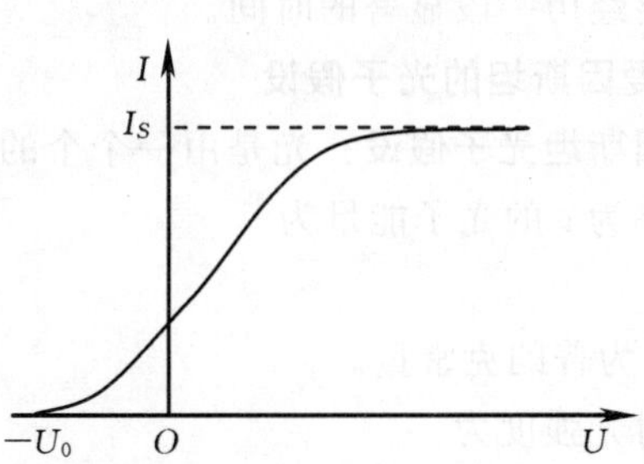

图 19－4

光电子：单色光照射在阴极金属板 K 上时，从 K 释放出来的电子。

管电压：在阳极 A 和阴极 K 之间所加的电压，用电压表 Ⓥ 来测量。

光电流：光电子在两极之间的电场作用下从阴极 K 飞向阳极 A 形成的电流，用电流表 A 来测量。

光电效应的实验规律：

（1）图 19-4 表示入射单色光强一定时，光电流 I 随管电压 U 的变化情况。

当管电压 U 增大时，光电流 I 也增大。当 U 达到一定值以后，I 达到饱和光电流 I_S。

$$I_S = Ne$$

其中，N 为单位时间内从阴极 K 释放出来的全部电子数。

光电效应实验规律一：单位时间内从金属板逸出的光电子数 N 与入射光强度 S 成正比。

（2）当反向电压大小达到 U_0（称为遏止电压）时，光电流恰好降为零。这时

$$eU_0 = \frac{1}{2}mv_m^2$$

其中，v_m 是电子的最大初速度，$\frac{1}{2}mv_m^2$ 是电子的最大初动能。

入射光的频率与遏止电压的关系为

$$U_0 = k(\nu - \nu_0)$$

因此，电子的最大初动能与入射光的频率的关系为

$$\frac{1}{2}mv_m^2 = ek(\nu - \nu_0)$$

光电效应实验规律二：光电子的最大初动能随入射光的频率 ν 的增加而线性地增加，而与入射光的强度无关。

（3）由于 $\frac{1}{2}mv_m^2 = ek(\nu - \nu_0) \geqslant 0$，因此产生光电效应的条件为

$$\nu \geqslant \nu_0$$

其中，ν_0 称为光电效应的红限。

光电效应实验规律三：当光照射到某金属时，如果光的频率小于金属的红限 ν_0，则不论照射光的强度多么大，都不会产生光电效应。

（4）光电效应实验规律四：不论入射光的强弱如何，从光线开始照射到电子从金属逸出不需要经历一段显著的时间。

2. 爱因斯坦的光子假设

爱因斯坦光子假设：光是由一个个的、以光速运动的光子组成的粒子流。

频率为 ν 的光子能量为

$$\varepsilon = h\nu$$

其中，h 为普朗克常量。

入射光强度为

$$S = nh\nu$$

其中，n 为单位时间内入射到金属板单位面积上的光子数。

逸出功 W：为克服金属表面的束缚而做的功。

爱因斯坦光电效应方程：当频率为 ν 的光束照射在金属板表面上时，光子的能量 $h\nu$ 被电子吸收后，一部分用来克服逸出功 W，另一部分转变为电子的最大初动能 $\frac{1}{2}mv_m^2$。即

$$h\nu=\frac{1}{2}mv_{m}^{2}+W$$

红限 ν_0 与逸出功 W 的关系为

$$\nu_0=\frac{W}{h}$$

3. 光的波粒二象性

光子的能量 E 与频率 ν 的关系为

$$E=h\nu$$

光子的动量与波长的关系为

$$p=\frac{h}{\lambda}$$

光电效应实验表明光具有粒子性。

(三) 康普顿效应

康普顿效应：X 射线通过金属、石墨等物质时发生散射，散射 X 射线中除有与入射波长相同的射线外，还有波长比入射波长更长的射线的现象。

康普顿效应是光子与自由电子完全弹性碰撞的结果。

图 19-5 是能量为 $h\nu_0$、动量为 $\frac{h\nu_0}{c}$、沿 x 轴正方向运动的光子与能量为 m_0c^2、动量为 0 的静止自由电子碰撞的示意图。碰撞后光子沿着与 x 轴正方向成 φ 角的方向运动，其能量为 $h\nu$、动量为 $\frac{h\nu}{c}$，电子沿着与 x 轴正方向成 θ 角的方向运动，其能量为 mc^2、动量为 mv。

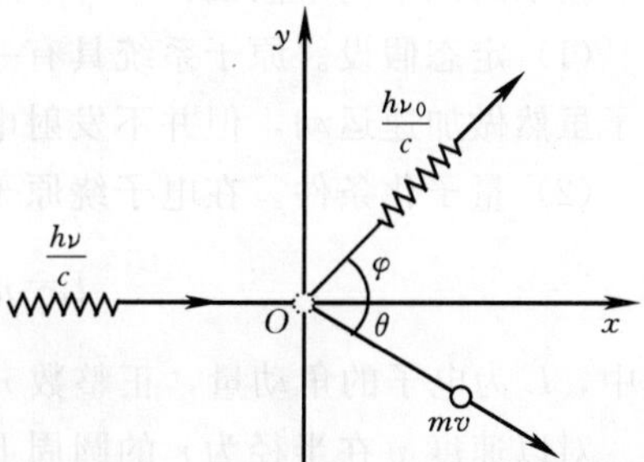

图 19-5

碰撞过程中能量和动量分别守恒。

散射 X 射线的波长改变量为

$$\Delta\lambda=\lambda-\lambda_0=2\lambda_c\sin^2\frac{\varphi}{2}$$

其中，$\lambda_c=\frac{h}{m_0c}=2.426\times10^{-12}\,\mathrm{m}$ 为康普顿波长。

(四) 玻尔的氢原子理论

1. 原子光谱的规律性

氢原子光谱的各个谱线系：

(1) 莱曼系在紫外线范围，其公式为

$$\frac{1}{\lambda}=R\left(\frac{1}{1^2}-\frac{1}{n^2}\right)\ (n=2,3,4,\cdots)$$

(2) 巴尔末系在可见光范围，其公式为

$$\frac{1}{\lambda}=R\left(\frac{1}{2^2}-\frac{1}{n^2}\right)\ (n=3,4,5,\cdots)$$

(3) 帕邢系、布拉开系和普丰德系在红外光范围，其公式为

$$\frac{1}{\lambda}=R\left(\frac{1}{3^2}-\frac{1}{n^2}\right)\ (n=4,\ 5,\ 6,\ \cdots)$$

$$\frac{1}{\lambda}=R\left(\frac{1}{4^2}-\frac{1}{n^2}\right)\ (n=5,\ 6,\ 7,\ \cdots)$$

$$\frac{1}{\lambda}=R\left(\frac{1}{5^2}-\frac{1}{n^2}\right)\ (n=6,\ 7,\ 8,\ \cdots)$$

其中，$R=\frac{me^4}{8\varepsilon_0 h^3 c}=1.097\times10^7\,\mathrm{m}^{-1}$为里德伯常数。

以上各谱线系的光谱线规律可以概括为广义巴尔末系，其公式为

$$\frac{1}{\lambda}=R\left(\frac{1}{n_f^2}-\frac{1}{n_i^2}\right)\ (n=n_f+1,\ n_f+2,\ n_f+3,\ \cdots)$$

2. 卢瑟福的原子有核模型

带正电的物质（原子核）集中在一个很小的体积内，电子则围绕原子核转动。原子序数为 Z 的元素，它的原子内的原子核的电荷数为$+Ze$，核外有 Z 个电子围绕原子核转动，原子半径的数量级约为 $10^{-10}\,\mathrm{m}$，核半径数量级约为 $10^{-14}\sim10^{-15}\,\mathrm{m}$。

3. 玻尔的氢原子理论

玻尔的三个基本假设：

(1) 定态假设。原子系统具有一系列不连续的运动状态（称为定态），在这些状态中，电子虽然做加速运动，但并不发射电磁波，因此具有恒定的能量。

(2) 量子化条件。在电子绕原子核作圆周运动中，其稳定状态必须满足量子化条件

$$L=n\frac{h}{2\pi}\ (n=1,\ 2,\ 3,\ \cdots)$$

其中，L 为电子的角动量，正整数 n 称为量子数。

对以速度 v 在半径为 r 的圆周上绕原子核运动的电子，上式也可以写为

$$mvr=n\frac{h}{2\pi}\ (n=1,\ 2,\ 3,\ \cdots)$$

(3) 频率条件。当原子从高能量 E_i 的定态跃迁到低能量 E_f 的定态时，所发射的单色光频率 ν 满足频率条件

$$h\nu=E_i-E_f$$

4. 氢原子的轨道半径和能量

在氢原子中，电子绕核作圆周运动的半径为

$$r_n=r_1 n^2\ (n=1,\ 2,\ 3,\ \cdots)$$

其中，$r_1=\frac{\varepsilon_0 h^2}{\pi me^2}=0.53\times10^{-10}$ (m) 称为玻尔半径，是电子第一轨道（即 $n=1$）的半径。

氢原子的轨道半径是量子化的。

氢原子的能量，即玻尔的氢原子能级公式为

$$E_n=\frac{E_1}{n^2}\ (n=1,\ 2,\ 3,\ \cdots)$$

其中，$E_1=-\frac{me^4}{8\varepsilon_0^2 h^2}=-13.6\,\mathrm{eV}$，是氢原子电子第一玻尔轨道的能量。13.6eV 称为电

离能。

氢原子的动能和势能与能量的关系分别为

$$E_k=-E_n，E_p=2E_n$$

氢原子不连续的能量称为能级。$n=1$ 的定态称为基态。$n>1$ 的定态称为激发态。

能级图：将能级按大小的顺序排列起来构成的图谱。

同一谱线系中各条谱线是原子从许多高能级跃迁到同一个低能级时产生的。

（五）实物粒子的波动性

德布罗意波（或物质波）：与实物粒子相联系的波。

德布罗意公式为

$$\lambda=\frac{h}{p}$$

波粒二象性是一切微观粒子的共同属性。

（六）不确定关系

海森伯不确定关系为

$$\begin{cases}\Delta x\times\Delta p_x\geqslant h\\ \Delta y\times\Delta p_y\geqslant h\\ \Delta z\times\Delta p_z\geqslant h\end{cases}$$

上式表明，对微观粒子来说，企图同时确定其位置和动量是没有意义的，或者说对于微观粒子不能同时用确定的位置和确定的动量来描述。

不确定关系是微观粒子具有波粒二象性的必然结果。

（七）薛定谔方程

1. 波函数

波函数：是描述微观粒子运动状态的物理量。

在某一时刻，粒子在某处附近出现的概率与此刻、此处波函数的平方成正比。

德布罗意波是概率波。

波函数的归一化条件为

$$\int_V \psi\psi^*\,\mathrm{d}V=1$$

概率密度 $\psi\psi^*$：满足归一化条件的波函数 ψ，与其共轭复数的乘积，表示粒子在点（x，y，z）附近单位体积内出现的概率。

用来描述微观粒子的波函数 ψ 是时间和空间坐标的函数，在粒子必然出现的空间内，波函数 ψ 必须是单值、连续、有限的函数。

2. 薛定谔方程

定态：波函数、势能、总能量以及概率密度等等都只与坐标有关，与时间无关的状态。

定态薛定谔方程（或非自由粒子的三维薛定谔方程）为

$$\nabla^2\varphi+\frac{8\pi^2 m}{h^2}(E-E_p)\varphi=0$$

其中，$\nabla^2=\frac{\partial^2}{\partial x^2}+\frac{\partial^2}{\partial y^2}+\frac{\partial^2}{\partial z^2}$为直角坐标系下的拉普拉斯算符。

如果 φ 只是坐标 x 的函数，则非自由粒子的一维薛定谔方程为

$$\frac{d^2\varphi}{dx^2}+\frac{8\pi^2 m}{h^2}(E-E_p)\varphi=0$$

如果 $E_p=0$，自由粒子的一维薛定谔方程为

$$\frac{d^2\varphi}{dx^2}+\frac{8\pi^2 m}{h^2}E\varphi=0$$

薛定谔方程是量子力学的基本方程，反映了微观粒子的运动规律。

波函数满足的三个基本条件：①波函数是单值函数；②波函数以及其各种偏导数是连续的；③波函数 ψ 是归一化的，或者说波函数 ψ 是有限函数。

（八）氢原子的量子力学处理介绍

1. 氢原子

氢原子的能量为

$$E_n=-\frac{me^4}{8\varepsilon_0^2 h^2}\frac{1}{n^2}\ (n=1,\ 2,\ 3,\ \cdots)$$

其中，n 称为主量子数。

氢原子中电子的角动量为

$$L=\sqrt{l(l+1)}\frac{h}{2\pi}\ [l=0,\ 1,\ 2,\ \cdots,\ (n-1)]$$

其中，l 称为角量子数。

角动量 L 在空间 z 轴方向上的分量为

$$L_z=m_l\frac{h}{2\pi}\ (m_l=0,\ \pm1,\ \pm2,\ \cdots,\ \pm l)$$

其中，m_l 称为磁量子数。

2. 电子的自旋

自旋角动量为

$$S=\sqrt{s(s+1)}\frac{h}{2\pi}$$

其中，$s=1/2$ 为自旋量子数。

自旋角动量在外磁场方向的分量为

$$S_z=m_s\frac{h}{2\pi}$$

其中，$m_s=\pm1/2$ 为自旋磁量子数。

原子中电子的运动状态由 n、l、m_l 和 m_s 四个量子数确定，主量子数 n 决定电子的能量；角量子数 l 决定电子在核外运动的轨道角动量；磁量子数 m_l 决定轨道角动量在外磁场方向的分量；自旋磁量子数 m_s 决定自旋角动量在外磁场方向的分量。

（九）原子的壳层结构

多电子原子中的每一个电子的能级既与主量子数 n 有关，也与角量子数 l 有关。一个原子中的所有电子分为若干个壳层和支壳层。主量子数 n 相同的电子属于同一个壳层，

$n=1, 2, 3, 4, \cdots$的壳层分别称为K，L，M，N，…壳层，每一壳层中角量子数l相同的电子构成支壳层，$l=0, 1, 2, 3, \cdots$的支壳层称为s，p，d，f，…支壳层。

泡利不相容原理：不可能有两个或两个以上的电子具有完全相同的量子态，即任何两个电子不可能有完全相同的一组量子数（n，l，m_l，m_s）。

每一壳层最多能容纳的电子数为

$$Z_n = \sum_{l=0}^{n-1} 2(2l+1) = 2n^2$$

能量最小原理：在原子系统内，每一个电子都尽量占有最低的能级，这时整个原子的能量最低，原子最稳定。

原子中的电子的各能级由小到大的排列次序为：

1s、2s、2p、3s、3p、4s、3d、4p、5s、4d、5p、6s、4f、5d、6p、7s、6d、…

二、思考与讨论题目详解

1. 光电效应

（1）用频率为ν_1的单色光照射某一种金属时，测得光电子的最大动能为E_{k1}；用频率为ν_2的单色光照射另一种金属时，测得光电子的最大动能为E_{k2}。如果$E_{k1}>E_{k2}$，那么ν_1与ν_2的关系如何？

【答案：ν_1可能大于ν_2，也可能小于ν_2】

解：依题意，得两种情况下的爱因斯坦光电效应方程分别为

$$h\nu_1 = E_{k1} + W_1$$

$$h\nu_2 = E_{k2} + W_2$$

由于$E_{k1}>E_{k2}$，因此

$$h\nu_1 - W_1 > h\nu_2 - W_2$$

由此解得

$$\nu_1 - \nu_2 > \frac{W_1 - W_2}{h}$$

可见，如果$W_1>W_2$，则$\nu_1>\nu_2$，但是如果$W_1<W_2$，则$\nu_1<\nu_2$是完全可能的。因此ν_1可能大于ν_2，也可能小于ν_2。

（2）已知某单色光照射在钠表面上，测得光电子的最大动能是1.2eV，而钠的红限波长是540nm，则入射光的波长是多少？

【答案：355nm】

解：由爱因斯坦光电效应方程得

$$\frac{hc}{\lambda} = E_k + \frac{hc}{\lambda_0}$$

由此解得入射光的波长为

$$\lambda = \left(\frac{E_k}{hc} + \frac{1}{\lambda_0}\right)^{-1} = 355\ (\text{nm})$$

（3）在均匀磁场B内放置一张很薄的金属片，其红限波长为λ_0。用某种单色光照射，

发现有电子放出，有一些光电子在垂直于磁场的平面内作半径为 R 的圆周运动。已知电子的质量为 m，其电荷的绝对值为 e。则照射光光子的能量是多少？

【答案： $\frac{(eRB)^2}{2m}+\frac{hc}{\lambda_0}$**】**

解： 由电子在均匀磁场中作圆周运动的半径公式

$$R=\frac{mv}{eB}$$

得电子的动量为

$$mv=eRB$$

因此，光电子的动能为

$$E_k=\frac{(mv)^2}{2m}=\frac{(eRB)^2}{2m}$$

由爱因斯坦光电效应方程得照射光光子的能量为

$$E_0=E_k+\frac{hc}{\lambda_0}=\frac{(eRB)^2}{2m}+\frac{hc}{\lambda_0}$$

（4）用频率为 ν 的单色光照射某种金属时，逸出光电子的最大动能为 E_K；如果改用频率为 2ν 的单色光照射这种金属时，逸出光电子的最大动能变为多少？

【答案： $E_k+h\nu$**】**

解： 对两种情况应于爱因斯坦光电效应方程，分别为

$$h\nu=E_k+W$$

$$2h\nu=E_k'+W$$

以上两式相减即得用频率为 $2v$ 的单色光照射这种金属时，逸出光电子的最大动能为

$$E_k'=E_k+h\nu$$

（5）用频率为 ν_1 和 ν_2 的两种单色光，先后照射同一种金属时均能产生光电效应。已知这种金属的红限为 ν_0，测得两次照射时的遏止电压 $|U_{02}|=2|U_{01}|$，则这两种单色光的频率关系如何？

【答案： $\nu_2=2\nu_1-\nu_0$**】**

解： 由于 $|U_{02}|=2|U_{01}|$，而 $E_k=e|U_0|$，因此

$$E_{k2}=2E_{k1}$$

由爱因斯坦光电效应方程得两种情况下光电子的最大初动能分别为

$$E_{k1}=h\nu_1+h\nu_0$$

$$E_{k2}=h\nu_2+h\nu_0$$

因此

$$h\nu_2+h\nu_0=2(h\nu_1+h\nu_0)$$

由此解得这两种单色光的频率之间的关系为

$$\nu_2=2\nu_1-\nu_0$$

（6）在光电效应中发射的光电子最大初动能 $\frac{1}{2}mv_m^2$ 随入射光频率 ν 的变化关系如图 19-6 所示。由这个曲线怎样求出普朗克常数？

【答案：$h=\left|\dfrac{\overline{CD}}{\overline{BD}}\right|=\left|\dfrac{\overline{OA}}{\overline{OB}}\right|=\dfrac{|\overline{CD}|+|\overline{OA}|}{|\overline{OD}|}$】

解：由爱因斯坦光电效应方程 $h\nu=\dfrac{1}{2}mv_m^2+W$ 解得

$$\frac{1}{2}mv_m^2=h\nu-W$$

可见，图 19-6 中直线 AC 的斜率就等于普朗克常数 h。即

$$h=\left|\frac{\overline{CD}}{\overline{BD}}\right|=\left|\frac{\overline{OA}}{\overline{OB}}\right|=\frac{|\overline{CD}|+|\overline{OA}|}{|\overline{OD}|}$$

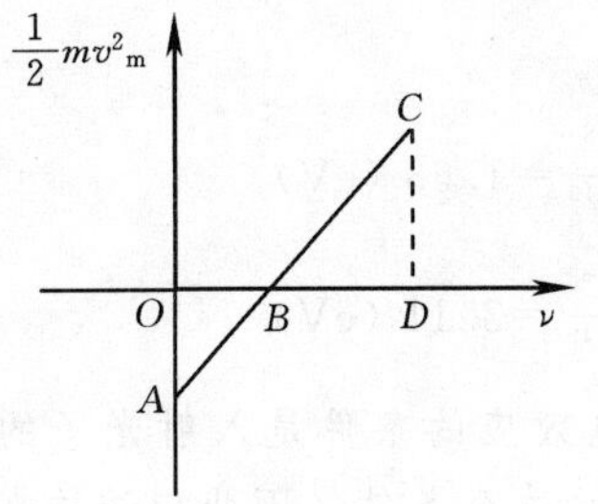

图 19-6

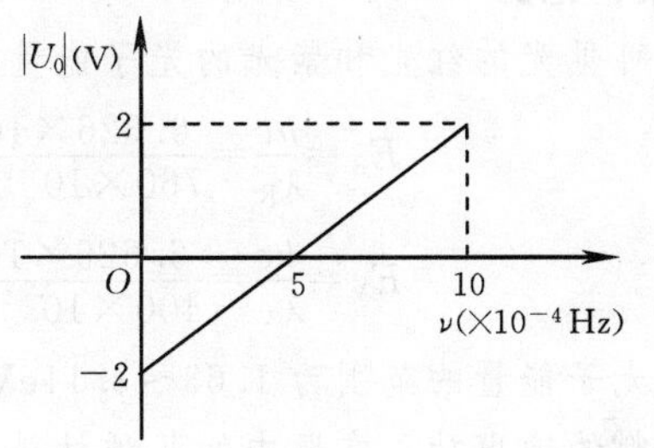

图 19-7

(7) 在光电效应实验中，测得某金属的遏止电压 $|U_0|$ 与入射光频率 v 的关系曲线如图 19-7 所示，该金属的红限和逸出功分别等于多少？

【答案：5×10^{14} Hz；2eV】

解：在爱因斯坦光电效应方程 $h\nu=\dfrac{1}{2}mv_m^2+W$ 中

$$\frac{1}{2}mv_m^2=e|U_0|$$

$$W=h\nu_0$$

由此解得金属的遏止电压与入射光频率的关系为

$$|U_0|=\frac{h}{e}(\nu-\nu_0)$$

可见，当 $|U_0|=0$ 时的频率值就是金属的红限，因此

$$\nu_0=5\times10^{14}\text{ Hz}$$

仅从图形的角度而言，当 $v=0$ 时 $|U_0|=-2$V。而由公式可以得出，当 $v=0$ 时 $hv_0=-e|U_0|$，而逸出功 $W=hv_0$，因此

$$W=-e|U_0|=2\ (\text{eV})$$

(8) 保持光电管上的电压不变，如果入射单色光的光强增大，则从阴极逸出的光电子的最大初动能 E_0 和飞到阳极的电子的最大动能 E_k 如何变化？

【答案：E_0 和 E_k 都不变化】

解：由爱因斯坦光电效应方程

$$E_0=h\nu-W$$

可知，从阴极逸出的光电子的最大初动能 E_0 与入射单色光的频率 v 和被照射金属的逸出

功 W 有关。"入射单色光的光强增大"的意思是说入射光的频率不变而光子数量增加，因此光电子的最大初动能 E_0 不发生变化。

设光电管的管电压为 U，则飞到阳极的电子的最大动能为

$$E_k = eU + E_0 = eU + h\nu - W$$

由于管电压 U、入射单色光的频率 v 和被照射金属的逸出功 W 都不变，因此飞到阳极的电子的最大动能 E_k 也不变。

(9) 以下是一些材料的逸出功：铍 3.9eV、钯 5.0eV、铯 1.9eV、钨 4.5eV。如果要制造能在可见光下工作的光电管，应该选择这些材料中的那一种？

【答案：铯】

解： 可见光的红光和紫光的光子能量分别为

$$E_R = \frac{hc}{\lambda_R} = \frac{6.626 \times 10^{-34} \times 3 \times 10^8}{760 \times 10^{-9} \times 1.6 \times 10^{-19}} = 1.63\ (\text{eV})$$

$$E_V = \frac{hc}{\lambda_V} = \frac{6.626 \times 10^{-34} \times 3 \times 10^8}{400 \times 10^{-9} \times 1.6 \times 10^{-19}} = 3.11\ (\text{eV})$$

即可见光光子能量的范围为 1.63～3.11eV。产生光电效应的条件是入射光子的能量大于或等于材料的逸出功，在题中的几种材料中只有铯满足这个条件，因此应该选择铯作为可见光下工作的光电材料。

(10) 某种金属产生光电效应的红限波长为 λ_0，以波长为 λ（$\lambda < \lambda_0$）的单色光照射该金属，金属释放出的电子的动量大小为多少？

【答案： $\sqrt{\dfrac{2m_e hc\ (\lambda_0 - \lambda)}{\lambda_0 \lambda}}$ **】**

解： 由爱因斯坦光电效应方程得金属释放出的电子的动能为

$$E_k = \frac{hc}{\lambda} - \frac{hc}{\lambda_0} = \frac{hc(\lambda_0 - \lambda)}{\lambda_0 \lambda}$$

由于光电子的速度远远小于光速，因此不必考虑相对论效应。因此光电子的动量大小为

$$p = \sqrt{2m_e E_k} = \sqrt{\frac{2m_e hc(\lambda_0 - \lambda)}{\lambda_0 \lambda}}$$

(11) 已知钾的逸出功为 2.0eV，如果用波长为 360nm 的光照射在钾上，则光电效应的遏止电压的大小等于多少？从钾表面发射出的电子的最大速度等于多少？

【答案： 1.45V；7.14×10^5 m/s **】**

解： 光电子的最大初动能与遏止电压的关系为

$$\frac{1}{2} m v_m^2 = e|U_0|$$

将该式代入光电效应方程 $\dfrac{hc}{\lambda} = \dfrac{1}{2} m v_m^2 + W$ 中得光电效应的遏止电压的大小为

$$|U_0| = \frac{1}{e}\left(\frac{hc}{\lambda} - W\right) = 1.45\ (\text{V})$$

由爱因斯坦光电效应方程直接解得从钾表面发射出的电子的最大速度为

$$v_m = \sqrt{\frac{2}{m}\left(\frac{hc}{\lambda} - W\right)} = 7.14 \times 10^5\ (\text{m/s})$$

(12) 一台无线电接收机接收到频率为 10^8 Hz 的电磁波的功率为 1μW，则每秒接收到的光子数等于多少？

【答案：1.51×10^{19}**】**

解：无线电接收机每秒接收到的光子数为

$$n=\frac{P}{h\nu}=\frac{10^{-6}}{6.626\times10^{-34}\times10^{8}}=1.51\times10^{19}$$

2. 康普顿效应

(1) 在康普顿散射中，反冲电子的速度为光速的 0.6 倍，则因散射使电子获得的能量是其静止能量的多少倍？

【答案：0.25**】**

解：电子获得的能量为

$$\Delta E=mc^2-m_0c^2=\left(\frac{1}{\sqrt{1-v^2/c^2}}-1\right)m_0c^2=0.25m_0c^2$$

(2) 在康普顿效应实验中，散射光波长是入射光波长的 1.2 倍，则散射光子的能量与反冲电子的动能之比为多少？

【答案：5**】**

解：设入射光子和散射光子的能量分别为 E_0 和 E，则反冲电子的动能为

$$E_k=E_0-E$$

其中

$$E_0=\frac{hc}{\lambda_0},\ E=\frac{hc}{\lambda}$$

散射光子的能量与反冲电子的动能之比为

$$\frac{E}{E_k}=\frac{E}{E_0-E}=\frac{\lambda_0}{\lambda-\lambda_0}$$

由于 $\lambda=1.2$，因此

$$\frac{E}{E_k}=5$$

(3) 光子能量为 0.5MeV 的 X 射线入射到某种物质上发生康普顿散射。测得反冲电子的动能为 0.1MeV，则散射光波长的改变量与入射光波长的比值等于多少？

【答案：0.25**】**

解：设入射光子的能量和反冲电子的动能分别为 E_0 和 E_k，则散射光子的能量为

$$E=E_0-E_k=0.5-0.1=0.4\ (\text{MeV})$$

由光子的能量公式 $E=hc/\lambda$ 得入射光和散射光的波长分别为

$$\lambda_0=\frac{hc}{E_0},\ \lambda=\frac{hc}{E}$$

因此，散射光波长的改变量与入射光波长的比值为

$$\frac{\Delta\lambda}{\lambda_0}=\frac{\lambda-\lambda_0}{\lambda_0}=\frac{E_0-E}{E}=\frac{0.5-0.4}{0.4}=0.25$$

(4) 在康普顿散射中，入射光子与散射光子的波长分别为 λ 和 λ'，则反冲电子获得的

动能等于多少？

【答案：$\dfrac{hc(\lambda'-\lambda)}{\lambda'\lambda}$**】**

解： 设入射光子和散射光子的能量分别为 E 和 E'，则反冲电子的动能为

$$E_k=E-E'$$

其中

$$E=\frac{hc}{\lambda},\ E'=\frac{hc}{\lambda'}$$

因此，反冲电子获得的动能为

$$E_k=\frac{hc}{\lambda}-\frac{hc}{\lambda'}=\frac{hc(\lambda'-\lambda)}{\lambda'\lambda}$$

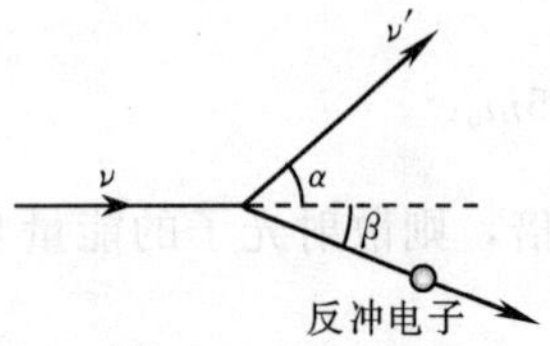

图 19－8

（5）如图 19－8 所示，频率为 ν 的入射光子与静止的自由电子发生碰撞，设散射光子的频率为 ν'，反冲电子的动量为 p，写出在与入射光子平行的方向上的动量守恒定律的分量形式。

【答案：$\dfrac{h\nu}{c}=\dfrac{h\nu'}{c}\cos\alpha+p\cos\beta$**】**

解： 在与入射光子平行的方向上的动量守恒定律的分量形式为

$$\frac{h\nu}{c}=\frac{h\nu'}{c}\cos\alpha+p\cos\beta$$

3. 玻尔的氢原子理论

（1）要使处于基态的氢原子受激发后能发射赖曼系的最长波长的谱线，至少应向基态氢原子提供多少电子伏特的能量？

【答案：10.2MeV**】**

解： 赖曼系谱线波长公式为

$$\frac{1}{\lambda}=R\left(\frac{1}{1^2}-\frac{1}{n^2}\right)\ (n=2,3,4,\cdots)$$

可见，当 $n=2$ 时波长最大。

由玻尔的氢原子理论可得，使处于基态的氢原子受激发后能发射赖曼系的最长波长的谱线，至少应向基态氢原子提供的能量为

$$\Delta E=E_2-E_1=\frac{E_1}{2^2}-E_1=-\frac{3}{4}E_1=-\frac{3}{4}\times(-13.6)=10.2\ (\text{eV})$$

（2）根据玻尔理论，氢原子在 $n=5$ 轨道上的动量矩与在第一激发态的轨道动量矩之比等于多少？

【答案：5∶2**】**

解： 氢原子的动量矩为

$$L=n\frac{h}{2\pi}\ (n=1,\ 2,\ 3,\ \cdots)$$

因此，氢原子在 $n=5$ 轨道上的动量矩与在第一激发态（$n=2$）的轨道动量矩之比为

$$\frac{L_5}{L_2}=\frac{5}{2}$$

（3）根据玻尔理论，氢原子中的电子在 $n=4$ 的轨道上运动的动能与在基态的轨道上运动的动能之比等于多少？

【答案：1∶16】

解： 氢原子的动能为

$$E_k=-E_n=-\frac{E_1}{n^2}\ (n=1,2,3,\cdots)$$

因此，氢原子中的电子在 $n=4$ 轨道上运动的动能与在基态（$n=1$）轨道上运动的动能之比为

$$\frac{E_{k4}}{E_{k1}}=\frac{1^2}{4^2}=\frac{1}{16}$$

（4）已知氢原子从基态激发到某一定态所需的能量为 10.19eV，当氢原子从能量为 −0.85eV 的状态跃迁到这个定态时，所发射的光子的能量为多少？

【答案：2.56eV】

解： 设氢原子从基态激发到 E_n 能级所需的能量为 10.19eV，则有

$$10.19=E_n-E_1$$

因此，E_n 能级的值为

$$E_n=10.19+E_1=10.19-13.6=-3.41\ (\text{eV})$$

当氢原子从能量为 −0.85eV 的状态跃迁到 E_n 能级时所发射的光子能量为

$$E=-0.85-E_n=-0.85+3.41=2.56\ (\text{eV})$$

（5）氢原子基态的电离能是多少电子伏特？电离能为 +0.544eV 的激发态氢原子，其电子所处的轨道 $n=$？

【答案：5】

解： 氢原子基态的电离能 13.6eV。

能级 n 的电离能为

$$E_n=-\frac{E_1}{n^2}$$

因此，电离能为 +0.544eV 的激发态氢原子的电子所处的轨道为

$$n=\sqrt{-\frac{E_1}{E_n}}=\sqrt{-\frac{-13.6}{0.544}}=5$$

（6）设大量氢原子处于 $n=4$ 的激发态，它们跃迁时发射出一簇光谱线。这簇光谱线最多可能有几条？其中最短的波长是多少？

【答案：6；97.4nm】

解： 大量处于 $n=4$ 激发态的氢原子向低能级跃迁的过程为 $n=4\to n=1$、$n=4\to n=2$、$n=4\to n=3$、$n=3\to n=1$、$n=3\to n=2$、$n=2\to n=1$，因此这簇光谱线最多可能有 6 条。

在上述各光谱线中，$n=4\to n=1$ 跃迁的能级差最大，形成的光谱线波长最短。相应的能级跃迁公式为

$$\frac{hc}{\lambda_{\min}}=E_4-E_1=\frac{E_1}{4^2}-E_1$$

由此，解得最短波长为

$$\lambda_{\min}=-\frac{16hc}{15E_1}=-\frac{16\times 6.626\times 10^{-34}\times 3\times 10^{8}}{15\times(-13.6)\times 1.6\times 10^{-19}}\times 10^{9}=97.4\ (\text{nm})$$

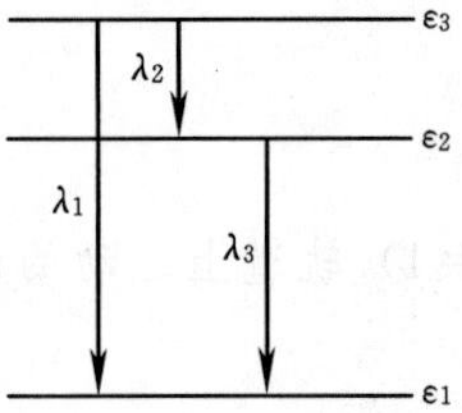

图 19－9

（7）如图 19－9 所示，被激发的氢原子跃迁到低能级时（图 19－9 中的 ε_1 不是基态能级），可发出波长为 λ_1、λ_2 和 λ_3 的辐射，这三个波长满足什么关系式？对应频率 ν_1、ν_2 和 ν_3 满足什么关系式？

【答案： $\frac{1}{\lambda_1}=\frac{1}{\lambda_2}+\frac{1}{\lambda_3}$；$\nu_1=\nu_2+\nu_3$**】**

解： 这三种辐射对应的能级跃迁公式分别为

$$\frac{hc}{\lambda_1}=\varepsilon_3-\varepsilon_1,\quad \frac{hc}{\lambda_2}=\varepsilon_3-\varepsilon_2,\quad \frac{hc}{\lambda_3}=\varepsilon_2-\varepsilon_1$$

由此解得这三个波长满足的关系式为

$$\frac{1}{\lambda_1}=\frac{1}{\lambda_2}+\frac{1}{\lambda_3}$$

由于光的频率与波长之间满足关系式 $\nu\lambda=c$，因此这三个波长对应的频率之间的关系式为

$$\nu_1=\nu_2+\nu_3$$

4. 实物粒子的波动性

（1）静止质量为 m_0 的微观粒子作高速运动时，粒子物质波的波长的关系如何？

【答案： $\lambda=\frac{h}{m_0}\sqrt{\frac{1}{v^2}-\frac{1}{c^2}}$**】**

解： 微观粒子作高速运动时的动量大小为

$$p=mv=\frac{m_0}{\sqrt{1-\frac{v^2}{c^2}}}v=\frac{m_0}{\sqrt{\frac{1}{v^2}-\frac{1}{c^2}}}$$

因此粒子物质波的波长 λ 与速度 v 的关系为

$$\lambda=\frac{h}{p}=\frac{h}{m_0}\sqrt{\frac{1}{v^2}-\frac{1}{c^2}}$$

（2）α 粒子在磁感应强度为 B 的均匀磁场中沿半径 R 作圆形轨道运动，该 α 粒子的德布罗意波长等于多少？

【答案： $\frac{h}{2eRB}$**】**

解： α 粒子的电荷为 $2e$，它在磁感应强度为 B 的均匀磁场中作圆周运动的半径为

$$R=\frac{mv}{2eB}$$

由此解得 α 粒子的动量为

$$mv=2eRB$$

因此 α 粒子的德布罗意波长为

$$\lambda=\frac{h}{mv}=\frac{h}{2eRB}$$

(3) 电子显微镜中的电子从静止开始通过电势差为 U 的静电场加速后，其德布罗意波长为 0.04nm，则 U 等于多少？

【答案：941.3V】

解： 开始静止的电子通过电势差为 U 的静电场加速后获得的动能为

$$E_k=eU$$

又由于电子的动量为 h/λ，因此电子的动能也可以表达为

$$E_k=\frac{p^2}{2m}=\frac{h^2}{2m\lambda^2}$$

因此

$$eU=\frac{h^2}{2m\lambda^2}$$

由此解得电势差为

$$U=\frac{h^2}{2me\lambda^2}=\frac{1}{2\times 9.11\times 10^{-31}\times 1.6\times 10^{-19}}\times\left(\frac{6.626\times 10^{-34}}{0.04\times 10^{-9}}\right)^2=941.3\ (\text{V})$$

(4) 如果中子的德布罗意波长为 0.2nm，则它的动能为多少？已知中子的质量 $m_n=1.67\times 10^{-27}$kg。

【答案：3.289×10^{-21}J】

解： 由于中子的动量为 h/λ，因此它的动能为

$$E_k=\frac{p^2}{2m}=\frac{h^2}{2m\lambda^2}=\frac{1}{2\times 1.67\times 10^{-27}}\times\left(\frac{6.626\times 10^{-34}}{0.2\times 10^{-9}}\right)^2=3.29\times 10^{-21}(\text{J})$$

(5) 低速运动的质子和 α 粒子的德布罗意波长相同，则它们的动量之比和动能之比分别等于多少？

【答案：1∶1；4∶1】

解： 由于微观粒子的动量为 h/λ，而质子和 α 粒子的波长 λ 相同，因此它们的动量之比为

$$p_1:p_2=1:1$$

它们的动能之比为

$$\frac{E_{k1}}{E_{k2}}=\frac{p^2/2m_1}{p^2/2m_2}=\frac{m_2}{m_1}=\frac{4m_p}{m_p}=4$$

(6) 如图 19-10 所示，一束动量为 p 的电子，通过缝宽为 a 的狭缝，在距离狭缝为 L 处放置一个荧光屏，屏上衍射图样中央最大的宽度 d 等于多少？

【答案：$\frac{2hL}{ap}$】

解： 与光的单缝衍射类似，电子单缝衍射图样中央最大的宽度为

$$d=2\frac{L}{a}\lambda$$

其中，λ 为电子的德布罗意波长，由于 $\lambda=h/p$，因此

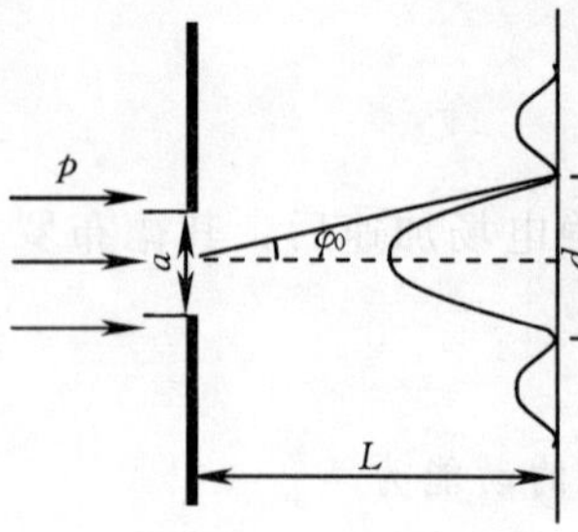

图 19 - 10

$$d=2\frac{L}{a}\frac{h}{p}=\frac{2hL}{ap}$$

5. 不确定关系和薛定谔方程

（1）如果电子被限制在边界 x 与 $x+\Delta x$ 之间，其中 $\Delta x=0.05\text{nm}$，则电子动量的 x 分量的不确定量等于多少？

【答案：1.33×10^{-23} kg · m/s】

解： 由不确定关系式

$$\Delta x\Delta p_x\geqslant h$$

得电子动量的 x 分量的不确定量为

$$\Delta p_x\geqslant\frac{h}{\Delta x}=\frac{6.626\times10^{-34}}{0.05\times10^{-9}}=1.33\times10^{-23}(\text{kg}\cdot\text{m/s})$$

（2）在电子单缝衍射实验中，单缝的宽度为 0.1nm，电子束垂直射在单缝面上，衍射的电子横向动量的最小不确定量等于多少？

【答案：6.63×10^{-24} kg · m/s】

解： 单缝的宽度就是坐标 x 的不确定量 Δx，由不确定关系式

$$\Delta x\Delta p_x\geqslant h$$

得衍射电子横向动量的不确定量为

$$\Delta p_x\geqslant\frac{h}{\Delta x}=\frac{6.626\times10^{-34}}{0.1\times10^{-9}}=6.63\times10^{-24}(\text{kg}\cdot\text{m/s})$$

（3）已知粒子在一维矩形无限深势阱中运动，其波函数为

$$\varphi(x)=\frac{1}{\sqrt{a}}\cos\frac{3\pi x}{2a}\quad(-a\leqslant x\leqslant a)$$

那么粒子在 $x=5a/6$ 处出现的概率密度为多少？

【答案：$1/2a$】

解： 粒子在 x 处出现的概率密度为

$$\varphi^2(x)=\frac{1}{a}\cos^2\frac{3\pi x}{2a}$$

因此在 $x=5a/6$ 处出现的概率密度为

$$\varphi^2(5a/6)=\frac{1}{a}\cos^2\left(\frac{3\pi}{2a}\times\frac{5}{6}a\right)=\frac{1}{a}\cos^2\frac{5\pi}{4}=\frac{1}{2a}$$

（4）将波函数在空间各点的振幅同时增大 K 倍时，粒子在空间的分布概率将怎样变化？

【答案：不变】

解： 由于在空间某处粒子出现的概率是确定的，即概率密度 $\psi\psi^*$ 是不变的，因此尽管波函数的振幅增大了 K 倍，但粒子在空间的分布概率却保持不变。

6. 原子的量子力学处理

（1）根据量子理论，氢原子中核外电子的状态可由四个量子数确定，其中主量子数 n 可取的值为多少？它决定了原子系统的什么物理量？

【答案：1，2，3，…；原子系统的能量】

解：当氢原子中的电子处在由量子数（n，l，m_l，m_s）决定的状态时，其能量为

$$E_n=-\frac{me^4}{8\varepsilon_0^2h^2}\frac{1}{n^2}\ (n=1,\ 2,\ 3,\ \cdots)$$

可见，主量子数 n 决定了原子系统的能量。

（2）原子内电子的量子态由 n、l、m_l 及 m_s 四个量子数表征。当 n、l、m_l 一定时，不同的量子态数目等于多少？当 n、l 一定时，不同的量子态数目等于多少？当 n 一定时，不同的量子态数目等于多少？

【答案：2；$2l+1$；$2n^2$**】**

解：当 n、l、m_l 一定时，m_s 可以取 $+1/2$ 和 $-1/2$，即不同的量子态数目等于2，分别为 n、l、m_l，$+1/2$ 和 n、l、m_l、$-1/2$。

当 n、l 一定时，m_l 的可能值为 0，±1，±2，…，$\pm l$，共有 $2l+1$ 个可能值，而每一个 m_l 值对应的 m_s 又可以取 $+1/2$ 和 $-1/2$ 两个值，因此有 $2(2l+1)$ 个不同的量子态数目。

当 n 一定时，l 的可能值为 $l=0$，1，2，…，$n-1$，共有 n 个值；当 n、l 一定时，m_l 有 $2l+1$ 个可能值；当 n，l，m_l 都一定时，m_s 有两个可能值，因此当 n 一定时，不同的量子态数目为

$$\sum_{l=0}^{n-1}2(2l+1)=2n^2$$

（3）电子的自旋磁量子数 m_s 只能取哪些值？

【答案：$+1/2$、$-1/2$**】**

解：由于自旋角动量在外磁场方向的分量只有两种可能值，因此电子的自旋磁量子数 m_s 只能 $+1/2$ 和 $-1/2$ 两个值。

（4）根据量子力学理论，氢原子中电子的动量矩在外磁场方向上的分量为 $L_z=m_l\dfrac{h}{2\pi}$，当角量子数 $l=2$ 时，L_z 的可能取值有哪些？

【答案：$-\dfrac{h}{\pi}$，$-\dfrac{h}{2\pi}$，0，$\dfrac{h}{2\pi}$，$\dfrac{h}{\pi}$**】**

解：当 $l=2$ 时，磁量子数 m_l 的可能值为 0，±1，±2。因此角动量 L 在外磁场方向上的分量 L_z 的五种可能值分别为

$$-\frac{h}{\pi},\ -\frac{h}{2\pi},\ 0,\ \frac{h}{2\pi},\ \frac{h}{\pi}$$

（5）根据量子力学理论，氢原子中电子的动量矩为

$$L=\sqrt{l\ (l+1)}\frac{h}{2\pi}$$

当主量子数 $n=4$ 时，电子动量矩的可能取值有哪些？

【答案：0，$\dfrac{\sqrt{2}h}{2\pi}$，$\dfrac{\sqrt{6}h}{2\pi}$，$\dfrac{\sqrt{3}h}{\pi}$**】**

解：当主量子数 $n=4$ 时，角量子数 l 的可能值为 0，1，2，3，因此动量矩的四种可能值分别为

$$0,\ \frac{\sqrt{2}h}{2\pi},\ \frac{\sqrt{6}h}{2\pi},\ \frac{\sqrt{3}h}{\pi}$$

（6）原子中电子的主量子数 $n=3$，它可能具有的状态数最多有多少个？

【答案：18】

解：当主量子数 $n=3$ 时，原子中的电子可能具有的状态数最多为

$$2n^2=2\times3^2=18$$

（7）在主量子数 $n=3$ 的量子态中，角量子数 l 可能取哪些值？磁量子数 m_l 可能取哪些值？

【答案：0，1，2；0，±1，±2】

解：当主量子数 $n=3$ 时，角量子数 l 的可能值为 0，1，2。

当角量子数 $l=0$ 时，磁量子数 $m_l=0$；当角量子数 $l=1$ 时，磁量子数 $m_l=0$，±1；当角量子数 $l=2$ 时，磁量子数 $m_l=0$，±1，±2。因此在主量子数 $n=3$ 的量子态中，磁量子数 m_l 的可能取值为 0，±1，±2。

三、课后习题解答

（1）频率为 ν 的一束光以入射角 i 照射在平面镜上并完全反射，设光束单位体积中的光子数为 n，求：

1）每一个光子的能量、动量和质量。

2）光束对平面镜的光压。

解：1）光子的能量、动量和质量分别为

$$\varepsilon=h\nu$$

$$p=\frac{h}{\lambda}=\frac{h\nu}{c}$$

$$m=\frac{\varepsilon}{c^2}=\frac{h\nu}{c^2}$$

2）以入射角 i 射到平面镜上的光子将以 i 角反射，其动量增量为

$$\Delta\vec{p}=2p\cos i\,\vec{e}_n=\frac{2h\nu}{c}\cos i\,\vec{e}_n$$

其中，$\vec{e}_n$ 为法线方向的单位矢量。

在单位时间内投射在面积为 S 的平面镜上的光子数为

$$N=nSc\cos i$$

其中，n 为光子数密度。

根据动量定理和压强的定义，得光束对平面镜的光压为

$$P=\frac{N|\Delta\vec{p}|}{S}=nc\cos i\times\frac{2h\nu}{c}\cos i=2nh\nu\cos^2 i$$

（2）图 19－11 所示为在一次光电效应实验中得出的曲线。

1）证明对不同材料的金属，直线 AB 的斜率相同。

2）由图中的数据求出普朗克常数。

解：1）爱因斯坦光电效应方程为

$$\frac{1}{2}mv_m^2=h\nu-W$$

其中，$\frac{1}{2}mv_m^2=e|U_a|$，因此

$$e|U_a|=h\nu-W$$

由此解得遏止电压与频率的关系为

$$|U_a|=\frac{h}{e}\nu-\frac{W}{e}$$

可见，$|U_a|\sim\nu$ 关系曲线是一条直线，其斜率为 h/e，由于该斜率与金属的逸出功 W 无关，因此对不同的金属材料，直线 AB 的斜率都相同。

2）图中的直线斜率为

$$k=\tan\theta=\frac{2.0-0}{(10.0-5.0)\times10^{14}}=4.0\times10^{-15}(\text{V}\cdot\text{s})$$

由于 $k=h/e$，因此普朗克常数为

$$h=ek=1.60\times10^{-19}\times4.0\times10^{-15}=6.40\times10^{-34}\ (\text{J}\cdot\text{s})$$

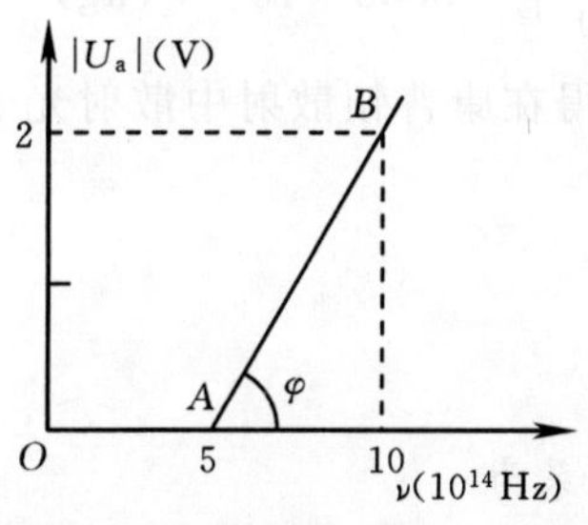

图 19-11

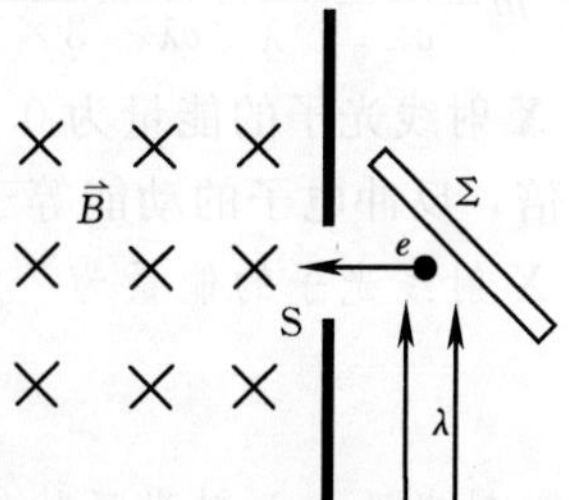

图 19-12

(3) 如图 19-12 所示，波长为 λ 的单色光照射在某金属 Σ 表面上时发生光电效应，发射的光电子经狭缝 S 后垂直进入磁感应强度为 $\vec{B}$ 的均匀磁场，测得电子在该磁场中作圆周运动的最大半径为 R。已知电子电荷的绝对值为 e，质量为 m，求金属材料的逸出功和遏止电压。

解：1）电子在磁场中作圆周运动的半径为

$$R=\frac{mv}{eB}$$

由此解得电子的动量为

$$mv=eRB$$

将该式代入爱因斯坦光电效应方程，得

$$\frac{hc}{\lambda}=\frac{(mv)^2}{2m}+W=\frac{(eRB)^2}{2m}+W$$

由此解得该金属材料的逸出功为

$$W=\frac{hc}{\lambda}-\frac{(eRB)^2}{2m}$$

2）由公式$\frac{1}{2}mv^2=e|U_a|$得该金属材料的遏止电压为

$$|U_a|=\frac{(mv)^2}{2me}=\frac{(eRB)^2}{2me}=\frac{eR^2B^2}{2m}$$

（4）功率为P的点光源，发出波长为λ的单色光，在距光源为d处，每秒钟落在垂直于光线的单位面积上的光子数为多少？如果波长$\lambda=663$nm，则光子的质量为多少？

解：1）设光源每秒钟发射的光子数为n，则光源的功率为

$$P=nh\nu=n\frac{hc}{\lambda}$$

由此解得

$$n=\frac{P\lambda}{hc}$$

因此，在距光源为d处，每秒钟落在垂直于光线的单位面积上的光子数为

$$N=\frac{n}{S}=\frac{P\lambda}{hc}\frac{1}{4\pi d^2}=\frac{P\lambda}{4\pi d^2hc}$$

2）光子的质量为

$$m=\frac{h\nu}{c^2}=\frac{hc}{c^2\lambda}=\frac{h}{c\lambda}=\frac{6.626\times10^{-34}}{3\times10^8\times663\times10^{-19}}=3.33\times10^{-26}\ (\text{kg})$$

（5）已知X射线光子的能量为0.60MeV，测得在康普顿散射中散射光子的波长为入射光子的1.2倍，反冲电子的动能等于多少？

解：入射X射线光子的能量为

$$\varepsilon_0=\frac{hc}{\lambda_0}$$

依题意得散射光子与入射光子的能量之间的关系为

$$\varepsilon=\frac{hc}{\lambda}=\frac{hc}{1.2\lambda_0}=\frac{\varepsilon_0}{1.2}$$

设散射前电子为静止自由电子，由能量守恒得反冲电子的动能为

$$E_k=\varepsilon_0-\varepsilon=\varepsilon_0-\frac{\varepsilon_0}{1.2}=\frac{\varepsilon_0}{6}=0.10\ (\text{MeV})$$

（6）用波长为0.1nm的光子做康普顿实验。散射角等于90°的康普顿散射波长是多少？反冲电子获得的动能多大？

解：1）康普顿散射光子波长的增量为

$$\Delta\lambda=2\lambda_c\sin^2\frac{\varphi}{2}=2\times2.426\times10^{-12}\times\sin^2\frac{90°}{2}=2.426\times10^{-12}\ (\text{m})=0.0024\ (\text{nm})$$

因此，散射角等于90°的康普顿散射波长为

$$\lambda=\lambda_0+\Delta\lambda=0.1+0.0024=0.1024\ (\text{nm})$$

2）设散射前自由电子的动能为0，由能量守恒得反冲电子的动能为

$$E_k=\varepsilon_0-\varepsilon=\frac{hc}{\lambda_0}-\frac{hc}{\lambda_0+\Delta\lambda}=\frac{hc\Delta\lambda}{(\lambda_0+\Delta\lambda)\lambda_0}=4.66\times10^{-17}(\text{J})$$

（7）如图19-13所示，某金属Σ的红限波长为260nm，当用单色紫外线照射该金属时，发现有光电子逸出，其中速度最大的光电子可以匀速地沿直线方向穿过互相垂直的均

匀电场和均匀磁场区域，已知电场场强为 5×10^3V/m，磁感应强度为 0.005T。求：

1）光电子的最大速度的大小。

2）单色紫外线的波长。

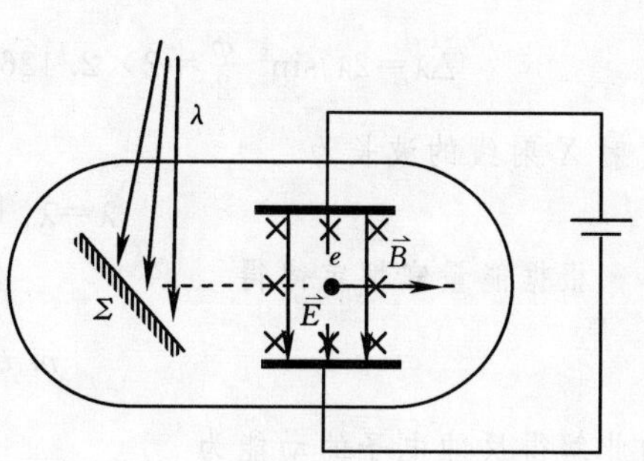

图 19-13

解：1）由于速度最大的光电子可以匀速地沿直线方向穿过互相垂直的均匀电场和均匀磁场区域，因此电电子所受的电场力与洛仑兹力相等，即

$$eE=ev_{\mathrm{m}}B$$

由此解得光电子的最大速度的大小为

$$v_{\mathrm{m}}=\frac{E}{B}=\frac{5\times 10^3}{0.005}=1.0\times 10^6(\mathrm{m/s})$$

2）光电子的最大动能为

$$E_{\mathrm{km}}=\frac{1}{2}mv_{\mathrm{m}}^2=\frac{1}{2}\times 9.11\times 10^{-31}\times(1.0\times 10^6)^2=4.555\times 10^{-16}(\mathrm{J})$$

爱因斯坦光电效应方程为

$$\frac{hc}{\lambda}=E_{\mathrm{km}}+\frac{hc}{\lambda_0}$$

由此解得该单色紫外线的波长为

$$\lambda=\frac{hc\lambda_0}{E_{\mathrm{km}}\lambda_0+hc}=1.63\times 10^{-7}(\mathrm{m})$$

(8) 以波长为 0.20μm 的单色光照射一个铜球，铜球可以放出电子。如果将此铜球充电，试求铜球的电势达到多高时不再放出电子？已知铜的逸出功为 4.10eV。

解：充电铜球的电场阻止电子的放出，当 $eU\geqslant\frac{1}{2}mv_{\mathrm{m}}^2$ 时铜球不再放出电子。

由爱因斯坦光电效应方程得

$$\frac{1}{2}mv_m^2=\frac{hc}{\lambda}-W$$

因此

$$eU\geqslant\frac{hc}{\lambda}-W$$

由此解得

$$U\geqslant\frac{hc}{\lambda e}-\frac{W}{e}=2.12\ (\mathrm{V})$$

即当铜球的电势达到 2.12V 时不再放出电子。

(9) 设康普顿效应中入射 X 射线的波长为 0.07nm，散射的 X 射线与入射的 X 射线垂直，求：

1）反冲电子的动能。

2）反冲电子的运动方向与入射 X 射线之间的夹角。

解：1）康普顿散射光子波长的增量为

$$\Delta\lambda=2\lambda_c\sin^2\frac{\varphi}{2}=2\times2.426\times10^{-12}\times10^9\times\sin^2\frac{90^\circ}{2}=0.0024\ (\text{nm})$$

散射 X 射线的波长为

$$\lambda=\lambda_0+\Delta\lambda=0.0724\ (\text{nm})$$

根据能量守恒定律得

$$m_0c^2+\frac{hc}{\lambda_0}=\frac{hc}{\lambda}+mc^2$$

由此解得反冲电子的动能为

$$E_k=mc^2-m_0c^2=\frac{hc}{\lambda_0}-\frac{hc}{\lambda}=\frac{hc\Delta\lambda}{\lambda_0\lambda}=9.42\times10^{-17}(\text{J})$$

2）X 射线光子与电子碰撞过程中动量守恒，即

$$\vec{p}_0=\vec{p}+m\vec{v}$$

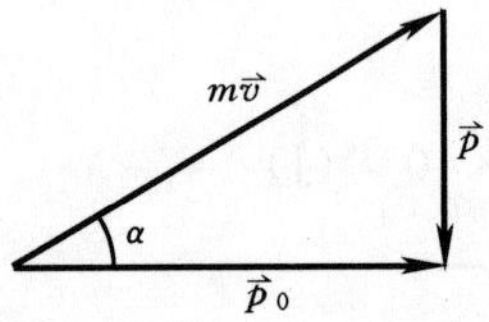

图 19-14

由于散射的 X 射线与入射的 X 射线垂直，即 $\vec{p}_0\perp\vec{p}$，如图 19-14 所示。因此，反冲电子的动量大小和方向分别为

$$mv=\sqrt{p_0^2+p^2}=\sqrt{\left(\frac{h}{\lambda_0}\right)^2+\left(\frac{h}{\lambda}\right)^2}$$

$$\cos\alpha=\frac{p_0}{mv}=\frac{h/\lambda_0}{\sqrt{(h/\lambda_0)^2+(h/\lambda)^2}}=\frac{\lambda}{\sqrt{\lambda_0^2+\lambda^2}}$$

$$=\frac{\lambda_0}{\sqrt{\lambda_0^2+\lambda^2}}$$

由此解得反冲电子的运动方向与入射 X 射线之间的夹角为

$$\alpha=\arccos\frac{\lambda_0}{\sqrt{\lambda_0^2+\lambda^2}}=44.0^\circ$$

（10）组成某种双原子气体分子的两个原子的质量均为 m，间隔等于固定值 d，并绕通过 d 的中点而垂直于 d 的轴旋转，假设角动量是量子化的，并符合玻尔的量子化条件。试求该气体分子角速度的可能值和转动动能的可能值。

解： 1）该双原子气体分子绕中心轴旋转的角动量为

$$L=2\times m\left(\frac{d}{2}\right)^2\omega=\frac{1}{2}m\omega d^2$$

由于角动量是量子化的，并且符合玻尔的量子化条件，因此

$$L=n\frac{h}{2\pi}\ (n=1,\ 2,\ 3,\ \cdots)$$

即

$$n\frac{h}{2\pi}=\frac{1}{2}m\omega d^2$$

由此解得该气体分子角速度的可能值为

$$\omega=n\frac{h}{\pi md^2}\ (n=1,\ 2,\ 3,\ \cdots)$$

2）此系统转动动能的可能值为

$$E_k=2\times\frac{1}{2}m\left(\frac{d}{2}\right)^2\omega^2=\frac{1}{4}md^2\left(\frac{nh}{\pi md^2}\right)^2=n^2\frac{h^2}{4\pi^2 md^2}\ (n=1,2,3,\cdots)$$

（11）已知氢光谱的某一线系的极限波长为 364.7nm，其中有一条谱线的波长为 656.5nm。试由玻尔的氢原子理论求与该波长相应的初态和末态能级的能量。

解： 设 $\lambda=656.5\text{nm}$ 的谱线初态和末态能级的量子数分别为 n_i 和 n_f。

该线系的极限波长 $\lambda_{\min}=364.7\text{nm}$，由广义巴尔末公式得

$$\frac{1}{\lambda_{\min}}=\frac{R}{n_f^2}$$

由此解得谱线 λ 的末态量子数为

$$n_f=\sqrt{R\lambda_{\min}}=\sqrt{1.097\times10^7\times364.7\times10^{-4}}=2$$

将 $\frac{1}{\lambda_{\min}}=\frac{R}{n_f^2}$ 代入广义巴尔末公式 $\frac{1}{\lambda}=R\left(\frac{1}{n_f^2}-\frac{1}{n_i^2}\right)$ 中，解得谱线 λ 的初态量子数为

$$n_i=n_f\sqrt{\frac{\lambda}{\lambda-\lambda_{\min}}}=2\times\sqrt{\frac{656.5}{656.5-364.7}}=3$$

因此，与 $\lambda=656.5\text{nm}$ 的谱线相应的初态和末态能级的能量为

$$E_{ni}=\frac{E_1}{n_i^2}=-\frac{13.6}{3^2}=-1.51\ (\text{eV})$$

$$E_{nf}=\frac{E_1}{n_f^2}=-\frac{13.6}{2^2}=-3.40\ (\text{eV})$$

（12）氢原子激发态的平均寿命约为 10^{-8}s，假设氢原子处于激发态时，电子作圆轨道运动，处于量子数 $n=5$ 的激发态的电子，在它跃迁到基态之前绕核转了多少圈？

解： 设电子绕核作圆周运动的半径和角速度分别为 r 和 ω，由库仑定律和牛顿运动定律得

$$\frac{e^2}{4\pi\varepsilon_0 r^2}=mr\omega^2$$

由玻尔的量子化条件得

$$mr^2\omega=\frac{nh}{2\pi}$$

由以上两式解得电子绕核运动的角速度得

$$\omega=\frac{\pi me^4}{2\varepsilon_0^2 n^3 h^3}$$

由于电子作圆周运动的周期 $T=2\pi/\omega$，因此在处于量子数 $n=5$ 的激发态的电子跃迁到基态之前绕核转的圈数为

$$N=\frac{\tau}{T}=\frac{\tau\omega}{2\pi}=\frac{\tau me^4}{4\varepsilon_0^2 n^3 h^3}=5.23\times10^5$$

（13）激发能是指原子从基态到激发态所需要的能量。当氢原子从某初始状态跃迁到激发能为 10.19eV 的状态时，发射出的光子波长为 486nm，试求该初始状态的能量和主量子数。

解： 设激发能为 $\Delta E=10.19\text{eV}$ 的激发态对应的能级能量为 E_f，由激发能的定义得

$$\Delta E=E_f-E_1$$

设氢原子能级跃迁的初始状态能量和主量子数为 E_n 和 n。由题意得

$$\varepsilon = E_n - E_f$$

其中，ε 为所发射光子的能量，其值为

$$\varepsilon = \frac{hc}{\lambda} = \frac{6.626\times10^{-34}\times3\times10^{8}}{486\times10^{-9}\times1.6\times10^{-19}} = 2.56\ (\text{eV})$$

因此，氢原子能级跃迁的初态能量为

$$E_n = \varepsilon + E_f = \varepsilon + \Delta E + E_1 = 2.56 + 10.19 - 13.6 = -0.85\ (\text{eV})$$

由于 $E_n = E_1/n^2$，因此主量子数为

$$n = \sqrt{\frac{E_1}{E_n}} = \sqrt{\frac{-13.6}{-0.85}} = 4$$

(14) α 粒子在磁感应强度为 0.025T 的均匀磁场中沿半径为 0.83cm 的圆形轨道运动。该 α 粒子的德布罗意波长为多少？如果质量为 0.1g 的小球与该 α 粒子的运动速率相同，小球的德布罗意波长为多少？已知 α 粒子的质量为 6.64×10^{-27}kg。

解：1) α 粒子在磁场中作圆周运动的轨道半径为

$$R = \frac{mv}{qB}$$

由此解得 α 粒子的动量大小为

$$mv = qRB$$

由德布罗意公式得 α 粒子的德布罗意波长为

$$\lambda_\alpha = \frac{h}{mv} = \frac{h}{qRB} = \frac{6.626\times10^{-34}\times10^{9}}{2\times1.6\times10^{-19}\times0.83\times10^{-2}\times0.025} = 9.98\times10^{-3}(\text{nm})$$

2) α 粒子的速率为

$$v = \frac{qRB}{m}$$

小球的德布罗意波长为

$$\lambda = \frac{h}{Mv} = \frac{mh}{MqRB} = \frac{m}{M}\lambda_\alpha = \frac{6.64\times10^{-27}}{0.1\times10^{-3}}\times9.98\times10^{-3} = 6.63\times10^{-25}(\text{nm})$$

(15) 当电子的德布罗意波长与波长为 550nm 的可见光的波长相同时，电子动能是多少电子伏特？

解：由德布罗意公式 $\lambda = h/p$ 得电子的动量为

$$p = \frac{h}{\lambda}$$

因此，电子的动能为

$$E_k = \frac{p^2}{2m} = \frac{h^2}{2m\lambda^2} = 5.0\times10^{-6}(\text{eV})$$

(16) 设 E_k 为粒子的动能，m_0 为这个粒子的静止质量。考虑到相对论效应，试求实物粒子的德布罗意波长的表达式。

解：粒子的动能公式为

$$E_k = mc^2 - m_0c^2$$

由此解得粒子的质量为

$$m=\frac{E_k+m_0c^2}{c^2}$$

此外粒子的动能公式也可以表达为

$$E_k=\frac{m_0}{\sqrt{1-v^2/c^2}}c^2-m_0c^2=\left(\frac{1}{\sqrt{1-v^2/c^2}}-1\right)m_0c^2$$

由此解得粒子的速率为

$$v=\frac{\sqrt{E_k(E_k+2m_0c^2)}}{E_k+m_0c^2}c$$

因此，实物粒子的德布罗意波长的表达式为

$$\lambda=\frac{h}{mv}=\frac{hc}{\sqrt{E_k(E_k+2m_0c^2)}}$$

(17) 已知第一玻尔轨道半径为 a，试计算当氢原子中电子沿第 n 玻尔轨道运动时，其相应的德布罗意波长。

解：电子沿第 n 玻尔轨道运动时，其轨道半径和角动量分别为

$$r_n=n^2a$$

$$mvr_n=n\frac{h}{2\pi}$$

由此解得电子的动量大小为

$$mv=\frac{nh}{2\pi r_n}=\frac{h}{2\pi na}$$

因此电子的德布罗意波长为

$$\lambda=\frac{h}{mv}=2\pi na$$

(18) 电子被电势差为 100kV 的电场加速，如果考虑相对论效应，其德布罗意波的波长为多少？如果不用相对论计算，由此产生的相对误差是多少？

解：电子的相对论动能为

$$E_k=mc^2-m_0c^2=\left(\frac{1}{\sqrt{1-v^2/c^2}}-1\right)m_0c^2$$

由此，解得电子的质量和速率分别为

$$m=\frac{E_k+m_0c^2}{c^2}$$

$$v=\frac{\sqrt{E_k(E_k+2m_0c^2)}}{E_k+m_0c^2}c$$

因此，电子的德布罗意波长为

$$\lambda=\frac{h}{mv}=\frac{hc}{\sqrt{E_k^2+2m_0c^2E_k}}$$

依题意，$E_k=eU$，因此考虑相对论效应时，电子的德布罗意波的波长为

$$\lambda=\frac{hc}{\sqrt{e^2U^2+2m_0eUc^2}}=3.71\times10^{-12}(\text{m})$$

如果不考虑相对论效应，电子的动量大小为

$$p=\sqrt{2m_0 E_k}=\sqrt{2m_0 eU}$$

电子的非相对论德布罗意波长为

$$\lambda'=\frac{h}{p}=\frac{h}{\sqrt{2m_0 eU}}=3.88\times10^{-12}(\mathrm{m})$$

由此产生的相对误差为

$$\eta=\frac{|\lambda'-\lambda|}{\lambda}=4.6\%$$

(19) 能量为 15eV 的光子被处于基态的氢原子吸收，使氢原子电离发射一个光电子，这个光电子的德布罗意波长等于多少？

解：基态氢原子的电离能为

$$E=-E_1=13.6\ (\mathrm{eV})$$

所发射的光电子动能为

$$E_k=\varepsilon-E=1.4\ (\mathrm{eV})$$

电子的动量大小为

$$p=\sqrt{2mE_k}$$

因此，该光电子的德布罗意波长为

$$\lambda=\frac{h}{p}=\frac{h}{\sqrt{2mE_k}}=1.04\ (\mathrm{nm})$$

(20) 一个电子以 6.0×10^6 m/s 的初速度逆着场强方向飞入电场强度为 500V/m 的均匀电场中，如果认为电子在飞行过程中质量保持不变，该电子在电场中要飞行多长距离，才能使其德布罗意波长达到 0.1nm?

解：电子的德布罗意波长为 λ 时，其动量大小为

$$p=\frac{h}{\lambda}$$

与该动量对应的动能为

$$E_k=\frac{p^2}{2m}=\frac{h^2}{2m\lambda^2}$$

设电子在电场中飞行距离 s 时的动能为 E_k，由动能定理得

$$eEs=\frac{1}{2}mv_0^2-E_k=\frac{1}{2}mv_0^2-\frac{h^2}{2m\lambda^2}$$

由此解得电子在电场中飞行的距离为

$$s=\frac{1}{2eE}\left(mv_0^2-\frac{h^2}{m\lambda^2}\right)=9.68\times10^{-2}(\mathrm{m})$$

(21) 如果光子的波长与电子的德布罗意波长 λ 相等，试求光子的质量与电子的质量之比。

解：由德布罗意公式 $\lambda=h/p$ 可知，如果光子与电子的德布罗意波长 λ 相等，则它们的动量相等，即

$$m_p c=m_e v$$

由此解得光子的质量与电子的质量之比为

$$\frac{m_p}{m_e}=\frac{v}{c}$$

其中，v 是电子运动的速率。

设电子的静止质量为 m_0，则由电子的动量计算公式得

$$\frac{m_0 v}{\sqrt{1-v^2/c^2}}=\frac{h}{\lambda}$$

由此解得电子的运动速率为

$$v=\frac{c}{\sqrt{1+(m_0 c\lambda/h)^2}}$$

因此，光子的质量与电子的质量之比为

$$\frac{m_p}{m_e}=\frac{1}{\sqrt{1+(m_0 c\lambda/h)^2}}$$

(22) 同时测量能量为 1keV 作一维运动的电子的位置与动量时，如果位置的不确定值 0.1nm 内，则动量的不确定值的百分比 $\Delta p/p$ 至少为何值？

解： 能量为 1keV 的电子的动量为

$$p=\sqrt{2mE_k}=1.71\times10^{-23}\ (\text{kg}\cdot\text{m/s})$$

由不确定关系式 $\Delta x\Delta p\geqslant h$ 得此电子动量的不确定量为

$$\Delta p=\frac{h}{\Delta x}=6.63\times10^{-24}\ (\text{kg}\cdot\text{m/s})$$

因此，动量的不确定值的百分比为

$$\frac{\Delta p}{p}=38.8\%$$

(23) 光子的波长为 $\lambda=3000\text{Å}$，如果确定此波长的精确度 $\Delta\lambda/\lambda=10^{-6}$，试求此光子位置的不确定量。

解： 光子的动量为

$$p=\frac{h}{\lambda}$$

由于

$$\mathrm{d}p=-\frac{h}{\lambda^2}\mathrm{d}\lambda$$

因此，动量的不确定量为

$$\Delta p=\frac{h}{\lambda^2}\Delta\lambda=\frac{h}{\lambda}\frac{\Delta\lambda}{\lambda}$$

由不确定关系式 $\Delta x\Delta p\geqslant h$ 得此光子位置的不确定量为

$$\Delta x\geqslant\frac{\lambda}{\Delta\lambda/\lambda}=\frac{3000}{10^{-6}}\times10^{-10}=0.3\ (\text{m})$$

(24) 已知粒子在无限深势阱中运动，其波函数为

$$\varphi(x)=\sqrt{\frac{2}{a}}\sin\frac{\pi x}{a}\qquad(0\leqslant x\leqslant a)$$

求发现粒子概率最大的位置。

解：发现粒子的概率密度为

$$P(x)=\varphi^2(x)=\frac{2}{a}\sin^2\frac{\pi x}{a}=\frac{1}{a}\left(1-\cos\frac{2\pi x}{a}\right)$$

因此，发现粒子概率最大的条件为

$$\cos\frac{2\pi x}{a}=-1$$

由此解得

$$\frac{2\pi x}{a}=(2k+1)\pi \quad 或 \quad x=\frac{1}{2}(2k+1)a$$

由于 $0\leqslant x\leqslant a$，因此

$$0\leqslant\frac{1}{2}(2k+1)a\leqslant a$$

解之得 $-0.5\leqslant k\leqslant 0.5$，在此范围内 k 的整数值为 0，因此发现粒子概率最大的位置坐标为

$$x=\frac{1}{2}a$$

(25) 粒子在一维矩形无限深势阱中运动，其波函数为

$$\varphi_n(x)=\sqrt{\frac{2}{a}}\sin\frac{n\pi x}{a} \qquad (0<x<a)$$

如果粒子处于 $n=1$ 的状态，它出现在 $0\sim a/4$ 区间内的概率是多少？

解：粒子处于 $n=1$ 的状态时，出现在区间 $x\sim x+\mathrm{d}x$ 内的概率为

$$\mathrm{d}P(x)=\varphi_1^2(x)\mathrm{d}x=\frac{2}{a}\sin^2\frac{\pi x}{a}\mathrm{d}x$$

因此，在区间 $0\sim a/4$ 内发现粒子的概率为

$$P=\int_0^{a/4}\frac{2}{a}\sin^2\frac{\pi x}{a}\mathrm{d}x=\frac{2}{\pi}\int_0^{a/4}\sin^2\frac{\pi x}{a}\mathrm{d}\left(\frac{\pi x}{a}\right)$$

$$=\frac{2}{\pi}\left(\frac{\pi x}{2a}-\frac{1}{4}\sin\frac{2\pi x}{a}\right)\Bigg|_0^{a/4}=\frac{1}{4}-\frac{1}{2\pi}=0.091$$

四、自我检测题

1. 单项选择题（每题 3 分，共 30 分）

(1) 用单色光照射到某金属表面时产生了光电效应，如果该金属的逸出电压为 U_0（使电子从金属表面逸出需要需做功 eU_0），则这种单色光的波长 λ 必须满足的条件为[　　]。

(A) $\lambda\leqslant\frac{hc}{eU_0}$；　(B) $\lambda\leqslant\frac{eU_0}{hc}$；　(C) $\lambda\geqslant\frac{hc}{eU_0}$；　(D) $\lambda\geqslant\frac{eU_0}{hc}$。

(2) 关于光电效应有以下四种说法：①任何波长的可见光照射到任何金属表面都能产生光电效应；②如果入射光的频率均大于某给定金属的红限，则该金属分别受到不同频率的光照射时，释出的光电子的最大初动能也不相同；③如果入射光的频率均大于某给定金

属的红限，则该金属分别受到不同频率、强度相等的光照射时，单位时间释出的光电子数一定相等；④如果入射光的频率均大于某给定金属的红限，则当入射光频率不变而强度增大一倍时，该金属的饱和光电流也增大一倍。其中正确的说法是[　　]。

(A) ①②③；　(B) ②③；　(C) ②④；　(D) ②③④。

(3) 用强度为 I、波长为 λ 的伦琴射线分别照射锂（$Z=3$）和铁（$Z=26$），如果在同一散射角下测得康普顿散射的伦琴射线波长分别为 λ_1 和 λ_2（λ_2、$\lambda_2>\lambda$），它们对应的强度分别为 I_1 和 I_2，则[　　]。

(A) $\lambda_1>\lambda_2$，$I_1<I_2$；　(B) $\lambda_1<\lambda_2$，$I_1>I_2$；

(C) $\lambda_1=\lambda_2$，$I_1>I_2$；　(D) $\lambda_1=\lambda_2$，$I_1=I_2$。

(4) 康普顿效应的主要特点是[　　]。

(A) 散射光的波长均比入射光的波长短，并且随散射角的增大而减小，但是与散射物质的性质无关；

(B) 散射光的波长均与入射光的波长相同，与散射角和散射物质的性质无关；

(C) 散射光中有些波长比入射光的波长长，并且随散射角的增大而增大，有些散射光波长与入射光波长相同，这都与散射物质的性质无关；

(D) 散射光中既有与入射光波长相同的，也有比入射光波长长的和比入射光波长短的，这与散射物质的性质有关。

(5) 光电效应和康普顿效应都是电子与光子的相互作用发生的现象。在以下几种对此问题的理解中，正确的是[　　]。

(A) 两种效应中电子与光子两者组成的系统的动量和能量均守恒；

(B) 两种效应都是电子吸收光子的过程；

(C) 光电效应是电子吸收光子的过程，康普顿效应相当于光子和电子的弹性碰撞过程；

(D) 两种效应都相当于电子与光子的弹性碰撞过程。

(6) 氢原子光谱的巴耳末系中，谱线波长最小值与最大值之比为[　　]。

(A) 2/9；　(B) 4/9；　(C) 5/9；　(D) 7/9。

(7) 根据玻尔的氢原子理论，氢原子中的电子在第一和第三轨道上运动时速度大小之比为[　　]。

(A) 9；　(B) 3；　(C) 1/3；　(D) 1/9。

(8) 如果两种不同质量的粒子的德布罗意波长相同，则这两种粒子的[　　]。

(A) 动量相同；　(B) 动能相同；　(C) 速度相同；　(D) 能量相同。

(9) 关于不确定关系 $\Delta p_x \Delta x \geqslant h$ 有以下几种说法：①粒子的动量不可能确定；②粒子的坐标不可能确定；③粒子的动量和坐标不可能同时准确地确定；④不确定关系不仅适用于电子和光子，也适用于其他微观粒子。其中正确的是[　　]。

(A) ①②；　(B) ①④；　(C) ②④；　(D) ③④。

(10) 在下列各组量子数中，可以描述原子中电子的状态的一组是[　　]。

(A) $n=1$，$l=0$，$m_l=1$，$m_s=-\frac{1}{2}$；　(B) $n=3$，$l=1$，$m_l=-1$，$m_s=-\frac{1}{2}$；

(C) $n=1$，$l=2$，$m_l=1$，$m_s=\frac{1}{2}$； (D) $n=2$，$l=2$，$m_l=0$，$m_s=\frac{1}{2}$

2. 填空题（每空 2 分，共 30 分）

(1) 用波长为 493nm 的入射光照射某光电管的阴极，测得遏止电压为 0.72V。当入射光的波长为（ ）nm 时，其遏止电压变为 1.45V。

(2) 当用波长为 250nm 的光照射在某金属表面时，光电子的能量范围从 0 到 4.5×10^{-19}J。在这个光电效应实验中，遏止电压为（ ）V，此金属的红限频率 ν_0 为（ ）Hz。

(3) 在康普顿散射实验中，当散射光子与入射光子方向的夹角 φ 等于（ ）时，散射光子的频率最小；当等于为（ ）时散射光子与入射光子的频率相同。

(4) 在 X 射线散射实验中，散射角为 30°和 60°的散射光的波长改变量之比 $\Delta\lambda_1:\Delta\lambda_2$ =（ ）。

(5) 某金属产生光电效应的红限为 ν_0，当用频率为 $\nu(\nu>\nu_0)$ 的单色光照射该金属时，从金属中逸出的光电子（质量为 m）的德布罗意波长为（ ）。

(6) 在氢原子发射光谱的巴耳末线系中有一条频率为 6.15×10^{14} Hz 的谱线，它是氢原子从 E_n =（ ）eV 的能级跃迁到 E_k =（ ）eV 的能级而发出的。

(7) 如果使氢原子发射赖曼系中波长为 121.6nm 的谱线，应该传给基态氢原子的最小能量为（ ）eV。

(8) 如果使氢原子中的电子从 $n=3$ 的状态电离，至少需要供给氢原子（ ）eV 的能量。

(9) 已知康普顿波长 $\lambda_c=h/(m_e c)$，当电子的动能等于它的静止能量时，其德布罗意波长 λ =（ ）λ_c。

(10) 在磁感应强度大小等于 1.50×10^{-2} T 的匀强磁场中，沿半径为 1.75cm 的圆周轨道运动的 α 粒子的德布罗意波长为（ ）。

(11) 在玻尔的氢原子理论中，电子轨道角动量的最小值为（ ）。在量子力学理论中，电子轨道角动量的最小值为（ ）。

3. 计算题（共 40 分）

(1) 某光电管的阴极用逸出功为 2.2eV 的金属制成，今用单色光照射该光电管的阴极时有光电子发出，测得遏止电势差为 5.0V。试求：①该光电管阴极金属的红限波长；②入射单色光的波长。（本题 5 分）

(2) 波长为 0.0500nm 的伦琴射线被静止的自由电子所散射，如果散射伦琴射线的波长变为 0.0522nm，则反冲电子的动能等于多少？（本题 5 分）

(3) 处于第一激发态的氢原子被外来单色光激发后，在发射的光谱中仅观察到三条巴耳末系光谱线，试求这三条光谱线中波长最长的那条谱线的波长以及外来单色光的频率。（本题 5 分）

(4) 氢原子光谱的巴耳末线系中有一条光谱线的波长为 434.0nm，试求：①与这一条谱线相应的光子能量等于多少电子伏特？②该谱线是由 E_n 能级跃迁到 E_k 能级产生的，n 和 k 各等于多少？③最高能级为 E_n 的大量氢原子最多能发射几种线系？共有几条谱线？

请在氢原子能级图中表示出来，并说明波长最短的是哪一条谱线。（本题 10 分）

（5）假设电子绕氢原子核旋转的玻尔轨道的圆周长刚好等于电子德布罗意波长的整数倍，试从这个条件出发解出玻尔的角动量量子化条件。（本题 5 分）

（6）如图 19－15 所示，某粒子被限制在相距为 l 的两个不可穿透的势壁之间。描写粒子状态的波函数为 $\varphi=bx(l-x)$，其中 b 为待定常数。求在 $0\sim l/3$ 区间内发现该粒子的概率。（本题 10 分）

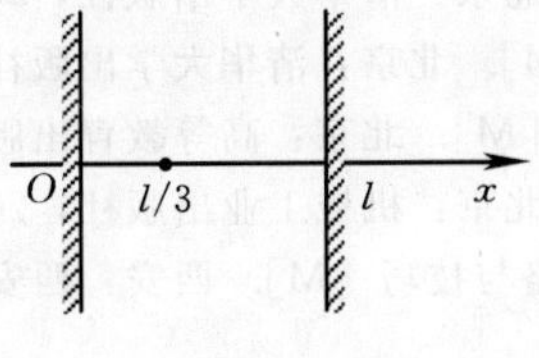

图 19－15

参 考 文 献

[1] 吕金钟. 大学物理辅导 [M]. 北京：清华大学出版社，2004.
[2] 朱峰. 大学物理学习辅导 [M]. 北京：清华大学出版社，2008.
[3] 张三慧. 大学物理学习题解答 [M]. 北京：清华大学出版社，2003.
[4] 马文蔚. 物理学习题分析与解答 [M]. 北京：高等教育出版社，2000.
[5] 朱晓春. 普通物理学辅导 [M]. 北京：机械工业出版社，2002.
[6] 王小力. 大学物理典型题解题思路与技巧 [M]. 西安：西安交通大学出版社，2000.